工程建设监理

主　编　崔武文
副主编　陈广玉　韩红霞　张凌毅
主　审　宋金华

U0279582

中国建材工业出版社

图书在版编目（CIP）数据

工程建设监理/崔武文主编．—北京：中国建材工业出版社，2009.11（2016.7 重印）

ISBN 978-7-80227-624-6

Ⅰ．工… Ⅱ．崔… Ⅲ．建筑工程—监督管理 Ⅳ．TU712

中国版本图书馆 CIP 数据核字（2009）第 169716 号

内 容 简 介

本书共分 6 章，内容包括：建设监理概论、建设工程质量控制、建设工程进度控制、建设工程投资控制、建设工程合同管理和 FIDIC 合同条件的施工管理等。

本书可用作高等院校土木工程、工程管理等相关专业的教材或教学参考书，可作为监理工程师、造价工程师、咨询工程师（投资）、建造师等执业资格考试的参考用书，也可作为工程监理、工程造价及工程咨询等从业人员及自学人员的参考用书。

工程建设监理

主　编　崔武文

副主编　陈广玉　韩红霞　张凌毅

主　审　宋金华

出版发行：中国建材工业出版社

地　　址：北京市海淀区三里河路 1 号

邮　　编：100044

经　　销：全国各地新华书店

印　　刷：北京鑫正大印刷有限公司

开　　本：787mm×1092mm　1/16

印　　张：28.75

字　　数：711 千字

版　　次：2009 年 11 月第 1 版

印　　次：2016 年 7 月第 3 次

书　　号：ISBN 978-7-80227-624-6

定　　价：56.00 元

本社网址：www.jccbs.com.cn

本书如出现印装质量问题，由我社发行部负责调换。联系电话：（010）88386906

前　　言

　　本书是根据我国高等教育土木工程专业、工程管理专业及建设工程监理实践的需要编写的，编写过程中吸收了《工程建设监理》、《建设监理考试教材》、《建设监理培训教材》、《建设工程施工合同（示范文本）》、《FIDIC 合同条件》及《建设监理手册》等一系列教材、读本、手册的优点，并广泛听取了建设主管部门、建设单位、工程咨询单位、监理单位、设计单位、施工单位等方面的领导及工程技术、管理人员的意见和建议，在教学改革和创新思维的指导下，经过长时间的探索与实践，由多人共同编写。

　　本书的主要特点是：

　　1. 在阐述基本理论与概念的基础上注重建设监理理论体系的完整性。以我国建设项目管理知识体系（C-PMBOM）与国际咨询工程师联合会（FIDIC）合同条件为理论基础，构架监理理论知识体系，在内容的选定上既注重建设监理理论的系统性，又力求知识点的合理衔接，避免重复、遗漏与矛盾。

　　2. 注重理论与实践的统一，突出实用性。本书从工程建设监理面临的工作内容出发，对监理工作中需解决的问题，应用建设工程监理的基本理论、方法和相关法规，给出系统分析，以提高本书读者的实际监理操作能力。

　　本书可用作高等院校土木工程、工程管理等相关专业的教材或教学参考书，可作为监理工程师、造价工程师、咨询工程师（投资）、建造师等执业资格考试的参考用书，也可作为工程监理、工程造价及工程咨询等从业人员及自学人员的参考用书。

　　本书编写分工如下：

第一章	工程建设监理概论	陈广玉　周　杰　连玉超		
第二章	建设工程质量控制	崔克让　王再昌　陈广玉		
第三章	建设工程进度控制	崔武文　韩红霞　张永春　周　杰		
第四章	建设工程投资控制	张凌毅　孙维丰　温淑萍　吴丽明		
第五章	建设工程合同管理	崔武文　韩红霞　冯领香　潘　峰		
第六章	FIDIC 合同条件的施工管理	耿小苗　贺　云　张凌毅　王志刚		

　　全书由河北工业大学崔武文负责统稿。张健新同学做了大量的材料整理与例题验算工作。

　　本书在编写过程中承蒙有关高等院校、建设主管部门、建设单位、工程咨询单位、监理单位、设计单位、施工单位等方面的领导和工程技术、管理人员，以及对本书提供宝贵意见和建议的学者、专家的大力支持，在此向他们表示由衷的感谢！作者在编写本书过程中参阅了传统的教材、《建设监理考试教材》、《建设监理培训教材》、《建设工程施工合同（示范文本)》、《FIDIC 合同条件》及《建设监理手册》等大量文献资料，谨向这些文献的作者致以诚挚的谢意。

全书由河北工业大学宋金华教授主审。限于编者的理论水平与实践经验，书中不当之处在所难免，恳请读者批评指正。

编　者

2009 - 8 - 17

目　　录

第一章　工程建设监理概论

◇ 了解内容

1. 建设工程设计、施工阶段的特点
2. 建设工程监理的组织、组织结构、组织设计

◇ 熟悉内容

1. 建设工程监理理论基础、建设程序、管理制度，监理工程师的法律地位、责任，工程监理企业的资质管理
2. 建设工程目标控制流程，基本环节、任务和措施
3. 建设工程风险识别的原则、途径，风险评价的作用，风险回避、风险自留的概念，风险对策决策过程
4. 建设工程组织管理模式，组织协调的范围、层次、工作内容和方法
5. 建设监理工作文件的构成，建设监理规划审核的内容

◇ 掌握内容

1. 建设工程监理的性质、作用和特点，工程监理企业经营活动基本准则
2. 建设工程目标控制类型，建设工程质量、投资、进度目标控制的内容及相互之间的关系
3. 建设工程风险，风险管理，风险的分解，风险识别的方法，风险损失的衡量，风险评价，损失控制，风险转移的要点
4. 建设工程监理模式，监理实施原则和程序，建立项目监理机构的步骤和项目监理机构的组织形式，项目监理的人员配备及基本职责
5. 建设监理规划编写的依据、要求，建设监理规划的内容、作用

第一节　工程建设监理制度

一、建设监理概述

1988 年，建设部提出建立建设监理制度并开始试点。1997 年，《中华人民共和国建筑法》（以下简称《建筑法》）以法律的形式规定国家推行建设监理制度。

（一）建设监理的概念

建设监理，是指具有相应资质的工程监理企业，接受建设单位的委托，承担项目管理工作，并代表建设单位对承包商的建设行为进行监控的专业化服务活动。

建设单位，也称业主、项目法人，是委托监理的一方。建设单位在工程建设中拥有确定建设工程规模、标准、功能以及选择勘察、设计、施工、监理单位等工程建设中重大问题的决定权。

工程监理企业，是指取得企业法人营业执照、具有监理资质证书，依法从事建设监理业务的经济组织。工程监理企业作为建设监理的行为主体，对规范建筑市场交易行为、发挥投资效益、发展建筑业的生产能力等都有不可忽视的作用。

建设单位与监理单位的关系是：委托与被委托、授权与被授权、技术服务需求与供给的关系。两者之间的关系是建设监理实施的前提。

（二）建设监理的依据

工程监理企业开展监理业务的依据如下：

1. 工程建设文件。包括：批准的可行性研究报告、"一书两证"（建设项目选址意见书、建设用地规划许可证、建设工程规划许可证）、批准的施工图设计文件、施工许可证等。

2. 有关的法律、法规、规章、标准和技术规范等。

3. 工程建设合同文件。主要包括：建设工程委托监理合同文件、建设工程施工合同文件与建设工程材料设备供给合同文件等。

（三）建设监理的范围

《建筑法》和《建设工程质量管理条例》对实行强制性监理的工程范围作了原则性的规定，建设监理范围和规模标准规定对实行强制性监理的工程范围作了具体规定。下列建设工程必须实行监理：

1. 国家重点建设工程：依据《国家重点建设项目管理办法》所确定的对国民经济和社会发展有重大影响的骨干项目。

2. 大中型公用事业工程：项目总投资额在 3000 万元以上的供水、供电、供气、供热等市政工程项目，科技、教育、文化等项目，体育、旅游、商业等项目，卫生、社会福利等项目，其他公用事业项目。

3. 成片开发建设的住宅小区工程：建筑面积在 5 万平方米以上的住宅建设工程。

4. 利用外国政府或者国际组织贷款、援助资金的工程：包括使用世界银行、亚洲开发银行等国际组织贷款资金的项目；使用国外政府及其机构贷款资金的项目；使用国际组织或者国外政府援助资金的项目。

5. 国家规定必须实行监理的其他工程：项目总投资额在 3000 万元以上关系社会公共利益、公众安全的交通运输、水利建设、城市基础设施、生态环境保护、信息产业、能源等基础设施项目，以及学校、影剧院、体育场馆项目。

目前，我国的工程建设监理主要是施工阶段的监理。

（四）建设监理的性质

1. 服务性：在工程建设中，工程监理企业既不直接进行设计，也不直接进行施工，而是凭借自己的知识、技能、经验、信息，通过必要的试验、检测方法，为建设单位提供工程管理服务。

建设监理通过规划、控制、协调等手段，进行建设工程的投资、进度、质量和安全控制，协助建设单位在计划目标内将建设工程建成并投入使用。

2. 科学性：监理任务的完成依靠科学的思想、科学的理论、科学的方法、科学的手段。

3. 独立性：建设监理的独立性是公正性的基础和前提，同时，对监理工程师独立性的要求也是国际惯例。

2

4. 公正性：公正性是工程咨询业的国际惯例，是社会公认的职业道德准则。

监理工程师在处理监理事务时，要基于事实，依据工程建设法律、法规、技术规范、设计文件等合同文件，科学、独立、公正地工作，维护和保障业主的合法利益，同时，也不能损害承包商的合法权益。

（五）建设监理的作用

建设监理有利于提高建设工程投资决策科学化水平，有利于规范工程建设参与各方的建设行为，有利于促使承包商保证建设工程质量和使用安全，有利于实现建设工程投资效益最大化。

二、建设监理理论基础和现阶段建设监理的特点

（一）建设监理的理论基础

我国建设监理是专业化、社会化的建设单位项目管理，所依据的基本理论和方法来自建设项目管理学（又称工程项目管理学）。另外，我国建设监理制度还充分借鉴和吸收了FIDIC合同条件的合同管理思想。比如，FIDIC 合同条件中对工程师作为独立、公正的第三方的要求及其对承包商严格、细致的监督和检查对工程所起的重要作用。

（二）现阶段建设监理的特点

现阶段，我国的建设监理由于发展条件不尽相同，市场体系发育不够成熟，市场运行规则不够健全，使其呈现出以下特点。

1. 建设监理的服务对象具有单一性

在国际上，工程咨询的服务对象为建设单位与承包商，现阶段我国工程监理的服务对象为建设单位，可以认为我国的建设监理就是为建设单位服务的项目管理。

2. 建设监理属于强制推行的制度

国家以法律、法规的方式确立了建设监理制度，并明确规定了必须实行建设监理的工程范围，同时在各级政府中设立了主管建设监理的专门机构。

3. 建设监理具有监督功能

监理企业与承包商虽然无合同或隶属关系，但根据建设单位授权，有权对其不当建设行为进行监管。同时，我国的建设监理强调对承包商施工过程和施工工序的监督、检查和验收。

4. 监理市场准入采用双重控制

我国建设监理市场准入采取了企业资质和从业人员资格的双重控制，这与其他发达国家只对专业人士的执业资格提出要求是不同的。

三、建设程序和建设工程管理制度

（一）建设程序

1. 建设程序的概念

建设程序，是指一项建设工程从设想、提出、决策，经过设计、施工，直至投产或交付使用的整个过程中，应当遵循的工程建设规律。

在坚持"先勘察、后设计、再施工"的原则基础上，突出优化决策、竞争择优、委托监理的原则。

2. 建设程序各阶段的内容

(1) 项目建议书阶段

项目建议书是向国家提出建设某一项目的建议性文件，是对拟建项目的初步设想；其作用是论述拟建项目的建设必要性、可行性以及获利的可能性。

(2) 可行性研究阶段

可行性研究是指在项目决策之前，通过调查、研究、分析与项目有关的工程、技术、经济等方面的条件和情况，对可能的多种方案进行比较论证，同时对项目建成后的经济效益进行预测和评价的一种投资决策分析研究方法和科学分析活动。可行性研究的成果是可行性研究报告，批准的可行性研究报告是项目最终决策文件。

(3) 设计阶段

一般工程进行两阶段设计，即扩大初步设计和施工图设计。有些工程，根据需要可在两阶段之间增加技术设计。

1) 初步设计：根据批准的可行性研究报告和设计基础资料，对工程进行系统研究，概略计算，作出总体安排，拿出具体实施方案。

初步设计不得随意改变批准的可行性研究报告所确定的建设规模、产品方案、工程标准、建设地址和总投资等基本条件。

2) 技术设计：为了进一步解决初步设计中的重大问题，如工艺流程、建筑结构、设备选型等，根据初步设计和进一步的调查研究资料进行的设计。

3) 施工图设计：施工图设计应结合实际情况，完整、准确地表达出建筑物的外形、内部空间的分割、结构体系以及建筑系统的组成和周围环境的协调，使设计达到施工安装的要求。

《建设工程质量管理条例》规定，建设单位应将施工图设计文件报县级以上人民政府建设行政主管部门或其他有关部门审查，未经审查批准的施工图设计文件不得使用。

(4) 建设准备阶段

建设准备阶段的主要工作：组建项目法人；征地、拆迁和平整场地；做到水通、电通、路通；组织设备、材料订货；建设工程报建；委托工程监理；组织施工招标投标，优选承包商；办理施工许可证等。

(5) 施工安装阶段

具备了开工条件并取得施工许可证后才能开始施工。工程开工时间，是指建设工程设计文件中规定的任何一项永久性工程第一次正式破土开槽的开始日期。不需开槽的工程，以正式打桩作为正式开工日期。铁道、公路、水库等需要进行大量土石方工程的，以开始进行土石方工程作为正式开工日期。工程地质勘察、平整场地、旧建筑物拆除、临时建筑或设施等的施工不算正式开工。

本阶段的主要任务是按施工图设计文件进行施工安装，建造工程实体。

(6) 生产准备阶段

组建管理机构，制定有关制度和规定；招聘并培训生产管理人员，组织有关人员参加设备安装、调试、工程验收；签订供货及运输协议；进行工具、器具、备品、备件等的制造或订货。

（7）竣工验收阶段

建设工程按施工图设计文件规定的内容和标准全部完成，并按规定将工程内外全部清理完毕后，达到竣工验收条件，建设单位即可组织竣工验收，勘察、设计、施工、监理等有关单位应参加竣工验收。

竣工验收是考核建设成果、检验设计和施工质量的关键步骤，是由投资成果转入生产或使用的标志。竣工验收合格后，建设工程方可交付使用。

3. 坚持建设程序的意义

建设程序为建设监理提出了规范化的建设行为标准、监理的任务和内容，明确了工程监理企业在工程建设中的重要地位，坚持建设程序是监理人员的基本职业准则，严格执行建设程序是推行建设监理制的具体体现。具体来说坚持建设程序的意义如下：

（1）依法管理工程建设，确保正常建设秩序；

（2）科学决策，确保投资效果；

（3）顺利实施建设工程，确保工程质量；

（4）顺利开展建设监理（建设程序与建设监理的关系）。

（二）建设工程管理制度

1. 项目法人责任制

项目法人责任制是指由项目法人对项目的策划、资金筹措、建设实施、生产经营、债务偿还和资产的保值增值，实行全过程负责的制度。先有法人、后有建设项目，由法人筹建、管理。国有单位经营性大中型建设工程必须在建设阶段组建项目法人。项目法人责任制与建设监理制的关系主要表现为：项目法人责任制是实行建设监理制的必要条件；建设监理制是实行项目法人责任制的基本保障。

2. 工程招标投标制

为了在工程建设领域引入竞争机制，择优选定勘察单位、设计单位、承包商以及材料、设备供应单位，需要实行工程招标投标制。

《招标投标法》对招标范围和规模标准、招标方式和程序等做出了规定。

3. 建设监理制

我国建设监理制的主要内容如下：

（1）建设监理准则：守法、诚信、公正、科学；

（2）建设监理主要内容：控制建设工程的投资、工期和质量，进行建设工程合同管理和信息管理，协调有关单位的工作关系；

（3）项目监理机构由总监理工程师、专业监理工程师和监理员组成，必要时可以配备总监理工程师代表；

（4）总监理工程师负责制：总监理工程师行使合同赋予工程监理企业的权限，全面负责受委托的监理工作；

（5）工程监理企业资质审批制度；

（6）监理工程师资格考试和注册制度。

4. 合同管理制

建设工程的勘察、设计、施工、材料设备采购和建设监理都要依法订立合同。各类合同都要有明确的质量要求、履约担保和违约处罚条款。违约方要承担相应的法律责任。合同管理制的实施对建设监理开展合同管理工作提供了法律上的支持。

四、监理工程师

（一）监理工程师概述

1. 监理工程师的概念

监理工程师是指经全国监理工程师执业资格统一考试合格，取得监理工程师执业资格证书，并经注册从事建设监理活动的专业人员。

由于建设监理业务是工程管理服务，是涉及多学科、多专业的技术、经济、管理等知识的系统工程，执业资格条件要求较高。因此，监理工程师的工作需要一专多能的复合型人才来承担，能够对工程建设进行监督管理，提出指导性的意见，而且要有一定的组织协调能力，能够组织、协调工程建设有关各方共同完成工程建设任务。

2. 监理工程师的法律地位

监理工程师的法律地位是由国家法律法规确定的，并建立在委托监理合同的基础上。首先，《建筑法》明确提出国家推行工程监理制度，《建设工程质量管理条例》赋予监理工程师多项签字权，并明确规定了监理工程师的多项职责，从而使监理工程执业有了明确的法律依据，确立了监理工程师作为专业人士的法律地位；其次，监理工程师的主要业务是受建设单位委托从事监理工作，其权利和义务在合同中有具体约定。

3. 监理工程师的法律责任

监理工程师的法律责任与其法律地位密切相关，其法律责任也是建立在法律法规和委托监理合同的基础上。因此，监理工程师的法律责任具体有两方面：一是违反法律规定的违法行为；二是违反合同约定的违约行为。

（1）违法行为

法律法规对监理工程师的法律责任做出了具体规定。这些规定能够有效地规范、指导监理工程师的执业行为，提高监理工程师的法律责任意识，引导监理工程师公正守法地开展监理义务。

《建筑法》第35条规定："工程监理单位不按照委托监理合同的约定履行监理义务，对应当监督检查的项目不检查或者不按照规定检查，给建设单位造成损失的，应当承担相应的赔偿责任。"

《中华人民共和国刑法》第137条规定："建设单位、设计单位、施工单位、工程监理单位违反国家规定，降低工程质量标准，造成重大安全事故的，对直接责任人员，处五年以下有期徒刑或者拘役，并处罚金；后果特别严重的，处五年以上十年以下有期徒刑，并处罚金。"

《建设工程质量管理条例》第36条规定："工程监理单位应当依照法律、法规以及有关技术标准、设计文件和建设工程承包合同，代表建设单位对施工质量实施监理并对施工质量承担监理责任。"

（2）违约行为

监理工程师一般受聘于工程监理企业，从事工程监理业务。工程监理企业是订立委托监理合同的当事人，是法定意义的合同主体，但委托监理合同的履行是由监理工程师代表监理企业来实现的。因此，如果监理工程师出现工作过失，违反了合同约定，其行为将被视为监理企业违约，由监理企业承担相应的违约责任。当然，监理企业在承担违约赔偿责任后，有权在企业内部向有相应过失行为的监理工程师追偿部分损失。所以，由监理工程师个人过失引发的合同违约行为，监理工程师应当与监理企业承担一定的连带责任。其连带责任的基础是监理企业与监理工程师签订的聘用协议或责任保证书，或监理企业法定代表人对监理工程师签发的授权委托书。一般来说，授权委托书应包含职权范围和相应责任条款。

（二）监理工程师执业资格考试

实行监理工程师执业资格考试制度的意义：一是促进监理人员努力钻研监理业务，提高业务水平；二是统一监理工程师的业务能力标准；三是有利于公正地确定监理人员是否具备监理工程师的资格；四是合理建立工程监理人才库；五是便于同国际接轨，开拓国际工程监理市场。

根据建设工程对监理工程师业务素质和能力的要求，对参加监理工程师执业资格考试的报名条件也从两方面做出了限制：一是要具有一定的专业学历；二是要具有一定年限的工程建设实践经验。

监理工程师的业务主要是控制建设工程的质量、投资、进度，监督管理建设工程合同，协调工程建设各方的关系，所以，监理工程师执业资格考试的内容主要是工程建设监理基本理论、工程质量控制、工程进度控制、工程投资控制、建设工程合同管理和涉及工程监理的相关法律法规等方面的理论知识和实务技能。

考试通过人员可以获得人事部和建设部共同用印的监理工程师执业资格证书。

监理工程师注册制度是政府对监理从业人员实行市场准入控制的有效手段。监理人员经注册，即表明获得了政府对其以监理工程师名义从业的行政许可，因而具有相应工作岗位的责任和权力。仅取得《监理工程师资格证书》，没有取得《监理工程师注册证书》的人员，则不具备这些权力，也不承担相应的责任。

五、工程监理企业

工程监理企业是监理工程师的执业机构，是指从事工程监理业务并取得工程监理企业资质证书的经济组织。

（一）工程监理企业的资质管理

1. 工程监理企业资质

工程监理企业资质是企业技术能力、管理水平、业务经验、经营规模、社会信誉等的综合性实力指标。对工程监理企业进行资质管理制度是我国政府实行市场准入控制的有效手段。

工程监理企业应当按照所拥有的注册资本、专业技术人员数量和工程监理业绩等资质条件申请资质，经审查合格，取得相应等级的资质证书后，才能在其资质等级许可的范围内从事工程监理活动。

工程监理企业的注册资本不仅是企业从事经营活动的基本条件，也是企业清偿债务的保证。

工程监理企业所拥有的专业技术人员数量主要体现在注册监理工程师的数量，这反映企业从事监理工作的工程范围和业务能力。

工程监理业绩则反映工程监理企业开展监理业务的经历和成效。

工程监理企业的资质按照等级分为甲级、乙级和丙级；按照工程性质和技术特点分为14个专业工程类别，每个专业工程类别按照工程规模或技术复杂程度又分为三个等级。

工程监理企业的资质包括主项资质和增项资质。工程监理企业如果申请多项专业工程资质，则其主要选择的一项为主项资质，其余的为增项资质。同时，其注册资金应当达到主项资质标准要求，从事增项专业工程监理业务的注册监理工程师人数应当符合专业要求。增项资质级别不得高于主项资质级别。

2. 资质业务范围

各主项资质等级的工程监理企业的业务范围是：甲级工程监理企业可以监理经核定的工程类别中一、二、三等工程；乙级工程监理企业可以监理经核定的工程类别中二、三等工程；丙级工程监理企业只可监理经核定的工程类别中的三等工程。甲、乙、丙级资质监理企业的经营范围均不受国内地域限制。

3. 工程监理企业的资质申请

新设立的工程监理企业申请资质，应当先到工商行政管理部门登记注册并取得企业法人营业执照后，才能到建设行政主管部门办理资质申请手续。

4. 工程监理企业的资质管理

工程监理企业资质管理，主要是指资质审批及资质年检工作。

（1）资质审批制度

资质审批是指对工程监理企业的设立、定级、升级、降级、变更、终止的管理。工程监理企业资质条件符合相应资质等级标准，并且未有违规行为的，建设行政主管部门将向其颁发相应资质等级的《工程监理企业资质证书》。

（2）资质年检制度

对工程监理企业实行资质年检，是政府对监理企业实行动态管理的重要手段，目的在于督促企业不断加强自身建设，提高企业管理水平和业务水平。工程监理企业年检结论分为合格、基本合格、不合格三种。工程监理企业只有连续两年年检合格，才能申请晋升上一个资质等级。

（二）工程监理企业经营管理

1. 工程监理企业经营活动基本准则

工程监理企业从事建设监理活动，应当遵循"守法、诚信、公正、科学"的准则。

（1）守法

守法，即遵守国家的法律法规。工程监理企业要依法经营，主要体现在：

①工程监理企业只能在核定的业务范围内开展经营活动；

②工程监理企业不得伪造、涂改、出租、出借、转让、出卖《资质等级证书》；

③建设监理合同一经双方签订，工程监理企业应按照合同的约定认真履行；

④工程监理企业要遵守监理法规和有关规定，主动向监理工程所在地的建设行政主管部

门备案登记，接受其指导和监督管理；

⑤遵守国家关于企业法人的其他法律、法规的规定。

（2）诚信

诚信，即诚实守信用。工程监理企业应当建立健全企业的信用管理制度。主要体现在以下几方面：

①建立健全合同管理制度；

②建立健全与业主的合作制度；

③建立健全监理服务需求调查制度；

④建立健全企业内部信用管理责任制度，不断提高企业信用管理水平。

（3）公正

公正，是指工程监理企业在监理活动中既要维护业主的利益，又不能损害承包商的合法利益，并依据合同公平合理地处理业主与承包商之间的争议。

（4）科学

科学，是指工程监理企业要依据科学的方案，运用科学的手段，采取科学的方法开展监理工作。工程监理工作结束后，还要进行科学的总结。

2. 加强企业管理

（1）强化科学管理

监理企业管理应抓好成本管理、资金管理、质量管理，增强法制意识，依法经营管理，并重点做好以下几方面的工作：搞好市场定位、完善管理方法现代化、建立市场信息系统、积极实行 ISO 9000 质量管理体系贯标认证、严格贯彻实施《建设监理规范》。

（2）建立健全各项内部管理规章制度

监理企业规章制度一般包括以下几方面：组织管理制度、人事管理制度、劳动合同管理制度、财务管理制度、经营管理制度、项目监理机构管理制度、设备管理制度、科技管理制度、档案文书管理制度。

3. 市场开发

市场经济体制下，工程监理企业主要通过投标竞标的途径取得监理业务。在不宜公开招标的机密工程或工程规模比较小，或者对原工程监理企业的续用等情况下，业主也可以将监理业务直接委托工程监理企业。

工程监理企业投标书的核心内容是反映管理服务水平高低的监理大纲，尤其是主要的监理对策。业主在监理招标时应以监理大纲的水平作为评定投标书优劣的重要内容，而不应把监理费的高低当做选择工程监理企业的主要评定标准。作为工程监理企业，不应该以降低监理费作为竞争的主要手段。

一般情况下，监理大纲中主要的监理对策是指：根据监理招标文件的要求，针对业主委托监理工程的特点，初步拟订该工程监理工作的指导思想，主要的管理措施、技术措施，拟投入的监理力量以及为搞好该项工程建设而向业主提出的原则性的建议等。

4. 工程监理酬金

监理酬金一般由业主与工程监理企业协商确定。应该指出，监理酬金的数额应该适当。监理酬金过高，对业主来说是不适当的。但是，如果监理酬金太低，它可能会挫伤监理人员的工作积极性，同时，监理单位为了维系生计，可能派遣工资较低、相应业务水平也低的监理人员去完成监理业务，也可能会减少监理人员的人数或工作时间，以减少监理劳务的支出，其结果很可能导致工程质量低劣、工期延长、建设费用增加。因此，业主盲目压低监理酬金的做法，表面上对业主是有益的，实际上，最终受到较大损失的还是项目业主。如果监理酬金比较合理适中，监理人员的劳动得到了认可和回报，就能激发他们的工作积极性和创造性，就可能创造出远高于监理费的价值和财富。

监理酬金分为：正常监理工作酬金、附加监理工作酬金、额外监理工作酬金。

（1）正常监理工作酬金的计算

该监理酬金是指业主依据委托监理合同支付给监理企业的监理酬金。它是构成工程概（预）算的一部分，在工程概（预）算中单独列支。建设监理酬金由监理直接成本、监理间接成本、税金和利润四部分构成。

直接成本：是指监理企业履行委托监理合同时所发生的成本。

间接成本：是指监理企业全部业务经营开支及非工程监理的特定开支。

税金：是指按照国家规定，工程监理企业应交纳的各种税金总额，如营业税、所得税、印花税等。

利润：是指工程监理企业的监理活动收入扣除直接成本、间接成本和各种税金之后的余额。

监理酬金的计算方法一般有以下几种：

①按建设工程投资的百分比计算法。该方法是按照工程规模的大小和所委托监理工作的繁简，以建设工程投资的一定百分比来计算。一般情况下，工程规模越大，建设投资越多，计算监理酬金的百分比越小。该方法比较简便，业主和工程监理企业均容易接受，也是国家制定监理取费标准的主要形式。这种方法的关键是确定计算监理酬金的基数和监理酬金的百分比。

一般以所编制的工程概（预）算作为初始计算监理酬金的基数。工程结算时，再按实际工程投资进行调整。作为计算监理酬金基数的工程概（预）算仅限于委托监理的工程部分。

②工资加一定比例的其他费用计算法。该方法是以项目监理机构监理人员的实际工资为基数乘上一个系数而计算出来的。这个系数包括了应有的间接成本、利润和税金等。除监理人员的工资之外，其他各项直接费用等均由业主另行支付。

一般情况下，较少采用这种方法，因为在核定监理人员数量和监理人员的实际工资方面，业主与工程监理企业之间难以取得完全一致的意见。

③按时计算法。该方法是根据委托监理合同约定的服务时间（小时、日或月），按照单位时间监理服务费来计算监理酬金的总额。单位时间的监理服务费一般是以工程监理企业员工的基本工资为基础，加上一定的管理费和利润（税前利润）。采用这种方法时，监理人员的差旅费、工作函电费、资料费以及试验和检验费、交通费等均由业主另行支付。

按时计算方法主要适用于临时性的、短期的监理业务，或者不宜按工程概（预）算的百分比等其他方法计算监理酬金的监理业务。由于这种方法在一定程度上限制了工程监理企业潜在效益的增加，因而，单位时间内监理酬金的标准比工程监理企业内部实际的标准要高得多。

④监理成本加固定费用计算法。监理成本是指监理企业在工程监理项目上花费的直接成

本；固定费用是指直接成本之外的其他费用。各监理单位的直接成本与其他费用的比例是不同的，但是，一个监理单位的监理直接成本与其他费用之比大体上可以确定个比例。这样，只要估算出某工程项目监理的直接成本，整个监理酬金也就可以确定了。难点是在商谈监理合同时较难准确地确定监理的直接成本。

⑤固定价格计算法。该方法是指在明确监理工作内容的基础上，业主与监理企业协商一致确定的固定监理酬金，或监理企业在投标中以固定价格报价并中标而形成的监理合同价格。当工作量有所增减时，一般也不调整监理酬金。这种方法适用于监理内容比较明确的中小型工程监理酬金的计算，业主和工程监理企业都不会承担较大的风险，在实际工程中采用较多。如住宅工程的监理酬金，可以按单位建筑面积的监理酬金乘以建筑面积确定监理酬金总价。

（2）附加监理工作酬金的计算

①增加监理工作时间的补偿酬金

补偿酬金＝附加工作天数×合同约定的报酬/合同中约定的监理服务天数

②增加监理工作内容补偿的酬金

增加监理工作的范围或内容属于委托监理合同的变更，双方应另行签订补充协议，并具体商定报酬额或报酬的计算方法。

（3）额外监理工作酬金的计算

额外监理工作酬金按实际增加工作的天数计算补偿金额，可参照上式计算。

另外，监理人在监理过程中提出的合理化建议使委托人得到了经济效益，有权按专用条件的约定获得经济奖励。奖金的计算办法可在监理合同中约定。

在委托监理合同实施中，监理酬金支付方式可以根据工程的具体情况双方协商确定。一般采取首期支付多少，以后每月（季）等额支付，工程竣工验收后结算尾款。

第二节　建设工程目标控制

建设工程目标系统有三个最主要的方面：投资（费用、成本）、进度（工期）、质量（功能）。近些年人们将安全控制纳入建设工程目标系统。

建设工程三大目标之间存在对立统一关系。建设工程三大目标之间的对立关系比较直观，易于理解。不能奢望投资、进度、质量三大目标同时达到"最优"，即不可能既要投资最少，又要工期最短，还要质量最好；同时，建设工程三大目标之间存在统一关系，这可以从全寿命周期费用、价值工程、质量成本等角度分析和理解。

建设工程三大目标之间的对立统一关系具体表现为：

投资与进度：加快进度则要增加投资；加快进度可使项目提前动用，提高项目的投资效益。

投资与质量：提高质量一般需要增加投资；提高了质量则可减少维护费用，延长项目使用寿命，有利于项目投资效益的提高。

进度与质量：为加快进度常常不得不牺牲一定的质量，而提高质量也往往要降低进度；然而质量好，无返工则进展顺利，方可确保进度。

在分析建设工程三大目标的对立统一关系时，需要将投资、进度、质量三大目标作为一个系统统筹考虑，需要反复协调和平衡，力求实现整个目标系统最优。

一、建设工程目标控制原理

目标控制是对实现目标的过程中出现或可能出现的偏差进行纠正，以保证目标实现的活动。

（一）控制流程及其基本环节

1. 控制流程

在建设监理的实践中，投资控制、进度控制和常规质量控制的控制周期按周或月计，而严重的工程质量问题和事故，则需要及时加以控制。目标控制流程如图 1-1 所示。

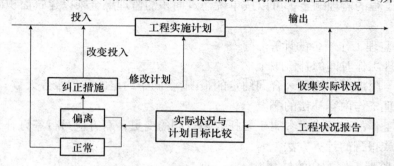

图 1-1　目标控制流程图

2. 控制流程的基本环节

图 1-1 所示的控制流程图可以进一步抽象为输入、输出（转换）、反馈、对比、纠正（纠偏）五个基本环节，如图 1-2 所示。

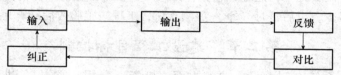

图 1-2　控制流程的基本环节

输入，涉及传统的生产要素，还包括施工方法、信息等。要使计划能够正常实施并达到预定的目标，就应当保证将质量、数量符合计划要求的资源按规定时间和地点投入到建设工程实施过程中去。

输出，是指完成部件的半成品或成品。通常表现为劳动力（管理人员、技术人员、工人）运用劳动资料（如施工机具）将劳动对象（如建筑材料、工程设备等）转变为预定的（建筑）产品。

反馈，是指采集信息、处理信息、传输信息的过程。控制部门和控制人员需要全面、及时、准确地了解计划的执行情况及其结果，而这就需要通过反馈信息来实现。

对比，是指将目标的实际值与计划值进行比较，以确定是否发生偏离。

纠正（纠偏），是指发现偏差，即予纠正。根据偏差的具体情况，可以按以下三种情况进行纠偏：

第一，在轻度偏离的情况下直接纠偏；

第二，在中度偏离情况下，不改变总目标的计划值，调整后期实施计划；

第三，在重度偏离情况下，重新确定目标的计划值，并据此重新制定实施计划。

纠偏一般是针对正偏差（实际值大于计划值）而言，如投资增加、工期拖延。对于负偏差的情况，也要仔细分析其原因，排除假象。

（二）控制类型

根据划分的依据不同，可将控制分为不同的类型。例如，按照控制措施作用于控制对象的时间，可分为事前控制、事中控制和事后控制；按照控制信息的来源，可分为前馈控制和反馈控制；按照控制过程是否形成闭合回路，可分为开环控制和闭环控制；按照控制措施制定的出发点，可分为主动控制和被动控制。不同划分依据的不同控制类型之间存在内在的同一性。

1. 主动控制

所谓主动控制，是预先分析目标偏离的可能性，拟定并采取各项预防性措施，以使计划目标得以实现。主动控制是事前控制、前馈控制、开环控制，是面对未来的控制。

2. 被动控制

所谓被动控制，是从计划执行的实际结果采集信息，发现偏差，及时采取措施纠正偏差，使计划目标得以实现。被动控制是事中控制和事后控制、反馈控制、闭环控制，是面对现实的控制，如图 1-3 所示。

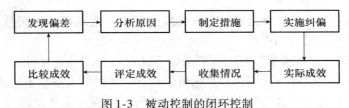

图 1-3　被动控制的闭环控制

3. 主动控制与被动控制的关系

在建设工程实施过程中，如果仅仅采取被动控制措施，难以实现预定的目标。但是，仅仅采取主动控制措施却是不现实的，或者说是不可能的，有时可能是不经济的。对于建设工程目标控制来说，应将主动控制与被动控制紧密结合起来，如图 1-4 所示。并应注意以下几点：

（1）主动控制是积极的；

（2）被动控制是不可缺少的；

（3）主动控制与被动控制相辅相成，重在目标的实现；

（4）做好主动控制的关键是收集信息、预测偏差和输入纠偏措施；

（5）在建设工程实施过程中，应当认真研究并制定多种主动控制措施，力求加大主动控制在控制过程中的比例。

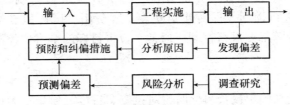

图 1-4　主动控制与被动控制的结合

13

（三）目标的规划和计划

目标是控制的前提，计划是控制的手段。目标规划和计划越明确、越具体、越全面，目标控制的效果就越好。

规划是总体安排，目标规划就是确定目标的过程，规划与控制动态相关，交替循环。

计划是对实现总目标的方法、措施和过程的组织和安排，是建设工程实施的依据和指南，计划首先要可行，同时要尽可能优化。

目标控制的组织机构和任务分工越明确、越完善，目标控制的效果就越好。因此，需要注意做好以下几方面的组织工作：设置目标控制机构；配备合适的目标控制人员；落实目标控制机构和人员的任务及职能分工；合理组织目标控制的工作流程和信息流程。

二、建设工程目标控制的含义

建设工程目标控制的含义可表述为，在工程项目质量符合业主要求和国家行业标准的前提下，项目实际建设投资不超过计划投资且项目实际建设工期不超过计划工期。

（一）建设工程投资控制

1. 建设工程投资控制目标

建设工程投资控制目标，就是通过有效的投资控制，在满足进度和质量要求的前提下，实现工程实际投资不超过计划投资。

"实际投资不超过计划投资"可能表现为以下几种情况。一是在投资目标分解的各个层次上，实际投资均不超过计划投资；二是在投资目标分解的较低层次上，实际投资在有些情况下超过计划投资，在大多数情况下不超过计划投资，因而在投资目标分解的较高层次上，实际投资不超过计划投资；三是在投资目标分解的各个层次上，都出现实际投资超过计划投资的情况，但在大多数情况下实际投资未超过计划投资，因而实际总投资未超过计划总投资。

2. 全过程投资控制

全过程是指建设工程实施的全过程。建设工程的实施过程包括设计阶段、招标阶段、施工阶段以及竣工验收和保修阶段。在这几个阶段中都要进行投资控制，但从投资控制的任务来看，主要集中在前三个阶段。

虽然施工阶段的实际投资额最大，但是对投资效果影响最大的是施工以前的各阶段，尤其是设计阶段。

3. 全方位投资控制

对投资目标进行全方位控制，包括两种含义。一是对按工程内容分解的各项投资进行控制，即对单项工程、单位工程、分部分项工程的投资进行控制；二是对按总投资构成内容分解的各项费用进行控制，即对建筑安装工程费用、设备和工器具购置费用、工程建设其他费用以及预备费等都要进行控制。通常，投资目标的全方位控制主要是指上述第二种含义。

4. 系统投资控制

系统投资控制是指在确定投资目标时，对投资、进度、质量三大目标应进行反复协调和平衡，力求实现整个目标系统最优。当采取某项投资控制措施时，如果该措施对进度目标和质量目标产生不利影响，就要考虑是否还有更好的措施，坚持从系统整体出发择优选用投资控制措施。

（二）建设工程进度控制

1. 建设工程进度控制目标

建设工程进度控制目标，就是通过有效的进度控制，在满足投资和质量要求的前提下，实现工程实际工期不超过计划工期，保证建设工程按计划时间启用。

进度控制的目标能否实现，主要取决于关键工作能否按预定的时间完成。同时也要防止非关键工作的延误时间超过其总时差而延误工期。

2. 全过程进度控制

进行全过程进度控制，要注意以下三方面问题。一是工程建设的进度计划应当尽早编制；二是在编制进度计划时要充分考虑各工作之间的逻辑关系及其合理搭接；三是重点抓好关键线路的进度控制。

3. 系统投资控制

在采取进度控制措施时，要尽量选择对投资目标和质量目标产生有利影响或不利影响较小的进度控制措施。

进度控制的特殊问题就是在建设工程三大目标控制中，组织协调对进度控制的作用最为突出、最为直接且一般不会增加额外费用。

（三）建设工程质量控制

1. 建设工程质量控制目标

建设工程质量控制目标，就是通过有效的质量控制，在满足投资和进度要求的前提下，实现工程的预定质量目标。质量目标的内涵是项目的实体、功能、使用价值以及工作质量。

首先，建设工程质量必须符合国家现行的关于工程质量的法律、法规、技术标准和规范等的有关规定，尤其是强制性标准的规定，从这个角度讲，同类建设工程的质量目标具有共性，不因其业主、建造地点以及其他建设条件的不同而不同。

其次，建设工程的质量目标还是通过合同约定的，任何建设工程都有其特定的功能和使用价值。建设工程的功能与使用价值是相对于业主的需要而言的，从这个角度讲，建设工程的质量目标都具有个性。

建设工程质量控制的目标就要实现以上两方面对工程质量的要求。处理两者的关系时，应该保证合同约定的质量目标不得低于国家强制性质量标准的要求。

2. 系统控制

进行建设工程质量系统控制时应注意以下几点：一是避免不断提高质量目标的倾向；二是确保基本质量目标的实现；三是尽可能发挥质量控制对投资目标和进度目标的积极作用。

3. 建设工程质量控制的特殊问题

建设工程质量控制的特殊问题主要表现在以下两方面：一是对建设工程质量实行三重控制，即实施者自身的质量自检控制，监理单位的质量抽检控制，政府对工程质量的监督。二是工程质量事故处理，在实施建设监理的工程上，最基本的要求是减少一般性工程质量事故、杜绝重大工程质量事故。

三、设计阶段建设工程的特点及监理目标控制的任务

（一）建设工程设计阶段的特点

1. 设计工作表现为创造性的脑力劳动。
2. 设计阶段是决定建设工程价值和使用价值的主要阶段。
3. 设计阶段是影响建设工程投资程度的关键阶段。这里所说的"影响建设工程投资程度"是相对于建设工程通过设计所实现的具体功能和使用价值而言的，应从工程效益、价值工程和全寿命周期费用的角度来理解。
4. 设计工作需要反复协调。首先，工程设计需要在各专业设计之间进行反复协调；其次，在设计过程中，还要在不同设计阶段之间进行反复协调；再次，还需要与外部因素进行反复协调，主要涉及与业主需求和政府有关部门审批工作的协调。
5. 设计质量对建设工程总体质量有决定性影响。工程实体的质量要求、功能和使用价值等质量要求都是在设计阶段确定下来的。

（二）建设工程设计阶段监理单位的任务

1. 投资控制任务。设计阶段监理单位投资控制的主要任务是：
（1）协助业主制定建设工程投资目标规划；
（2）协助业主开展技术经济分析等活动，协调和配合设计单位力求使设计投资合理化；
（3）协助业主审核概（预）算，提出改进意见，优化设计。
2. 进度控制任务。设计阶段监理单位进度控制的主要任务是：
（1）协助业主确定合理的设计工期要求；
（2）协助业主制定建设工程总进度计划；
（3）协助业主协调各设计单位一体化开展设计工作，力求使设计能按进度计划要求进行；
（4）协助业主按合同要求及时、准确、完整地提供设计所需要的基础资料和数据；
（5）协助业主与外部有关部门协调相关事宜，保障设计工作顺利进行。
3. 质量（功能、使用要求）控制任务。设计阶段监理单位质量控制的主要任务是：
（1）协助业主制定建设工程质量目标规划（如设计要求文件）；
（2）协助业主及时、准确、完善地提供设计工作所需的基础数据和资料；
（3）配合设计单位优化设计，确认设计符合有关法规、技术、经济、财务、环境条件要求。

四、施工阶段建设工程的特点及监理目标控制的任务

（一）建设工程施工阶段的特点

1. 施工阶段是执行计划（设计文件）为主的阶段。
2. 施工阶段是实现建设工程价值和使用价值的主要阶段。
3. 施工阶段是资金投入量最大的阶段。
4. 施工阶段需要协调的内容比较多。
5. 施工质量对建设工程总体质量起保证作用。设计质量的实现程度如何取决于施工质

量的好坏。

6. 施工阶段持续时间长、风险因素多、合同关系复杂、合同争议多。

（二）建设工程施工阶段监理单位的任务

施工招标阶段监理单位应协助业主编制施工招标文件、工程标底，并协助业主做好投标资格预审工作、组织开标、评标、定标等工作。

施工阶段监理单位的主要任务如下：

1. 投资控制的任务。监理单位通过工程付款控制、工程变更费用控制、费用索赔预防、节约投资潜力的挖掘等来努力实现实际发生的费用不超过计划投资。

2. 进度控制的任务。监理单位通过完善建设工程控制进度计划、审查承包商施工进度计划、做好各项动态控制工作、协调各单位关系、预防并处理好工期索赔，以求实际施工期不超过计划工期。

3. 质量控制的任务。监理单位通过对施工投入、施工和安装过程、产出品进行全过程控制，以及对施工单位资质和人员资格、材料和设备、施工机械和机具、施工方案、施工环境的全面控制，以期达到预定的施工质量目标。

五、建设工程目标控制的措施

为了取得目标控制的理想成果，在建设工程实施的各个阶段采取组织措施、技术措施、经济措施、合同措施等进行控制。运用以上措施进行目标控制的要点如下：

1. 组织措施是其他各类措施的前提和保障，而且一般不需要增加多少费用。组织协调对进度控制的作用最为突出、最为直接且一般不会增加额外费用。

2. 运用技术措施对建设工程目标纠偏的关键有二：一是要能提出多个不同的技术方案；二是要对不同的技术方案进行科学的技术经济分析。

3. 经济措施除了审核工程量及相应的付款和结算报告等之外，还需要从一些全局性、总体性的问题上加以考虑。另外，通过偏差原因分析和未完工程投资预测，可发现一些将引起未完工程投资增加的问题，并及时采取预防措施。

4. 合同措施除了拟订合同条款、参加合同谈判、处理合同执行过程中的问题、防止和处理索赔等措施外，还要协助业主选择对目标控制有利的建设工程组织管理模式和合同结构，分析不同合同之间的相互联系和影响，并对每一个合同作总体和具体分析等。

第三节　建设工程风险管理

一、风险管理概述

（一）风险的定义及相关概念

1. 风险的定义

风险有以下两种定义：第一，风险是与出现损失有关的不确定性；第二，风险是在给定情况下和特定时间内，可能发生的结果之间的差异（或实际结果与预期结果之间的差异）。

风险要具备两方面条件：一是不确定性；二是产生损失后果，否则就不能称为风险。

2. 与风险相关的概念

（1）风险因素。风险因素是指能产生或增加损失概率和损失程度的条件或因素，是风险事件发生的潜在原因，是造成损失的内在或间接原因。

风险因素分为以下三种：①自然风险因素：指有形的、并能直接导致某种风险的事物，如冰雪路面、汽车发动机性能不良或制动系统故障等均可能引发车祸而导致人员的伤亡；②道德风险因素：为无形的因素，与人的品德修养有关，如人的品质缺陷或欺诈行为；③心理风险因素：也是无形的因素，与人的心理状态有关，如投保后疏于对损失的防范。

（2）风险事件。风险事件是指造成损失的偶发事件，是造成损失的外在原因或直接原因。如地震、偷盗、抢劫等。

注意要把风险事件与风险因素区别开来，如汽车的制动系统失灵导致车祸中人员伤亡，制动系统失灵是风险因素，而车祸是风险事件。

（3）损失。损失是指非故意的、非计划的和非预期的经济价值的减少。

（4）损失机会。损失机会是指损失出现的概率。

要注意损失机会与风险的区别。损失机会强调损失出现的概率，风险则强调损失后果及其不确定性。为了说明其本质差别，现举例说明：

过去 5 年内，A、B 两市投保火险的住宅数均为 100000 幢，平均每年有 1000 幢住宅发生火灾，但 A 市发生火灾的住宅数变化范围为 900～1100 幢，B 市发生火灾的住宅数变化范围为 750～1250 幢。根据以上资料计算 A、B 两市住宅火灾的损失机会和风险（表1-1）。

表1-1　损失机会与风险的区别

	A 市	B 市
投保火险的住宅数（幢）	100000	100000
平均每年火灾数（次）	1000	1000
变化范围为（幢）	900～1100	750～1250
损失机会	1000/100000 = 1%	1000/100000 = 1%
风险	100/1000 = 1/10	250/1000 = 1/4

由表可知，A、B 两市火灾的损失机会相同，但 B 市的火灾风险大于 A 市，因为 B 市的火灾不确定性高于 A 市。

（5）风险因素、风险事件、损失与风险之间的关系可简要描述如下：

风险因素→风险事件→损失≡风险

（二）建设工程风险与风险管理

1. 建设工程风险

对建设工程风险的认识，要明确以下两个基本点：

（1）建设工程风险大。建设工程风险因素多和风险事件发生的概率大，同时，往往造成比较严重的损失后果。

（2）参与建设工程的各方均有风险，但即使是同一风险事件，对建设工程不同参与方的影响迥然不同。

对于业主来说，建设工程决策阶段的风险主要表现为投机风险，而在实施阶段的风险主要表现为纯风险。同一风险事件，比如通货膨胀，在不同的合同条件下，对建设各方的影响也不相同，比如在可调价格合同条件下，对业主来说是相当大的风险，而对承包商来说风险一般很小，但是在固定总价合同条件下，风险的影响后果恰恰相反。

2. 风险管理过程

风险管理过程包括风险识别、风险评价、风险对策决策、风险决策实施、风险措施实施检查五方面内容。

风险识别、风险评价、风险对策决策的具体内容见本节后面内容。

对风险对策所作出的决策还需要制定计划并付诸实施；此外，在建设工程实施过程中，跟踪检查风险决策的执行情况，并根据变化的情况，及时调整对策，并评价各项风险对策的执行效果。

3. 风险管理目标

就建设工程而言，在风险事件发生前，风险管理的首要目标是使潜在损失最小，这一目标要通过最佳的风险对策组合来实现；其次，是减少忧虑及相应的忧虑价值（比如由于对风险的忧虑，分散和耗用的工程建设决策者的精力与时间）；再次，是满足外部的附加义务（比如法律规定的强制性保险）。

建设工程风险管理的目标通常更具体地表述为：

（1）投资风险的管理目标为实际投资不超过计划投资；

（2）进度风险的管理目标为实际工期不超过计划工期；

（3）质量风险的管理目标为实际质量满足预期的质量要求；

（4）安全风险的管理目标为工程安全可靠、工地平安；

（5）可持续性风险的管理目标为对社会、对生态具有积极的影响。

二、建设工程风险识别

（一）风险识别概念

风险识别，即通过一定的方式，系统而全面地分辨出影响建设工程目标实现的风险事件，并进行归类处理的过程，风险识别具有个别性、主观性、复杂性和不确定性等特点。

（二）风险识别的原则

在风险识别过程中应遵循以下原则：

1. 由粗及细，由细及粗。由粗及细是指对风险因素进行全面分析，逐渐细化，从而得到工程初始风险清单。而由细及粗是指从工程初始风险清单的众多风险中，确定主要风险，作为风险评价以及风险对策决策的主要对象。

2. 严格界定风险内涵并考虑风险因素之间的相关性。

3. 先怀疑，后排除，不要轻易否定或排除某些风险。

4. 排除与确认并重。对于肯定不能排除但又不能肯定予以确认的风险按确认考虑。

5. 必要时可做实验论证。

（三）建设工程风险的识别途径

风险识别的结果是建立建设工程风险清单。建设工程风险识别的核心工作是建设工程风险分解。建设工程风险的分解可以按以下途径进行。

1. 目标维。即按建设工程目标进行分解，也就是考虑影响建设工程投资、进度、质量和安全目标实现的各种风险。

2. 时间维。即按建设工程实施的各个阶段进行分解，也就是考虑建设工程不同实施阶段的不同风险。

3. 结构维。即按建设工程组成内容进行分解，也就是考虑不同单项工程、单位工程的不同风险。

4. 因素维。即按建设工程风险因素的分类分解，如政治、社会、经济、自然、技术等方面的风险。

常用的组合分解方式是由目标维、时间维和因素维三方面从总体上进行建设工程风险的分解，如图 1-5 所示。

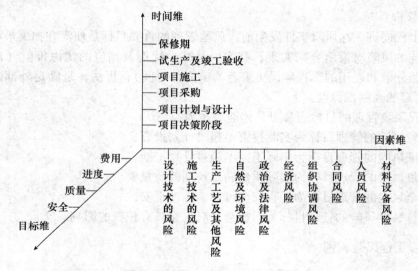

图 1-5　建设工程风险三维分解图

（四）风险识别的方法

建设工程风险识别的方法有：专家调查法、财务报表法、流程图法、初始清单法、经验数据法和风险调查法。其中前三种方法为风险识别的一般方法，后三种方法为建设工程风险识别的具体方法。

1. 专家调查法

这种方法又有两种方式：一种是召集有关专家开会；另一种是采用问卷向专家调查。由风险管理人员对专家发表的意见归纳分类、整理分析。

2. 财务报表法

采用财务报表法进行风险识别，需要深入分析研究财务报表中所列的各项会计科目，并结合工程财务报表的特点来识别建设工程风险。

3. 流程图法

按步骤或阶段顺序将一项特定的生产或经营活动转化为模块形式表示的流程图系列，在每个模块中都标出各种潜在的风险因素或风险事件。

20

4. 初始清单法

建设工程的初始风险清单建立的常规途径是采用保险公司或风险管理学会（或协会）公布的潜在损失一览表。另外，通过适当的风险分解方式来识别风险也是建设工程初始风险清单建立的有效途径。

5. 经验数据法

经验数据法也称为统计资料法，即根据已建各类建设工程与风险有关的统计资料来识别拟建建设工程的风险。这种基于经验数据或统计资料的初始风险清单可以满足对建设工程风险识别的需要。

6. 风险调查法

风险调查应当从分析具体建设工程的特点入手：一方面要鉴别和确认通过其他方法已识别出的风险；另一方面通过风险调查可能发现此前尚未识别出的重要的工程风险。

风险调查可以从组织、技术、自然及环境、经济、合同等方面分析拟建建设工程的特点及相应的潜在风险。风险调查也应该在建设工程实施全过程中不断地进行。对于建设工程的风险识别来说，只有采用多种风险识别方法，才能取得较为满意的结果。不论采用何种风险识别方法组合，都必须包含风险调查法。

三、建设工程风险评价

通过定量评价风险可以更准确地认识风险，保证目标规划的合理性和计划的可行性，以及合理选择风险对策，形成最佳风险对策组合。

（一）风险量

风险量是指各种风险的量化结果，是风险评价的重要手段。其数值大小取决于各种风险的发生概率及其潜在损失。等风险量曲线，如图1-6所示，是由风险量相同的风险事件形成的一条曲线。不同等风险量曲线所表示的风险量大小与风险坐标原点的距离成正比，即距原点越近，风险量越小；反之，则风险量越大。

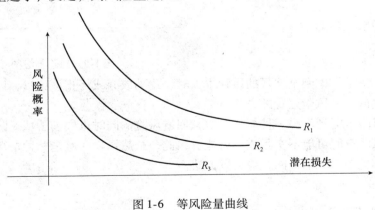

图1-6　等风险量曲线

（二）建设工程风险损失的衡量

风险损失的衡量就是定量确定风险损失值的大小。建设工程风险损失包括投资风险、进度风险、质量风险和安全风险。

1. 投资风险

投资风险导致的损失可以直接用货币来衡量。该风险损失包括：第一，投资资金使用不当给项目带来的损失；第二，利率、汇率、物价、政策法规的变化导致的实际投资超过计划投资的数额。以上风险事件可能会引起实际投资额超过计划投资额。

2. 进度风险

进度风险属于时间范畴，同时也会导致经济损失。该风险损失包括：第一，工期延长而导致利息的增加；第二，赶工成本；第三，延期投入使用的收益损失。

3. 质量风险

该风险损失包括：第一，质量事故导致的直接经济损失；第二，补救或修复工程缺陷所需要的费用；第三，影响正常使用而导致的收益损失（如工期延误和永久性缺陷导致的收益损失）；第四，由于工程质量导致的对第三者责任的赔偿。

4. 安全风险

该风险损失包括：第一，人身伤害的费用，如受伤人员的医疗费和补偿费；第二，物质损失的费用，包括材料、设备等物质财产的损毁或被盗；第三，由于工期延误而带来的损失；第四，为恢复建设工程正常实施所发生的费用；第五，第三者责任的费用，是指在建设工程实施期间，因意外事故可能导致的第三者的人身伤亡和财产损失所作的经济赔偿以及必须承担的法律责任。

以上四种风险最终均会导致经济损失。

（三）风险评价

通过对建设工程风险量比较，可以确定建设工程风险的相对严重性。一般将风险量的大小分成五个等级（图1-7）：（1）VL（很小）；（2）L（小）；（3）M（中等）；（4）H（大）；（5）VH（很大）。

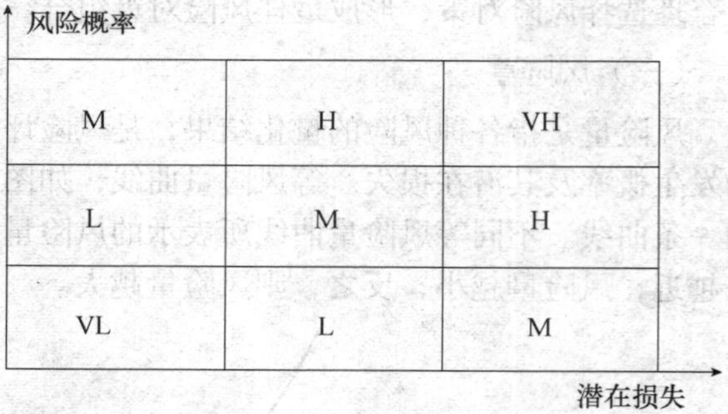

四、建设工程风险对策

（一）风险回避

图1-7　风险等级图

风险回避，就是考虑到某项目的风险很大时，主动放弃或终止该项目，以避免该项目风险及其所致损失的一种风险处置的方式。

回避一种风险可能产生另一种新的风险，回避风险的同时也失去了从风险中获益的可能性，而且回避风险有时可能不实际或不可能。因此，虽然风险回避是一种最彻底的风险处置技术，但是，它也是一种消极的风险处置方法。

（二）损失控制

1. 损失控制的概念

损失控制就是为了最大限度地降低风险事件发生的概率和减小损失幅度而采取的风险处置技术。它可分为预防损失和减少损失两方面工作。

预防损失的主要作用在于降低或消除损失发生的概率，而减少损失的作用在于降低损失的严重性或遏制损失的进一步发展，使损失最小化。因此，损失控制方案都应当是预防损失和减少损失的有机结合。

制定损失控制措施必须以定量风险评价的结果为依据。风险评价时特别要注意间接损失和隐蔽损失。制定损失控制措施还必须考虑其付出的代价，包括费用和时间两方面的代价。

2. 损失控制计划系统

损失控制计划系统由预防计划（或称安全计划）、灾难计划和应急计划三部分组成。

（1）预防计划。它的目的在于有针对性地预防损失的发生，其主要作用是降低损失发生的概率，也能在一定程度上降低损失的严重性。

（2）灾难计划。它是一组事先编制好的、目的明确的工作程序和具体措施，为现场人员提供具体的行动指南，使其在各种严重、恶性的紧急事件发生后，可以做到及时、妥善地处理，从而减少人员伤亡以及财产损失。

（3）应急计划。它是在风险损失基本确定后的处理计划，其宗旨是使因严重风险事件中断的工程实施过程尽快全面恢复，并减少进一步的损失，使其影响程度减至最小。

三种损失控制计划之间的关系简要描述如下：

事先的风险事件及后果分析→预防计划→风险事件发生→灾难计划→风险损失基本确定→应急计划

损失控制既能有效减少项目的风险损失，又能使全社会的物质财富少受损失，因此，损失控制是最积极、最有效的一种风险处置方式。

（三）风险自留

风险自留是从企业内部财务的角度应对风险。它不改变建设工程风险的客观性质，这种方式既不改变建设工程风险的发生概率，也不改变建设工程风险潜在损失的严重性。

1. 风险自留的类型

（1）非计划性风险自留（被动自留）。

导致非计划性风险自留的主要原因有：缺乏风险意识、风险识别失误、风险评价失误、风险决策延误和风险决策实施延误。项目管理者应该力求避免非计划性风险自留。

（2）计划性风险自留（主动自留）。

计划性风险自留是指在对项目风险进行预测、识别、评价和分析的基础上，明确风险的性质及其后果，风险管理者认为主动承担某些风险比其他处置方式更好，于是筹措资金将这些风险保留。

计划性风险自留的计划性主要体现在风险自留水平和损失支付方式两方面。风险自留水平，是指选择风险事件作为风险自留的对象时，一般应选择风险量小或较小的风险事件作为风险自留的对象。损失支付方式，是指计划性风险自留应预先制定损失支付计划。常见的损失支付方式有以下几种：①从现金净收入中支出。这种方式是在损失发生后从现金收入中支出，或将损失费用计入当期成本，而不是在财务上对自留风险作特别安排。②建立非基金储备。这种方式是建立一定数量的不是专门针对自留风险的备用金。③自我保险。这种方式是设立一项专门用于自留风险所造成损失的专项基金，该基金的设立不是一次性的，而是每期支出，相当于定期支付保险费，因而称为自我保险。④母公司保险。这种方式只适用于存在总公司与子公司关系的集团公司，往往是在难以投保或自保较为有利的情况下运用。

2. 风险自留的适用条件

一般选择承担损失小、概率小的风险。风险自留至少要符合以下条件之一才应予以考虑：

（1）别无选择；

（2）期望损失不严重；

（3）损失后果可准确预测；

（4）企业有短期内承受最大潜在损失的能力；

（5）投资机会很好（或机会成本很大）；

（6）内部服务优良。

风险自留绝不可能单独运用，而应与其他风险对策结合使用。在实行风险自留时，应保证重大和较大的建设工程风险已经进行了工程保险或实施了损失控制计划。

（四）风险转移

风险转移涉及风险分担。风险分担的基本原则是：任何一种风险都应由最适宜承担该风险或最有能力进行损失控制的一方承担。符合这一原则的风险转移是合理的，可以取得双赢或多赢的效果。风险转移分为非保险转移和保险转移两种形式。

1. 非保险转移

非保险转移又称为合同转移，建设工程风险最常见的非保险转移有以下三种情况：

（1）业主将责任和风险通过合同转移给对方当事人；

（2）进行合同转让或工程分包。合同转让风险转移是指将原合同责任及风险全部转移给合同的受让人（新），工程分包风险转移是指将一部分合同责任及风险转移给分包商。

（3）第三方担保。担保方所承担的风险仅限于合同责任，即由于担保委托方不履行或不适当履行合同以及违约所产生的责任。

非保险转移的优点主要体现在：一是可以转移某些不可保险的潜在损失；二是被转移者往往能较好地进行损失控制。但是，非保险转移可能因为双方当事人对合同条款的理解发生分歧而导致转移失效，或因被转移者无力承担实际发生的重大损失而导致风险损失仍然由转移者来承担。

2. 保险转移

保险转移是指建设工程业主或承包商作为投保人将本应由自己承担的建设工程风险（包括第三方责任）转移给保险公司。

在进行工程保险的情况下，建设工程在发生重大损失后，可以从保险公司及时得到赔偿，能确保建设工程实施稳定地进行，还可以使决策者和风险管理人员对建设工程风险的担忧减少。而且，保险公司可向业主和承包商提供较为全面的风险管理服务。

保险转移对策的缺点表现在：工程投保需要付出高昂的保费代价；保险谈判常常耗费较多的时间和精力；因为工程投保，投保人可能产生心理麻痹而疏于损失控制计划。

应该指出，工程保险并不能转移建设工程的所有风险，一方面是因为存在不可保的风险，另一方面是因为有些风险不宜保险。所以对于建设工程风险，应将工程保险与风险回避、损失控制和风险自留结合运用。

风险对策决策过程与风险对策之间的关系如图 1-8 所示。

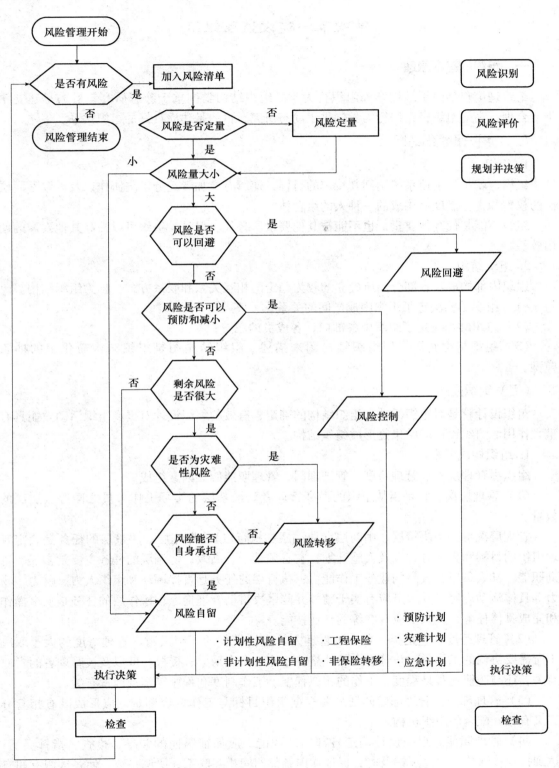

图 1-8 风险对策决策过程与风险对策之间的关系

25

第四节　建设监理组织

一、组织的基本原理

组织理论包括组织结构学和组织行为学。组织结构学侧重于静态研究，目的是建立精干、合理、高效组织；组织行为学侧重于动态研究，目的是建立良好的组织关系。

（一）组织和组织结构

1. 组织

组织，就是为了使系统达到其特定的目标，使所有参加者经分工与协作以及设置不同层次的权力和责任制度而构成的一种人的组合体。

组织不能替代其他要素，也不能被其他要素所替代。但是，组织可以提高其他要素的使用效益。

2. 组织结构

组织内部构成和各部分间所确立的较为稳定的相互关系和联系方式，称为组织结构。

（1）组织结构决定了组织中成员间的关系；

（2）组织结构决定了组织中各部门、各成员的职责；

（3）组织结构通常使用组织结构图来描述。组织结构图是组织结构简化了的抽象模型。

（二）组织设计

组织设计就是对组织活动和组织结构的确定，有效的组织设计对提高组织活动效能具有重大作用。组织设计的结果是形成组织结构。

1. 组织构成因素

组织由管理层次、管理跨度、管理部门、管理职能四大因素组成。

（1）管理层次。它是指从组织的最高管理者到最基层的实际工作人员之间等级层次的数量。

管理层次可分为决策层、中间层（协调层和执行层）、操作层。决策层的任务是确定管理组织的目标和大政方针以及实施计划，它必须精干、高效；协调层的任务主要是参谋、咨询职能，其人员应有较高的业务工作能力；执行层的任务是直接调动和组织人力、财力、物力等具体活动内容，其人员应有实干精神并能坚决贯彻管理指令；操作层的任务是从事操作和完成具体任务，其人员应有熟练的作业技能。

（2）管理跨度。它是指一名上级管理人员直接管理的下级人数。管理跨度的大小取决于所需要协调的工作量，与管理人员性格、才能、个人精力、授权程度以及被管理者的素质有关，还与职能的难易程度、工作的相似程度、工作制度和程序等客观因素有关。

（3）管理部门。管理部门的划分要根据组织目标与工作内容确定，应形成既有相互分工又有相互配合的组织机构。

（4）管理职能。组织设计确定各部门的职能，应保证纵向的领导、检查、指挥灵活，达到指令传递快、信息反馈及时；保证横向各部门间相互联系、协调一致，使各部门有职有责、尽职尽责。

2. 组织设计原则

（1）集权与分权统一的原则。项目监理机构中的集权是指总监理工程师掌握所有监理大权，各专业监理工程师只是其命令的执行者；其分权是指各专业监理工程师在各自管理的范围内有足够的决策权，总监理工程师主要起协调作用。

（2）专业分工与协作统一的原则。分工就是将监理目标分成各部门以及各监理人员的目标、任务。协作就是明确组织机构内部各部门之间和各部门内部的协调关系与配合方法。

（3）管理跨度与管理层次统一的原则。管理跨度与管理层次呈反比例关系。应该在通盘考虑影响管理跨度的各种因素后，在实际运用中根据具体情况确定管理层次。

（4）权责一致的原则。在项目监理机构中应明确划分职责、权力范围，做到责任和权力相一致。

（5）才职相称的原则。应使每个人的现有和可能有的才能与其职务上的要求相适应，做到才职相称，人尽其才，才得其用，用得其所。

（6）经济效益原则。应组合成最适宜的结构形式，实行最有效的内部协调，使事情办得简洁而正确，减少重复和扯皮。

（7）弹性原则。组织机构既要有相对的稳定性，又要具有一定的适应性。

（三）组织结构的基本形式

组织结构包括纵向层次结构和横向部门结构，从组织的发展过程来看，组织结构主要有以下几种基本形式。

1. 直线制

直线制组织结构呈金字塔形，该结构可确保命令源的唯一性。其最大特点是权力自上而下呈直线排列，下级只对唯一的上级负责，如图1-9所示。

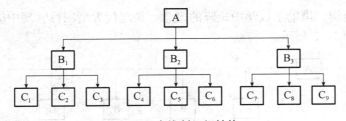

图1-9　直线制组织结构

优点：结构简单、职责分明、指挥灵活等。

缺点：结构呆板、专业分工差、横向联系困难、要求主管负责人通晓各种知识和技能等。当组织规模较大、业务复杂时，此形式难以适应，因而这种组织形式通常适用于小型单位的组织管理。

2. 职能制

职能制组织形式强调职能的专业化，将不同职能授权于不同专业部门。

优点：易于发挥专业人才的作用，有利于人才的培养和技术水平的提高，该形式适用于工作复杂，管理分工较细的情况。

缺点：此种组织形式容易政出多门，造成职责不清，协调困难。组织结构如图1-10所示。从图1-10可以看出职能制组织形式的命令源不是唯一的，B_1、B_2、B_3 都可以对 C_1、

C_2、C_3、C_4、C_5、C_6、C_7、C_8、C_9 下指令，常造成混乱和矛盾。

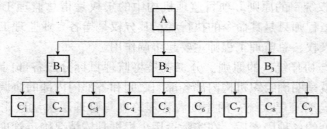

图 1-10　职能制组织结构

3. 直线—职能制

该组织形式是在吸收直线制和职能制组织的优点、克服其缺点的基础上形成的一种综合组织形式。它的特点是：设置两套系统，一套是按命令统一原则设置的组织指挥系统，另一套是按专业化原则设置的职能系统。职能管理人员是直线指挥人员的参谋，组织结构如图 1-11 所示。图 1-11 中：A 是 B 的直接上级，A_C 是 A 的参谋；B 是 C 的直接上级，B_{2C}是 B_2 的参谋……。

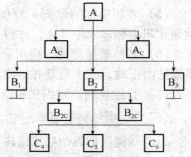

图 1-11　直线—职能制组织结构

优点：集中领导，统一指挥，便于调配人、财、物力；职责清楚，办事效率高，组织秩序井然，整个组织有较高的稳定性。此种形式的组织机构应注意职能部门和指挥部门之间的协调，避免越级指挥。

4. 矩阵制

矩阵制组织结构，借助了数学中矩阵的概念，是现代大型项目管理中应用最为广泛的新型组织形式，如图 1-12 所示。

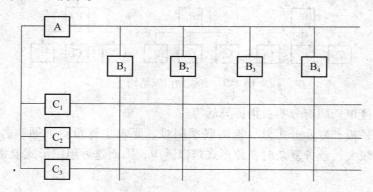

图 1-12　矩阵制组织结构

由图 1-12 可以看出，此组织结构中，既有纵向指令，又有横向指令，纵横交叉，形成矩阵状，故由此得名。

优点：A 对纵向职能系统 B、横向项目系统 C 有较灵活的指挥权，可以根据 B、C 的不同情况和要求，进行组织内的人力、材料、设备、资金等资源的调配，充分发挥特殊专业人才等稀有资源的作用。

缺点：该组织结构对管理人才的素质要求较高，同时要求组织内的所有人员有较强的协调能力。

二、建设工程承发包模式与监理模式

（一）平行承发包模式

平行承发包，是指业主将建设工程的设计、施工以及材料设备采购的任务经过分解分别发包给若干个设计单位、承包商和材料设备供应单位，并分别与各方签订合同。平行承发包模式如图1-13所示。

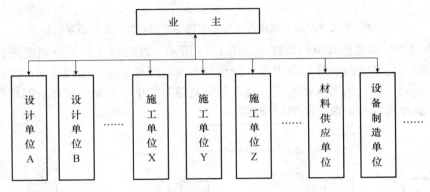

图 1-13　平行承发包模式

1. 优点

（1）有利于缩短工期。由于设计和施工任务经过分解分别发包，设计与施工阶段有可能形成搭接关系，从而缩短整个项目工期。

（2）有利于质量控制。合同约束与相互制约能够较好地保证工程质量。如主体与装修分别由两个承包商承包，当主体工程不合格时，装修单位是不会同意在不合格的主体上进行装修的，这相当于有了他人控制，比自己控制约束力更强。

（3）有利于业主选择承包商。合同内容比较单一、合同价值小、风险小，因此无论大型承包商还是中小型承包商都有机会竞争，有利于建设单位择优确定承包商。

2. 缺点

（1）合同关系复杂，组织协调工作量大。

（2）投资控制难度大。一是总合同价不易短期确定，影响投资控制计划实施；二是工程招标任务量大，需控制多项合同价格，增加了投资控制难度。

3. 平行承发包模式条件下的监理模式

与平行承发包模式相适应的监理组织模式可以有以下两种形式：

（1）业主委托一家监理单位监理，如图1-14所示，这种监理组织模式要求监理单位有较强的合同管理与组织协调能力，并应做好全面规划工作。监理单位的项目监理组织可以组建多个监理分支机构对各承包商分别实施监理。项目总监应做好总体协调工作，加强横向联系，保证监理工作的有效运行。

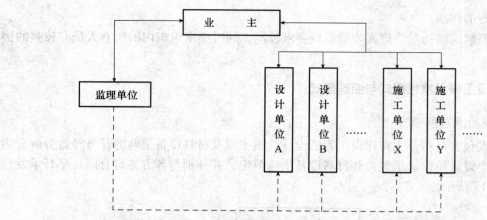

图 1-14　平行承发包模式条件下业主委托一家监理单位进行监理的模式

（2）业主委托多家监理单位监理，如图 1-15 所示，这种模式业主分别委托几家监理单位针对不同的承包商实施监理。由于业主分别与多家监理单位签订监理合同，所以应做好各监理单位的协调工作。采用这种模式，监理单位监理对象单一，便于管理。但缺少一个对建设工程进行总体规划与协调控制的监理单位。

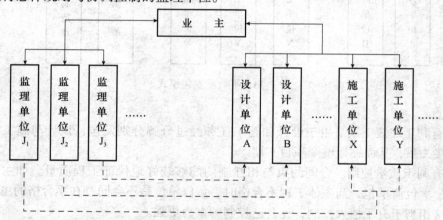

图 1-15　平行承发包模式条件下业主委托多家监理单位进行监理的模式

（二）设计或施工总分包模式

设计或施工总分包，是指业主将全部设计或施工任务发包给一个设计单位或一个承包商作为总包单位，总包单位可以将其部分任务再分包给其他承包单位。设计或施工总分包模式如图 1-16 所示。

1. 优点

（1）有利于建设工程的组织管理。有利于业主的合同管理，协调工作量较少。

（2）有利于投资控制。总包合同价格可以较早确定，并且监理单位也易于控制。

（3）有利于质量控制。既有分包商的自控，又有总包单位的监督，还有工程监理单位的检查认可，多重控制使工程质量更有保证。

（4）有利于工期控制。总包单位具有控制的积极性，分包商之间也有相互督促作用，有利于进度目标的实现。

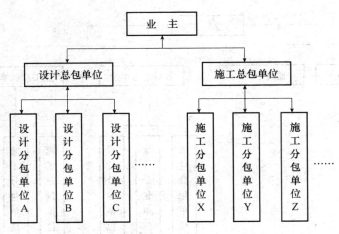

图 1-16　设计或施工总分包模式

2. 缺点

（1）建设周期较长。由于设计图纸全部完成后才能进行施工总包的招标，不仅不能将设计阶段与施工阶段搭接，而且施工招标需要的时间也比较长。

（2）总包报价可能较高。一方面，对于规模较大的建设工程来说，通常只有大型承建商才具有总包的资格和能力，竞争相对不够激烈，可能造成报价相对较高；另一方面，对于分包出去的工程内容，总包单位都要在分包报价的基础上加收管理费后，再向业主报价。

采用这种模式时，切忌层层承包，否则对工程质量、工期和投资等均无好处。另外，按照国际惯例，一般规定设计总包单位（或施工总包单位）不可把总包合同规定的任务全部转包给其他设计单位（或承包商），并且还规定总包单位将部分任务分包给其他单位时，必须得到业主的认可。

3. 设计或施工总分包模式条件下的监理模式

与设计或施工总分包相适应的监理组织模式是，业主可以委托一家监理单位进行全过程监理，也可以按设计阶段和施工阶段分别委托监理单位。总包单位对合同承担乙方的最终责任，但监理工程师必须做好对分包商资质的审查及确认工作。监理模式如图 1-17 和图 1-18 所示。

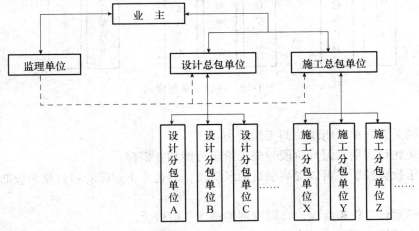

图 1-17　设计或施工总分包模式条件下业主委托一家监理单位进行监理的模式

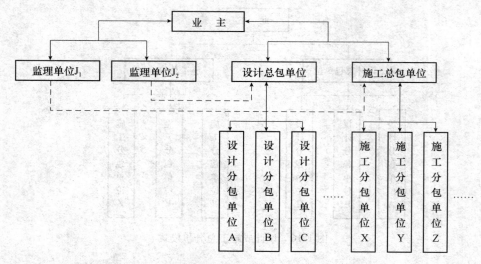

图 1-18　设计或施工总分包模式条件下按阶段委托监理的模式

（三）项目总承包模式

项目总承包，是指业主将工程设计、施工、材料和设备采购等工作全部发包给一家承包单位，由其进行实质性设计、施工和采购工作，最后向业主交出一个已达到动用条件的工程，该模式也称作"交钥匙工程（EPC）"。项目总承包模式如图1-19所示。

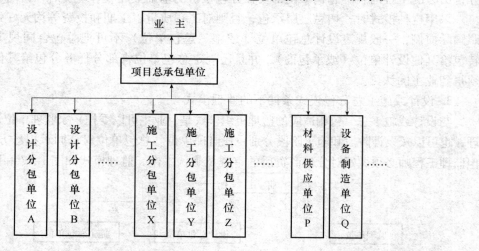

图 1-19　项目总承包模式

1. 优点

（1）合同关系简单，组织协调工作量小。

（2）缩短建设周期，设计阶段与施工阶段可能相互搭接。

（3）利于投资控制，可以提高项目的经济性，但这并不意味着项目总承包的价格低。

2. 缺点

（1）招标发包工作难度大，合同管理的难度一般较大。

（2）业主择优选择承包方的范围小，该模式承包方风险大，所以一般投标报价较高，往往导致合同价格较高。

（3）质量控制难。一是质量标准和功能要求不易做到全面、具体、准确；二是"他人控制"机制薄弱。

（4）业主的主动性受到限制，处理问题的灵活性受到影响。

3. 项目总承包模式条件下的监理模式

在项目总承包模式下，一般宜委托一家监理单位进行监理。在这种模式下，监理工程师需具备较全面的知识，做好合同管理工作。监理组织模式如图1-20所示。

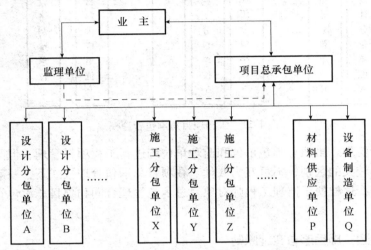

图1-20 项目总承包模式下的监理模式

（四）项目总承包管理模式

项目总承包管理，是指业主将工程建设任务发包给专门从事项目组织管理的单位，再由它分包给若干设计、施工和材料设备供应单位，并在实施中进行项目管理。项目总承包管理单位不直接进行设计与施工，没有自己的设计和施工力量。

项目总承包管理与项目总承包的不同之处在于：前者不直接进行设计与施工，没有自己的设计和施工力量，而是将承接的设计与施工任务全部分包出去，他们专心致力于工程建设管理；后者有自己的设计、施工实体，是设计、施工、材料和设备采购的主要力量。项目总承包管理模式如图1-21所示。

1. 优点

与项目总承包类似，合同管理、组织协调比较有利，进度和投资控制也有利。

2. 缺点

（1）项目总承包管理单位自身经济实力一般比较弱，而承担的风险相对较大。

（2）监理工程师对分包的确认工作十分关键。由于总承包管理单位与设计、承包商是总承包与分包关系，后者才是项目实施的基本力量，所以监理工程师对分包的确认工作就成了十分关键的问题。

3. 项目总承包管理模式条件下的监理模式

采用工程项目总承包管理模式的总承包单位一般属管理型的"智力密集型"企业，并且主要的工作是项目管理，由于业主与总承包方签订一份总承包合同，因此，业主宜委托一

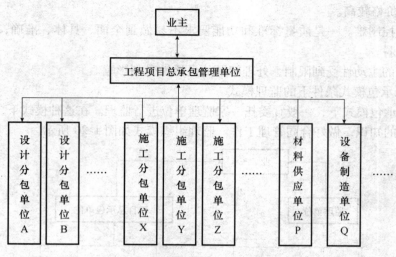

图 1-21　工程项目总承包管理模式

家监理单位进行监理。虽然总承包单位和监理单位均进行工程项目管理，但两者的性质、立场、内容等均有较大的区别，不可互为取代。在项目总承包管理模式下，一般宜委托一家监理单位进行监理，这样便于监理工程师对项目总承包管理合同和项目总承包管理单位进行分包等活动的管理。

三、建设监理实施程序与实施原则

（一）建设监理实施程序

1. 确定项目总监理工程师，成立项目监理机构。总监理工程师是项目监理机构的总负责人，他对内向监理单位负责，对外向业主负责。总监理工程师应根据监理大纲和签订的委托监理合同组建项目监理机构，并在监理规划和计划执行中进行及时调整。

2. 编制建设监理规划（监理规划详见本章第五节）。

3. 制定各专业监理实施细则（监理实施细则详见本章第五节）。

4. 根据监理规划与监理实施细则规范化地开展监理工作。

5. 参与验收，签署建设监理意见。

建设工程施工完成以后，监理单位应在正式验交前组织竣工预验收，并应参加业主组织的工程竣工验收，签署监理单位意见。

6. 向业主提交建设监理档案资料。

向业主提交建设监理档案资料包括：工程变更资料、监理指令性文件、各种签证资料等档案资料。

7. 监理工作总结。

项目监理机构应及时从两方面进行监理工作总结：一方面，向业主提交的监理工作总结。如介绍委托监理合同履行情况，评价监理任务的完成情况等。另一方面，向监理单位提交的监理工作总结。如总结监理工作的经验，梳理监理工作中存在的问题及改进的建议。

（二）建设监理实施原则

1. 公正、独立、自主的原则。监理工程师在监理工作中必须尊重科学、尊重事实，组织各方协同配合，维护有关各方的合法权益，在按合同约定的权、责、利关系的基础上，协调业主与承包商的一致性。

2. 权责一致的原则。监理工程师的监理职权，除了应体现在业主与监理单位之间签订的委托监理合同之中，还应作为业主与承包商之间建设工程合同的合同条件。

总监理工程师代表监理单位全面履行建设工程委托监理合同，承担合同中确定的监理方向业主方所承担的义务和责任。因此，在委托监理合同实施中，监理单位应给总监理工程师充分授权，体现权责一致的原则。

3. 总监理工程师负责制的原则。总监理工程师负责制的内涵包括：

（1）总监理工程师是工程监理的责任主体，是向业主和监理单位所负责任的承担者。

（2）总监理工程师是工程监理的权力主体，全面领导项目工程的监理工作。

4. 严格监理、热情服务的原则。监理工程师既应对承包商在工程建设中的建设行为进行严格的监理，还应为业主提供热情的服务。

5. 综合效益的原则。监理工程师应既对业主负责，谋求最大的经济效益，又要对国家和社会负责，取得最佳的综合效益。

四、项目监理机构

（一）建立项目监理机构的步骤

监理单位在组织项目监理机构时，一般如图 1-22 所示的步骤进行。

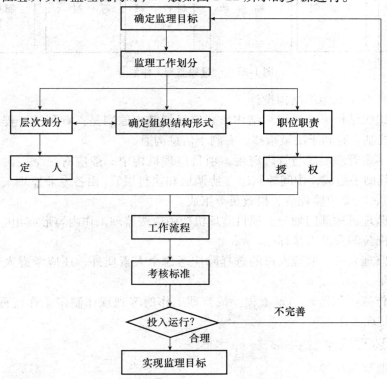

图 1-22　监理机构设置步骤

1. 确定项目监理机构目标

制定总目标并明确划分监理机构的分解目标。

2. 确定监理工作内容

根据监理目标和委托监理合同中规定的监理任务，明确列出监理工作内容，并进行分类归并及组合，如图1-23所示。

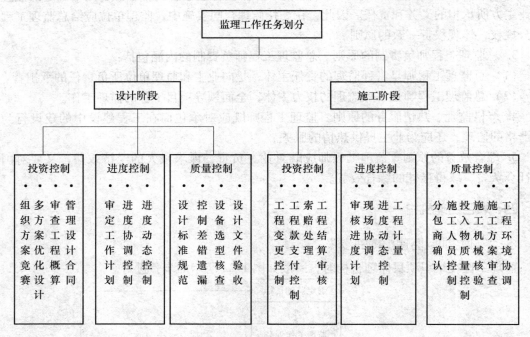

图1-23　全过程监理工作划分

3. 项目监理机构的组织结构设计

（1）选择组织结构形式。组织结构形式选择的基本原则是：有利于工程合同管理，有利于监理目标控制，有利于决策指挥，有利于信息沟通。

（2）合理确定管理层次与管理跨度。项目监理机构中一般应有三个层次：决策层由总监理工程师和其助手组成；中间控制层（协调层和执行层），由各专业监理工程师组成；作业层（操作层），主要由监理员、检查员等组成。

（3）项目监理机构部门划分。项目监理机构中应按监理工作内容形成相应的管理部门。

（4）制定岗位职责及考核标准。

（5）选派监理人员。监理人员的选择除应考虑个人素质外，还应考虑人员总体构成的合理性与协调性。

4. 制定工作流程和监理信息流程。按监理工作的客观规律制定工作流程和信息流程，规范化地开展监理工作。

（二）项目监理机构的组织形式

1. 直线制监理组织形式

这种组织形式的特点是项目监理机构中任何一个下级只接受唯一上级的命令，项目监理机构中不再另设职能部门。这种组织形式适用于能划分为若干相对独立的子项目的大中型建设工程。如图 1-24 所示。总监理工程师负责整个工程的规划、组织和指导，并负责整个工程范围内各方面的指挥、协调工作；子项目监理组分别负责各子项目的目标值控制，具体领导现场专业或专项监理组的工作。

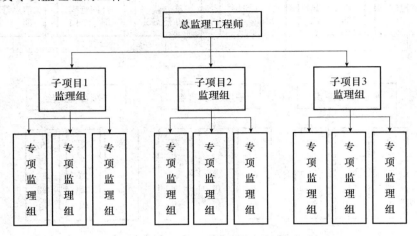

图 1-24　按子项目分解的直线制监理组织形式

如果业主委托监理单位对建设工程实施全过程监理，项目监理机构的部门还可按不同的建设阶段分解设立直线制监理组织形式，如图 1-25 所示。

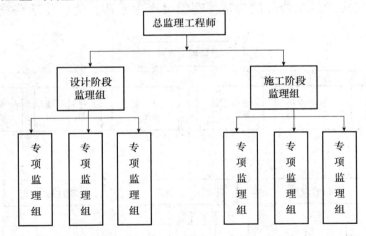

图 1-25　按不同的建设阶段分解的直线制监理组织形式

对于小型建设工程，也可以采用按专业内容分解的直线制监理组织形式。

优缺点：直线制监理组织形式的优点是组织机构简单，权力集中，命令统一，职责分明，决策迅速，隶属关系明确；缺点是对总监理工程师要求高。

2. 职能制监理组织形式

职能制监理组织形式，是在监理机构内设立一些职能部门，各职能部门在本职能范围内有权直接指挥。这种组织形式的优点是加强了项目监理目标控制的职能化分工，能够发挥职能机构的专业管理作用；缺点是可能产生矛盾命令。如图 1-26 所示，此种组织形式一般是用于大型建设工程。

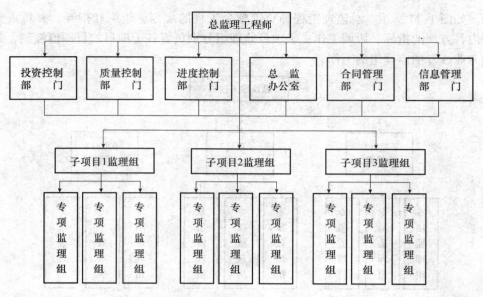

图 1-26　职能制监理组织形式

3. 直线—职能制监理组织形式

这种形式保持了直线制组织指挥统一、职责清楚的优点，又保持了职能制组织目标管理专业化的优点；其缺点是职能部门与指挥部门易产生矛盾，信息传递路线长，如图 1-27 所示。

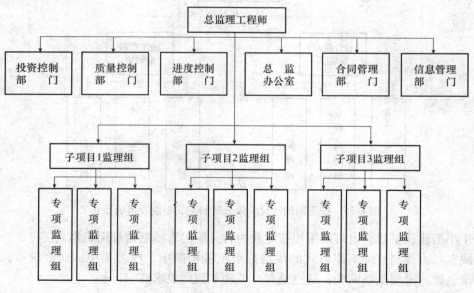

图 1-27　直线—职能制监理组织形式

这种组织形式把管理部门和人员分为两类：一类是直线指挥部门和人员，他们拥有对下级实行指挥和发布命令的权力，并对该部门的工作全面负责；另一类是职能部门和人员，他们是直线指挥人员的参谋，他们只能对下级部门进行业务指导，而不能对下级部门直接进行指挥和发布命令。

4. 矩阵制监理组织形式

矩阵制监理组织形式是由两套管理系统组成的矩阵性组织结构，一套是纵向的职能系统，另一套是横向的子项目系统，如图1-28所示。

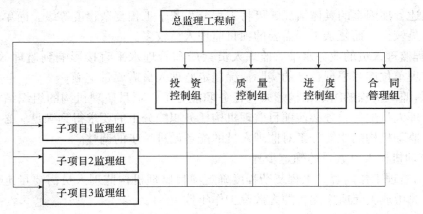

图1-28　矩阵制监理组织形式

这种形式的优点是加强了各职能部门的横向联系，具有较大的机动性和适应性；把上下左右集权与分权实行最优的结合；有利于解决复杂难题；有利于监理人员业务能力的培养。缺点是纵、横向协调工作量大，可能产生矛盾命令。

（三）项目监理机构的人员配备

项目监理机构中配备监理人员的数量和专业应根据监理的任务范围、内容、期限以及工程的类别、规模、技术复杂程度、工程环境等因素综合考虑。

1. 监理机构的人员结构

项目监理机构的人员结构，具体表现在监理人员的专业结构及监理人员的技术职务、职称结构等方面。

（1）合理的专业结构。项目监理机构应由与监理工程的性质及业主对工程监理的要求相适应的各专业人员组成，也就是各专业人员要配套。

（2）合理的技术职务、职称结构。为了提高管理效率和经济性，应根据建设工程的特点和工程监理工作的需要确定项目监理人员的技术职称、职务结构。合理的技术职称结构表现在高级职称、中级职称和初级职称有与监理工作要求相称的比例。一般来说，决策阶段、设计阶段的监理，具有高级职称及中级职称的人员在整个监理人员构成中应占绝大多数。施工阶段的监理，可有较多的初级职称人员从事实际操作。这里说的初级职称指助理工程师、助理经济师、技术员、经济员、实践经验丰富的工人。

2. 监理机构监理人员数量的确定

（1）考虑因素

1）工程建设强度。工程建设强度是指单位时间内投入的建设工程资金的数量。即：

$$工程建设强度 = 投资（万元）/ 工期（天）$$

其中，投资和工期是指由监理单位所承担的那部分工程的建设投资和工期。投资可按工程估算、概算或合同价计算，工期是根据进度总目标及其分目标计算。工程建设强度越大，需投入的项目监理人数越多。

2）工程的复杂程度。工程复杂程度涉及以下各项因素：设计活动多少、工程地点位置、气候条件、地形条件、工程地质、施工方法、工程性质、工期要求、材料供应、工程分散程度等。

根据上述各项因素的具体情况，可将工程分为若干工程复杂程度等级。简单工程需要的项目监理人员较少，而复杂工程需要的项目监理人员较多。

3）工程监理人员的业务水平。监理人员素质和管理水平直接影响到监理效率的高低。因此，各监理单位应当根据自己的实际情况制定监理人员需要量定额。

4）项目监理机构的组织结构形式与任务职能分工。项目监理机构的组织结构形式关系到具体的监理人员配备，务必使项目监理机构任务职能分工的要求得到满足。必要时，还需要根据项目监理机构的职能分工对监理人员的配备做进一步的调整。

（2）监理机构人员数量的确定步骤

1）根据监理工作内容、工程复杂程度确定项目监理机构监理人员需要量定额，即确定每百万元人民币或美元所应配备的人数及工作年数。

2）计算工程建设强度。

3）评定工程的复杂程度。评定工程的复杂程度一般应考虑设计活动、工程位置、气候条件、地形条件、工程地质、施工方法、工期要求、工程性质、材料供应及分散程度十方面因素。

4）根据工程的复杂程度和工程建设强度套用监理人员需要量定额初步确定各层次监理人员的需要量。

5）根据工程实际情况确定监理机构人员需要量。

（四）项目监理机构的人员基本职责

监理人员的基本职责应按照工程建设阶段和建设工程的情况确定。

《建设监理规范》的规定，施工阶段项目总监理工程师、总监理工程师代表、专业监理工程师和监理员应分别履行其岗位职责。

1. 总监理工程师职责

（1）确定项目监理机构人员的分工和岗位职责；

（2）主持编写项目监理规划、审批项目监理实施细则，并负责管理项目监理机构的日常工作；

（3）审查分包商的资质，并提出审查意见；

（4）检查和监督监理人员的工作，根据工程项目的进展情况可进行人员调配，对不称职的人员应调换其工作；

（5）主持监理工作会议，签发项目监理机构的文件和指令；

（6）审定承包单位提交的开工报告、施工组织设计、技术方案、进度计划；

（7）审核签署承包单位的申请、支付证书和竣工结算；

（8）审查和处理工程变更；

（9）主持或参与工程质量事故的调查；

（10）调解建设单位与承包单位的合同争议、处理索赔、审批工程延期；

（11）组织编写并签发监理月报、监理工作阶段报告、专题报告和项目监理工作总结；

（12）审核签认分部工程和单位工程的质量检验评定资料，审查承包单位的竣工申请，组织监理人员对待验收的工程项目进行质量检查，参与工程项目的竣工验收；

（13）主持整理工程项目的监理资料。

总监理工程师不得将下列工作委托总监理工程师代表：

（1）主持编写项目监理规划、审批项目监理实施细则；

（2）签发工程开工／复工报审表、工程暂停令、工程款支付证书、工程竣工报验单；

（3）审核签认竣工结算；

（4）调解建设单位与承包单位的合同争议、处理索赔；

（5）根据工程项目的进展情况进行监理人员的调配，调换不称职的监理人员。

2．总监理工程师代表职责

（1）负责总监理工程师指定或交办的监理工作；

（2）按总监理工程师的授权，行使总监理工程师的部分职责和权力。

3．专业监理工程师职责

（1）负责编制本专业的监理实施细则；

（2）负责本专业监理工作的具体实施；

（3）组织、指导、检查和监督本专业监理员的工作，当人员需要调整时，向总监理工程师提出建议；

（4）审查承包单位提交的涉及本专业的计划、方案、申请、变更，并向总监理工程师提出报告；

（5）负责本专业分项工程验收及隐蔽工程验收；

（6）定期向总监理工程师提交本专业监理工作实施情况报告，对重大问题及时向总监理工程师汇报和请示；

（7）根据本专业监理工作实施情况做好监理日记；

（8）负责本专业监理资料的收集、汇总及整理，参与编写监理月报；

（9）核查进场材料、设备、构配件的原始凭证、检测报告等质量证明文件及其质量情况，根据实际情况认为有必要时对进场材料、设备、构配件进行平行检验，合格时予以签认；

（10）负责本专业的工程计量工作，审核工程计量的数据和原始凭证。

4．监理员职责

（1）在专业监理工程师的指导下开展现场监理工作；

（2）检查承包单位投入工程项目的人力、材料、主要设备及其使用、运行状况，并做好检查记录；

（3）复核或从施工现场直接获取工程计量的有关数据并签署原始凭证；

（4）按设计图及有关标准，对承包单位的工艺过程或施工工序进行检查和记录，对加工制作及工序施工质量检查结果进行记录；

（5）担任旁站工作，发现问题及时指出并向专业监理工程师报告；

（6）做好监理日记和有关的监理记录。

五、建设监理组织协调

建设工程目标的实现，既需要监理工程师扎实的专业技术知识，也离不开监理工程师对工程有关各方的有效协调。

（一）建设监理组织协调概述

协调就是联结、联合、调和所有的活动及力量，使各方配合得当，其目的是促使各方协同一致，以实现预定目标。协调工作应贯穿于整个工程建设实施及其管理过程中。

工程建设系统就是一个由人员、物质、信息等构成的人为组织系统。建设工程的协调一般有三大类：一是"人员/人员界面"，二是"系统/系统界面"；三是"系统/环境界面"。

工程建设组织是由各类人员组成的工作班子，由于每个人的性格、习惯、能力、岗位、任务、作用的不同，即使只有两个人在一起工作，也有潜在的人员矛盾或危机。这种人和人之间的间隔，就是所谓的"人员/人员界面"。

工程建设系统是由若干个子项目（即子系统）组成的完整体系。由于子系统的功能、目标不同，容易产生各自为政的趋势和相互推诿的现象。这种子系统和子系统之间的间隔，就是所谓的"系统/系统界面"。

工程建设系统是一个典型的开放系统。它具有环境适应性，能主动从外部世界取得必要的能量、物质和信息。在取得的过程中，不可能没有障碍和阻力。这种系统与环境之间的间隔，就是所谓的"系统/环境界面"。

项目监理机构的协调管理就是在"人员/人员界面"、"系统/系统界面"、"系统/环境界面"之间，对所有的活动及力量进行联结、联合、调和的工作。系统方法强调，要把系统作为一个整体来研究和处理，因为总体的作用规模要比各子系统的作用规模之和大。因此，为了顺利实现工程建设系统目标，必须重视协调管理，发挥系统整体功能。在工程建设监理中，组织协调工作最为重要，也最为困难，是监理工作能否成功的关键，只有通过积极的组织协调才能实现整个系统全面协调控制的目的，使项目目标顺利实现。

（二）项目监理机构组织协调的工作内容

1. 项目监理机构内部的协调

（1）项目监理机构内部人际关系的协调。总监理工程师应首先抓好人际关系的协调，做到在人员安排上量才录用、在工作委任上职责分明、在成绩评价上实事求是、在矛盾调解上要恰到好处。

（2）项目监理机构内部组织关系的协调。项目监理机构内部组织关系的协调可从以下几方面进行：在职能划分的基础上设置组织机构；明确规定每个部门的目标、职责和权限；事先约定各个部门在工作中的相互关系；以及建立信息沟通制度，及时消除工作中的矛盾或冲突。

（3）项目监理机构内部需求关系的协调。内部需求关系的协调主要是搞好监理设备、材料的平衡以及监理人员的平衡。

2. 与业主的协调

监理工程师与业主的协调应注意以下几个问题：

（1）首先要理解建设工程总目标、理解业主的意图；

（2）利用工作之便做好监理宣传工作，增进业主对监理工作的理解；

（3）尊重业主，让业主一起投入建设工程全过程。

3. 与承包商的协调

监理工程师做好与承包商的协调工作是监理工程师组织协调工作的重要内容。监理工程师与承包商的协调应坚持原则，实事求是，严格按规范、规程办事，讲究科学态度；同时，采用适当的协调方法。

施工阶段的协调工作内容表现在：

（1）与承包商项目经理关系的协调。承包商项目经理最希望监理工程师是公正、通情达理并容易理解别人的，希望从监理工程师处得到明确且能够对他们所询问的问题给予及时的答复，希望监理工程师的指示能够在他们工作之前发出。一个既懂得坚持原则，又善于理解承包商项目经理的意见，工作方法灵活，随时可能提出或愿意接受变通办法的监理工程师肯定是受欢迎的。

（2）进度问题的协调。进度问题的协调工作也十分复杂。实践证明，有两项协调工作很有效：一是业主和承包商双方共同商定一级网络计划，并由双方主要负责人签字，作为工程施工合同的附件；二是设立提前竣工奖，由监理工程师按一级网络计划节点考核，分期支付阶段工期奖，如果整个工程最终不能保证工期，由业主从工程款中将已付的阶段工期奖扣回并按合同规定予以罚款。

（3）质量问题的协调。在质量控制方面应实行监理工程师质量签字认可制度。对没有出厂证明、不符合使用要求的原材料、设备和构件，不准使用；对工序交接实行报验签证；对不合格的工程部位不予验收签字，也不予计算工程量，不予支付工程款。在建设工程实施过程中，设计变更或工程内容的增减是经常出现的，有些是合同签订时无法预料和明确规定的。对于这种变更，监理工程师要认真研究，合理计算价格，与有关方面充分协商，达成一致意见，并实行监理工程师签证制度。

（4）对承包商违约行为的处理。在施工过程中，监理工程师对承包商的某些违约行为进行处理是一件很慎重而又难免的事情。当发现承包商采用一种不适当的方法进行施工，监理工程师应立即制止，可能还要采取相应的处理措施。遇到这种情况，监理工程师应该考虑监理权限。在发现质量缺陷并需要采取措施时，监理工程师必须立即通知承包商。监理工程师的反应要有时间期限的概念，否则承包商有权认为监理工程师对已完成的工程内容是满意或认可的。监理工程师最担心的可能是工程总进度和质量受到影响。有时，监理工程师会发现，承包商的项目经理或某个工地技术负责人不称职。此时明智的做法是继续观察一段时间，待掌握足够的证据时，总监理工程师可以正式向承包商发出警告。万不得已时，总监理工程师有权要求撤换承包商的项目经理或工地技术负责人。

（5）合同争议的协调。对于工程中的合同争议，监理工程师应首先采用协商解决的方式，协商不成时才由当事人向合同管理机关申请调解。只有当对方严重违约而使自己的利益受到重大损失而不能得到补偿时才采用仲裁或诉讼手段。如果遇到非常棘手的合同争议问题，不妨暂时搁置等待时机，另谋良策。

（6）对分包单位的管理。主要是对分包单位明确合同管理范围，分层次管理。将总包合同作为一个独立的合同单元进行投资、进度、质量控制和合同管理，不直接和分包合同发生关系。对分包合同中的工程质量、进度进行直接跟踪监控，通过总包商进行调控、纠偏。分包商在施工中发生的问题，由总包商负责协调处理，必要时，监理工程师帮助协调。当分包合同条款与总包合同发生抵触时，以总包合同条款为准。此外，分包合同不能解除总包商对总包合同所承担的任何责任和义务。分包合同发生的索赔问题，一般由总包商负责，涉及总包合同中业主义务和责任时，由总包商通过监理工程师向业主提出索赔，由监理工程师进行协调。

（7）处理好人际关系。在监理过程中，监理工程师处于一种十分特殊的位置。业主希望得到独立、专业的高质量服务，而承包商则希望监理单位能对合同条件有一个公正的解释。因此，监理工程师必须善于处理各种人际关系，既要严格遵守职业道德，礼貌而坚决地拒收任何礼物，以保证行为的公正性，也要利用各种机会增进与各方面人员的友谊与合作，以利于工程的进展。否则，便有可能引起业主或承包商对其可信赖程度的怀疑。

4. 与设计单位的协调

监理单位必须协调与设计单位的工作，以加快工程进度，确保质量，降低消耗。

应该注意的是，在施工监理的条件下，监理单位与设计单位都是受业主委托进行工作的，两者之间并没有合同关系，所以监理单位主要是和设计单位做好交流工作，协调要靠业主的支持。设计单位应就其设计质量对建设单位负责，因此《建筑法》中指出：工程监理人员发现工程设计不符合建筑工程质量标准或者合同约定的质量要求的，应当报告建设单位要求设计单位改正。

监理单位与设计单位的协调主要体现在以下几个方面：

（1）真诚尊重设计单位的意见，例如，在设计单位向承包商介绍工程概况、设计意图、技术要求、施工难点等情况时，注意标准过高、设计遗漏、图纸差错等问题，并将这些问题解决在施工之前；施工阶段，严格按图施工；结构工程验收、专业工程验收、竣工验收等工作，约请设计代表参加；若发生质量事故，认真听取设计单位的处理意见等。

（2）施工中发现设计问题，应及时向设计单位提出，以免造成大的直接损失；若监理单位掌握比原设计更先进的新技术、新工艺、新材料、新结构、新设备时，可主动向设计单位推荐。为使设计单位有修改设计的余地而不影响施工进度，可与设计单位达成协议，限定一个期限，争取设计单位、承包商的理解和配合。

（3）注意信息传递的及时性和程序性。

5. 与政府部门及其他单位的协调

一个建设工程的开展还存在政府部门及其他单位的影响，如政府部门、金融组织、社会团体、新闻媒介等，它们对建设工程起着一定的控制、监督、支持和帮助作用，这些关系若协调不好，建设工程实施也可能严重受阻。

（1）与政府部门的协调

1）工程质量监督站是由政府授权的工程质量监督的实施机构，对委托监理的工程，质量监督站主要是核查勘察设计、施工单位和监理单位的资质、行为和工程质量检查。监理单位在进行工程质量控制和质量问题处理时，要做好与工程质量监督站的交流和协调。

2）重大质量事故，在承包商采取急救、补救措施的同时，应敦促承包商立即向政府有关部门报告情况，接受检查和处理。

3）建设工程合同应送公证机关公证，并报政府建设管理部门备案；征地、拆迁、移民要争取政府有关部门支持和协作；现场消防设施的配置，宜请消防部门检查认可；要敦促承包商在施工中注意防止环境污染，坚持做到文明施工。

（2）与社会团体关系的协调

一些大中型建设工程建成后，不仅会给业主带来效益，还会给该地区的经济发展带来好处，同时给当地人民生活带来方便，因此，必然会引起社会各界关注。业主和监理单位应把握机会，争取社会各界对建设工程的关心和支持。

对本部分的协调工作，从组织协调的范围看是属于远外层的管理。远外层关系由业主负责主持，监理单位负责近外层关系的协调。如业主和监理单位对此有分歧，可在委托监理合同中详细注明。

（三）建设监理组织协调的方法

监理工程师组织协调可采用如下方法：

1. 会议协调法

实践中常用的会议协调法包括第一次工地会议、监理例会、专业性监理会议等。

（1）第一次工地会议。第一次工地会议是建设工程尚未全面展开前，履约各方相互认识、确定联络方式的会议，也是检查开工前各项准备工作是否就绪并明确监理程序的会议。第一次工地会议应在项目总监理工程师下达开工令之前举行，会议由建设单位主持召开，建设单位宣布其对监理工程师的授权，总承包单位的授权代表参加，也可邀请分包商参加，必要时邀请有关设计单位人员参加。

（2）监理例会。监理例会是由监理工程师组织与主持，按一定程序召开的，研究施工中出现的计划、进度、质量及工程款支付等问题的工地会议。监理工程师将会议讨论的问题和决定记录下来，形成会议纪要，供与会者确认和落实。监理例会应当定期召开，宜每周召开一次。参加人包括：项目总监理工程师（也可为总监理工程师代表）、其他有关监理人员、承包商项目经理、承包单位其他有关人员。需要时还可邀请其他有关单位代表参加。会议的主要议题如下：

1）对上次会议存在问题的解决和纪要的执行情况进行检查；

2）工程进展情况；

3）对下月（或下周）的进度预测；

4）承包商投入的人力、设备情况；

5）施工质量、加工订货、材料的质量与供应情况；

6）有关技术问题；

7）索赔工程款支付；

8）业主对承包商提出的违约罚款要求。

监理例会会议记录由监理工程师形成会议纪要，经与会各方签字认可，然后分发给有关单位。会议纪要内容包括：会议地点及时间；出席者姓名、职务及他们代表的单位；会议中发言者的姓名及所发言的主要内容；决定事项及诸事项分别由何人何时执行。

（3）专业性监理会议。除定期召开工地监理例会以外，还应根据需要组织召开一些专业性协调会议，例如加工订货会、专业性较强的分包商进场协调会等。

2. 交谈协调法

并不是所有问题都需要开会来解决，有时可采用"交谈"这一方法。交谈包括面对面的交谈和电话交谈两种形式。无论是内部协调还是外部协调，这种方法使用频率都是相当高的。其作用在于：

（1）保持信息畅通。由于交谈本身没有合同效力，但其具有方便性和及时性，所以建设工程参与各方之间及监理机构内部都愿意采用这一方法进行。

（2）寻求协作和帮助。在寻求别人帮助和协作时，往往要及时了解对方的反应和意见，以便采取相应的对策。另外，相对于书面寻求协作，人们更难于拒绝面对面的请求。因此，采用交谈方式请求协作和帮助比采用书面方法实现的可能性要大。

（3）及时地发布工程指令。在实践中，监理工程师一般都采用交谈方式先发布口头指令，这样，一方面可以使对方及时地执行指令，另一方面可以和对方进行交流，了解对方是否正确理解指令。随后，再以书面形式加以确认。

3. 书面协调法

当会议或者交谈不方便或不需要时，或者需要精确地表达自己意见时，就会用到书面协调的方法。书面协调方法的特点是具有合同效力，一般常用于以下几方面：

（1）不需双方直接交流的书面报告、报表、指令和通知等。

（2）需要以书面形式向各方提供详细信息和情况通报的报告、信函和备忘录等。

（3）事后对会议记录、交谈内容或口头指令的书面确认。

4. 访问协调法

访问法主要用于外部协调中，有走访和邀访两种形式。走访是指监理工程师在建设工程施工前或施工过程中，对与工程施工有关的各政府部门、公共事业机构、新闻媒介或工程毗邻单位等进行访问，向他们解释工程的情况，了解他们的意见。

邀访是指监理工程师邀请上述各单位（包括业主）代表到施工现场对工程进行指导性巡视，了解现场工作。因为在多数情况下，这些有关方面并不了解工程，不清楚现场的实际情况，如果进行一些不恰当的干预，会对工程产生不利影响。这个时候，采用访问法可能是一个相当有效的协调方法。

5. 情况介绍法

情况介绍法通常与其他协调方法是紧密结合在一起的，它可能是在一次会议前，或是一次交谈前，或是一次走访、邀访前向对方进行的情况介绍。形式上主要是口头的，有时也伴有书面的。介绍往往作为其他协调的引导，目的是使别人首先了解情况。因此，监理工程师应重视任何场合下的每一次介绍，要使别人能够理解你介绍的内容、问题和困难、你想得到的协助等。

总之，组织协调是一种管理艺术和技巧，监理工程师尤其是总监理工程师需要掌握领导科学、心理学、行为科学方面的知识和技能，如激励、交际、表扬和批评的艺术、开会的艺术、谈话的艺术、谈判的技巧等。只有这样，监理工程师才能进行有效的协调。

第五节　建设监理规划

一、建设监理规划概述

（一）建设监理工作文件的构成

建设监理工作文件是指监理单位投标时编制的监理大纲、监理合同签订以后编制的监理规划和专业监理工程师编制的监理实施细则。

1. 监理大纲

监理大纲又称监理方案，它是监理单位在建设单位开始委托监理的过程中，特别是在建设单位进行监理招标的过程中，为承揽到监理业务而编写的监理方案性文件。监理大纲的编制人员应包括拟定的总监理工程师。总监理工程师参与编制监理大纲有利于监理规划的编制和监理工作的实施。

（1）监理大纲的主要作用有二：第一，监理大纲是使建设单位认可监理大纲中的监理方案，从而承揽到监理业务；第二，监理大纲是为项目监理机构今后开展监理工作制定的基本方案。另外，监理大纲既是监理规划的编写依据，也是建设单位监督检查监理工程师工作的依据。

（2）监理大纲应该包括如下主要内容：

1）拟派往项目监理机构的监理人员情况介绍，特别是项目总监理工程师的介绍。

2）拟采用的监理方案。包括项目监理机构的方案、三大目标（质量、进度、投资）的具体控制方案、合同的管理方案、组织协调的方案等。

3）未来工程监理工作中将提供给业主的监理阶段性文件。

2. 监理规划

监理规划应在签订委托监理合同，收到施工合同、施工组织设计（技术方案）、设计图纸文件后，在项目总监理工程师的主持下，根据委托监理合同、监理大纲及工程的具体情况，广泛收集工程信息和资料的情况下制定，经监理单位技术负责人批准，用来指导项目监理机构全面开展监理工作的指导性文件。在监理交底会前报送建设单位。

监理规划的内容应有针对性，做到控制目标明确、措施有效、工作程序合理、工作制度健全、职责分工清楚，对监理实践有指导作用。监理规划应有时效性，应据情况的变化作必要的调整、修改，经原审批程序批准后，再次报送建设单位。

监理规划制定的时间是在监理大纲之后。显然，如果监理单位不能够在监理竞争中中标，则该监理单位就没有必要再继续编写该监理规划。从内容范围上讲，监理大纲与监理规划都是围绕着整个项目监理机构所开展的监理工作来编写的，但监理规划的内容要比监理大纲更翔实、更具体、更全面。

3. 监理实施细则

监理实施细则又简称监理细则，其与监理规划的关系可以比作施工图设计与初步设计的关系。也就是说，监理实施细则是在监理规划的基础上，由项目监理机构的专业监理工程师针对技术复杂、专业性强的工程项目编制的，监理实施细则应符合监理规划的要求，并结合专业特点，做到详细、具体、具有可操作性，监理实施细则也要根据实际情况的变化进行修改、补充和完善。监理实施细则是经总监理工程师批准实施的技术操作性文件。其作用是指导本专业或本子项目具体监理业务的开展。

4. 监理大纲、监理规划、监理实施细则的相互关系

监理大纲、监理规划、监理实施细则是相互关联的，都是建设监理工作文件的组成部分，它们之间存在着明显的依据性关系，在编写监理规划时，一定要严格根据监理大纲的有关内容来编写；在制定监理实施细则时，一定要在监理规划的指导下进行。

一般来说，监理单位开展监理活动应当编制以上工作文件。但也不是一成不变的，对于简单的监理活动可直接编写监理实施细则，而有些建设工程也可以制定较详细的监理规划，而不再编写监理实施细则。

（二）建设监理规划的作用

建设监理规划有以下几方面作用：

（1）建设监理规划指导项目监理机构全面开展监理工作。

（2）建设监理规划是建设监理主管机构对监理单位监督管理的依据。

（3）建设监理规划是业主确认监理单位履行合同的主要依据。

监理规划正是业主确认监理单位是否履行监理合同的主要说明性文件。监理规划应当能够全面而详细地为业主监督监理合同的履行提供依据。监理规划的前期文件，即监理大纲，是监理规划的框架性文件。而且，经由谈判确定的监理大纲应当纳入监理合同的附件之中，成为监理合同文件的组成部分。

（4）建设监理规划是监理单位内部考核的依据和重要的存档资料。

从监理单位内部管理制度化、规范化、科学化的要求出发，需要对各项目监理机构（包括总监理工程师和专业监理工程师）的工作进行考核，其主要依据就是经过内部主管负责人审批的监理规划。通过考核，可以对有关监理人员的监理工作水平和能力做出客观、正确的评价，从而有利于今后在其他工程上更加合理地安排监理人员，提高监理工作效率。

二、建设监理规划的编写

（一）建设监理规划编写的要求

1. 基本构成内容应力求统一

监理规划基本构成内容的确定，应考虑整个建设监理制度对建设监理的内容要求和对监理规划的基本作用。监理规划的基本构成内容应该包括：目标规划、监理组织、目标控制、合同管理和信息管理。

2. 具体内容应具有针对性

每一个监理规划都是针对某一个具体建设工程的监理工作计划，都必然有它自己的投资目标、进度目标、质量目标，有它自己的项目组织形式和项目监理机构，有它自己的目标控制措施、方法和手段以及信息管理制度和合同管理措施。

3. 监理规划应当遵循建设工程的运行规律

监理规划要随着建设工程的进展而不断地补充、修改和完善，为此，需要不断收集大量的编写信息。

4. 项目总监理工程师是监理规划编写的主持人

监理规划应当在项目总监理工程师主持下编写制定，总监理工程师要充分调动整个项目监理机构中专业监理工程师的积极性，要广泛征求各专业监理工程师的意见和建议，应当充分听取业主的意见，还应当按照本单位的要求进行编写。

5. 监理规划一般需要分阶段编写

监理规划编写阶段可按工程实施的各阶段来划分，一般可划分为设计阶段、施工招标阶段和施工阶段。监理规划的编写还要留出必要的审查和修改的时间。

6. 监理规划的表达方式应当格式化、标准化

为了使监理规划显得更明确、更简洁、更直观，可以用图、表和简单的文字说明监理规划，尽量做到格式化、标准化。

7. 监理规划应该经过审核

监理单位的技术主管部门是内部审核单位，审核通过后监理单位技术负责人应当签认。

（二）建设监理规划编写的依据

（1）工程建设方面的法律、法规。工程建设方面的法律、法规具体包括三个层次：

1）国家颁布的工程建设有关的法律、法规和政策；

2）工程所在地或所属部门颁布的工程建设相关的法律、法规、规定和政策；

3）工程建设的各种标准、规范。

（2）政府批准的工程建设文件。包括：政府建设主管部门批准的可行性研究报告、立项批文以及政府规划部门确定的规划条件、土地使用条件、环境保护要求、市政管理规定等。

（3）建设单位与监理单位签订的委托建设监理合同。

（4）其他建设工程合同，例如施工合同文件。

（5）监理大纲。

三、建设监理规划的内容及其审核

（一）建设监理规划的内容

建设工程监理规划应将委托监理合同中规定的监理单位承担的责任及监理任务具体化，并在此基础上制定实施监理的具体措施。

建设工程监理规划通常包括以下内容：

1. 建设工程概况。包括：建设工程名称、地点、工程组成及建筑规模、主要建筑结构类型、预计工程投资总额、计划工期、工程质量要求、设计单位及承包商名称、项目结构图与编码系统。

2. 监理工作范围。监理工作范围是指监理单位所承担的监理任务的工程范围。如果监理单位承担全部建设工程的监理任务，监理范围为全部建设工程，否则应按监理单位所承担的建设工程的建设标段或子项目划分确定建设工程监理范围。

3. 监理工作内容

（1）工程建设立项阶段监理工作的主要内容：协助建设单位准备工程报建手续；可行性研究咨询或监理；组织技术、经济、环保论证，优选建设方案；编制工程建设投资估算；组织建设项目的设计任务书的编制。

（2）设计阶段监理工作的主要内容：结合工程建设特点，收集设计所需的技术、经济、环保等资料；编写设计要求文件；组织工程建设设计方案竞赛或设计招标，协助建设单位选择好勘察设计单位；拟定和商谈设计委托合同内容；向设计单位提供设计所需的基础资料；配合设计单位开展技术经济分析，优化设计方案；配合设计进度，组织设计单位与有关部门，如消防、环保、土地、人防、防汛、园林以及供水、供电、供气、供热、电信等部门的协调工作；组织各设计单位之间的协调工作；审核主导设计与工艺设计的配合；参与主要设备、材料的选型；审核工程概算、施工图预算；审核主要设备、材料清单；审核工程设计图纸，检查设计文件是否符合现行设计规范及标准，检查施工图纸是否能满足施工需要；检查和控制设计进度；全面审核设计图样；组织设计文件的报批。

（3）施工招标阶段监理工作的主要内容：拟定工程建设施工招标方案并征得建设单位同意；准备工程建设施工招标条件；办理施工招标申请；协助建设单位编写施工招标文件；标底经建设单位认可后，报送工程所在地方建设主管部门审核；协助建设单位组织建设工程施工招标工作；组织现场勘察与答疑会，回答投标人提出的问题；协助建设单位组织开标、评标及定标工作；协助建设单位与中标单位商签施工合同。

（4）材料、设备采购供应监理工作的主要内容：对于由建设单位负责采购供应的材料、设备等物资。监理工程师应负责制定计划，监督合同的执行和供应工作。具体内容包括：协助建设单位制定材料、设备供应计划和相应的资金需求计划；通过质量、价格、供货期、运输及售后服务等条件的分析和比选，协助建设单位确定材料、设备等物资的供应单位。重要设备尚应调查现有使用用户的设备运行情况，并考察生产单位的质量保证体系；协助建设单位拟订并商签材料、设备的订货合同；监督供货合同的实施，确保材料、设备的及时供应。

（5）施工准备阶段监理工作的主要内容：审查承包商选择的分包商的资质及以往业绩；监督检查承包商质量保证体系及安全技术措施，完善质量管理程序与制度；检查设计文件是否符合设计规范及标准，检查施工图样是否能满足施工需要；参加设计单位向承包商的技术交底；审查承包商编制的施工组织设计，重点对施工方案，劳动力、材料、机械设备的组织及保证工程质量、安全、工期和控制造价等方面的措施进行审查，并向业主提出审查意见；监督建设单位"五通一平"的实施，并及时办理向承包商移交施工现场；在单位工程开工前检查承包商的复测资料，特别是两个相邻承包商之间的测量资料、控制桩是否交接清楚，手续是否完善，质量有无问题，并对贯通测量、中线及水准桩的设置情况进行审查；对重点工程部位的中线、水平控制进行复查；监督落实各项施工条件，审批一般单项工程、单位工程的开工报告，并报业主备查。

（6）施工阶段监理工作的主要内容

施工阶段质量控制的主要内容包括：

1）对所有的隐蔽工程进行隐蔽前检查和办理签证，派监理人员驻点跟踪重点工程，签署重要的分项工程、分部工程和单位工程质量评定表。

2）对施工测量、放样等进行检查，对发现的质量问题应及时通知承包商纠正，并做好监理记录。

3）检查确认运到现场的工程材料、构件和设备质量，并应查验试验、化验报告单、出厂合格证是否齐全、合格，监理工程师有权禁止不符合质量要求的材料、设备进入工地和投入使用。

4）监督承包商严格按照施工规范、设计图样要求进行施工，严格执行施工合同。

5）对工程主要部位、主要环节及技术复杂工程加强检查。

6）检查承包商的工程自检工作，数据是否齐全，填写是否正确，并对承包商质量自检评定工作做出综合评价。

7）对承包商的检验测试仪器、设备、度量衡定期检验，不定期地进行抽验，保证度量资料的准确。

8）监督承包商对各类土木和混凝土试件按规定进行检查和抽查。

9）监督承包商认真处理施工中发生的一般质量事故，并认真做好监理记录。

10）对大、重大质量事故以及其他紧急情况，应及时报告业主和有关部门。

11）监督事故处理方案的实施并验收结果。

12）监督承包商对工程半成品与成品构件的保护。

13）监督承包商的文明施工。

施工阶段进度控制的主要内容包括：

1）监督承包商严格按施工合同规定的工期组织施工。

2）对控制工期的重点工程，审查承包商提出的保证进度的具体措施，如发生延误，应及时分析原因，采取对策。

3）建立工程进度台账，核对工程形象进度，按月、季向业主报告施工计划执行情况、工程进度及存在的问题。

施工阶段投资控制的主要内容包括：

1）熟悉施工图样、招标文件、标底、投标文件、分析合同价构成因素，找出工程造价最易突破的部位、最易发生索赔事件的原因及部位，明确投资控制的重点并制定相应对策。

2）审查承包商申报的月、季度计量报表，认真核对其工程数量，不超计、不漏计，严格按合同规定进行计量支付签证。

3）保证支付签证的各项工程质量合格、数量准确。

4）建立计量支付签证台账，定期与承包商核对清算。

5）按业主授权和施工合同的规定审核变更设计。

6）客观、公正地处理承包商提出的索赔事件。

（7）施工验收阶段监理工作的主要内容

1）督促、检查承包商及时整理竣工文件和验收资料，受理单位工程竣工验收报告，提出监理意见。

2）根据承包商的竣工报告，提出工程质量检验报告。

3）组织工程预验收，参加建设单位组织的竣工验收。

（8）合同管理工作的主要内容

1）拟定本工程建设合同体系及合同管理制度，主要包括：合同草案的拟定、会签、协商、修改、审批、签署、保管等工作制度及程序。

2）协助建设单位拟定工程的各类合同条款，并参与各类合同的商谈。

3）及时处理与工程有关的索赔事宜及合同纠纷等事宜。

4）对合同的执行情况进行分析和跟踪管理。

（9）建设单位委托的其他服务

依据工程建设委托监理合同，建设单位可以在附加协议条款中委托监理工程师其他服务内容，并支付其相应报酬。服务内容主要有：

1）协助业主准备工程条件，办理供水、供电、供气、电信线路等申请或签订协议。

2）协助业主制定产品营销方案。

3）为业主培训技术人员等。

4. 监理工作目标

通常以建设工程的投资、进度、质量三大目标的控制值来表示。

工程建设监理目标是指监理单位所承担的工程建设的监理控制达到预期的目标。通常以工程建设的投资、进度、质量三大目标的控制值来表示。

（1）投资控制目标。投资控制目标以＿＿＿＿＿＿＿年预算为基价，静态投资为＿＿＿＿＿＿万元（或合同价为＿＿＿＿＿＿万元）。

（2）工期控制目标。工期控制目标＿＿＿＿＿＿个月或自＿＿年＿＿月＿＿日至＿＿年＿＿月＿＿日。

（3）质量控制目标。工程建设质量合格及业主的其他要求。

5. 监理工作依据

（1）工程建设方面的法律、法规。

（2）政府批准的工程建设文件。

（3）工程建设委托监理合同及其他工程建设有关合同文件。

6. 项目监理机构

（1）监理机构的组织形式

应根据工程建设监理要求选择适合项目实际的监理组织形式，并列出各级监理人员名单，绘出项目监理机构组织结构图。

（2）项目监理机构的人员配备计划

项目监理机构的人员配备应根据工程建设监理的进程合理安排，如总监理工程师、专业监理工程师、监理员、文秘人员。

（3）项目监理机构的人员岗位职责（详见本章第四节）

7. 监理工作程序

监理工作程序是以简明方式表达的监理工作流程图。一般可对不同的监理工作内容分别绘制监理工作程序，例如：分包商资质审查基本程序。分包商资质审查基本程序如图1-29所示。

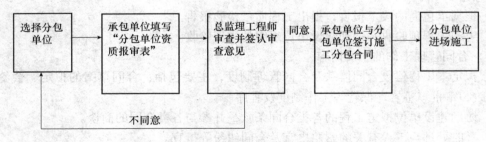

图1-29　分包商资质审查基本程序

8. 监理工作方法与措施

工程建设监理的方法与措施应重点围绕投资控制、进度控制、质量控制这三大控制任务展开。

（1）投资目标控制方法与措施：投资目标分解，编制投资使用计划，投资目标实现的风险分析，投资控制的工作流程，投资控制措施，投资控制的动态比较，投资控制表格。

（2）进度目标控制方法与措施：工程总进度计划，总进度目标的分解，进度目标实现的风险分析，进度控制的工作流程，进度控制的具体措施，进度控制的动态比较，进度控制表格。

（3）质量目标控制方法与措施：质量控制目标的描述，质量目标实现的风险分析，质量控制的工作流程，质量控制的具体措施，质量目标状况的动态分析，质量控制表格。

（4）合同管理的方法与措施：合同结构，合同目录一览表（见表1-2），合同管理的工作流程，合同管理的具体措施，合同执行状况的动态分析，合同争议调解与索赔处理程序，合同管理表格。

表1-2　合同目录一览表

序号	合同编号	合同名称	承包商	合同价	合同工期	质量要求

（5）信息管理的方法与措施：信息分类表（见表1-3），机构内部信息流程图，信息管理的工作流程，信息管理的具体措施，信息管理表格。

表1-3　信息分类表

序号	信息类别	信息名称	信息管理要求	责任人

（6）组织协调的方法与措施：与工程建设项目有关单位的协调，协调分析，协调工作程序，协调工作表格。

9. 监理工作制度

（1）项目立项阶段监理工作制度有：可行性报告评审制度，工程估算审核制度，技术咨询论证制度。

（2）设计阶段监理工作制度主要有：设计大纲、设计要求编写及审核制度，设计合同管理制度，设计咨询制度，设计方案评审制度，工程估算、概算审核制度，施工图样审核制度，设计费支付签署制度，设计协调会及会议纪要制度，设计备忘录签发制度等。

（3）施工招标阶段监理工作制度主要有：招标准备工作有关制度，编制招标文件有关制度，标底编制及审核制度，合同条件拟定及审核制度，组织招标实务有关制度等。

（4）施工阶段监理工作制度主要有：施工图样会审及设计交底制度，施工组织设计审核制度，工程开工申请审批制度，工程材料、构配件报验制度，隐蔽工程、分项（部）工程质量验收制度，单项工程、单位工程检验验收制度，设计变更处理制度，工程质量事故处理制度，施工进度监督及报告制度，工程款支付签认制度，工程索赔签认制度，监理报告制度，工程竣工验收制度，监理日志和会议制度等。

（5）项目监理结构内部工作制度主要有：监理组织工作会议制度，对外行文审批制度，监理工作日志制度，监理周报、月报制度，技术、经济资料及档案管理制度，监理酬金预算制度等。

10. 监理设施

建设单位提供满足监理工作需要的如下设施：办公设施、交通设施、通信设施和生活设施。

根据工程建设类别、规模、技术复杂程度、工程建设所在地的环境条件，按委托监理合同的约定，配备满足监理工作需要的常规检测设备和工具。

（二）建设监理规划的审核

工程建设监理规划在编写完成后需要进行审核并经批准。监理单位的技术主管部门是内部审核单位，监理单位技术负责人应当签认。监理规划审核的内容主要包括以下几个方面：

1. 监理范围、工作内容及监理目标的审核

依据监理招标文件和委托监理合同，看其是否理解了建设单位对该工程的建设意图；监理范围、监理工作内容是否包括了全部委托的工作任务；监理目标是否与合同要求和建设意图相一致。

2. 项目监理机构结构的审核

（1）组织机构在组织形式、管理模式等方面是否合理，是否结合了工程实施的具体特点，是否能够与建设单位的组织关系和承包方的组织关系相协调等。

（2）人员配备方案应从以下 4 个方面审查：

1）派驻监理人员的专业满足程度。

2）人员数量的满足程度。主要审核从事监理工作人员在数量和结构上的合理性。

3）专业人员不足时采取的措施是否恰当。

4）派驻现场人员计划表。

（3）工作计划审核

在工程进展中各个阶段的工作实施计划是否合理、可行，审查其在每个阶段中如何控制工程建设目标以及组织协调的方法。

（4）投资、进度、质量控制方法和措施的审核

对三大目标的控制方法和措施应重点审查。看其如何应用组织、技术、经济、合同措施保证目标的实现，拟采用方法是否科学、合理、有效。

（5）监理工作制度审核

主要审查监理的内、外工作制度是否健全、可行。

思考题

1. 何谓建设工程监理？它的概念要点是什么？
2. 建设工程监理具有哪些性质？它们的含义是什么？
3. 建设工程监理有哪些作用？
4. 建设工程监理的理论基础是什么？
5. 实行监理工程师执业资格考试和注册制度的目的是什么？
6. 简述目标控制的基本流程。在每个控制流程中有哪些基本环节？
7. 建设工程的投资、进度、质量目标是什么关系？如何理解？
8. 建设工程投资、进度、质量控制的具体含义是什么？
9. 建设工程设计阶段目标控制的基本任务是什么？
10. 简述风险、风险因素、风险事件、损失、损失机会的概念。
11. 风险评价的主要作用是什么？

12. 风险对策有哪几种？简述各种风险对策的要点。
13. 简述建设工程监理大纲、监理规划、监理实施细则三者之间的关系。
14. 建设工程监理规划有何作用？
15. 编写建设工程监理规划应注意哪些问题？
16. 建设工程监理规划编写的依据是什么？

第二章　建设工程质量控制

◇　了解内容

1. 建设工程质量及其特点
2. 勘察设计质量控制的依据，监理工程师对勘察设计单位资质的控制
3. 施工质量控制的工作程序
4. 施工质量验收的有关术语和规定
5. 工程质量不合格、工程质量问题和工程质量事故的概念，工程质量事故的特点及分类
6. 质量数据的收集方法，质量数据的波动原因

◇　熟悉内容

1. 影响建设工程质量的因素，工程质量管理制度
2. 勘察阶段监理的工作内容
3. 监理工程师对投标/承包单位资质审查内容，质量控制点的设置，施工阶段质量控制依据
4. 施工质量验收的层次划分，施工质量不符合要求时的处理
5. 工程质量问题的成因，工程质量事故处理的鉴定验收
6. 常用的抽样检验方案，控制图在工程质量控制中的应用

◇　掌握内容

1. 监理工程师在质量控制中应遵循的原则，工作质量责任体系
2. 设计阶段监理工作的内容，初步设计、技术设计审核的主要内容，施工图设计的质量控制
3. 施工组织设计的审查，施工准备和施工过程中质量控制的主要内容，见证取样送检的工作程序及实施要求，工程变更的控制，隐蔽工程验收，质量检验和不合格的处理
4. 检验批、分项、分部和单位工程质量验收的内容、程序和组织
5. 工程质量事故处理的依据，工程质量问题和工程质量事故的处理程序
6. 排列图、因果分析图、直方图在工程质量控制中的应用

第一节　建设工程质量控制概述

一、建设工程质量

建设工程质量是指建设工程符合国家法律、法规、标准、技术规范、设计文件及合同约定的特性综合。

建设工程质量的特性主要表现在以下六个方面：

（一）适用性。适用性即功能，是指工程满足使用目的的各种性能。包括理化性能、结

构性能、使用性能、外观性能等。

（二）耐久性。耐久性即寿命，是指工程在规定的条件下，满足规定功能要求的使用年限，即工程竣工后的合理使用寿命周期。

（三）安全性。安全性是指在工程建成后的使用过程中，保证结构安全、人身和环境免受危害的程度。具体包括结构安全度、抗震、耐火及防火能力，人防工程的抗辐射、抗核污染、抗爆炸波等能力。

（四）可靠性。可靠性是指工程在规定的时间和规定的条件下，完成规定功能的能力。它不仅要求工程在交工验收时达到规定的指标，而且要在规定的使用期限内保持正常的功能。

（五）经济性。经济性是指工程从规划、勘察、设计、施工到整个寿命期间内的成本和消耗的费用。它具体表现在设计成本、施工成本与使用成本三个方面。

（六）与环境的协调性。与环境的协调性是指工程与其周围生态环境相协调，与所在地区经济环境协调以及与周围已建工程相协调，以满足可持续发展的要求。

上述六个质量特性是建设工程必须达到的基本要求，六个质量特性是彼此关联、相互依存的。对于不同类型的工程，可以因其地域环境、技术经济条件等差异呈现出不同的侧重点。

二、建设工程质量的特点

建筑产品及其生产具有以下技术经济特点：一是产品的固定性、生产的流动性；二是产品的多样性及其生产的单件性；三是产品形体庞大、投入高、生产周期长、风险性高；四是产品的社会性、生产的外部约束性等。由此决定了建设工程质量具有以下特点：

（一）影响因素多

影响建设工程质量的因素很多。主要可以归纳为人员素质、工程材料、机械设备、工艺方法、环境条件，即4M1E，此外，决策、设计、施工招标、施工、工程造价、工期对建设工程质量也有重要影响。

（二）质量波动大

建筑生产的单件性、流动性直接引起工程质量具有较大的波动性。影响工程质量的偶然性、系统性因素变动后，都将造成工程质量的波动。因此，必须防止系统性因素导致质量变异，并使质量波动控制在偶然性因素的范围之内。

（三）质量隐蔽性

由于工程施工过程中存在着大量的交叉作业、中间产品以及隐蔽工程，其质量的隐蔽性相当突出。如果不能及时地检查、发现，而仅依靠事后的表面检查很难发现内在的质量问题，容易导致判断错误。

（四）终检的局限性

仅仅依靠工程项目的终检（即竣工验收），难以发现隐蔽起来的质量缺陷，无法科学地评估工程的内在质量。因此，质量控制应以预防为主，重视事前、事中控制，重视档案资料的积累并将其作为终检的重要依据。

（五）评价方法的特殊性

工程质量评价通常按照"验评分离、强化验收、完善手段、过程控制"的思想，在施工单位按照质量合格标准自行检查评定的基础上，由监理单位或建设单位（监理工程师或建设单位项目负责人）组织有关单位、人员进行确认验收。

工程质量的检查评定及验收依次按照检验批、分项工程、分部工程、单位工程进行。检验批的质量是分项工程乃至整个工程质量检验的基础；隐蔽工程在隐蔽前必须检查验收合格；涉及结构安全的试块、试件、材料应按规定进行见证取样；涉及结构安全和使用功能的重要分部工程需进行抽样检测。

三、影响建筑工程质量的因素

影响工程的因素很多，归纳起来主要有五个方面，即人（Man）、材料（Material）、机械（Machine）、方法（Method）和环境（Environment），简称为4M1E因素。

（一）人员素质

人是生产经营活动的主体，也是工程项目建设的决策者、管理者、操作者，人员的素质，会对规划、决策、勘察、设计和施工的质量产生影响。因此，建筑行业实行经营企业资质管理和专业人员执业资格与持证上岗制度是保证人员素质的重要管理措施。

（二）工程材料

工程材料选用是否合理、材质是否经过检验且合格、保管使用是否得当等，都将直接影响建设工程的结构强度和刚度、外表及观感、使用功能、使用安全。

（三）机械设备

工程机具设备的质量优劣，直接影响工程的质量。施工机具设备的类型是否符合工程施工特点，性能是否先进稳定，操作是否方便安全等，都将影响工程项目的质量。

（四）方法

方法是指施工工艺方法、操作方法、施工方案。在工程施工中，施工方案是否合理，施工工艺是否先进，施工操作是否正确，都将对工程质量产生重大的影响。大力采用新技术、新工艺、新方法，不断提高工艺技术水平，是保证工程质量稳定提高的重要途径。

（五）环境条件

环境条件是指对工程质量起影响作用的环境因素，包括：工程技术环境，工程作业环境、工程管理环境、周边环境等。环境条件往往对工程质量产生特定的影响。加强环境管理，改进作业条件，把握好技术环境，辅以必要的措施，是控制环境对质量影响的重要保证。

四、工程质量控制的概念和原则

（一）工程质量控制的概念

工程质量控制是为了保证达到质量标准而采取的一系列措施、手段和方法。

1. 工程质量的全过程控制

实施工程质量控制时，应当进行全过程控制。按照工程质量形成过程，全过程控制包括以下三个阶段：

第一，决策阶段的质量控制，在符合有关各方的要求、与所在地区环境相协调的前提下，通过可行性研究选择最佳建设方案；

第二，设计阶段的质量控制，在择优选定勘察设计单位的基础上，使工程设计符合规范标准、现场以及施工等要求；

第三，施工阶段的质量控制，在择优选定施工单位的基础上，严格督促其按图施工，并形成符合合同文件规定的最终建筑产品。

2. 工程质量的全员控制

在实施工程质量控制时，应当进行全员控制。实施工程质量全员控制的主体包括以下四个方面：

第一，政府的工程质量控制。作为监控主体的政府有关职能部门主要以法律法规为依据，通过工程报建、施工图设计文件审查、施工许可、材料与设备准用、工程质量监督、重大工程竣工验收备案等环节实施质量监控。

第二，监理单位的工程质量控制。作为监控主体的工程监理单位是受建设单位的委托，代表建设单位对工程实施的全过程开展质量监控。

第三，设计单位的工程质量控制。作为自控主体的勘察设计单位主要以法律、法规和合同为依据，对勘察设计全过程进行控制，以满足建设单位对勘察设计质量的要求。

第四，施工单位的工程质量控制。作为自控主体的施工单位通常以工程合同、设计图样和技术规范为依据，对施工全过程的工程质量、工作质量进行控制，以达到合同文件规定的质量要求。

（二）工程质量控制的原则

监理工程师在进行工程质量控制过程中，应遵循以下几项原则：

（1）坚持质量第一。建筑产品作为一种特殊的商品，使用年限长、直接关系到人民生命财产的安全，确属"百年大计"。因此，监理工程师在处理质量、进度、投资三者关系时，应自始至终地把"质量第一"作为对工程质量控制的基本原则。

（2）坚持以人为控制核心。人是质量的创造者，质量控制必须"以人为核心"，把人作为质量控制的动力，发挥人的积极性、创造性；处理好与建设单位、承包单位、监理单位等各方面的关系；提高人的素质、增强人的责任感，避免人为失误，以人的工作质量保证工序质量、工程质量。

（3）坚持以预防为主。在重点做好质量事前、事中控制的基础上，严格进行工作、工序和中间产品质量的检查控制，以确保工程质量。

（4）坚持质量标准。质量标准是评价建筑产品质量的尺度，数据是质量控制的基础。工程质量是否符合合同规定的质量标准，必须通过严格检查，以数据为依据、对照质量标准。对于不符合质量标准要求的所有不合格部分，一定要返工处理。

（5）贯彻科学、公正、守法的职业规范。监理人员在工程质量控制过程中，应当做到尊重客观事实、尊重科学，客观、公正、不持偏见，遵纪守法、坚持原则，严格要求、秉公监理。

五、工程质量责任体系

在工程实施过程中，根据合同、协议以及有关法律法规《建设工程质量管理条例》、《建设工程安全生产管理条例》等的规定，参建各方均应承担相应的质量责任。

（一）建设单位的质量责任

1. 建设单位对其自行选择的设计、施工单位发生的质量问题承担相应的责任。

2. 建设单位应与监理单位签订委托监理合同，并明确双方的责任和义务。

3. 建设单位按合同的约定负责采购供应的建筑材料、构配件及设备，应符合设计文件与合同的规定，并对发生的质量问题承担相应的责任。

4. 建设单位在工程开工前，负责办理施工图设计文件审查、工程施工许可证和工程质量监督手续，组织设计交底；施工中按照有关规定参与工程的协调与管理；竣工后及时组织竣工验收并备案，否则不得交付使用。

（二）勘察、设计单位的质量责任

勘察、设计单位必须在其资质等级许可的范围内承揽相应的业务，不得将承揽的工程转包或违法分包，不得允许其他单位或个人以本单位的名义承揽工程。

勘察、设计单位必须按照国家现行的有关规定、工程建设强制性技术标准和合同的要求进行勘察、设计工作，并对所编制的勘察、设计成果的正确性与准确性负责。

（三）施工单位的质量责任

1. 施工单位必须在其资质等级许可的范围内承揽相应的施工任务，不得将承揽的工程转包或违法分包，不得允许其他单位或个人以本单位的名义承揽工程。

2. 施工单位对所承包的工程项目的施工质量负责。实行总承包的工程，总承包单位应对全部建设工程质量负责。建设工程勘察、设计、施工、设备采购的一项或多项实行总承包的，总承包单位应对其承包的建设工程或采购的设备的质量负责；实行总分包的工程，分包应按照分包合同约定对其分包工程的质量向总承包单位负责，总承包单位与分包单位对分包工程的质量承担连带责任。

3. 施工单位必须按照工程设计图纸和施工技术规范标准组织施工。未经设计单位同意，不得擅自修改工程设计。在施工中，必须按照工程设计要求、施工技术规范标准和合同约定，对建筑材料、构配件、设备和商品混凝土进行检验，不得偷工减料、不得使用不符合设计和强制性技术标准的要求的产品，不得使用未经检验和试验不合格的产品。

（四）监理单位的质量责任

1. 工程监理单位应按其资质等级许可的范围承担工程监理业务，不得转让工程监理业务，不得允许其他单位或个人以本单位的名义承担工程监理业务。

2. 工程监理单位应依照法律、法规以及有关技术标准、设计文件和建设工程承包合同，与建设单位签订监理合同，代表建设单位对工程质量实施监理，并对工程质量承担监理责任。监理责任主要有违法责任和违约责任两个方面。如果工程监理单位故意弄虚作假，降低工程质量标准，造成质量事故的，要承担法律责任。若工程监理单位与承包单位串通，谋取非法利益，给建设单位造成损失的，应当与承包单位承担连带赔偿责任。如果监理单位在责任期内，不按照监理合同约定履行监理职责，给建设单位或其他单位造成损失的，属违约责任，应当向建设单位赔偿。

（五）建筑材料、构配件及设备生产或供应单位对其生产或供应的产品质量负责

六、工程质量管理制度

工程质量政府监督是指国家各级建设行政主管部门对建筑工程质量实施的监督管理，它具有权威性、强制性和综合性的特点。工程质量政府监督的主要职能包括：制定工程质量管理法规；建立工程质量责任制，如项目法定代表人责任制、工程质量终身负责制等；对建设工程活动主体的资格管理，如单位的资质等级制度、专业技术人员的执业资格制度；工程承发包管理；工程建设程序控制等。

我国的建设行政主管部门近年发布的工程质量管理制度主要包括以下几项：

（一）施工图设计文件审查制度

施工图设计文件审查简称施工图审查，是指国务院建设行政主管部门和省、自治区、直辖市人民政府建设行政主管部门委托依法认定的设计审查机构，根据国家法律、法规、技术标准与规范，对施工图进行结构安全和强制性标准、规范执行情况等的独立审查。

1. 建设单位报请施工图审查时应提交的资料

建设单位报请施工图审查时应提交以下资料：施工图设计文件、批准的立项文件、初步设计批准文件、主要的初步设计文件、工程勘察成果报告、结构计算书及所用软件的名称。

2. 施工图审查的内容

施工图审查的内容包括：建筑稳定性与安全性，是否符合消防、节能、环保、抗震、卫生、人防等有关强制性标准、规范，施工图是否达到了规定的设计深度，是否损害公共利益。

3. 施工图审查涉及的各方责任

（1）勘察、设计单位必须按照工程建设强制性标准进行勘察、设计，并对勘察成果、施工图设计文件的质量负责；审查机构对勘察成果、施工图设计文件的审查并不解除勘察、设计单位的任何质量责任。

（2）施工图设计文件审查后因勘察、设计原因发生工程质量问题的，审查机构承担审查失职责任。

（二）工程质量监督制度

工程质量监督机构是经省级以上建设行政主管部门或有关专业部门考核认定，具有独立法人资格的单位。它受县级以上地方人民政府建设行政主管部门或有关专业部门的委托，依法对工程质量进行强制性监督，并对委托部门负责。

工程质量监督机构的主要任务如下：

1. 根据政府主管部门的委托，受理对建设工程项目的质量实行监督。

2. 制定质量监督工作方案。确定负责工程质量监督的工程师和助理质量监督师；根据有关法律、法规和工程建设强制性标准，针对工程特点，明确监督的具体内容、监督方式；在方案中对地基基础、主体结构和其他涉及结构安全的重要部位和关键过程，做出实施监督的详细计划安排，并将质量监督工作方案通知建设、勘察、设计、施工、监理单位。

3. 检查施工现场工程建设各方主体的质量行为。检查施工现场工程建设各方主体及有关人员的资质或资格；检查勘察、设计、施工、监理单位的质量管理体系和质量责任制落实情况；检查有关质量文件、技术资料是否齐全并符合规定。

4. 检查建设工程实体质量。按照质量监督工作方案，对建设工程地基基础、主体结构和

其他涉及安全的关键部位进行现场实地抽查，对用于工程的主要建筑材料、构配件的质量进行抽查。对地基基础分部、主体结构分部和其他涉及安全的分部工程的质量验收进行监督。

5. 监督工程质量验收。监督建设单位组织的工程竣工验收的组织形式、验收程序以及在验收过程中提供的有关资料和形成的质量评定文件是否符合有关规定，实体质量是否存在严重缺陷，工程质量验收是否符合国家标准。

6. 向委托部门报送工程质量监督报告。报告的内容应包括：对地基基础和主体结构质量检查的结论、工程施工验收的程序、内容和质量检验评定是否符合有关规定，及历次抽查该工程的质量问题和处理情况等。

7. 对预制建筑构件和商品混凝土的质量进行监督。

8. 受委托部门委托按规定收取工程质量监督费。

9. 政府主管部门委托的工程质量监督管理的其他工作。

（三）工程质量检测制度

工程质量检测机构是对建设工程、建筑构件、制品及现场所用的有关建筑材料、设备质量进行检测的法定单位。它在建设行政主管部门领导和标准化管理部门指导下开展检测工作，其出具的检测报告具有法定效力。而且，法定的国家级检测机构出具的检测报告，在国内为最终裁定，在国外则具有代表国家的性质。

1. 国家级检测机构的主要任务

（1）受国务院建设行政主管部门和专业部门委托，对指定的国家重点工程进行检测复核，提出检测复核报告和建议。

（2）受国家建设行政主管部门和国家标准部门委托，对建筑构件、制品及有关材料、设备及产品进行抽样检验。

2. 各省级、市（地区）级、县级检测机构的主要任务

（1）对本地区正在施工的建设工程所用的材料、混凝土、砂浆和建筑构件等进行随机抽样检测，向本地建设工程质量主管部门和质量监督部门提出抽样报告和建议。

（2）受同级建设行政主管部门委托，对本省、市、县的建筑构件、制品进行抽样检测。

（四）工程质量保修制度

建设工程质量保修制度是指建设工程在办理交工验收手续后，在规定的保修期限内，因勘察、设计、施工、材料等原因造成的质量问题，应由施工单位负责维修、更换，并由责任单位负责赔偿。质量问题是指工程不符合国家工程建设强制性标准、设计文件以及合同中对质量的约定。

建设工程在保修期内和保修范围内发生的质量问题，施工单位应当履行保修义务，保修义务与经济责任的承担应按照下列原则处理：

（1）施工单位原因造成的质量问题，由施工单位免费维修；

（2）设计单位原因造成的质量问题，由施工单位维修，其经济责任通过建设单位向设计单位索赔；

（3）因建筑材料、构配件和设备质量不合格导致的质量问题，由施工单位维修；如是施工单位采购的，施工单位承担经济责任，如是建设单位采购的，建设单位承担经济责任；

（4）因建设单位（含监理单位）错误管理造成的质量问题，由施工单位维修，其经济责任由建设单位承担，如是监理单位责任，则建设单位向监理单位索赔；

（5）因使用不当造成的损坏问题，由施工单位维修，其经济责任由使用单位自行负责；

（6）因不可抗力造成的损坏问题，由施工单位维修，建设参与各方根据国家有关政策分担经济责任。

建设工程承包单位在向建设单位提交工程竣工验收报告时，应向建设单位出具工程质量保修书，并载明建设工程保修范围、保修期限和保修责任等。在正常使用条件下，建设工程的最低保修期限为：

（1）基础设施工程、房屋建筑工程的地基基础和主体结构工程，为设计文件规定的该工程的合理使用年限。

（2）屋面防水工程、有防水要求的卫生间、房间和外墙面的防渗漏，为5年。

（3）供热与供冷系统，为2个采暖期或供冷期。

（4）电气管线、给排水管道、设备安装和装修工程，为2年。

其他项目的保修期由发包方与承包方约定。保修期自竣工验收合格之日起计算。

第二节　设计阶段的质量控制

勘察设计质量就是在严格遵守技术标准、法规的基础上，对工程地质条件做出及时、准确的评价，正确处理和协调经济、资源、技术、环境条件的制约，使设计项目能更好地满足业主所需要的功能和使用价值，以充分发挥项目投资的经济效益。它既要满足建设单位需要，又要符合城市规划、环保、防灾、安全等标准、规范的规定。

一、勘察、设计质量控制的依据

监理工程师实施设计质量控制的依据包括：

（一）有关工程建设及质量管理方面的法律、法规、城市规划、国家规定的建设工程勘察与设计深度要求。铁路、交通、水利等专业建设工程，还应当依据专业规划的要求。

（二）工程建设的技术标准，如有关勘察和设计的工程建设强制性标准、规范、规程、设计参数、定额、指标等。

（三）项目批准文件，如项目可行性研究报告、项目评估报告及选址报告。

（四）体现建设单位建设意图的勘察、设计规划大纲、纲要和合同文件。

（五）反映项目建设过程中和建成后所需要的有关技术、资源、经济、社会协作等方面的协议、数据和资料。

二、勘察、设计的质量控制的要点

勘察、设计的质量控制的要点包括：勘察、设计任务开展前的勘察设计单位资质控制和勘察、设计工作开展阶段的质量控制。

（一）单位资质控制

国家对从事建设勘察、设计活动的单位实行资质管理制度，简称单位资质制度。单位资质制度是指建设行政主管部门对从事建设活动单位的人员素质、管理水平、资金数量、业务能力等进行审查，以确定其承担任务的范围，并发给相应的资质证书。

国家对从事建设勘察、设计活动的专业技术人员实行执业资格注册管理制度，简称个人执业资格制度。个人执业资格制度是指建设行政主管部门及有关部门对从事建设活动的专业技术人员，依法进行考试和注册，并颁发执业资格证书与注册证书，并使其获得相应签字权。

单位资质控制是确保工程质量的关键措施，也是勘察设计质量事前控制的重点工作。选择一个良好的勘察设计单位，必将为勘察与设计质量，乃至为整个工程质量打下了良好的基础。

（二）勘察、设计工作开展阶段质量控制的内容

1. 勘察阶段监理工作的内容

勘察阶段监理工作的内容包括：

（1）组建监理班子，明确监理的任务；

（2）编制勘察监理规划；

（3）收集资料、编写勘察任务书或勘察大纲或勘察招标文件；

（4）优选勘察单位，协助建设单位签订勘察设计合同；

（5）审核勘察单位的勘察实施方案，提出审核意见；

（6）定期检查勘察工作的实施并进行勘察现场的质量控制；

（7）监督勘察单位按照合同规定的期限完成勘察文件；

（8）对勘察成果验收，提出验收报告；

（9）组织勘察成果技术交底及后期服务；

（10）写出勘察阶段监理工作总结报告。

2. 设计成果质量控制的内容

监理工程师在设计阶段的工作内容包括：

（1）审查设计方案、图样、概预算和主要设备、材料清单，发现不符合要求的地方，分析原因，发出修改设计的指令；

（2）协调控制设计工作，及时检查和控制设计进度，做好各设计部门间的协调工作，使各专业设计之间相互配合、衔接，及时消除隐患；

（3）参与主要设备、材料的选型；

（4）组织对设计的评审或咨询；

（5）组织设计文件、图样的报批、验收、分发、保管、使用和建档工作。

三、设计方案的质量控制

为了切实控制设计质量，首先要把好设计方案审核关，以保证项目设计符合设计纲要的要求，符合国家有关工程建设的方针、政策，符合现行建筑设计标准、规范；其次要做到工艺合理、技术先进，以充分发挥工程项目的社会效益、经济效益与环境效益。

设计方案的审核应贯穿于初步设计、技术设计或扩大初步设计阶段，而且包括总体方案和各专业设计方案的审核两部分内容：

（一）总体方案的审核。该审核主要是在初步设计时进行，重点审核设计依据、设计规模、产品方案、工艺流程、项目组成及布局、设施配套、占地面积、协作条件、三废治理、环境保护、防灾抗灾、建设期限、投资概算等的可靠性、合理性、经济性、先进性和协调性等是否满足决策质量目标及水平。

（二）专业设计方案的审核。该审核的重点是审核设计方案、设计参数、设计标准、设备和结构选型、功能和使用价值等方面是否满足适用、经济、美观、安全、可靠等要求。

四、施工图设计阶段的质量控制

（一）施工图设计的内容与深度

施工图设计是在初步设计、技术设计或方案设计的基础上进行的对建筑物、设备、管线等的构造、尺寸、所用材料、布置、相互关系、施工及安装质量要求的详细图样和必要的文字说明。

1. 施工图设计的内容

（1）全项目性文件。设计总说明，总平面布置及说明，各专业全项目的说明及室外管线图，工程总概算。

（2）各建筑物、构筑物的设计文件。建筑、结构、水暖、电气、卫生、热机等专业图纸及说明，以及公用设施，工艺设计和设备安装，非标准设备制造详图、单项工程预算等。

（3）各专业工程计算书、计算机辅助设计软件及资料等。各专业的工程计算书、计算机辅助设计软件及资料等应经校审、签字后，整理归档，一般不向建设单位提供。

2. 施工图设计的深度

施工图设计的深度要求具体表现在：能以施工图设计文件为依据编制施工图预算，能以施工图设计文件为依据安排材料、设备订货和非标准设备的制作，能以施工图设计文件为依据施工与安装，能以施工图设计文件为依据进行工程验收。

（二）施工图设计阶段监理工程师质量控制程序（图2-1）

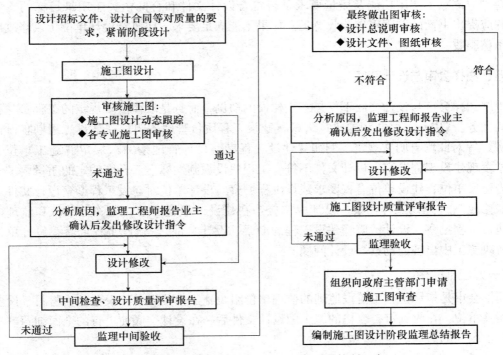

图2-1　施工图设计阶段监理工程师质量控制程序

（三）监理工程师对施工图的审核

设计图样是设计工作的最终成果，又是工程施工的直接依据。所以，设计阶段质量控制的任务最终还是体现在设计图样的质量上。监理工程师对设计图样的审核通常是分阶段进行的。

初步设计阶段的审核应侧重于工程所采用的技术方案是否符合总体方案的要求，是否达到项目决策阶段确定的质量标准等；技术设计阶段的审核应侧重于各专业设计是否符合预定的质量标准和要求。初步设计阶段与技术设计阶段审核设计方案或图样时，需要同时审核相应的概算文件及修正的概算文件，只有既符合预定的质量要求，投资费用又在控制的限额内时，设计才能得以通过。

施工图是施工及安装的详细图样和说明，它是指导施工的直接依据，也是设计阶段质量控制的一个重点。因此，该阶段的审核应侧重于使用功能及质量要求是否得到满足。

施工图审核的重点是使用功能及质量要求是否得到满足，并应按有关国家和地方验收标准及设计任务书、设计合同的约定质量标准，针对施工图设计成果，特别是其主要质量特性做出验收评定，签发监理验收结论文件。

施工图是对建筑物、设备、管线等工程对象的尺寸、布置、选用材料、构造、相互关系、施工及安装质量要求的详细图纸和说明，是指导施工的直接依据，从而也是设计阶段质量控制的重点。施工图纸的审核主要由项目总监理工程师负责组织各专业监理工程师审查设计单位提交的设计图纸和设计文件内容是否准确完整，是否符合编制深度的要求，特别应侧重于使用功能及质量要求是否符合设计文件和合同中关于质量目标的具体描述，并应提出书面的监理审核验收意见。如果不能满足要求，应监督设计单位予以修改后再进行审核验收。

五、图样会审与设计交底

组织图样会审与设计交底不仅是工程建设的惯例，而且是法律法规规定的工程参与相关单位的义务。《中华人民共和国建筑法》、《建设工程质量管理条例》、《建设工程勘察设计管理条例》等对此均有明文规定。例如《建设工程勘察设计管理条例》规定"施工单位、监理单位发现建设工程勘察、设计文件不符合工程建设强制性标准、合同约定的质量要求，应当报告建设单位，建设单位有权要求建设工程勘察、设计单位对建设工程勘察设计文件进行补充、修改"；"建设工程勘察、设计单位应当在建设工程施工前，向施工单位和监理单位说明建设工程勘察、设计，解释建设工程的勘察、设计文件"。建设工程勘察、设计单位应及时解决施工中出现的勘察、设计问题。

（一）图样会审

图样会审是指承担施工阶段监理的监理单位组织施工单位以及建设单位、材料、设备供货等相关单位，在收到审查合格的施工图设计文件后，在设计交底前进行的全面细致熟悉和审查施工图样的活动。

1. 图样会审的目的

（1）使施工单位和各参建单位熟悉设计图样，了解工程特点和设计意图，找出需要解决的技术难题，并制定解决方案。

（2）为了解决图样中存在的问题，减少图样的差错，将图样中的质量隐患消灭在萌芽之中。

2. 图样会审的主要内容

（1）是否无证设计或越级设计，图样是否经设计单位正式签署。

（2）地质勘探资料是否齐全。

（3）设计图样与说明是否齐全，有无分期供图的时间表。

（4）设计地震烈度是否符合当地要求。

（5）几个设计单位共同设计的图样相互间有无矛盾，专业图样之间及平、立、剖面图之间有无矛盾，标注有无遗漏。

（6）总平面图与施工图的几何尺寸、平面位置、标高等是否一致。

（7）防火、消防是否满足要求。

（8）建筑结构与各专业图样本身是否有差错及矛盾，结构图与建筑图的平面尺寸及标高是否一致，建筑图与结构图的表示方法是否清楚，是否符合制图标准，预埋件是否表示清楚，有无钢筋明细表，钢筋的构造要求在图中是否表示清楚。

（9）施工图中所列各种标准图册，施工单位是否具备。

（10）材料来源有无保证，能否代换；图中所要求的条件能否满足；新材料、新技术的应用有无问题。

（11）地基处理方法是否合理，建筑与结构构造是否存在不能施工、不便于施工的技术问题，或容易导致质量、安全、工程费用增加等方面的问题。

（12）工艺管道、电气线路、设备装置、运输道路与建筑物之间或相互间有无矛盾，布置是否合理。

（13）施工安全、环境卫生有无保证。

（14）图样是否符合监理大纲所提出的要求。

（二）设计交底

设计交底是指在施工图完成并经审查合格后，设计单位在设计文件交付施工时，按法律规定就施工图设计文件向施工单位和监理单位做出的详细说明。

1. 设计交底的目的

设计交底的目的是使施工单位和监理单位正确贯彻设计意图，加深对设计文件特点、难点、疑点的理解，掌握关键工程部位的质量要求，确保工程质量。

2. 设计交底的主要内容

设计交底的主要内容一般包括：施工图设计文件总体介绍；设计的意图说明；特殊的工艺要求，建筑、结构、工艺、设备等各专业在施工中的难点、疑点和容易发生的问题说明；对施工单位、监理单位、建设单位等关于设计图样疑问的解释等。

（三）图样会审与设计交底的组织

图样会审与设计交底的通常组织方式是设计文件完成后，设计单位将设计图样移交建设单位，建设单位发给施工监理单位、施工单位。由施工监理单位组织参建各方进行图样初步会审，并整理成初步会审问题清单，在设计交底前一周提交设计单位。设计监理单位组织设计交底准备，并对初步会审问题拟订解答。

设计交底应在施工开始前完成，并常以会议的形式进行。设计交底通常先由设计单位介绍设计意图、结构特点、施工要求、技术措施和有关注意事项等，然后转入设计图样会审问题的解释，并通过设计、监理、施工三方或参建单位多方研究协商，明确存在的问题和各种技术问题的解决方案。设计交底由设计监理单位或建设单位组织，设计单位向施工单位、施工监理单位等相关参建单位进行交底。设计交底应由设计单位整理会议纪要；图样会审应由施工单位整理会议纪要，与会各方会签。如果涉及设计变更时，应按相应的程序办理设计变更手续。图样会审由承担监理单位负责组织，施工单位、建设单位、设计单位等相关参建单位参加。

六、设计变更控制

在施工图设计文件投入使用前或使用后，均可能出现由于建设单位要求，或现场施工条件的变化，或国家政策法规的改变等原因而引起设计变更。设计变更可能由设计单位自行提出，也可能由建设单位提出，还可能由承包单位提出，不论谁提出都必须征得建设单位同意并且办理书面变更手续，涉及施工图审查内容的设计变更还必须报请原审查机构审查后再批准实施。

施工图设计文件投入使用前监理工程师对设计变更的控制程序如图 2-2 所示。施工阶段监理工程师对设计变更的控制程序如图 2-3 所示。设计阶段设计变更由设计监理单位负责控制，施工阶段设计变更由施工监理单位负责。

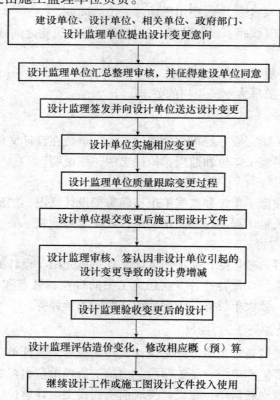

图 2-2　施工图设计文件投入使用前或设计阶段设计变更控制程序

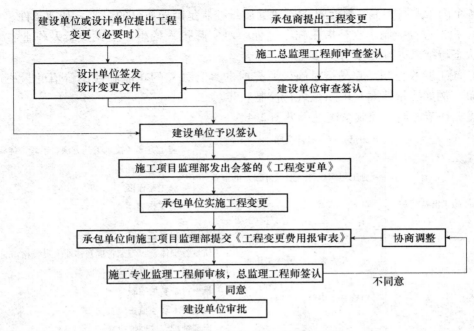

图 2-3　施工阶段设计变更控制程序

为了保证建设工程质量，监理工程师应注意以下几个方面：

1. 监理工程师应适时掌握国家有关建设的法律法规的变化，特别是有关设计、施工规范、规程的变化，有关材料或产品的淘汰或禁用，并将信息尽快通知设计单位与建设单位，以减少产生设计变更的潜在因素。

2. 监理工程师应加强设计阶段的质量控制，特别是对施工图设计文件的审查，对施工图的可施工性的评判，对各专业图纸的交叉要严格控制会签工作，力争将矛盾和差错解决在施工前。

3. 监理工程师对建设单位和承包单位提出的设计变更要求要进行统筹考虑，确定其必要性，同时要分析设计变更对建设工期和费用的影响并通报给建设单位，必须实施变更的要调整施工计划，以尽可能减少对工程的不利影响。

第三节　施工阶段的质量控制

施工阶段是形成工程实体的阶段，也是形成建筑工程产品质量的阶段。因此，施工阶段的质量控制是监理工程师工作的重点。

一、施工阶段的质量控制概述

（一）施工质量控制的分类

1. 按工程实体质量形成过程的时间阶段划分

按工程实体质量形成过程的时间不同，施工阶段的质量控制可以分为以下三阶段：

（1）施工准备控制。它是指在各个施工对象正式施工开始前，对各项准备工作及影响

69

质量的各个因素进行控制。施工准备阶段的质量控制是确保质量的先决、基础条件。

（2）施工过程控制。它是指在施工过程中对实际投入的生产要素质量及作业技术活动的实施状态与结果进行的控制。

（3）竣工验收控制。它是指对施工所完成的具有独立的功能和使用价值的最终产品及有关方面（例如质量档案）的质量进行控制。

上述三环节的质量控制系统过程见图 2-4。

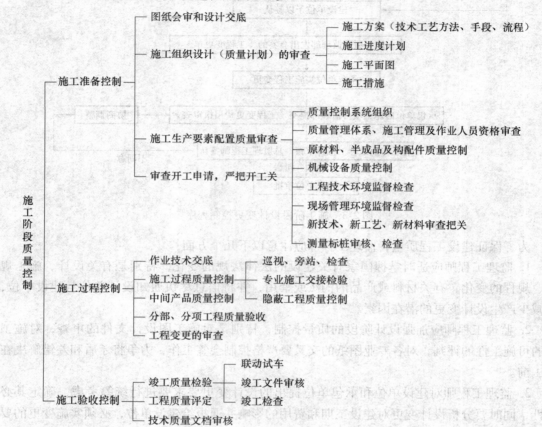

图 2-4　工程实体质量形成过程不同阶段的质量控制

2. 按工程实体质量形成过程中物质形态转化的阶段划分

施工是一项物质生产活动，所以施工阶段的质量控制包括以下三个依次进行的阶段：

（1）对投入的各种物质资源质量的控制。

（2）施工过程质量控制。在投入物转化为工程产品的过程中，对影响产品质量的各因素、各环节及中间产品的质量进行控制。

（3）对完成的工程产品质量的控制与验收。

以上过程中，所投入的物质资源的质量与施工过程质量对最终产品的质量起决定性的作用。

3. 按工程项目施工的层次划分

大中型工程项目通常可以划分出若干的层次，而且各个层次之间具有以一定的施工先后顺序为代表的逻辑关系。例如建设项目可以依次划分为单项工程、单位工程、分部工程、分项工程、检验批。其中，施工作业过程的质量控制决定了检验批的质量；而检验批的质量又决定了分项工程的质量；依此上溯，直至建设项目的质量。因此，施工作业过程的质量控制是最基本的质量控制。

（二）施工质量控制的依据

施工阶段监理工程师进行质量控制的依据，大体上可分为以下四类：

1. 工程合同文件

在施工发承包合同和监理委托合同中，分别规定了参建各方在质量控制方面的权利、义务，有关各方必须认真履行合同。尤其是监理单位，既要履行监理合同的条款，又要监督建设单位、施工单位等相关单位履行有关的质量控制条款。因此，监理工程师要熟悉这些条款，据以进行质量监督和控制，并在发生质量纠纷时及时采取措施予以解决。

2. 设计文件

"按图施工"是施工阶段质量控制的一项重要原则，也是质量控制的重要依据。

3. 国家及政府有关部门颁布的有关质量管理方面的法律、法规性文件

这些法律、法规性文件涉及以下内容：质量管理机构与职责；质量监督工作的要求、程序与内容；工程建设参与各方的质量责任与义务；质量问题的处理；设计、施工、供应单位建立质量体系的要求、标准及其资质等级的标准和认证；质量检测机构的性质、权限及其管理等。它们均是工程质量管理方面应当遵守的基本法规文件。

4. 有关质量检验与控制的专门技术法规性文件

它们通常是针对不同行业、不同的质量控制对象而制定的技术法规性的文件，包括各种有关的标准、规范、规程或规定。

（1）工程项目施工质量检验评定标准。它是由国家或部统一制定的，作为检验和验收工程项目质量水平所依据的技术法规性文件。如，《建筑工程施工质量验收统一标准》、《混凝土结构工程施工质量验收规范》等。对于其他行业如水利、电力、交通等工程项目的质量验收，也有相应的质量验收标准。

（2）有关工程材料、半成品和构配件质量控制方面的专门技术法规性依据。如有关水泥等及其制品质量的技术标准，有关钢材或半成品等的取样、试验等方面的技术标准或规程，有关型钢等验收、包装、标志方面的技术标准或规定。

（3）控制施工工序质量等方面的技术法规性依据。如电焊操作规程、混凝土操作规程等。

（4）凡采用新工艺、新技术、新方法的工程，事先应进行试验，并应有权威性的技术部门的技术鉴定书及有关的质量数据、指标，在此基础上制定有关的质量标准和施工工艺规程，并作为判断与控制质量的依据。

（三）施工质量控制的工作程序

施工阶段监理工程师对工程质量的控制不仅涉及最终产品的检查与验收，而且涉及施工过程中各环节及中间产品的监督、检查与验收。这种全方位、全过程的质量监理的一般程序如图2-5所示。

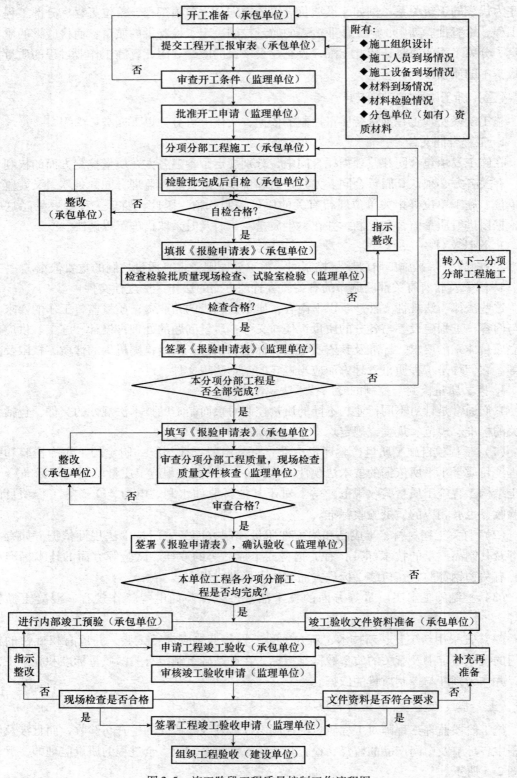

图 2-5　施工阶段工程质量控制工作流程图

二、施工准备阶段的质量控制

（一）监理工程师对投标/承包单位资质的审查

1. 招投标阶段监理工程师对承包单位资质的审查

（1）根据工程的类型、规模和特点，确定参与投标企业的资质等级，并取得招投标管理部门的认可。

（2）对符合参与投标企业的考核

1）查对《营业执照》及《建筑业企业资质证书》，并了解其实际的建设业绩、人员素质、管理水平、资金情况、技术装备等。

2）考核投标企业近期的表现，查对年检情况、资质升降级情况，了解其是否有工程质量、施工安全、现场管理等方面的问题，了解企业管理的发展趋势，质量是否呈上升趋势，选择向上发展的企业。

3）查对近期承建工程，实地参观考核工程质量情况及现场管理水平。在全面了解的基础上，重点考核与拟建工程类型、规模和特点相似或接近的工程。优先选取创出名牌优质工程的企业。

2. 对中标进场从事项目施工的承包企业质量管理体系的核查

（1）了解企业的质量意识、质量管理情况，重点了解企业质量管理的基础工作、工程项目管理和质量控制的情况。

（2）贯彻 ISO 9000 标准、体系建立和通过认证的情况。

（3）企业领导班子的质量意识及质量管理机构落实、质量管理权限实施的情况等。

（4）审查承包单位现场项目经理部的质量管理体系。

承包单位健全的质量管理体系，对于取得良好的施工效果具有重要作用。因此，监理工程师做好承包单位质量管理体系的审查，是搞好监理工作的重要环节，也是取得好的工程质量的重要条件。审查程序为：

1）承包单位向监理工程师报送项目经理部的质量管理体系的有关资料，包括组织机构，各项制度，管理人员、专职质检员、特种作业人员的资格证、上岗证，试验室。

2）监理工程师对报送的相关资料进行审核，并进行实地检查。

3）经审核，承包单位的质量管理体系满足工程质量管理的要求，总监理工程师予以确认；对于不合格人员，总监理工程师有权要求承包单位予以撤换，不健全、不完善之处要求承包单位尽快整改。

（二）施工组织设计的审查

施工组织设计是指导项目施工的重要文件，通过审查以确保施工组织设计具有目标针对性、技术先进性、实施可操作性以及各种措施满足有关规定等。

1. 监理工程师审查施工组织设计的程序

监理工程师通常按以下程序审查承包单位报送的施工组织设计：

（1）在工程项目开工前约定的时间内，承包单位必须完成施工组织设计的编制及内部审批工作，并填写"施工组织设计（方案）报审表"，报送项目监理机构。

（2）总监理工程师在约定的时间内，组织专业监理工程师审查，提出意见后，由总监理工程师审核确认。需要承包单位修改时，由总监理工程师签发书面意见，退回承包单位修改后再报审，总监理工程师重新审查。

（3）已审定的施工组织设计由项目监理机构报送建设单位。

（4）承包单位应按审定的施工组织设计文件组织施工。如需对其内容做出较大的变更，应在实施前将变更的内容书面报送项目监理机构审核。

（5）规模大、结构复杂或属于新、特结构的工程，项目监理机构对施工组织设计审核后，还应报送监理单位技术负责人审查，提出审查意见后由总监理工程师签发，必要时可与建设单位协商，组织有关专家会审。

（6）规模大、工艺复杂的工程，群体工程或分期出图的工程，经建设单位批准可分阶段报审施工组织设计。

（7）技术复杂或采用新技术的分部、分项工程，承包单位应编制该分部、分项工程的施工方案，并报送项目监理机构审核。

2. 施工组织设计审查的注意事项

（1）开工前，承包单位向监理工程师提交重要的分部、分项工程的施工方案详细说明及为完成该项工程的施工方法、施工机械设备及人员配备与组织、质量管理措施以及进度安排等，经监理工程师审查认可后方能实施。

（2）在施工顺序上应符合"先地下、后地上，先土建、后设备，先主体、后围护"的基本规律。所谓先地下、后地上是指地上工程开工前，应尽量把管道、线路等地下设施和土方与基础工程完成，以避免干扰，造成浪费，影响质量。此外，施工流向要合理，即平面上和立面上都要考虑施工的质量保证与安全保证；考虑使用的先后和区段的划分，使材料、构配件的运输不发生冲突。

（3）施工方案与施工平面图布置的协调一致。施工平面图的静态布置内容，如临时施工供水供电供热、供气管道、施工道路、临时办公房屋、物资仓库等，以及动态布置内容，如施工材料模板、工具器具等，应做到布置有序，有利于各阶段施工方案的实施。

（4）施工方案与施工进度计划的一致性。施工进度计划的编制应以确定的施工方案为依据，正确体现施工的总体部署、流向顺序及工艺关系等。

（三）现场施工准备的质量控制

监理工程师控制现场施工准备时，应着重做好以下工作：

1. 工程定位及标高基准控制

监理工程师应当要求施工承包单位对建设单位给定的原始基准点、基准线和标高等测量控制点进行复核，并将复核结果报监理工程师审核，专业监理工程师应复核，经批准后方可据此测量放线。施工承包单位建立施工测量控制网并对其正确性负责。监理工程师督促施工承包单位做好控制网的保护。

2. 施工平面布置的控制

监理工程师要检查施工现场总体布置是否合理，是否有利于施工的正常、顺利进行，是否有利于保证质量，特别要对场区的道路、防洪排水、器材存放、给水及供电、混凝土供应及主要垂直运输机械设备布置等方面予以重视。

3. 材料构配件采购订货的控制

（1）凡由承包单位负责采购的原材料、半成品或构配件，在采购订货前应向监理工程师申报；对于重要的材料，还应提交供试验或鉴定的样品，有些材料则要求供货单位提交理化试验单（如预应力钢筋的硫、磷含量分析等），经监理工程师审查认可后，方可进行订货采购。

（2）对于半成品或构配件，应按经过审批认可的设计文件和图纸要求采购订货，质量应符合有关标准和设计的要求，交货期应满足施工及安装进度安排的需要。

（3）供货厂家是制造材料、半成品、构配件的供应主体，所以通过考查优选合格的供货厂家，是保证采购、订货质量的前提。为此，大宗的器材或材料的采购应当实行招标采购的方式。

（4）对于半成品和构配件的采购、订货，监理工程师应提出明确的质量要求，质量检测项目及标准。如除出厂合格证或产品说明书等质量文件的要求外，是否需要权威性的质量认证等。

（5）某些材料，诸如瓷砖等装饰材料，订货时最好一次订齐和备足货源，以免由于分批而出现色泽不一的质量问题。

（6）供货厂方应向需方（订货方）提供质量文件，用以表明其提供的货物能够完全达到需方提出的质量要求。

4. 施工机械配置的控制

（1）施工机械设备的选择，除应考虑施工机械的技术性能、工作效率，工作质量，可靠性及维修难易、能源消耗以及安全、灵活等方面对施工质量的影响与保证外，还要注意设备类型、机械性能参数应与施工对象的特点及施工质量要求相适应。

（2）审查施工机械设备的数量是否足够。

（3）审查所需的施工机械设备，是否按已批准的计划备妥；所准备的机械设备是否与监理工程师审查认可的施工组织设计或施工计划中所列机械设备相一致；所准备的施工机械设备是否都处于完好的可用状态等。

5. 分包单位资质的审核确认

分包单位的资质、能力和水平，是保证工程施工质量的重要环节与基础。因此，监理工程师应严格审查分包单位。

（1）分包单位提交《分包单位资质报审表》

《分包单位资质报审表》的内容一般应包括以下几方面：

1）关于拟分包工程的情况。说明拟分包工程名称（部位）、工程数量、拟分包合同额，分包工程占全部工程额的比例；

2）关于分包单位的基本情况，包括：该分包单位的企业简介，资质材料，技术实力，企业过去的工程经验与业绩，企业的财务资本状况等，施工人员的技术素质和条件，特别是专职管理人员与特殊岗位人员的资格；

3）分包协议草案。包括总承包单位与分包单位之间责、权、利，分包项目的施工工艺、分包单位设备和到场时间、材料供应，总包单位的管理责任等。

（2）监理工程师审查总承包单位提交的《分包单位资质报审表》

监理工程师审查总承包单位提交的《分包单位资质报审表》时，主要是审查施工承包合同是否允许分包，分包的范围和工程部位是否可进行分包，分包单位是否具有按工程承包合同规定的条件完成分包工程任务的能力。如果认为该分包单位不具备分包条件，则不予以批准。若监理工程师认为该分包单位基本具备分包条件，则应在进一步调查后由总监理工程师予以书面确认。审查、控制的重点一般是分包单位施工组织者、管理者的资格与质量管理水平、特殊专业工种和关键施工工艺或新技术、新工艺、新材料等应用方面操作者的素质与能力。

（3）对分包单位进行调查

调查的目的是核实总承包单位申报的分包单位情况是否属实。如果监理工程师对调查结果满意，则总监理工程师应以书面形式批准该分包单位承担分包任务。总承包单位收到监理工程师的批准通知后，应尽快与分包单位签订分包协议，并将协议副本报送监理工程师备案。

6. 设计交底与施工图纸的现场核对

设计文件是施工阶段监理工作的主要依据。因此，监理工程师应认真参加由建设单位主持的设计交底工作，以透彻地理解设计原则及质量要求；同时，要督促承包单位认真做好图纸核对工作，对于图纸核对中发现的问题，及时以书面形式报告给建设单位。

（1）监理工程师参加设计交底应着重了解的内容

1）有关地形、地貌、水文气象、工程地质及水文地质等自然条件；

2）主管部门及其他部门（如规划、环保、农业、交通、旅游等）对本工程的要求、设计单位采用的主要设计规范、市场供应的建筑材料情况等；

3）设计意图方面：诸如设计思想、设计方案比选的情况，基础开挖及基础处理方案结构设计意图，设备安装和调试要求，施工进度与工期安排等；

4）施工应注意事项方面：如基础处理的要求，对建筑材料方面的要求，主体工程设计中采用新结构或新工艺对施工提出的要求，为实现进度安排而应采用的施工组织和技术保证措施等。

（2）施工图纸的现场核对

施工图是工程施工的直接依据，为了使施工承包单位充分了解工程特点、设计要求，减少图纸的差错，确保工程质量，减少工程变更，监理工程师应要求施工承包单位做好施工图的现场核对工作。

施工图纸现场核对主要包括以下几个方面：

1）施工图纸合法性的认定：施工图纸是否经设计单位正式签署，是否按规定经有关部门审核批准，是否得到建设单位的同意。

2）图纸与说明书是否齐全，如分期出图，图纸供应是否满足需要。

3）地下构筑物、障碍物、管线是否探明并标注清楚。

4）图纸中有无遗漏、差错或相互矛盾之处，例如，漏画螺栓孔、漏列钢筋明细表，尺寸标注有错误、平面图与相应的剖面图相同部位的标高不一致，工艺管道、电气线路、设备装置等是否相互干扰、矛盾。图纸的表示方法是否清楚和符合标准，例如，对预埋件、预留孔的表示是否清楚等。

5）地质及水文地质等基础资料是否充分、可靠，地形、地貌与现场实际情况是否相符。

6）所需材料的来源有无保证，能否替代；新材料、新技术的采用有无问题。

7）所提出的施工工艺、方法是否合理，是否切合实际，是否存在不便于施工之处，能否保证质量要求。

8）施工图或说明书中所涉及的各种标准、图册、规范、规程等，承包单位是否具备。

对于存在的问题，要求承包单位以书面形式提出，在设计单位以书面形式进行解释或确认后，才能进行施工。

7. 严把开工关

为了确保工程质量，监理工程师必须坚持，不论是业主原因还是施工单位的原因，只要施工条件不具备就不得开工的原则。

8. 监理组织内部的监控准备工作

建立完善的项目监理机构的质量监控体系，做好监控准备工作，使之能适应工程项目质量监控的需要，这是监理工程师做好质量控制的基础。

三、施工过程的质量控制

施工过程体现在一系列相关联的作业活动中，因此监理工程师的质量控制必然体现在对作业活动的质量控制中。对一个具体的作业活动而言，监理工程师的质量控制主要围绕影响作业质量的因素进行。

（一）作业技术准备状态的控制

作业技术准备状态，是指各项施工准备工作，如配置的人员、材料、机具、场所环境、通风、照明、安全设施等，在正式开展作业技术活动前，是否按预先的计划安排妥当。做好作业技术准备状况的检查，有利于实际施工条件的落实，避免计划与实际不一致，承诺与行动相脱离，在准备工作不到位的情况下贸然施工。

1. 质量控制点的设置

（1）质量控制点的概念

质量控制点是指为了保证作业过程质量而确定的重点控制对象、关键部位或薄弱环节。设置质量控制点是保证达到施工质量要求的必要前提，监理工程师在拟定质量控制计划时，应予以详细地考虑，并以制度来保证落实。对于质量控制点，一般需要事先分析可能造成质量问题的原因，并针对原因制定对策和措施进行预控。

（2）选择质量控制点的一般原则

应该选择质量保证难度大、对质量影响大或者发生质量问题后危害大的对象作为质量控制点。以下情况可考虑作为质量控制点：

1）施工过程中的关键工序或环节以及隐蔽工程，例如预应力结构的张拉工序，钢筋混凝土结构中的钢筋架立。

2）施工中的薄弱环节，或质量不稳定的工序、部位或对象，例如地下防水层施工。

3）对后续工序质量或安全有重大影响的工序、部位或对象，例如预应力结构中的预应力钢筋质量、模板的支撑与固定等。

4）采用新技术、新工艺、新材料的部位或环节。

5）施工上无足够把握的、施工条件困难的或技术难度大的工序或环节，例如复杂曲线模板的放样等。

质量控制点的选择要准确、有效。为此，一方面需要有经验的工程技术人员来进行选择，另一方面也要集思广益，集中群体智慧由有关人员充分讨论，在此基础上进行选择。

（3）作为质量控制点重点控制的对象

1）人的行为。对某些作业或操作，应以人为重点进行控制，如重型吊件的吊装对人的技术水平具有较高的要求；

2）物的质量与性能。施工设备和材料是直接影响工程质量和安全的主要因素，对某些工程尤为重要，常作为控制的重点，如大跨度钢筋混凝土梁构件中混凝土与钢绞线的质量是决定构件质量的重要因素；

3）关键的操作。如预应力构件施工中，预应力筋的张拉；

4）施工技术参数。如混凝土冬季施工的临界强度；

5）施工顺序。如冷拉钢筋必须先焊接后冷拉，否则失去冷强；

6）技术间歇。如混凝土浇筑后至拆模之间的时间间隔；

7）新工艺、新技术、新材料的应用。由于缺乏施工经验，应将之作为重点控制对象；

8）产品质量不稳定、不合格率较高及易发生质量通病的工序。如防水层的铺设；

9）易对工程质量产生重大影响的施工方法。如液压滑模施工中的支撑杆失稳问题；

10）特殊地基或特种结构。如湿陷性黄土与膨胀土地基。

选择时要根据对重要的质量特性进行重点控制的原则，选择质量控制的重点部位、重点工序和重点的质量因素作为质量控制点，进行重点控制和预控，这是进行质量控制的有效方法。

（4）质量预控

工程质量预控，就是针对所设置的质量控制点或分部、分项工程，事先分析施工中可能发生的质量问题和隐患，分析可能产生的原因，并提出相应的对策，采取有效的措施进行预先控制，以防止在施工中发生质量问题。质量预控及对策的表达方式主要有：1）文字表达，2）用表格形式表达，3）解析图形式表达。

2. 作业技术交底的控制

作业技术交底是对施工组织设计或施工方案的具体化，是更细致、明确、更加具体的技术实施方案，是工序施工或分项工程施工的具体指导文件。做好技术交底是取得好的施工质量的条件之一。为此，每一分项工程开始实施前均要进行交底。

为做好技术交底，项目经理部必须由主管技术人员编制技术交底书，并经项目总工程师批准。技术交底的内容包括施工方法、质量要求和验收标准，施工过程中需注意的问题，可能出现意外的处理措施及应急方案。技术交底要紧紧围绕和具体施工有关的操作者、机械设备、使用的材料、构配件、工艺、工法、施工环境、具体管理措施等方面进行，交底中要明确做什么、谁来做、如何做、作业标准和要求、什么时间完成等。

关键部位，或技术难度大，施工复杂的检验批，分项工程施工前，承包单位的技术交底书（作业指导书）要报监理工程师。经监理工程师审查后，如技术交底书不能保证作业活动的质量要求，承包单位要进行修改补充。没有做好技术交底的工序或分项工程，不得进入正式实施。

3. 进场材料构配件的质量控制

（1）凡运到施工现场的原材料、半成品或构配件，进场前应向项目监理机构提交《工程材料/构配件/设备报审表》，同时附有产品出厂合格证及技术说明书，由施工承包单位按规定要求进行检验或试验报告，经监理工程师审查并确认其质量合格后，方准进场。

（2）进口材料的检查、验收，应通过国家商检部门进行。

（3）材料构配件存放条件的控制。

（4）对于某些当地材料及现场配制的制品，一般要求承包单位事先进行试验，达到要求的标准方准施工。

4. 环境状态的控制

（1）施工作业环境的控制

作业环境条件主要是指诸如水、电或动力供应，施工照明，安全防护设备，施工场地空间条件，通道以及交通运输和道路条件等。这些条件是否良好，直接影响到施工能否顺利进行以及施工质量。所以，监理工程师应事先检查承包单位对施工作业环境方面的有关准备工作是否已做好安排和准备妥当；当确认其准备可靠、有效后，方准许其进行施工。

（2）施工质量管理环境的控制

施工质量管理环境，主要是指施工承包单位的质量管理体系和质量控制自检系统是否处于良好的状态，系统的组织结构、管理制度、检测制度、检测标准、人员配备等方面是否完善和明确，质量责任制是否落实。监理工程师做好承包单位施工质量管理环境的检查，并督促其落实，是保证作业效果的重要前提。

（3）现场自然环境条件的控制

监理工程师应检查在未来的施工期间，当自然环境条件可能出现对施工作业质量的不利影响时，施工承包单位是否事先已有充分的认识并做好充足的准备和采取了有效措施与对策以保证工程质量。如夏季的防高温；严寒季节的防冻；高地下水位情况下施工的排水与流砂的防治等，有无应对方案及有针对性的保证质量及安全的措施等。

5. 进场施工机械设备性能及工作状态的控制

（1）施工机械设备的进场检查

机械设备进场前，承包单位应向项目监理机构报送进场设备单，列出进场机械设备的型号、规格、数量、性能参数、设备状况、进场时间。这些设备进场后，监理工程师根据承包单位的报送单核对进场设备是否与施工组织设计中所列的内容相符。

（2）机械设备工作状态的检查

监理工程师检查作业机械的使用、保养记录，检查其工作状况；重要的工程机械（如路基碾压设备等）应在现场进行实际复验（如开动，行走），以保证投入作业的机械设备状态良好。所有进场设备应保证处于良好的工作状态，防止带病作业。

（3）特殊设备安全运行的审核

对于现场使用有特殊要求的设备，如塔吊，进场后使用前，必须经当地劳动安全部门鉴定，符合要求并办好相关手续后方允许承包单位投入使用。

（4）大型临时设备的检查

承包单位在现场组装的大型临时设备，如架桥机、悬索吊机等，在使用前承包单位必须取得本单位上级安全主管部门的审查批准，办好相关手续后，监理工程师方可批准投入使用。

6. 施工测量及计量器具性能、精度的控制

（1）监理工程师对试验室的检查

1）工程作业开始前，承包单位应向项目监理机构报送试验室（或外委试验室）的资质证明文件，列出该试验室主要仪器、设备及所开展的试验、检测项目，提供法定计量部门对计量器具的标定证明文件，提供试验检测人员上岗资质证明，提供试验室管理制度等。

2）监理工程师的实地检查。监理工程师应检查试验室资质证明文件、试验设备、检测仪器能否满足工程质量检查要求，是否处于良好的可用状态，精度是否符合需要；法定计量部门标定资料，合格证、率定表，是否在标定的有效期内；试验室管理制度是否齐全，符合实际；试验、检测人员的上岗资格等。经检查，确认能满足工程质量检验要求，则予以批准，同意使用，否则，承包单位应进一步完善，补充，在没得到监理工程师同意之前，试验室不得使用。

（2）工地测量仪器的检查

施工测量开始前，承包单位应向项目监理机构提交测量仪器的型号、技术指标、精度等级、法定计量部门的标定证明，测量工的上岗证明，经监理工程师审核确认后，方可进行正式测量作业。在作业过程中，监理工程师也应经常检查了解计量仪器、测量设备的性能、精度状况，使其处于良好的状态。

7. 施工现场劳动组织及作业人员上岗资格的控制

（1）施工现场劳动组织

现场劳动组织控制涉及对作业活动的管理者与操作者管理，以及相应的制度建设。具体来说，应该做到操作人员的数量必须满足作业任务的需要，现场技术负责人、专职质检人员、专职安全员、测量人员、材料员、试验员等管理人员必须到位，相关人员的岗位职责、工作制度、应急预案必须健全。

（2）作业人员上岗资格

特殊岗位工作人员，如电焊工、电工、起重工、架子工等，必须持证上岗。监理工程师应该进行检查与核实。

（二）主要作业技术活动运行过程的控制

工程质量是通过施工活动形成的，而不是最后检验出来的。因此，保证作业活动的效果与质量，必然是施工质量控制的基础。

1. 承包单位自检与监理工程师的检查、复核

承包商是施工的直接实施者和施工质量的责任者。监理工程师的质量监督与控制就是使承包商建立起完善的质量自检体系并使之有效运转。

承包单位的自检体系表现在以下几方面：

（1）作业活动的作业者在作业结束后必须自检；

（2）不同工序交接、转换必须由相关人员作交接检查；

（3）承包单位必须配备专职质检员负责质量专检。

为实现上述三点，承包单位必须有整套的制度及工作程序，具有相应的试验设备及检测仪器，配备数量满足需要的专职质检人员及试验检测人员。

监理工程师的质量检查与验收，是对施工质量的复核与确认，它不能替代承包商的自

检。监理工程师的检查必须是在承包商自检合格的基础上进行的，否则监理工程师一律拒绝进行检查。

2. 技术复核监控

涉及施工作业活动基础和依据的技术工作，都应该严格进行专人负责的复核性检查，以避免基准失误给整个工程质量带来难以弥补的或全局性的危害。如混凝土的配合比、测量控制点等。技术复核是承包单位应履行的技术责任，其复核的结果应报送监理工程师复验确认后，才能进行后续工作施工。

监理工程师应把技术复检工作列入监理规划及质量控制计划中，并看作是一项经常性工作任务，贯穿于整个的施工过程中。常见的施工测量复核有：

（1）民用建筑的测量复核。建筑物定位测量、基础施工测量、墙体皮数杆检测、楼层轴线检测、楼层间高层传递检测等。

（2）工业建筑测量复核。厂房控制网测量、桩基施工测量、柱模轴线与高程检测、厂房结构安装定位检测、动力设备基础与预埋螺栓检测。

（3）高层建筑测量复核。建筑场地控制测量、基础以上的平面与高程控制、建筑物中垂直度检测、建筑物施工过程中沉降变形观测等。

（4）管线工程测量复核。管网或输配电线路定位测量、地下管线施工检测、架空管线施工检测、多管线交汇点高程检测等。

3. 见证取样送检工作的监控

见证是指由监理工程师现场监督承包单位某工序全过程完成情况的活动。见证取样则是指对工程项目使用的材料、半成品、构配件的现场取样，工序活动效果的检查实施见证。

为确保工程质量，在市政工程及房屋建筑工程项目中，对工程材料、承重结构的混凝土试块、承重墙体的砂浆试块、结构工程的受力钢筋（包括接头）、钢绞线、锚具等实行见证取样。

（1）见证取样的工作程序

1）工程项目施工开始前，项目监理机构要督促承包单位尽快落实见证取样的送检试验室。对于承包单位提出的试验室，监理工程师要进行实地考察。试验室一般是和承包单位没有行政隶属关系的第三方。试验室要具有相应的资质，经国家或地方计量、试验主管部门认证，试验项目满足工程需要，试验室出具的报告对外具有法定效果。

2）项目监理机构要将选定的试验室到负责本项目的质量监督机构备案并得到认可，同时要将项目监理机构中负责见证取样的监理工程师在该质量监督机构备案。

3）承包单位在对进场材料、试块、试件、钢筋接头等实施见证取样前要通知负责见证取样的监理工程师，在该监理工程师现场监督下，承包单位按相关规范的要求，完成材料、试块、试件等的取样过程。

4）完成取样后，承包单位将送检样品装入木箱，由监理工程师加封，不能装入箱中的试件，如钢筋样品，钢筋接头，则贴上专用加封标志，然后送往试验室。

（2）实施见证取样的要求

1）试验室要具有相应的资质并进行备案、认可。

2）负责见证取样的监理工程师要具有建筑材料、试验等方面的专业知识，且要取得从事监理工作的上岗资格（一般由专业监理工程师负责从事此项工作）。

3）承包单位从事取样的人员一般应是试验室人员或专职质检人员。

4）送往试验室的样品，要填写"送验单"，送验单要盖有"见证取样"专用章，并有见证取样监理工程师的签字。

5）试验室出具的报告一式两份，分别由承包单位和项目监理机构保存，并作为归档材料，该报告是工序产品质量评定的重要依据。

6）见证取样的频率。国家或地方主管部门有规定的，执行相关规定；施工承包合同中如有明确约定的，执行施工承包合同的约定。见证取样的频率和数量包括在承包单位自检范围内。

7）见证取样的试验费用由承包单位支付。

8）实行见证取样，绝不能代替承包单位应对材料、构配件进场时必须进行的自检。

4. 工程变更程序与质量的监控

工程变更控制是施工质量控制的一项重要内容。工程变更的要求可能来自建设单位、设计单位或施工承包单位。为确保工程质量，不同情况下，设计图纸的澄清、修改、工程变更的实施，具有不同的工作程序。

（1）施工承包单位的要求及处理

1）对技术修改要求的处理。技术修改是指承包单位根据施工现场具体条件和自身的技术、经验和施工设备等条件在不改变原设计图纸和技术文件原则的前提下，提出的对设计图纸和技术文件的某些技术上的修改要求，例如，对某种规格的钢筋采用替代规格的钢筋、对基坑开挖边坡的修改等。

承包单位提出技术修改的要求时，应向项目监理机构提交《工程变更单》，在该表中应说明要求修改的内容及原因或理由，并附图和相关文件。

技术修改问题一般可以由专业监理工程师组织承包单位和现场设计代表参加，经各方同意后签字并形成纪要作为工程变更单附件，经总监理工程师批准后实施。

2）要求设计变更。这种变更是指施工期间，对于设计单位在设计图纸和设计文件中所表达的设计标准状态的改变和修改。

首先，承包单位应就要求变更的问题填写《工程变更单》，送交项目监理机构。总监理工程师根据承包单位的申请，经与设计、建设、承包单位研究并做出变更的决定后，签发《工程变更单》，并应附有设计单位提出的变更设计图纸。承包单位签收后按变更后的图纸施工。

总监理工程师在签发《工程变更单》之前，应就工程变更引起的工期改变及费用的增减分别与建设单位和承包单位进行协商，力求达成双方均能同意的结果。这种变更，一般均会涉及设计单位重新出图的问题。

如果变更涉及结构主体及安全，该变更还要按有关规定报送原施工图审查单位进行审查，否则变更不能实施。

（2）设计单位提出变更的处理

1）设计单位首先将《设计变更通知》及有关附件报送建设单位。

2）建设单位会同监理、施工承包单位对设计单位提交的《设计变更通知》进行研究，必要时设计单位尚需提供进一步的资料，以便对变更做出决定。

3）总监理工程师签发《工程变更单》，并将设计单位发出的"设计变更通知"作为该

《工程变更单》的附件，施工承包单位按新的变更图施工。

（3）建设单位（或监理工程师）要求变更的处理

1）建设单位将"变更要求"通知设计单位，"变更要求"中应列出所有受该变更影响的图纸、文件清单。如果在要求中包括有相应的方案或建议，则应一并报送设计单位；否则，变更由设计单位研究解决。

2）设计单位对工程变更进行研究。如果在"变更要求"中附有建议或解决方案时，设计单位应对建议或解决方案的所有技术方面进行审查，并确定它们是否符合设计要求和实际情况，然后书面通知建设单位，说明设计单位对该解决方案的意见，并与该修改变更有关的图纸、文件清单返回给建设单位，说明自己的意见。如果未附有建议或解决方案，则设计单位应对"变更要求"进行详细的研究，并准备出自己对该变更的建议方案，提交建设单位。

3）根据建设单位的授权，监理工程师研究设计单位所提交的建议设计变更方案或其对变更要求所附方案的意见，必要时会同有关的承包单位和设计单位一起进行研究，也可进一步提供资料，以便对变更做出决定。

4）建设单位做出变更决定后，由总监理工程师签发《工程变更单》，指示承包单位按变更的决定组织施工。

需要注意的是，在工程施工过程中，无论是建设单位或者施工及设计单位提出的工程变更或图纸修改，都应通过监理工程师审查并经有关方面研究，确认其必要性后，由总监理工程师发布变更指令方能生效并予以实施。

5. 见证点控制

"见证点"即 witness point，是国际上对"重要程度"及"监督控制要求"不同的质量控制点的一种区分方式。见证点就是质量控制点，只是由于它的重要性或其质量影响程度不同于一般质量控制点，所以实施监督控制时的运作程序和监督要求与一般质量控制点有区别。凡是列入见证点的质量控制对象，在规定的关键工序施工前，承包商应提前通知监理人员在约定的时间内到现场进行见证和对其施工实施监督，如果监理人员未能在约定的时间内到达现场见证监督，则承包商有权进行见证点的相应工序施工。

6. 质量资料的监控

质量资料既包括施工承包单位在工程施工或安装期间实施质量控制活动的记录，又包括监理工程师对这些质量控制活动的意见及施工承包单位对这些意见的答复，它详细地记录了工程施工阶段质量控制活动的全过程。质量材料包括以下三个内容：

（1）施工现场质量管理检查记录

主要包括承包单位现场质量管理制度、质量责任制，主要专业工种操作上岗证书，分包单位资质及总包单位对分包单位的管理制度，施工图审查核对资料（记录），地质勘察资料，施工组织设计、施工方案及审批记录，施工技术标准，工程质量检验制度，混凝土搅拌站（级配填料拌合站）及计量设置，现场材料、设备存放与管理等。

（2）工程材料质量记录

主要包括进场工程材料、半成品、构配件、设备的质量证明材料，各种试验检验报告（如力学性能试验、化学成分试验、材料级配试验等），各种合格证，设备进场维修记录或设备进场运行检验记录。

（3）施工过程作业活动质量记录

施工或安装过程可按分项、分部、单位工程建立相应的质量记录材料。在相应质量记录材料中应包含有关图纸的图号、设计要求；质量自检材料；监理工程师的验收材料；各工序作业的原始施工记录；检测及实验报告；材料、设备质量及材料的编号、存放档案卷号；此外，质量记录材料还应包括不合格的报告、通知以及处理及检查验收资料等。

质量记录应在工程施工或安装开始前，由监理工程师和承包单位，根据建设单位的要求及工程竣工验收资料组卷归档的有关规定，列出各施工对象的质量资料清单。随着工程施工的进展，承包单位应不断补充和填写有关材料、构配件及施工作业活动的有关内容，记录新的情况。当每一阶段（如检验批、一个分项或分部工程）施工或安装工作完成后，相应的质量记录资料也应随之完成，并整理组卷。它不仅在工程施工期间对工程质量的控制有重要作用，而且在工程竣工和投入运行后，对于查询和了解工程建设的质量情况以及维修和管理工程也能提供大量有用的资料和信息。

施工质量记录材料应真实、齐全、完整，相关人员的签字应齐备、字迹清楚、结论明确，与施工过程的进展同步。在对作业活动效果的验收中，如缺少资料和资料不全，监理工程师应拒绝验收。

7. 工地例会

工地例会是施工过程中参建各方沟通情况，解决分歧，形成共识，做出决定的主要渠道，也是监理工程师进行现场质量控制的重要途径。

通过工地例会，监理工程师检查分析施工过程的质量状况，指出存在的问题，承包单位提出整改的措施，并做出相应的保证。

除了例行的工地例会外，针对某些专门质量问题，监理工程师还应组织专题会议，集中解决较重大或普遍存在的问题。实践表明采用这样的方式比较容易解决问题，使质量状况得到改善。

由于参加工地例会的人员较多，层次也较高，会上容易就问题的解决达成共识。

为开好工地例会及质量专题会议，监理工程师要充分了解情况，以保证判断准确与决策正确。此外，监理工程师要讲究方法，协调处理各种矛盾，不断提高会议质量，使工地例会真正起到解决质量问题的作用。

8. 停工令的下达

根据委托监理合同中建设单位对监理工程师的授权，出现下列情况需要停工处理时，应下达停工指令。

（1）施工作业活动存在重大隐患，可能造成质量事故或已经造成质量事故。

（2）承包单位未经许可擅自施工或拒绝项目监理机构管理。

（3）在出现下列情况下，总监理工程师有权行使质量控制权，下达停工令，及时进行质量控制。

1）施工中出现质量异常情况，经提出后，承包单位未采取有效措施，或措施不力未扭转异常情况者。

2）隐蔽作业未经依法查验确认合格，而擅自封闭者。

3）已发生质量问题迟迟未按监理工程师要求进行处理，或者是已发生质量缺陷或问题，如不停工则质量缺陷或问题将继续发展的情况下。

4）未经监理工程师审查同意，而擅自变更设计或修改图纸进行施工者。

5）未经技术资格审查的人员或不合格人员进入现场施工。

6）使用的原材料、构配件不合格或未经检查确认者，或擅自采用未经审查认可的代用材料者。

7）擅自使用未经项目监理机构审查认可的分包单位进场施工。

总监理工程师在签发工程暂停指令时，应根据停工原因的影响范围和影响程度，确定工程项目停工范围。

9. 恢复施工指令的下达

承包单位经过整改具备恢复施工条件时，承包单位向项目监理机构报送复工申请及有关材料，证明造成停工的原因已消除，总监理工程师应及时签署工程复工报审表，指令承包单位继续施工。

总监下达停工令及复工指令，宜事先向建设单位报告。

10. 级配管理质量控制

由于不同原材料的级配配合及拌制后的产品对最终工程质量有重要的影响，因此，监理工程师要做好相关的质量控制工作。

（1）拌合原材料的质量控制

除原材料本身质量要符合规定外，材料的级配也必须符合相关规定，如：粗集料、细集料的级配曲线要在规定的范围内。

（2）材料配合比的审查

根据设计要求，承包单位首先进行理论配合比设计，进行试配试验后，确认 2~3 个能满足要求的理论配合比提交监理工程师审查。报送的理论配合比必须附有原材料的质量证明资料（现场复验及见证取样试验报告）、现场试块抗压强度报告及其他必需的资料。

监理工程师审查确认其符合设计及相关规范的要求后，应予以批准。以混凝土配合比审查为例，应重点审查水泥品种、水泥最大用量、粉煤灰掺入量、水灰比、坍落度、配制强度、使用的外加剂、砂的细度模数、粗集料的最大粒径限制等。

（3）现场作业的质量控制

1）拌合设备状态、相关拌合料计量装置及称重衡器的检查；

2）投入使用的原材料（如水泥、砂、外加剂、水、粉煤灰、粗集料）的现场检查，是否与批准的配合比一致；

3）现场作业实际配合比是否符合理论配合比。作业条件发生变化时，是否及时进行了调整。例如混凝土工程中，雨后开盘生产混凝土，砂的含水率发生了变化，对水灰比是否及时进行了调整等；

4）对现场所做的调整应按技术复核的要求和程序执行；

5）在现场实际投料拌制时，应做好看板管理。

11. 计量工作质量监控

计量是施工作业过程的基础工作之一，计量作业效果对施工质量有重大影响。监理工程师对计量工作的质量监控包括以下内容：

1）施工过程中使用的计量仪器、检测设备、称重衡器的质量控制。

2）从事计量作业人员技术水平资格的审核。如现场测量工、试验工的资格审查。

3）现场计量操作的质量控制。作业者的实际作业质量直接影响到作业效果，计量作业现场的质量控制主要是检查其操作方法是否得当。如对仪器的使用，数据的判读，数据的处理及整理方法，及对原始数据的检查。如检查测量司镜手的测量手簿，检查试验的原始数据，检查现场检测的原始记录等。在抽样检测中，现场检测取点、检测仪器的布置是否正确、合理，检测部位是否有代表性，能否反映真实的质量状况，也是审核的内容，如路基压实度检查中，如果检查点只在路基中部选取，就不能如实反映实际，因此，必须在路肩、路基中部均选检测点。

（三）作业技术活动结果的控制

作业活动结果，泛指作业工序的产出品、分项分部工程的已完施工及已完准备交验的单位工程等。作业技术活动结果的控制是施工中间产品及最终产品质量控制的方式。只有作业活动的中间产品质量都符合要求，才能保证最终单位工程的质量。

1. 作业技术活动结果控制的程序和方法

（1）质量检验程序

按一定的程序对作业活动结果进行检查是加强质量管理的需要，其根本目的是要体现作业者要对作业活动结果负责。

作业活动结束，首先由承包单位的作业人员按规定进行自检，自检合格后与下一工序的作业人员交接检查，如满足要求则由承包单位专职质检员进行检查，以上自检、交检、专检均符合要求后则由承包单位向监理工程师提交"报验申请表"，监理工程师收到通知后，应在合同约定的时间内及时对其质量进行检查，确认其质量合格后予以签认验收。

作业活动结果的质量检查验收主要是对质量性能的特征指标进行检查。即采取一定的检测手段，进行检验，根据检验结果分析、判断该作业活动的质量（效果）。

1）实测。即采用必要的检测手段，对实体进行的几何尺寸测量、测试或对抽取的样品进行检验，测定其质量特性指标，如混凝土的抗压强度。

2）分析。即对检测所得数据进行整理、分析、找出规律。

3）判断。根据对数据分析的结果，判断该作业活动效果是否达到了规定的质量标准。如果未达到，应找出原因。

4）纠正或认可。如发现作业质量不符合标准规定，应采取措施纠正；如果质量符合要求则予以确认。

重要的工程部位、工序和专业工程，或监理工程师对承包单位的施工质量状况未能确认者，以及主要材料、半成品、构配件的使用等，还需由监理人员亲自进行现场验收试验或技术复核。例如路基填土压实的现场抽样检验等；涉及结构安全的试块、试件以及有关材料，应按规定进行见证取样检测、抽样检验。

（2）质量检验计划

由于工程质量检验工作具有流动性、分散性及复杂性的特点，为使监理人员能有效地实施质量检验工作和对承包单位进行有效的质量监控，监理单位应当制定质量检验计划，通过质量检验计划这种书面文件，可以清楚地向有关人员表明检验的对象、方法、评价标准及其他要求等。

质量检验计划的内容可以包括：分部分项工程名称及检验部位；检验项目，即应检验的性能特征，以及其重要性级别；检验程度和抽检方案；检验方法和手段；检验的技术标准和评价标准；认定合格的评价条件；质量检验合格与否的处理；检验记录及签发检验报告的要求；检验程序或检验项目实施的顺序。

（3）质量检验必备条件

监理单位对承包单位的质量监督控制是以质量检验为基础的，为了保证质量检验的质量，监理工程师的质量检验必须具备如下条件：

1）监理单位要具有一定的检验技术力量，尤其要配备所需的具有相应水平和资格的质量检验人员。必要时，还应建立可靠的对外委托检验关系。

2）监理单位应建立一套完善的管理制度，包括建立质量检验人员的岗位责任制，检验设备质量保证制度，检验人员技术核定与培训制度，检验技术规程与标准实施制度，以及检验资料档案管理制度等。

3）配备一定数量符合标准及满足检验工作所需的检验和测试手段。

4）质量检验所需的技术标准，如国家标准，行业及地方标准等。

（4）质量检验主要方法

对现场所用原材料、半成品、工序过程或工程产品质量进行检验的方法，一般可分为三类，即：目测法、检测工具量测法以及试验法。

1）目测法

目测法即凭借感官进行检查，也可以叫做观感检验。这类方法主要是根据质量要求，采用看、摸、敲、照等方法对检查对象进行检查。"看"就是根据质量标准要求进行外观检查；例如清水墙表面是否洁净，喷涂的密实度和颜色是否良好、均匀，工人的施工操作是否正常，混凝土振捣是否符合要求等。"摸"就是通过触摸手感进行检查、鉴别；例如油漆的光滑度，浆活是否牢固、不掉粉等。"敲"，就是运用敲击方法进行音感检查；例如，对拼镶木地板、墙面瓷砖、大理石镶贴、地砖铺砌等质量均可通过敲击检查，根据声音虚实、脆闷判断有无空鼓等质量问题。"照"就是通过人工光源或反射光照射，仔细检查难以看清的部位。

2）量测法

量测法就是利用量测工具或计量仪表，通过实际量测结果与规定的质量标准或规范要求相对照，从而判断质量是否符合要求。量测的手法可归纳为：靠、吊、量、套。"靠"，是用直尺检查诸如地面、墙面的平整度等。"吊"是指用托线板线锤检查垂直度。"量"是指用量测工具或计量仪表等检查断面尺寸、轴线、标高、温度、湿度等数值并确定其偏差，例如大理石板拼缝尺寸与超差数量，摊铺沥青拌合料的温度等。"套"，是指以方尺套方辅以塞尺，检查诸如踏角线的垂直度、预制构件的方正、门窗口及构件的对角线等。

3）试验法

试验法指通过现场试验或试验室试验等试验手段，取得数据，分析判断质量情况。

（5）质量检验种类

按质量检验的程度，即检验对象被检验的数量，质量检验可分为以下几类：

1）全数检验。全数检验也叫做普遍检验。它主要是用于关键工序部位或隐蔽工程以及那些在技术规程、质量检验验收标准或设计文件中有明确规定应进行全数检验的对象。

2）抽样检验。抽样检验，即从一批材料或产品中，随机抽取少量样品进行检验，并根据对检验数据的统计分析结果，判断该批产品的质量状况。对于主要的建筑材料、半成品或工程产品等，由于数量大，通常采取抽样检验。与全数检验相比较，抽样检验具有如下优点：①检验数量少，比较经济；②适合于需要进行破坏性试验（如混凝土抗压强度的检验项目）；③检验所需时间较短。

3）免检。就是在某种情况下，可以免去质量检验过程。对于已有足够证据证明质量有保证的一般材料或产品；或实践证明其产品质量长期稳定、质量保证资料齐全者；或是某些施工质量只有通过在施工过程中的严格质量监控来保证，而质量检验人员很难对产品内在质量再作检验的，均可考虑采取免检。

2. 作业技术活动结果控制的内容

（1）隐蔽工程验收

隐蔽工程验收，是指将被其后工程施工所隐蔽的分项、分部工程，在隐蔽前所进行的检查验收。它是对一些已完分项、分部工程质量的最后一道检查，由于检查对象就要被其他工程覆盖，给以后的检查整改造成障碍，故显得尤为重要，它是质量控制的一个关键过程。

1）工作程序

①隐蔽工程施工时，在隐蔽前承包单位按有关技术规程、规范、施工图纸先进行自检，自检合格后，填写《报验申请表》，附上相应的工程检查证（或隐蔽工程检查记录）及有关证明材料、试验报告、复试报告等，报送项目监理机构。

②监理工程师收到报验申请后首先对质量证明资料进行审查，并在合同规定的时间内到现场检查（检测或核查），承包单位的专职质检员及相关施工人员应随同一起到现场。

③经现场检查，如符合质量要求，监理工程师在《报验申请表》及工程检查证（或隐蔽工程检查记录）上签字确认，准予承包单位隐蔽、覆盖，进入下一道工序施工。如经现场检查发现不合格，监理工程师签发"不合格项目通知"，指令承包单位整改，整改后自检合格再报监理工程师复查。

2）隐蔽工程检查验收的质量控制要点

工业及民用建筑中的下述工程部位进行隐蔽检查时必须重点控制：

①基础施工前对地基质量的检查，尤其要检测地基承载力；

②基坑回填土前对基础质量的检查；

③混凝土浇筑前对钢筋的检查（包括模板检查）；

④混凝土墙体施工前，对敷设在墙内的电线管质量的检查；

⑤防水层施工前对基层质量的检查；

⑥建筑幕墙施工挂板之前对龙骨系统的检查；

⑦屋面板与屋架（梁）埋件的焊接检查；

⑧避雷引下线及接地引下线的连接；

⑨覆盖前对直埋于楼地面的电缆，封闭前对敷设于暗井道、吊顶、楼板垫层内的设备管道；

⑩易出现质量通病的部位。

3）作为示例，以下介绍钢筋隐蔽工程验收要点

①按施工图核查绑扎成型的钢筋骨架，检查钢筋品种、直径、数量、间距、形状。

②钢筋骨架外形尺寸，其偏差是否超过规定；检查保护层厚度，构造筋是否符合构造

要求。

③钢筋锚固长度，箍筋加密区及加密间距。

④检查钢筋接头：如是绑扎搭接，要检查搭接长度，接头位置和数量（错开长度、接头百分率）；焊接接头或机械连接，要检查外观质量，取样试件力学性能试验是否达到要求，接头位置（相互错开）数量（接头百分率）。

（2）基槽（基坑）验收

基槽开挖是基础施工中的一项内容，由于质量状况对后续工程质量影响大，故均作为一个关键工序或一个检验批进行质量验收。基槽开挖质量验收主要涉及地基承载力的检查确认，地质条件的检查确认，开挖边坡的稳定及支护状况的检查确认。由于部位的重要，基槽开挖验收均要有勘察设计单位的有关人员参加，并请当地或主管质量监督部门参加，经现场检查，测试（或平行检测）确认其地基承载力是否达到设计要求，地质条件是否与设计相符。如相符，则共同签署验收材料，如达不到设计单位提出处理方案，经承包单位实施完毕后重新验收。

（3）工序交接验收

工序是指作业活动中一种必要的技术停顿、作业方式的转换及作业活动效果的中间确认。上道工序验收合格之后方可实施下道工序，通过工序间的交接验收，使各工序间和相关专业工程间形成一个有机整体。

（4）检验批、分项、分部工程的验收

检验批的质量应按主控项目和一般项目验收。检验批（分项、分部工程）完成后，承包单位应首先自行检查验收，确认符合设计文件，相关验收规范的规定，然后向监理工程师提交申请，由监理工程师予以检查、确认。监理工程师按合同文件的要求，根据施工图纸及有关文件、规范、标准等，从外观、几何尺寸、质量控制材料以及内在质量等方面进行检查、审核。如确认质量符合要求，则予以确认验收。如有质量问题则指令承包单位进行处理，待质量合乎要求后再予以检查验收。对涉及结构安全和使用功能的重要分部工程应进行抽样检测。

（5）单位工程或整个工程项目的竣工验收

在一个单位工程完工后或整个工程项目完成后，施工承包单位应先进行竣工自检，自验合格后，向项目监理机构提交《工程竣工报验单》，总监理工程师组织专业监理工程师进行竣工初验，其主要工作包括以下几方面：

1）审查施工承包单位提交的竣工验收所需的文件资料，包括各种质量控制材料、试验报告以及各种有关的技术性文件等。若所提交的验收文件、资料不齐全或有相互矛盾和不符之处，应指令承包单位补充、核实及改正。

2）审核承包单位提交的竣工图，并与已完工程、有关的技术文件（如设计图纸、工程变更文件、施工记录及其他文件）对照进行核查。

3）总监理工程师组织专业监理工程师市对拟验收工程项目现场进行检查，如发现质量问题应指令承包单位进行处理。

4）对拟验收项目初验合格后，总监理工程师对承包单位的《工程竣工报验单》予以签认，并报建设单位。同时提出"工程质量评估报告"。"工程质量评估报告"是工程验收中的重要资料，它由项目总监理工程师和监理单位技术负责人签署。包括以下主要内容：

①工程项目建设概况介绍，参加各方的单位名称、负责人；

②工程检验批、分项、分部、单位工程的划分情况；

③工程质量验收标准，各检验批、分项、分部工程质量验收情况；

④地基与基础分部工程中，涉及桩基工程的质量检测结论，基槽承载力检测结论；涉及结构安全及使用功能的检测结论；建筑物沉降观测资料；

⑤施工过程中出现的质量事故及处理情况，验收结论；

⑥结论。本工程项目（单位工程）是否达到合同约定；是否满足设计文件要求；是否符合国家强制性标准及条款的规定。

建设单位收到"工程质量评估报告"后，应由建设单位（项目）负责人组织施工（含分包单位）、设计、监理等单位（项目）负责人进行单位（子单位）工程验收。

（6）不合格的处理

上道工序不合格，不准进入下道工序施工；不合格的材料、构配件、半成品不准进入施工现场且不允许使用；已经进场的不合格品应及时做出标识、记录，指定专人看管，避免用错，并限期清除出现场；不合格的工序或工程产品，不予计量支付。

（7）成品保护

成品保护一般是指在施工过程中，有些分项工程已经完成，而其他一些分项工程尚在施工；或者是在其分项工程施工过程中，某些部位已完成，而其他部位正在施工。在这种情况下，承包单位必须负责对已完成部分采取妥善措施予以保护，以免因成品缺乏保护或保护不善而造成操作损坏或污染，影响工程整体质量。

根据需要保护的建筑产品的特点不同，可以分别对成品采取"防护"、"包裹"、"覆盖"、"封闭"等保护措施，以及合理安排施工顺序来达到保护成品的目的。

1）防护。就是针对被保护对象的特点采取各种防护措施。例如，对清水楼梯踏步，可以采取扩棱角铁上下连接固定；对于进出口台阶可垫砖或方木搭脚手板供人通过的方法来保护台阶；对于门口易碰部位，可以钉上防护条或槽型盖铁保护；门扇安装后可加楔固定等。

2）包裹。就是将被保护物包裹起来，以防损伤或污染。例如，对镶面大理石柱可用立板包裹捆扎保护，铝合金门窗可用塑料布包扎保护等。

3）覆盖。就是用表面覆盖的办法防止堵塞或损伤。例如，对地漏、落水口排水管等安装后可以覆盖，以防止异物落入而被堵塞；预制水磨石或大理石楼梯可用木板覆盖加以保护；地面可用锯末、苫布等覆盖以防止喷浆等污染；其他需要防晒、防冻、保温养护等项目也应采取适当措施。

4）封闭。就是采取局部封闭的办法进行保护。例如，垃圾道完成后，可将其进口封闭起来，以防止建筑垃圾堵塞通道；房间水泥地面或地面砖完成后，可将该房间局部封闭，防止人们随意进入而损害地面；室内装修完成后，应加锁封闭，防止人们随意进入而损伤室内装饰等。

5）合理安排施工顺序。主要是通过合理安排不同工作间的施工顺序，以防止后道工序损坏或污染已完施工的成品或生产设备。例如：采取房间内先喷浆或喷涂而后装灯具的施工顺序可防止喷浆污染、损害灯具；先做顶棚、装修而后做地坪，也可避免顶棚及装修施工污染、损害地坪。

（四）施工阶段质量控制手段

1. 审核技术文件、报告和报表

这是对工程质量进行全面监督、检查与控制的重要手段。审核的具体内容包括以下几方面：

（1）审查进入施工现场的分包单位的资质证明文件，控制分包单位的质量。

（2）审批施工承包单位的开工申请书，检查、核实与控制其施工准备工作质量。

（3）审批承包单位提交的施工方案、质量计划、施工组织设计或施工计划，控制施工质量的可靠技术措施。

（4）审批施工承包单位提交的有关材料、半成品和构配件质量证明文件（出厂合格证、质量检验或试验报告等），确保工程质量有可靠的物质基础。

（5）审核承包单位提交的反映工序施工质量的动态统计资料或管理图表。

（6）审核承包单位提交的有关工序产品质量的证明文件（检验记录及试验报告）、工序交接检查（自检）、隐蔽工程检查、分部分项工程质量检查报告等文件、资料，以确保和控制施工过程的质量。

（7）审批有关工程变更、修改设计图纸等，确保设计及施工图纸的质量。

（8）审核有关应用新技术、新工艺、新材料、新结构等的技术鉴定书，审批其应用申请报告，确保新技术应用的质量。

（9）审批有关工程质量问题或质量问题的处理报告，确保质量问题或质量问题处理的质量。

（10）审核与签署现场有关质量技术签证、文件等。

2. 指令文件与一般管理文书

指令文件是表达监理工程师对施工承包单位提出指示或命令的书面文件，属于要求强制性执行的文件。监理工程师的各项指令都应是书面的或有文件记载方为有效，并作为技术文件资料存档。如因时间紧急，来不及做出正式的书面指令，也可以用口头指令的方式下达给承包单位，但随即应按合同规定，及时补充书面文件对口头指令予以确认。

指令文件一般均以监理工程师通知的方式下达，在监理指令中，形式指令、工程暂停指令及工程恢复施工指令也属指令文件。

一般管理文书，如监理工程师函、备忘录、会议纪要、发布有关信息、通报等，主要是对承包商工作状态和行为，提出建议、希望和劝阻等，不属强制性要求执行，仅供承包人自主决策参考。

3. 施工现场监督和检查

（1）现场监督检查的内容

1）开工前的检查。主要是检查开工前准备工作的质量，能否保证正常施工及工程施工质量。

2）工序施工中的跟踪监督、检查与控制。主要是监督、检查在工序施工过程中，人员、施工机械设备、材料、施工方法及工艺或操作以及施工环境条件等是否均处于良好的状态，是否符合保证工程质量的要求，若发现问题及时纠偏和加以控制。

3）对于重要的和对工程质量有重大影响的工序和工程部位，还应在现场进行施工过程的旁站监督与控制，确保使用材料及工艺过程质量。

（2）现场监督检查的方式

1）旁站。旁站是指在关键部位或关键工序施工过程中由监理人员在现场进行的监督活动。旁站是"点"的活动，它针对关键部位或关键工序。

旁站的部位或工序由工程特点与承包单位内部质量管理水平、技术操作水平决定。一般而言，混凝土浇筑、预应力张拉过程及压浆基础工程中的软基处理、复合地基施工（如搅拌桩、悬喷桩、粉喷桩）、路面工程的沥青拌合料摊铺、沉井过程、桩基的打桩过程、防水施工、隧道衬砌施工中超挖部分的回填、边坡喷锚打锚杆等要实施旁站。

2）巡视。巡视是指监理人员对正在施工的部位或工序现场进行的定期或不定期的监督活动，巡视是一种"面"上的活动，它不限于某一部位或过程。

施工过程中，监理人员通过现场巡视、旁站与检查，及时发现并纠正违章操作和不按设计要求、不按施工图设计文件或施工规范、规程施工的现象。

3）平行检验。平行检验是项目监理机构利用一定的检查或检测手段，在承包单位自检的基础上，按照一定的比例独立进行检查或检测的活动。平行检验是监理工程师质量控制的一种重要手段，是监理工程师对施工质量验收，做出自己独立判断的重要依据。

4. 规定质量监控工作程序

通过程序化管理，使监理工程师的质量控制工作进一步落实，做到科学、规范的管理和控制。工程参与各方必须遵守质量监控工作程序，按规定的程序进行工作，这也是进行质量监控的必要手段。例如，未提交开工申请单并得到监理工程师的审查、批准不得开工；未经监理工程师签署质量验收单并予以质量确认，不得进行下道工序；工程材料未经监理工程师批准不得在工程上使用等。此外，还应具体规定交桩复验工作程序，设备、半成品、构配件材料进场检验工作程序，隐蔽工程验收、工序交接验收工作程序，检验批、分项、分部工程质量验收工作程序等。

5. 利用支付手段

合同管理的手段主要是经济手段与法律手段，支付控制权就是对施工承包单位支付任何工程款项，均需由总监理工程师审核签认支付证明书，没有总监理工程师签署的支付证书，建设单位不得向承包单位进行支付工程款。工程款支付的条件之一就是工程质量要达到规定的要求和标准。如果承包单位的工程质量达不到要求的标准，监理工程师有权采取拒绝签署支付证书的手段，停止对承包单位支付部分或全部工程款，由此造成的损失由承包单位负责。

第四节　建设工程施工质量验收

工程施工质量验收包括工程施工质量的中间验收和工程的竣工验收两个部分。通过对工程建设中间产出品和最终产品的质量验收，以确保建筑工程达到要求的功能和使用价值。其中，工程项目的竣工验收，是全面考核项目建设成果，检查设计与施工质量，确认项目能否投入使用的重要步骤。竣工验收的顺利完成，标志着项目建设阶段的结束和生产使用阶段的开始。

根据建筑工程施工质量验收标准、规范体系，工程施工质量验收坚持"验评分离，强化验收，完善手段，过程控制"的指导思想。

建筑工程施工质量验收统一标准、规范体系由《建筑工程施工质量验收统一标准》和各专业验收规范共同组成，在使用过程中它们必须配套使用。建筑工程施工质量验收统一标准的编制依据，主要是《中华人民共和国建筑法》、《建设工程质量管理条例》、《建筑结构可靠度统一标准》及其他相关设计规范等。验收统一标准及专业验收规范体系的落实和执行，还需要有关标准的支持，其支持体系见图 2-6 工程质量验收规范支持体系示意图。

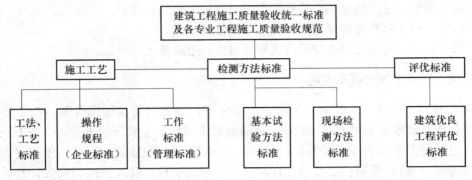

图 2-6　工程质量验收规范支持体系示意图

一、施工质量验收的有关术语

1. 验收。建筑工程在施工单位自行质量检查评定的基础上，参与建设活动的有关单位共同对检验批、分项、分部、单位工程的质量进行抽样复验，根据相关标准以书面形式对工程质量达到合格与否做出确认。

2. 检验批。按同一生产条件或按规定的方式汇总起来供检验用的由一定数量样本组成的检验体。检验批是施工质量验收的最小单位，是分项工程乃至整个建筑工程质量验收的基础。

3. 主控项目。建筑工程中的对安全、卫生、环境保护和公众利益起决定性作用的检验项目。例如混凝土结构工程中"钢筋安装时，受力钢筋的品种、级别、规格和数量必须符合设计要求"等都是主控项目。

4. 一般项目。除主控项目以外的项目都是一般项目。例如混凝土结构工程中，除了主控项目外，"钢筋的接头宜设置在受力较小处。钢筋应平直、无损伤，表面不得有裂纹、油污、颗粒状或片状老锈"、"施工缝的位置应在混凝土的浇筑前按设计要求和施工技术方案确定。施工缝的处理应按施工技术方案执行"等都是一般项目。

5. 进场验收。对进入施工现场的材料、构配件、设备等按相关标准规定要求进行检验，对产品达到合格与否做出确认。

6. 检验。对检验项目中的性能进行量测、检查、试验等，并将结果与标准规定要求进行比较，以确定每项性能是否合格所进行的活动。

7. 见证取样检测。在监理单位或建设单位监督下，由施工单位有关人员现场取样，并送至具备相应资质的检测单位所进行的检测。

8. 交接检验。由施工的承揽方与完成方经双方检查并对可否继续施工做出确认的活动。

9. 抽样检验。按照规定的抽样方案，随机地从进场的材料、构配件，设备或建筑工程检验项目中，按检验批抽取一定数量的样本所进行的检验。

10. 抽样方案。根据检验项目的特性所确定的抽样数量和方法。

11. 计数检验。在抽样的样本中，记录每一个体有某种属性或计算每一个体中的缺陷数目的检查方法。

12. 观感质量。通过观察和必要的量测所反映的工程外在质量。

13. 返修。对不符合标准规定的部位采取整修等措施。

14. 返工。对不合格工程部位采取的重新制作、重新施工等措施。

二、施工质量验收的基本规定

1. 施工现场质量管理应有相应的施工技术标准，健全的质量管理体系、施工质量检验制度和综合施工质量水平评价考核制度，并做好施工现场质量管理检查记录。施工现场质量管理检查记录应由施工单位按表 2-1（《建筑工程施工质量验收统一标准》中的《施工现场质量管理检查记录》）填写，总监理工程师（建设单位项目负责人）进行检查，并做出检查结论。

表 2-1　施工现场质量管理检查记录　　　　　开工日期：

工程名称		施工许可证（开工证）		
建设单位		项目负责人		
设计单位		项目负责人		
监理单位		总监理工程师		
施工单位		项目经理		项目技术负责人	
序　号	项　　　目		内　　　容		
1	现场质量管理制度				
2	质量责任制				
3	主要专业工种操作上岗证书				
4	分包方资质与对分包单位的管理制度				
5	施工图审查情况				
6	地质勘察资料				
7	施工组织设计、施工方案及审批				
8	施工技术标准				
9	工程质量检验制度				
10	搅拌站及计量设置				
11	现场材料、设备存放与管理				
12					

检查结论：

　　总监理工程师
　　（建设单位项目负责人）

　　　　　　　　　　　　　　　　　　　　　　　　　　年　　月　　日

2. 建筑工程应按下列规定进行施工质量控制：

（1）建筑工程采用的主要材料、半成品、成品、建筑构配件、器具和设备应进行现场验收。凡涉及安全、功能的有关产品，应按各专业工程质量验收规范规定进行复验，并应经监理工程师（建设单位技术负责人）检查认可。

（2）各工序应按施工技术标准进行质量控制，每道工序完成后，应进行检查。

（3）相关各专业工种之间，应进行交接检验，并形成记录。未经监理工程师（建设单位技术负责人）检查认可，不得进行下道工序施工。

3. 建筑工程施工质量应按下列要求进行验收：

（1）建筑工程施工质量应符合《建筑工程施工质量验收统一标准》和相关专业验收规范的规定。

（2）建筑工程施工应符合工程勘察、设计文件的要求。

（3）参加工程施工质量验收的各方人员应具备规定的资格。

（4）工程质量的验收应在施工单位自行检查评定的基础上进行。

（5）隐蔽工程在隐蔽前应由施工单位通知有关方进行验收，并应形成验收文件。

（6）涉及结构安全的试块、试件以及有关材料，应按规定进行见证取样检测。

（7）检验批的质量应按主控项目和一般项目验收。

（8）对涉及结构安全和使用功能的分部工程应进行抽样检测。

（9）承担见证取样检测及有关结构安全检测的单位应具有相应资质。

（10）工程的观感质量应由验收人员通过现场检查，并应共同确认。

三、建筑工程施工质量验收层次的划分

1. 施工质量验收层次划分

合理划分建筑工程施工质量验收层次，特别是确定不同专业工程的验收批，将直接影响到质量验收工作的科学性、经济性、实用性及可操作性。通过划分验收批、中间验收层次及最终验收单位，实施对工程施工质量的过程控制和终端把关，确保工程施工质量达到工程项目决策阶段所确定的质量目标和水平。

建筑工程质量验收应划分为单位（子单位）工程、分部（子分部）工程、分项工程和检验批。每个分项工程中包含若干个检验批，检验批是工程施工质量验收的最小单位。

2. 单位工程的划分

单位工程的划分应按下列原则确定：

（1）具备独立施工条件并能形成独立使用功能的建筑物及构筑物为一个单位工程。

（2）规模较大的单位工程，可将其能形成独立使用功能的部分划分为一个子单位工程。子单位工程的划分一般可根据工程的建筑设计分区、使用功能的显著差异、结构缝的设置等实际情况，在施工前由建设、监理、施工单位自行商定，并据此收集整理施工技术资料和验收。

（3）室外工程可根据专业类别和工程规模划分单位（子单位）工程。

3. 分部工程的划分

分部工程的划分应按下列原则确定：

（1）分部工程的划分应按专业性质、建筑部位确定。如建筑工程划分为地基与基础、主体结构、建筑装饰装修、建筑屋面、建筑给水排水及采暖、建筑电气、智能建筑、通风与

95

空调、电梯九个分部工程。

（2）当分部工程较大或较复杂时，可按施工程序、专业系统及类别等划分为若干个子分部工程。如智能建筑分部工程中就包含了火灾及报警消防联动系统、安全防范系统、综合布线系统、智能化集成系统、电源与接地、环境、住宅（小区）智能化系统等子分部工程。

4. 分项工程的划分

分项工程应按主要工种、材料、施工工艺、设备类别等进行划分。如混凝土结构工程中按主要工种分为模板工程、钢筋工程、混凝土工程等分项工程；按施工工艺又分为预应力、现浇结构、装配式结构等分项工程。

建筑工程分部（子分部）工程、分项工程的具体划分见《建筑工程施工质量验收统一标准》。

5. 检验批的划分

分项工程可由一个或若干个检验批组成，检验批可根据施工及质量控制和专业验收需要按楼层、施工段、变形缝等进行划分。建筑工程的地基基础分部工程中的分项工程一般划分为一个检验批；有地下层的基础工程可按不同地下层划分检验批；单层建筑工程中的分项工程可按变形缝等划分检验批，多层及高层建筑工程中主体分部的分项工程可按楼层或施工段来划分检验批；其他分部工程中的分项工程一般按楼层划分检验批；对于工程量较少的分项工程可统一化为一个检验批。安装工程一般按一个设计系统或组别划分为一个检验批。室外工程统一划分为一个检验批。散水、台阶、明沟等含在地面检验批中。

四、建筑工程施工质量验收

（一）检验批的质量验收

1. 检验批合格质量应符合下列规定：

（1）主控项目和一般项目的质量经抽样检验合格。

（2）具有完整的施工操作依据、质量检查记录。

2. 检验批按规定验收

（1）主控项目和一般项目的检验

为确保工程质量，使检验批的质量符合安全和使用功能的基本要求，各专业质量验收规范对各检验批的主控项目和一般项目的子项合格质量都给予明确规定。检验批的合格质量主要取决于主控项目和一般项目的检验结果。主控项目是对检验批的基本质量起决定性影响的检验项目，因此必须全部符合有关专业工程验收规范的规定。而其一般项目则可按专业规范的要求的合格频数处理。

（2）检验批的抽样方案

合理的抽样方案对检验批的质量验收有十分重要的影响。在制定检验批的抽样方案时，应考虑合理分配生产方风险（或错判概率 α）和使用方风险（或漏判概率 β）。主控项目，对应于合格质量水平的 α 和 β 均不宜超过 5%；一般项目，对应于合格质量水平的 α 不宜超过 5%，β 不宜超过 10%。

（3）资料检查

检查资料的完整性是保证检验批合格的前提，所要检查的资料主要包括：

1）图纸会审、设计变更、洽商记录。

2）建筑材料、成品、半成品、建筑构配件、器具和设备的质量证明书及进场检（试）验报告。

3）工程测量、放线记录。

4）按专业质量验收规范规定的抽样检验报告。

5）隐蔽工程检查记录。

6）施工过程记录和施工过程检查记录。

7）新材料、新工艺的施工记录。

8）质量管理资料和施工单位操作依据等。

检验批的质量验收记录由施工项目专业质量检查员填写，监理工程师（建设单位专业技术负责人）组织项目专业质量检查员等进行验收，并按表2-2记录。

表 2-2　检验批质量验收记录

工程名称		分项工程名称			验收部位		
施工单位			专业工长			项目经理	
施工执行标准名称及编号							
分包单位			分包项目经理			施工班组长	
	质量验收规范的规定		施工单位检查评定记录			监理（建设）单位验收记录	
主控项目	1						
	⋮						
	6						
	7						
	8						
	9						
一般项目	1						
	2						
	3						
	4						
施工单位检查评定结果		项目专业质量检查员：　　　　　　　年　月　日					
监理（建设）单位验收结论		监理工程师 （建设单位项目专业技术负责人）　　　　　年　月　日					

（二）分项工程质量验收

1. 分项工程质量验收合格应符合下列规定：

（1）分项工程所含的检验批均应符合合格质量规定。

（2）分项工程所含的检验批的质量验收记录应完整。

2. 分项工程质量验收记录

分项工程质量应由监理工程师（建设单位项目专业技术负责人）组织项目专业技术负责人等进行验收，并按表 2-3 记录。

表 2-3 ＿＿＿＿＿分项工程质量验收记录

工程名称		结构类型		检验批数	
施工单位		项目经理		项目技术负责人	
分包单位		分包单位负责人		分包项目经理	
序号	检验批部位、区段	施工单位检查评定结果	监理（建设）单位验收结论		
1					
2					
3					
⋮					
16					
17					
检查结论	项目专业技术负责人： 年 月 日		验收结论	监理工程师 （建设单位项目专业技术负责人） 年 月 日	

（三）分部（子分部）工程质量验收

1. 分部（子分部）工程质量验收合格应符合下列规定：

（1）分部（子分部）工程所含分项工程的质量均应验收合格。

（2）质量控制资料应完整。

分部工程验收在其所含分项工程验收的基础上进行。分部工程的各分项工程必须已验收且相应的质量控制资料文件必须完整，这是分部（子分部）工程质量验收的基本条件。

由于各分项工程的性质不尽相同，因此作为分部工程不能简单的组合而加以验收，尚须增加以下两类检查。

（3）地基与基础、主体结构和设备安装等分部工程有关安全及功能的检验和抽样检测结果应符合有关规定。

涉及安全和使用功能的地基基础、主体结构、有关安全及重要使用功能的安装分部工程，应进行有关见证取样送样试验或抽样检测。如建筑物垂直度、标高、全高测量记录，建筑物沉降观测测量记录，给水管道通水试验记录，暖气管道、散热器压力试验记录，照明动力全负荷试验记录等。

（4）观感质量验收应符合要求。

观感质量验收往往由各个人的主观印象判断，综合给出质量评价。评价的结论为"好"、"一般"和"差"三种。对于"差"的检查点应通过返修处理等进行补救。

2. 分部（子分部）工程质量验收记录

分部（子分部）工程质量应由总监理工程师（建设单位项目专业负责人）组织施工项目经理和有关勘察、设计单位项目负责人进行验收，并按表2-4记录。

表2-4 ＿＿＿＿＿＿分部（子分部）工程验收记录

工程名称		结构类型		层数		
施工单位		技术部门负责人		质量部门负责人		
分包单位		分包单位负责人		分包技术负责人		
序号	分项工程名称	检验批数	施工单位检查评定	验收意见		
1						
2						
3						
4						
5						
6						
质量控制资料						
安全和功能检验（检测）报告						
观感质量验收						
验收单位	分包单位		项目经理		年 月 日	
	施工单位		项目经理		年 月 日	
	勘察单位		项目负责人		年 月 日	
	设计单位		项目负责人		年 月 日	
	监理（建设）单位		总监理工程师 （建设单位项目专业负责人）		年 月 日	

（四）单位（子单位）工程质量验收

单位工程质量验收也称质量竣工验收，是建筑工程投入使用前的最后一次验收，也是最重要的一次验收。

1. 单位（子单位）工程质量验收合格应符合下列规定：

（1）单位（子单位）工程所含分部（子分部）工程的质量均应验收合格。

（2）质量控制资料应完整。

构成单位工程的各分部工程应该合格，并且有关的资料文件应完整。

（3）单位（子单位）工程所含分部工程有关安全和功能的检验资料应完整。

涉及安全和使用功能的分部工程应进行检验资料的复查。不仅要全面检查其完整性（不得有漏检缺项），而且对分部工程验收时补充进行的见证抽样检验报告也要复核。这种强化验收的手段体现了对安全和主要使用功能的重视。

（4）主要功能项目的抽查结果应符合相关专业质量验收规范的规定。

对主要使用功能还须进行抽查。使用功能的检查是对建筑工程和设备安装工程最终质量的综合检查，也是用户最为关心的内容。因此，在分项、分部工程验收合格的基础上，竣工验收时再作全面检查。抽查项目是在检查资料文件的基础上由参加验收的各方人员商定，并用计量、计数的抽样方法确定检查部位。检查要求按有关专业工程施工质量验收标准的要求进行。

（5）观感质量验收应符合要求。

观感质量检查须由参加验收的各方人员共同进行。

2. 单位（子单位）工程质量竣工验收记录

表2-5为单位工程质量验收的汇总表，单位（子单位）工程质量验收应按该表记录。

验收记录由施工单位填写，验收结论由监理（建设）单位填写。综合验收结论由参加验收各方共同商定，建设单位填写，应对工程质量是否符合设计和规范要求及总体质量水平做出评价。

表2-5　单位（子单位）工程质量竣工验收记录

工程名称		结构类型		层数/建筑面积	
施工单位		技术负责人		开工日期	
项目经理		项目技术负责人		竣工日期	
序号	项　目	验收记录		验收结论	
1	分部工程	共　　　分部，经查　　　分部 符合标准及设计要求　　　分部			
2	质量控制资料核查	共　项，经审查符合要求　　项， 经核定符合规范要求　　项			
3	安全和主要使用功能核查及抽查结果	共核查　项，符合要求　　项， 共抽查　项，符合要求　　项， 经返工处理符合要求　　项			
4	观感质量验收	共抽查　项，符合要求　　项， 不符合要求　　项			
5	综合验收结论				
参加验收单位	建设单位 （公章） 单位（项目）负责人 　年　月　日	监理单位 （公章） 总监理工程师 　年　月　日		施工单位 （公章） 单位负责人 　年　月　日	设计单位 （公章） 单位（项目）负责人 　年　月　日

（五）工程施工质量不符合要求时的处理

不合格现象在检验批的验收时就应发现并及时处理，所有质量隐患必须尽快消灭在萌芽状态，否则将影响后续检验批和相关的分项工程、分部工程的验收。在非正常情况下可按下述规定进行处理。

（1）经返工重做或更换器具、设备检验批，应重新进行验收。这种情况是指主控项目不能满足验收规范规定或一般项目不符合检验规定时，应及时进行处理的检验批。其中，严重的缺陷应推倒重来；一般的缺陷通过返修或更换器具、设备予以解决，应允许施工单位在采取相应的措施后重新验收。如能够符合相应的专业工程质量验收规范，则应认为该检验批合格。

（2）经有资质的检测单位鉴定达到设计要求的检验批，应予以验收。这种情况是指个别检验批发现试块强度等不满足要求，难以确定是否验收时，应请具有资质的法定检测单位检测，当鉴定结果能够达到设计要求时，该检验批应允许通过验收。

（3）经有资质的检测单位鉴定达不到设计要求但经原设计单位核算认可能满足结构安全和使用功能的检验批，可予以验收。

一般这种情况是指，规范标准给出了满足安全和功能的最低限度要求，而设计往往在此基础上留有一些余量。因此，当工程施工质量虽不满足设计要求，但符合相应规范标准的要求时，可予以验收。

（4）经返修或加固的分项、分部工程，虽然改变外形尺寸但仍能满足安全使用要求，可按技术处理方案和协商文件进行验收。

这种情况是指更为严重缺陷或范围超过检验批的更大范围内的缺陷可能影响结构的安全性和使用功能。如经法定检测单位检测鉴定以后认为达不到规范标准的相应要求，即不能满足最低限度的安全储备和使用功能，则必须按一定的技术方案进行加固处理，使之能保证满足安全使用的基本要求。这样会造成一些永久性的缺陷，如改变结构的外形尺寸，影响一些次要的使用功能等。为了避免社会财富更大的损失，在不影响安全和主要使用功能条件下可按处理技术方案和协商文件进行验收，但应该特别注意不能将之作为轻视质量而回避责任的出路。

（5）通过返修或加固仍不能满足安全使用要求的分部工程、单位（子单位）工程，严禁验收。

五、建筑工程施工质量验收的程序和组织

（一）检验批及分项工程的验收程序与组织

检验批由专业监理工程师组织项目专业质量检验员等进行验收，分项工程由专业监理工程师组织项目专业技术负责人等进行验收。

检验批和分项工程是建筑工程施工质量基础，因此，所有检验批和分项工程均应由监理工程师或建设单位项目技术负责人组织验收。验收前，施工单位先填好"检验批和分项工程的验收记录"（有关监理记录和结论不填），并由项目专业质量检验员和项目专业技术负责人分别在检验批和分项工程质量检验记录表相关栏目中签字，然后由监理工程师组织，严格按规定程序进行验收。

（二）分部工程的验收程序与组织

分部工程应由总监理工程师（建设单位项目专业负责人）组织施工单位项目负责人和

项目技术、质量负责人等进行验收；由于地基基础、主体结构技术性能要求严格，技术性强，关系到整个工程的安全，因此规定与地基基础、主体结构分部工程相关的勘察、设计单位工程项目负责人和施工单位技术、质量部门负责人也应参加相关分部工程验收。

（三）单位（子单位）工程的验收程序与组织

1. 竣工初验收

当单位工程达到竣工验收条件后，施工单位应在自查、自评工作完成后，填写《工程竣工报验单》，并将全部竣工资料报送项目监理机构，申请竣工验收。总监理工程师应组织各专业监理工程师对竣工资料及各专业工程的质量情况进行全面检查，对检查出的问题，应督促施工单位及时整改。对需要进行功能试验的项目（包括单机试车和无负荷试车），监理工程师应督促施工单位及时进行试验，并对重要项目进行监督、检查，必要时请建设单位和设计单位参加；监理工程师应认真审查试验报告单并督促施工单位搞好成品保护和现场清理。

经项目监理机构对竣工资料及实物全面检查、验收合格后，由总监理工程师签署《工程竣工报验单》，并向建设单位提出工程质量评估报告。

2. 正式验收

建设单位收到工程质量评估报告后，应由建设单位（项目）负责人组织施工（含分包单位）、设计、监理等单位（项目）负责人进行单位（子单位）工程验收。单位工程由分包单位施工时，分包单位对所承包的工程项目应按规定的程序检查评定，总包单位应派人参加。分包工程完成后，应将工程有关资料交总包单位。建设工程经验收合格的，方可交付使用。

建设工程竣工验收应当具备下列条件：

（1）完成建设工程设计和合同约定的各项内容。

（2）有完整的技术档案和施工管理资料。

（3）有工程使用的主要建筑材料、建筑构配件和设备的进场试验报告。

（4）有勘察、设计、施工、工程监理等单位分别签署的质量合格文件。

（5）有施工单位签署的工程保修书。

（四）单位工程竣工备案

凡在中华人民共和国境内新建、扩建、改建的各类房屋建筑工程和市政基础设施工程的竣工验收，均应按照有关规定及时按单位工程验收合格后，建设单位应在规定的时间内到建设行政主管部门办理工程竣工验收报告等有关文件的备案手续。

第五节　工程质量问题和质量事故的处理

一、质量不合格、工程质量问题和工程质量事故的概念

根据国际标准化组织和我国有关质量、质量管理和质量保证标准的定义，凡工程产品质量没有满足某个规定的要求，就称之为质量不合格。

凡是工程质量不合格，必须进行返修、加固或报废处理，由此造成直接经济损失低于5000元的称为工程质量问题；直接经济损失在5000元（含5000元）以上的称为工程质量事故。

二、工程质量问题

（一）工程质量问题的成因及原因分析方法

1. 工程质量问题的成因

由于建筑工程工期较长，所用材料品种繁杂；在施工过程中，受社会环境和自然条件方面异常因素的影响，使产生的工程质量问题表现形式千差万别。通过对大量质量问题调查与分析发现，其发生的原因有不少相同或相似之处，归纳其最基本的因素主要有以下几方面：

（1）违背建设程序

建设程序是工程项目建设过程及其客观规律的反映，不按建设程序办事，常是导致工程质量问题的重要原因。例如，未搞清地质情况就仓促开工；边设计、边施工；无图施工等。

（2）违反法规行为

诸如，无证设计，无证施工，越级设计，越级施工，工程招、投标中的不公平竞争，超常的低价中标，非法分包，转包、挂靠，擅自修改设计等行为。

（3）地质勘察失真

诸如，未认真进行地质勘察或勘探时钻孔深度、间距、范围不符合规定要求，地质勘察报告不详细、不准确、不能全面反映实际的地基情况等，从而使得对地下情况不清，或对基岩起伏、土层分布误判，或未查清地下软土层、墓穴、孔洞等，它们均会导致采用不恰当或错误的基础方案，造成地基不均匀沉降、失稳，使上部结构或墙体开裂、破坏，或引发建筑物倾斜、倒塌等质量问题。

（4）设计差错

诸如，盲目套用图纸，采用不正确的结构方案，计算简图与实际受力情况不符，荷载取值过小，内力分析有误，沉降缝或变形缝设置不当，悬挑结构未进行抗倾覆验算，以及计算错误等，都是引发质量问题的原因。

（5）施工与管理不到位

不按图施工或未经设计单位同意擅自修改设计。如施工时将铰接做成刚接，将简支梁做成连续梁，导致结构破坏；挡土墙不按图设滤水层、排水孔，导致压力增大，使墙体破坏或倾覆；不按有关的施工规范和操作规程施工，浇筑混凝土时振捣不良，形成薄弱部位；砌筑上下通缝砖砌体，砂浆不饱满等均能导致砖墙或砖柱破坏。

施工组织管理紊乱，不熟悉图纸，盲目施工；施工方案考虑不周，施工顺序颠倒；图纸未经会审，仓促施工；技术交底不清，违章作业；疏于检查、验收等，均可能导致质量问题。

（6）使用不合格的原材料、制品及设备

1）建筑材料及制品不合格

诸如，钢筋物理力学性能不良会导致钢筋混凝土结构产生裂缝；集料中活性氧化硅会导致碱集料反应使混凝土产生裂缝；水泥安定性不合格会造成混凝土爆裂；水泥受潮、过期、结块，砂石含泥量及有害物含量超标，外加剂掺量等不符合要求时，会影响混凝土强度、和易性、密实性、抗渗性，从而导致混凝土结构强度不足、裂缝、渗漏等质量问题。此外，预制构件截面尺寸不足，支承锚固长度不足，未可靠地建立预应力值，漏放或少放钢筋，板面开裂等均可能出现断裂、坍塌。

2）建筑设备不合格

诸如，变配电设备质量缺陷导致自燃或火灾，电梯质量不合格危及人身安全，均可造成工程质量问题。

（7）自然环境因素

诸如，空气温度、湿度、暴雨、大风、洪水、雷电、日晒和浪潮等均可能成为质量问题的诱因。

（8）使用不当

对建筑物或设施使用不当也易造成质量问题。诸如，未经校核验算就任意对建筑物加层，任意拆除承重结构部位，任意在结构物上开槽、打洞、削弱承重结构截面等也会引发质量问题。

2. 成因分析

由于影响工程质量的因素众多，一个工程质量问题的实际发生，既可能是设计错误，也可能是施工的问题，也可能因使用不当，或者由于设计、施工甚至使用、管理、社会体制等多种原因的复合作用。要分析究竟是哪种原因引起的，必须对质量问题的特征表现，以及其在施工中和使用中所处的实际情况和条件进行具体分析。分析方法很多，但其基本步骤和要领可概括如下：

（1）基本步骤

1）进行细致的现场调查研究，观察记录全部实况，充分了解与掌握引发质量问题的现象和特征。

2）收集调查与质量问题有关的全部设计和施工资料，分析摸清工程在施工或使用过程中所处的环境及面临的各种条件和情况。

3）找出可能产生质量问题的所有因素。

4）分析、比较和判断，找出最可能造成质量问题的原因。

5）进行必要的计算分析或模拟试验予以论证确认。

（2）分析要领

分析的要领是逻辑推理法，其基本原理是：

1）确定质量问题的初始点，即原点，它是一系列独立原因集合起来形成的爆发点。其能反映质量问题的直接原因，因而在分析过程中具有关键性作用。

2）围绕原点对现场各种现象和特征进行分析，区别导致同类质量问题的不同原因，逐步揭示质量问题萌生、发展和最终形成的过程。

3）综合考虑原因复杂性，确定诱发质量问题的起源点即真正原因。工程质量问题原因分析是对一堆模糊不清的事物和现象客观属性和联系的反映，它的准确性与监理工程师的能力学识、经验和态度有极大关系，其结果不单是简单的信息描述，而是逻辑推理的产物，其推理可用于工程质量的事前控制。

（二）工程质量问题的处理方式

在各项工程的施工过程中或完工以后，现场监理人员如发现工程项目存在质量问题，应根据其性质和严重程度按如下方式处理。

1. 当施工引起的质量问题在萌芽状态，应及时制止，并要求施工单位立即更换不合格材料、设备或不称职人员，或要求施工单位立即改变不正确的施工方法和操作工艺。

2. 当施工引起的质量问题已出现时，应立即向施工单位发出《监理通知》；要求其对质量问题进行补救处理，并采取足以保证施工质量的有效措施后，填报《监理通知回复单》报监理单位。

3. 当某道工序或分项工程完工以后，出现不合格项，监理工程师应填写《不合格项处置记录》，要求施工单位及时采取措施予以整改。监理工程师应对其补救方案进行确认，跟踪处理过程，对处理结果进行验收，否则不允许进行下道工序或分项工程的施工。

4. 在交工使用后的保修期内发现的施工质量问题，监理工程师应及时签发《监理通知》，指令施工单位进行修补、加固或返工处理。

（三）监理工程师对工程质量问题的处理程序

当发现工程质量问题，监理工程师应按图 2-7 所示程序进行处理。

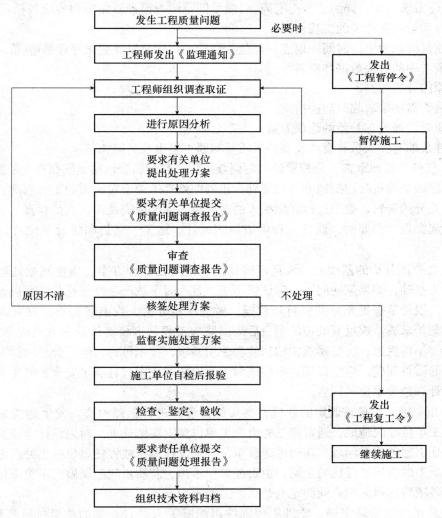

图 2-7　工程质量问题处理程序

（1）当发生工程质量问题时，监理工程师首先应判断其严重程度。对可以通过返修或返工弥补的质量问题，可签发《监理通知》，责成施工单位写出质量问题调查报告，提出处理方案，填写《监理通知回复单》报监理工程师审核后，批复承包单位处理，必要时应经建设单位和设计单位认可，处理结果应重新进行验收。

（2）对需要加固补强的质量问题，或质量问题的存在影响下道工序和分项工程的质量时，应签发《工程暂停令》，指令施工单位停止有质量问题部位和与其有关联部位及下道工序的施工。必要时，应要求施工单位采取防护措施，责成施工单位写出"质量问题调查报告"，由设计单位提出处理方案，并征得建设单位同意，批复承包单位处理。处理结果应重新进行验收。

（3）施工单位接到《监理通知》后，在监理工程师的组织参与下，尽快进行"质量问题调查报告"编写。

调查的主要目的是明确质量问题的范围、程度、性质、影响和原因，为问题处理提供依据，调查应力求全面、详细、客观准确。"质量问题调查报告"主要内容应包括：

1）与质量问题相关的工程情况。

2）质量问题发生的时间、地点、部位、性质、现状及发展变化等详细情况。

3）调查中的有关数据和资料。

4）原因分析与判断。

5）是否需要采取临时防护措施。

6）质量问题处理补救的建议方案。

7）涉及的有关人员和责任及预防该质量问题重复出现的措施。

（4）监理工程师审核、分析质量问题调查报告，判断和确认质量问题产生的原因。

分析原因是确定处理措施方案的基础，正确的处理来源于对原因的正确判断。只有对调查提供的充分的资料、数据进行详细深入的分析后，才能由表及里，去伪存真，找出质量问题的真正起源点。必要时，监理工程师应组织设计、施工、供货和建设单位各方共同参加分析。

（5）在原因分析的基础上，认真审核签认质量问题处理方案。质量问题处理方案应以原因分析为基础，如果某些问题一时认识不清，且一时不致产生严重恶化，可以继续进行调查、观测，以便掌握更充分的资料和数据，做进一步分析，找出起源点，方可确认处理方案，避免急于求成造成反复处理的不良后果。监理工程师审核确认处理方案应牢记的原则：安全可靠，不留隐患，满足建筑物的功能和使用要求，技术可行，经济合理。针对确认不需专门处理的质量问题，应能保证它不构成对工程安全的危害，且满足安全和使用要求，并必须征得设计和建设单位的同意。

（6）指令施工单位按既定的处理方案实施处理并进行跟踪检查。发生的质量问题不论是否由施工单位原因造成，通常都是先由施工单位负责实施处理。对因设计单位原因而非施工单位责任引起的质量问题，应通过建设单位要求设计单位或责任单位提出处理方案，处理质量问题所需的费用或延误的工期，由责任单位承担，若质量问题属施工单位责任，施工单位应承担各项费用损失和合同约定的处罚，工期不予顺延。

（7）质量问题处理完毕，监理工程师应组织有关人员对处理的结果进行严格的检查、鉴定和验收，写出"质量问题处理报告"，报建设单位和监理单位存档。主要内容包括：

1）基本处理过程描述。

2）调查与核查情况，包括调查的有关数据、资料。

3）原因分析结果。

4）处理的依据。

5）审核认可的质量问题处理方案。

6）实施处理中的有关原始数据、验收记录、资料。

7）对处理结果的检查、鉴定和验收结论。

8）质量问题处理结论。

三、工程质量事故

（一）工程质量事故的特点

工程质量事故具有复杂性、严重性、可变性和多发性的特点。

1. 复杂性

影响工程质量的因素繁多，造成质量事故的原因错综复杂，即使是同一类质量事故，而原因却可能多种多样。所以分析质量事故，判断其性质、原因及发展，确定处理方案与措施等都很复杂。

2. 严重性

工程项目一旦出现质量事故，其影响较大。轻者影响施工顺利进行、拖延工期、增加工程费用，重者则会留下隐患成为危险的建筑，影响使用功能或不能使用，更严重的还会引起建筑物的失稳、倒塌，造成人民生命、财产的巨大损失。所以对于建设工程质量事故不能掉以轻心，必须予以高度重视。

3. 可变性

许多工程的质量问题出现后，其质量状态并非稳定于发现的初始状态，而是有可能随着时间而不断地发展、变化。所以，在分析、处理工程质量问题时，一定要注意质量问题的可变性，应及时采取可靠的措施，防止其进一步恶化而发生质量事故；或加强观测与试验，取得数据，预测未来发展的趋势。

4. 多发性

建设工程中的质量事故，往往在一些工程部位中经常发生。例如，悬挑梁板断裂、雨篷倾覆、钢屋架失稳等。因此，总结经验，吸取教训，采取有效措施予以预防十分必要。

（二）工程质量事故的分类

国家按工程质量事故造成损失的严重程度对其分类，其基本分类如下：

（1）一般质量事故：凡具备下列条件之一者为一般质量事故。

1）直接经济损失在5000元（含5000元）以上，不满50000元的。

2）影响使用功能和工程结构安全，造成永久质量缺陷的。

（2）严重质量事故：凡具备下列条件之一者为严重质量事故。

1）直接经济损失在50000元（含50000元）以上，不满10万元的。

2）严重影响使用功能或工程结构安全，存在重大质量隐患的。

3）事故性质恶劣或造成2人以下重伤的。

（3）重大质量事故：凡具备下列条件之一者为重大质量事故，属建设工程重大事故范畴。

1）直接经济损失 10 万元以上。

2）工程倒塌或报废。

3）由于质量事故，造成人员死亡或重伤 3 人以上。

按国家建设行政主管部门规定建设工程重大事故分为四个等级。

1）凡造成死亡 30 人以上或直接经济损失 300 万元以上为一级。

2）凡造成死亡 10 人以上 29 人以下或直接经济损失 100 万元以上，不满 300 万元为二级。

3）凡造成死亡 3 人以上 9 人以下或重伤 20 人以上或直接经济损失 30 万元以上，不满 100 万元为三级。

4）凡造成死亡 2 人以下，或重伤 3 人以上 19 人以下或直接经济损失 10 万元以上，不满 30 万元为四级。

（4）特别重大事故：凡具备国务院发布的《特别重大事故调查程序暂行规定》所列发生一次死亡 30 人及其以上，或直接经济损失达 500 万元及其以上，或其他性质特别严重，凡满足上述三个条件之一均属特别重大事故。

（三）工程质量事故处理的依据

进行工程质量事故处理的主要依据包括：质量事故的实况资料，得到有关当事各方认可的具有法律效力的合同文件，有关的技术文件和相关的建设法规。

1. 质量事故的实况资料

要搞清质量事故的原因并确定处理对策，首先要掌握质量事故的实际情况。有关质量事故实况的资料主要包括以下几个方面：

（1）施工单位的《质量事故调查报告》

质量事故发生后，施工单位有责任就所发生的质量事故进行周密的调查、研究掌握情况，并在此基础上写出调查报告，提交监理工程师和业主。调查报告内容应包括：

1）质量事故发生的时间、地点。

2）质量事故状况的描述。例如，发生的事故类型，发生的部位，分布状态及范围，严重程度。

3）质量事故发展变化的情况（其范围是否继续扩大，程度是否已经稳定等）。

4）有关质量事故的观测记录、事故现场状态的照片或录像。

（2）监理单位调查研究所获得的第一手资料

其内容大致与施工单位调查报告的有关内容相似，可用来与施工单位所提供的情况对照、核实。

2. 有关合同及合同文件

合同文件在处理质量事故中的作用是：确定在施工过程中有关各方是否按照合同有关条款实施其活动，借以探寻产生事故的可能原因。如，施工单位是否在规定时间内通知监理单位进行隐蔽工程验收，监理单位是否按规定时间实施了检查验收；施工单位在材料进场时，是否按规定或约定进行了检验等。此外，有关合同文件还是界定质量责任的重要依据。

所涉及的合同文件包括：工程承包合同、设计委托合同、设备与器材购销合同及监理合同等。

3. 有关的技术文件和档案

（1）有关的设计文件

设计文件是施工的重要依据。在处理质量事故中，其作用是：一方面可以对照设计文件，核查施工质量是否完全符合设计的规定和要求；另一方面可以根据所发生的质量事故情况，核查设计中是否存在技术问题或缺陷，是否是导致质量事故的原因。

（2）与施工有关的技术文件、档案和资料

1）施工组织设计或施工方案、施工计划。

2）施工记录、施工日志等。根据它们可以查对发生质量事故的工程施工时的情况，如施工时的气温、降雨、风、浪等有关的自然条件，施工人员的情况，施工工艺与操作过程的情况，使用的材料情况，施工场地、工作面、交通等情况，地质及水文地质情况等。借助这些资料可以追溯和探寻事故的可能原因。

3）有关建筑材料的质量证明资料。例如，材料批次、出厂日期、出厂合格证或检验报告、施工单位抽检或试验报告等。

4）现场制备材料的质量证明资料。例如，混凝土拌合料的级配、水灰比、坍落度记录，混凝土试块强度试验报告，沥青拌合料配比、出机温度和摊铺温度记录等。

5）质量事故发生后，对事故状况的观测记录、试验记录或试验报告等。例如，对地基沉降的观测记录，对建筑物倾斜或变形的观测记录，对地基钻探取样记录与试验报告，对混凝土结构物钻取试样的记录与试验报告等。

6）其他有关资料

上述各类技术资料对于分析质量事故原因，判断其发展变化趋势，推断事故影响及严重程度，考虑处理措施等起着重要的作用，都是不可缺少的。

4. 相关的建设法规

（1）勘察、设计、施工、监理等单位资质管理方面的法规。

（2）从业者资格管理方面的法规。

（3）建筑市场方面的法规。

（4）建筑施工方面的法规。

（5）关于标准化管理方面的法规。

（四）工程质量事故处理的程序

监理工程师应熟悉各级政府建设行政主管部门处理工程质量事故的基本程序，特别是应把握在质量事故处理过程中如何履行自己的职责。

工程质量事故发生后，监理工程师可按图 2-8 所示程序进行处理。

（1）工程质量事故发生后，总监理工程师应签发《工程暂停令》，并要求停止进行质量事故部位和与其有关联部位及下道工序施工，应要求施工单位保护现场，采取必要的措施防止事故扩大。同时，要求质量事故发生单位迅速按类别和等级向相应的主管部门上报，并于24 小时内写出《质量事故调查报告》。

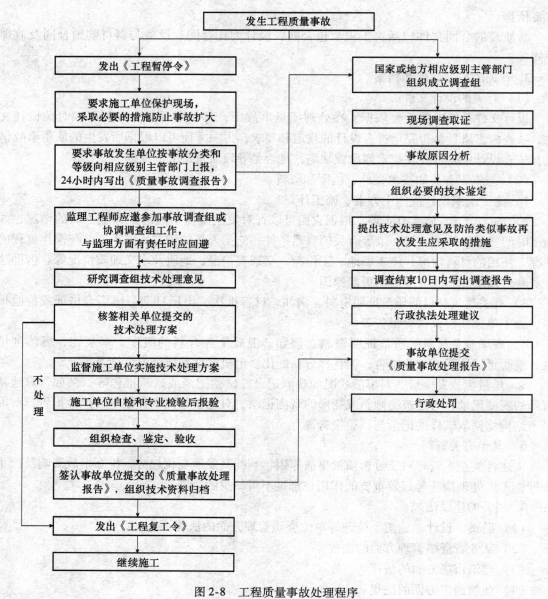

图 2-8　工程质量事故处理程序

《质量事故调查报告》应包括以下主要内容：

1）事故发生的单位名称，工程（产品）名称、部位、时间、地点；

2）事故概况和初步估计的直接损失；

3）事故发生原因的初步分析；

4）事故发生后采取的措施；

5）相关各种资料。

各级主管部门处理权限及组成调查组权限如下：特别重大质量事故由国务院按有关程序和规定处理，重大质量事故由国家建设行政主管部门归口管理，严重质量事故由省、自治区、直辖市建设行政主管部门归口管理，一般质量事故由市、县级建设行政主管部门归口管理。

　　工程质量事故调查组由事故发生地的市、县以上建设行政主管部门或国务院有关主管部门组织成立。特别重大质量事故调查组组成由国务院批准；一、二级重大质量事故由省、自治区、直辖市建设行政主管部门提出组成意见，相应级别人民政府批准；三、四级重大质量事故由市、县级行政主管部门提出组成意见，相应级别人民政府批准；严重质量事故，调查组由省、自治区、直辖市建设行政主管部门组织；一般质量事故，调查组由市、县级建设行政主管部门组织；事故发生单位属国务院部委的，由国务院有关主管部门或其授权部门会同当地建设行政主管部门组织调查组。

　　（2）监理工程师在事故调查组展开工作后，应积极协助，客观地提供相应证据，若监理方无责任，监理工程师可应邀参加调查组，参与事故调查；若监理方有责任，则应予以回避，但应配合调查组工作。质量事故调查组的职责是：

　　1）查明事故发生的原因、过程、事故的严重程度和经济损失情况。

　　2）查明事故的性质、责任单位和主要责任人。

　　3）组织技术鉴定。

　　4）明确事故主要责任单位和次要责任单位，承担经济损失的划分原则。

　　5）提出技术处理意见及防止类似事故再次发生应采取的措施。

　　6）提出对事故责任单位和责任人的处理建议。

　　7）写出事故调查报告。

　　（3）当监理工程师接到质量事故调查组提出的技术处理意见后，可组织相关单位研究，并责成相关单位完成技术处理方案，并予以审核签认。质量事故技术处理方案，一般应委托原设计单位提出，由其他单位提供的技术处理方案，应经原设计单位同意签认。技术处理方案的制订，应征求建设单位意见。技术处理方案必须依据充分，应在质量事故的部位、原因全部查清的基础上，必要时，应委托法定工程质量检测单位进行质量鉴定或请专家论证，以确保技术处理方案可靠、可行，以保证结构安全和使用功能。一般施工原因导致的工程质量事故应由施工方提出技术方案。

　　（4）技术处理方案核签后，监理工程师应要求施工单位制定详细的施工方案设计，必要时应编制监理实施细则，对工程质量事故技术处理施工质量进行监理，技术处理过程中的关键部位和关键工序应进行旁站，并会同设计、建设等有关单位共同检查认可。

　　（5）对施工单位完工自检后的报验结果，应组织有关各方进行检查验收，必要时应进行处理结果鉴定。要求事故单位整理编写《质量事故处理报告》，并审核签认，组织有关技术资料归档。《质量事故处理报告》主要内容：

　　1）工程质量事故情况、调查情况、原因分析。

　　2）质量事故处理的依据。

　　3）质量事故技术处理方案。

　　4）实施技术处理施工中有关问题和资料。

　　5）对处理结果的检查鉴定和验收。

　　6）质量事故处理结论。

四、工程质量事故的处理方案

（一）工程质量事故处理的一般要求

处理工程质量事故基本要求是："安全可靠，不留隐患；满足建筑物的功能和使用要求；技术上可行，经济合理"。

工程质量事故处理原则是：正确确定事故性质，是表面性还是实质性、是结构性还是一般性、是迫切性还是可缓性；正确确定处理范围，除直接发生部位，还应检查处理事故相邻影响作用范围的结构部位或构件。

工程质量事故处理目的是消除质量隐患，以达到建筑物的安全可靠和正常使用各项功能及寿命要求，并保证施工的正常进行。

（二）工程质量事故的技术处理方案

监理工程师在审核质量事故处理方案时，以事故调查报告中事故原因为基础，结合实地勘察成果，努力掌握事故的性质和变化规律，并应尽量满足建设单位的要求。尽管对造成质量事故的技术处理方案多种多样，但根据质量事故的处理情况可归纳为三种类型的处理方案。

1. 修补处理

这是最常用的一类处理方案。通常当工程的某个检验批、分项或分部的质量未达到规定的标准、规范或设计要求，而存在一定缺陷时，通过修补或更换器具、设备后还可达到要求的标准，而不影响使用功能和外观要求，在此情况下，可以进行修补处理。

属于修补处理的具体方案很多，诸如封闭保护、复位纠偏、结构补强、表面处理等。某些事故造成的结构混凝土表面裂缝，可根据其受力情况，仅作表面封闭保护。某些混凝土结构表面的蜂窝、麻面，经调查分析，可进行剔凿、抹灰等表面处理，一般不会影响其使用和外观。

对较严重的质量问题，可能影响结构的安全性和使用功能，必须按一定的技术方案进行加固补强处理，这样往往会造成一些永久性缺陷，如改变结构外形尺寸，影响一些次要的使用功能等。

2. 返工处理

在工程质量未达到规定的标准和要求，存在的严重质量问题对结构的使用和安全构成重大影响，又无法通过修补处理的情况下，可对检验批、分项、分部甚至整个工程返工处理。

如某公路桥梁工程预应力按规定张力系数为 1.3，实际仅为 0.8，属于严重的质量缺陷，也无法修补，只有返工处理。对某些存在严重质量缺陷，且无法采用加固补强等修补处理或修补处理费用比原工程造价还高的工程，应进行整体拆除，全面返工。

3. 不做处理

某些工程质量事故，虽然不符合规定的要求和标准，但视其严重情况，经过分析、论证、法定检测单位鉴定和设计等有关单位认可，对工程或结构使用及安全影响不大，也可不做专门处理。通常不用专门处理的情况有以下几种：

（1）不影响结构安全和正常使用。如某些隐蔽部位结构混凝土表面裂缝，经检查分析，属于表面养护不够的干缩微裂，不影响使用及外观，可不做处理。

（2）有些质量问题，经过后续工序可以弥补。如混凝土墙表面轻微麻面，可通过后续的抹灰、喷涂或刷白等工序弥补，亦可不做专门处理。

（3）经法定检测单位鉴定合格。如某检验批混凝土试块强度值不满足规范要求，强度不足，经法定检测单位对混凝土实体采用非破损检验等方法测定其实际强度已达规范允许和设计要求值时，可不做处理。对经检测未达要求值，但相差不多，经分析论证，只要使用前经再次检测能达设计强度，也可不做处理，但应严格控制施工荷载。

（4）出现的质量问题，经检测鉴定达不到设计要求，但经原设计单位核算，仍能满足结构安全和使用功能。如某一结构构件截面尺寸不足，或材料强度不足，影响结构承载力，但经按实际检测所得截面尺寸和材料强度复核验算，仍能满足设计的承载力，可不进行专门处理。这是因为，一般情况下，规范标准给出了满足安全和功能的最低限度要求，而设计往往在此基础上留有一定余量，这种处理方式实际上是挖掘了设计潜力或降低了设计的安全系数。

监理工程师必须注意，不论哪种情况，特别是不做处理的质量问题，均要备好必要的书面文件，对技术处理方案、不做处理结论和各方协商文件等有关档案资料认真组织签认。对责任方应承担的经济责任和合同中约定的处罚应正确判定。

五、工程质量事故处理的鉴定验收

监理工程师应通过组织检查验收和进行必要的鉴定，以确认质量事故的技术处理是否达到了预期目的，是否消除了工程质量不合格和工程质量事故，是否仍留有隐患。

（一）检查验收

工程质量事故处理完成后，在施工单位自检合格报验的基础上，监理工程师应严格按施工验收标准及有关规范的规定，结合监理人员的旁站、巡视和平行检验结果，依据质量事故技术处理方案设计要求，通过实际量测，检查各种资料数据进行验收，并应办理交工验收文件，组织各有关单位会签。

（二）必要的鉴定

为确保工程质量事故的处理效果，凡涉及结构承载力等使用安全和其他重要性能的处理工作，或质量事故处理施工过程中建筑材料及构配件保证资料严重缺乏，或对检查验收结果各参与单位有争议时，需做必要的试验和检验鉴定工作。常见的检验工作有：混凝土钻芯取样检查密实性、裂缝修补效果或检测实际强度，结构荷载试验确定其实际承载力，超声波检测焊接或结构内部质量，池、罐、箱柜工程的渗漏检验等。检测鉴定必须委托政府批准的有资质的法定检测单位进行。

（三）验收结论

对所有质量事故无论经过技术处理，通过检查鉴定验收，还是不需专门处理的，均应有明确的书面结论。若对后续工程施工有特定要求，或对建筑物使用有一定限制条件，应在结论中提出。

验收结论通常有以下几种：

（1）事故已排除，可以继续施工。

（2）隐患已消除，结构安全有保证。

（3）经修补处理后，完全能够满足使用要求。

（4）基本上满足使用要求，但使用时应有附加限制条件，例如限制荷载等。

（5）对耐久性的结论。

（6）对建筑物外观影响的结论。

（7）对短期内难以作出结论的，可提出进一步观测检验意见。

对于处理后符合《建筑工程施工质量验收统一标准》的规定的，监理工程师应予以验收、确认，并应注明责任方主要承担的经济责任。对经加固补强或返工处理仍不能满足安全使用要求的分部工程、单位（子单位）工程，应拒绝验收。

第六节 工程质量控制的分析方法

一、质量控制的数理统计基础

质量统计推断是指在生产过程中或一批产品中，随机抽取样本获取信息，并依此为依据，运用数理统计方法为理论基础，对总体质量状况给出分析与结论。质量统计推断原理见图 2-9。

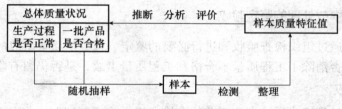

图 2-9 质量统计推断原理

（一）总体与样本

总体也称母体，是所研究对象的全体。个体，是组成总体的基本元素。总体中含有个体的数目通常用 N 表示。总体中包含的个体个数，可以是有限的，也可以是无限的，分别称为有限总体和无限总体。实践中一般把从每件产品检测得到的某一质量数据（强度、几何尺寸、重量等）即质量特性值视为个体，产品的全部质量数据的集合即为总体。

样本也称子样，是从总体中随机抽取出来，并根据对其研究结果推断总体质量特征的那部分个体。被抽中的个体称为样品，样品的数目称样本容量，用 n 表示。

（二）质量数据的收集方法

1. 全数检验

全数检验是对总体中的全部个体逐一观察、测量、计数、登记，从而获得总体质量水平评功价结论的方法。全数检验一般比较可靠，能获得大量的质量信息，但要消耗很多人力、物力、财力和时间；但是不能用于具有破坏性的检验和过程质量控制，应用上具有局限性；在有限总体中，对重要的检测项目，当可采用简易快速的不破损检验方法时可选用全数检验方案。

2. 抽样检验

抽样检验是按照随机抽样的原则，从总体中抽取部分个体组成样本，根据对样品进行检测的结果，推断总体质量水平的方法。抽样检验具有准确性高，样本有代表性，节省人力、物力、财力、时间，应用广泛等优点。

抽样检验的具体方法有：

（1）简单随机抽样

简单随机抽样又称纯随机抽样或完全随机抽样，是不对总体进行任何加工，直接进行随机抽样，获取样本的方法。

在对全部个体编号后采用抽签、摇号、随机数字表等方法随机抽取样品，这种方法常用于总体差异不大，或对总体了解甚少的情况。

（2）分层抽样和等距抽样

分层抽样又称分类或分组抽样，是将总体按与研究目的有关的某一特性分为若干组，然后在每组内随机抽取样品组成样本的方法。样品在总体中分布均匀，具有代表性，特别适用于总体比较复杂的情况。

等距抽样又称系统抽样或机械抽样，是将个体按某一特性排队编号后均分为 n 组，这时每组有 $K = N/n$ 个个体，然后在第一组内随机抽取第一件样品，以后每隔一定距离（K 号）抽取出其余样品组成样本的方法。

（3）整群抽样和多阶抽样

整群抽样一般是将总体按自然存在的状态分为若干群，并从中抽取样品群组成样本，然后在选中群内进行全数检验的方法。如对原材料质量进行检测，可按原包装的箱、盒为群随机抽取，对选中箱、盒做全数检验。

多阶抽样又称多级抽样。多阶抽样是将各种单阶段抽样方法结合使用，通过多次随机抽样来实现的抽样方法。如检验钢材、水泥等质量时，可以对总体按不同批次分为 R 群，从中随机抽取 r 群，然后在选中的 r 群中的 M 个个体中随机抽取 m 个个体，这就是整群抽样与分层抽样相结合的二阶段抽样，它的随机性表现在群间和群内共两次。

（三）质量数据及其分类

质量数据是指由个体产品质量特性值组成的样本（总体）的质量数据集，在统计上称为变量。个体产品质量特性值称变量值。根据质量数据的特点，可以将其分为计量值数据和计数值数据。

计量值数据是连续取值的数据，属于连续型变量。其特点是在任意两个数值之间都可以取精度较高一级的数值。它通常由测量得到，如质量、强度、几何尺寸、标高、位移等。

计数值数据是只能按 0，1，2…数列取值计数的数据，属于离散型变量。它一般由计数得到。计数值数据又可分为计件值数据和计点值数据。

1. 计件值数据。计件值数据表示具有某一质量标准的产品个数。如总体中合格品数、一级品数。

2. 计点值数据。计点值数据表示个体（单件产品、单位长度、单位面积、单位体积等）上的缺陷数、质量问题点数等。如检验钢结构构件涂料涂装质量时，构件表面的焊渣、焊疤、油污、毛刺的数量等。

（四）质量数据的特征值

1. 算术平均数

算术平均数又称均值，是消除个体之间个别偶然的差异，显示出所有个体共性和数据一般水平的统计指标，数据的代表性好。其计算公式如下。

（1）总体算术平均数 μ

$$\mu = \frac{1}{N}(X_1 + X_2 + \cdots + X_N) = \frac{1}{N}\sum_{i=1}^{N} X_i \qquad (2\text{-}1)$$

式中，N——总体中个体数；

　　X_i——总体中第 i 个的个体质量特性值。

（2）样本算术平均数 $\bar{x}$

$$\bar{x} = \frac{1}{n}(x_1 + x_2 + x_3 + \cdots + x_n) = \frac{1}{n}\sum_{i=1}^{n} x_i \qquad (2\text{-}2)$$

式中，n——样本容量；

　　x_i——样本中第 i 个样品的质量特性值。

2. 极差

极差是数据中最大值与最小值之差，是用数据变动的幅度来反映其分散状况的特征值。极差计算简单、使用方便，但粗略，数值仅受两个极端值的影响，损失的质量信息多，不能反映中间数据的分布和波动规律，仅适用于小样本。其计算公式为

$$R = x_{\max} - x_{\min} \qquad (2\text{-}3)$$

3. 标准偏差

标准偏差简称标准差或均方差，其计算公式为：

（1）总体的标准偏差 σ

$$\sigma = \sqrt{\frac{\sum_{i=1}^{n}(x_i - \mu)^2}{N}} \qquad (2\text{-}4)$$

（2）样本的标准偏差 S

$$S = \sqrt{\frac{\sum_{i=1}^{n}(x_i - \bar{x})^2}{n-1}} \qquad (2\text{-}5)$$

（3）样本方差 S^2 是总体方差的 σ^2 的无偏估计。在样本容量较大（$n \geq 50$）时，上式中的分母（$n-1$）可简化为 n。

4. 变异系数

变异系数又称离散系数，是用标准差除以算术平均数得到的相对数。它表示数据的相对离散波动程度。其计算公式为：

$$C_V = \frac{\sigma}{\mu}（总体） \qquad (2\text{-}6)$$

$$C_V = \frac{S}{\bar{x}}（样本） \qquad (2\text{-}7)$$

（五）质量数据的分布特性

1. 质量数据的特性

质量数据具有个体数值的波动性和总体（样本）数值分布的规律性特点。同一总体（样本）的个体质量特性值一般也互不相同，这种个体间的差异性，反映在质量数据上即为

个体数值的波动性、随机性。然而当运用统计方法对这些大量个体质量数值进行整理和分析后，发现这些产品质量特性值（以计量值数据为例）大多都分布在数值变动范围的中部区域，即表现为数值的集中趋势；还有一部分质量特性值在中心的两侧分布，随着逐渐远离中心，数值的个数变少，表现为数值的离中趋势。质量数据的集中趋势和离中趋势反映了总体（样本）质量变化的内在规律性。

2. 质量数据波动的原因及分布的统计规律

（1）质量数据波动的原因

质量特性值在质量标准允许范围内波动称之为正常波动，是由偶然性原因引起的；质量特性值超越了质量标准允许范围的波动则称之为异常波动，是由系统性原因引起的。

1）偶然性原因

在实际生产中，影响因素的微小变化具有随机发生的特点，是不可避免、难以测量和控制的，或者是在经济上不值得消除，它们大量存在但对质量的影响很小，属于允许偏差、允许位移范畴，引起的是正常波动，一般不会因此造成废品，生产过程正常稳定。通常把4M1E因素的这类微小变化归为影响质量的偶然性原因、不可避免原因或正常原因。

2）系统性原因

当影响质量的4M1E因素发生了较大变化，如当工人未遵守操作规程、机械设备发生故障或过度磨损、原材料质量规格有显著差异等情况发生时，没有及时排除，生产过程则不正常，产品质量数据就会离散过大或与质量标准有较大偏离，表现为异常波动，次品、废品产生。这就是产生质量问题的系统性原因或异常原因。由于异常波动特征明显，容易识别和避免，特别是对质量的负面影响不可忽视，生产中应该随时监控，及时识别和处理。

（2）质量数据分布的规律性

对于在正常生产条件下的大量产品，误差接近零的产品数目要多些，具有较大正负误差的产品要相对少，偏离很大的产品就更少了，同时正负误差绝对值相等的产品数目非常接近。于是就形成了一个能反映质量数据规律性的分布，即服从正态分布，它可用一个"中间高、两端低、左右对称"的几何图形表示。

二、统计调查表法、分类法、排列图法和因果分析法

（一）统计调查表法

统计调查表法又称统计调查分析法，它是利用专门设计的统计表对质量数据进行收集、整理和粗略分析质量状态的一种方法。

在质量控制活动中，利用统计调查表收集数据，简便灵活，便于整理，实用有效。它没有固定格式，可根据需要和具体情况，设计出不同统计调查表。常用调查表有：分项工程作业质量分布调查表，不合格项目调查表，不合格项目原因调查表，施工质量检查评定调查表等。

统计调查表往往同分层法结合起来应用，可以更好、更快地找出问题的原因，以便采取改进的措施。

（二）分类法

分类法又叫分层法，是将调查收集的原始数据，根据不同的目的和要求，按某一性质进行分组、整理的分析方法。

常用的分类标志包括：按操作班组或操作者分类，按使用机械设备型号分类，按操作方法分类，按原材料供应单位、供就时间或等级分类，按施工时间分类，按检查手段、工作环境分类等。

在分类基础上进行类间、类内的比较分析，以发现导致质量问题的原因。

（三）排列图法

排列图法是利用排列图寻找影响质量主次因素的方法。如图2-10所示，排列图由两个纵坐标、一个横坐标、几个连起来的直方形和一条曲线组成。实际应用中，通常按累计频率划分为 0% ~ 80%、80% ~ 90%、90% ~ 100% 三部分，与其对应的影响因素分别为 A、B、C 三类。A类为主要因素，B 类为次要因素，C 类为一般因素。

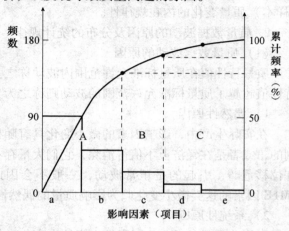

图 2-10　排列图

1. 排列图的绘制

结合某桥梁工程实例说明排列图的绘制。某桥梁工程现浇箱梁构件尺寸质量检查结果是：在全部检查的 8 个项目中不合格点（超偏差限值）有 150 个，为改进并保证质量，应对这些不合格点进行分析，以便找出影响混凝土构件尺寸质量的薄弱环节。

（1）收集整理数据

首先收集混凝土构件尺寸各项目不合格点的数据资料，见表2-6。

表 2-6　不合格点统计表

序　号	检查项目	不合格点数	序　号	检查项目	不合格点数
1	轴线位置	1	5	平面水平度	15
2	垂直度	8	6	表面平整度	75
3	标高	4	7	预埋设施中心位置	1
4	截面尺寸	45	8	预留孔洞中心位置	1

以全部不合格点数为总数，计算各项的频率和累计频率，结果见表2-7。

表 2-7　不合格点项目频数频率统计表

序　号	项　目	频　数	频率（%）	累计频率（%）
1	表面平整度	75	50.0	50.0
2	截面尺寸	45	30.0	80.0
3	平面水平度	15	10.0	90.0
4	垂直度	8	5.3	95.3
5	标高	4	2.7	98.0
6	其他	3	2.0	100.0
	合计	150	100	

（2）排列图的绘制（图2-11）

1）画横坐标。将横坐标按项目数等分，并按项目频数由大到小顺序从左至右排列，该例中横坐标分为六等份。

2）画纵坐标。左侧的纵坐标表示项目不合格点数即频数，右侧纵坐标表示累计频率。要求总频数对应累计频率100%，该例中150应与100%在同一条水平线上。

3）画频数直方形。以频数为高画出各项目的直方形。

4）画累计频率曲线。从横坐标左端点开始，依次连接各项目直方形右边线与所对应的累计频率值的交点，所得的曲线即为累计频率曲线。

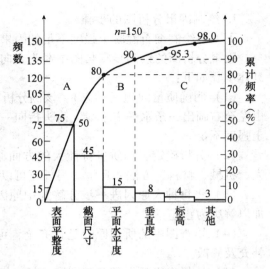

图 2-11　混凝土构件尺寸不合格点排列

5）记录必要的事项。如标题、收集数据的方法和时间等。

图 2-11 为本例混凝土构件尺寸不合格点排列图。

2. 排列图的观察与分析

（1）观察直方形，大致可看出各项目的影响程度。排列图中的每个直方形都表示一个质量问题或影响因素，影响程度与各直方形的高度成正比。

（2）利用 ABC 分类法，确定主次因素。将累计频率曲线按0% ~ 80%、80% ~ 90%、90% ~ 100%分为三部分，各曲线下面所对应的影响因素分别为 A、B、C 三类因素。

3. 排列图的应用

排列图可以形象、直观地反映主次因素。其主要应用有：

（1）按不合格点的内容分类，可以分析出造成质量问题的薄弱环节。

（2）按生产作业分类，可以找出生产不合格品最多的关键过程。

（3）按生产班组或单位分类，可以分析比较各单位技术水平和质量管理水平。

（4）将采取提高质量措施前后的排列图对比，可以分析措施是否有效。

（5）此外，排列图还可以用于成本费用分析、安全问题分析等。

（四）因果分析图法

因果分析图法是利用因果分析图来系统整理分析某个质量问题（结果）与其产生原因之间关系的有效工具。因果分析图也称特性要因图，又因其形状常被称为树枝图或鱼刺。因果分析图基本形式如图 2-12 所示。从图 2-12 可见，因果分析图由质量特性（即质量问题（结果））、要因（产生质量问题的主要原因）、枝干（指一系列箭线表示不同层次的原因）、主干（指较粗的直接指向质量结果的水平箭线）等所组成。

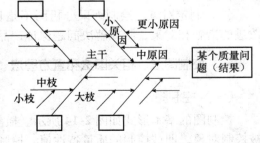

图 2-12　因果分析图

1. 绘制因果分析图的步骤

下面以绘制细石混凝土强度不足的因果分析图为例说明因果分析图的绘制步骤。

因果分析图的绘制步骤与图中箭头方向恰恰相反，是从"结果"开始将原因逐层分解，具体步骤如下：

（1）明确质量问题（结果）。该例分析的质量问题是"混凝土强度不足"，作图时首先由左至右画出一条水平主干线，箭头指向一个矩形框，框内注明研究的问题，即结果为混凝土强度不足。

（2）分析确定影响质量特性大的方面原因。一般来说，影响质量因素有五大方面，即人、机械、材料、方法、环境。另外还可以按产品的生产过程进行分析。

（3）将每种大原因进一步分解为中原因、小原因，直到分解的原因可以采取具体措施加以解决为止。

（4）检查图中的所列原因是否齐全，可以对初步分析结果广泛征求意见，并做必要的补充及修改。

（5）选择出影响大的关键因素，做出标记"△"。以便重点采取措施。

如图 2-13 所示是细石混凝土强度不足的因果分析图。

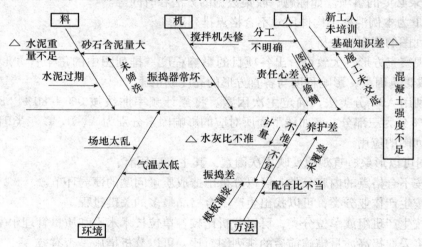

图 2-13　细石混凝土强度不足的因果分析图

2. 绘制和使用因果分析图时应注意的问题

（1）集思广益。绘制时要求绘制者熟悉专业施工技术，调查、了解施工现场实际条件和操作的具体情况。

（2）制定对策。绘制因果分析图不是目的，而是要根据图中所反映的主要原因，制定改进的措施和对策，限期解决问题保证产品质量。

三、控制图法、相关图法和直方图法

（一）控制图法

控制图的基本形式如图 2-14 所示。横坐标为样本（子样）序号或抽样时间，纵坐标为被控制对象，即被控制的质量特性值。控制图上一般有三条线：上面的一条虚线称为上控制界限，用符号 UCL 表示；下面的一条虚线称为下控制界限，用符号 LCL 表示；中间的一条

实线称为中心线，用符号 CL 表示。中心线标志着质量特性值分布的中心位置，上下控制界限标志着质量特性值允许的波动范围。在生产过程中通过抽样取得数据，把样本统计量描在图上来分析判断生产过程状态。如果点子随机地落在上、下控制界限内，则表明生产过程处于正常稳定状态，不会产生不合格品；如果点子超出控制界限，或点子排列有缺陷，则表明生产条件发生了异常变化，生产过程处于失控状态。

1. 控制图的原理

影响生产及产品质量的原因，可分为系统性原因和偶然性原因。生产过程中，如果仅仅存在偶然性原因，而不存在系统性原因，这时生产过程处于稳定状态，或称为控制状态。其产品质量特性值服从正态分布。控制图就是利用这个规律来识别生产过程中的异常原因，控制系统性原因造成的质量波动，保证生产过程处于受控状态。

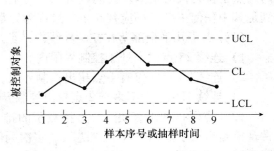

图 2-14　控制图的基本形式

一定生产状态下的产品质量对应一定分布，生产状态发生变化，产品质量分布也随之改变。观察产品质量分布情况，一是看分布中心位置（μ）；二是看分布的离散程度（σ）。这可通过图 2-15 所示的四种情况来说明。

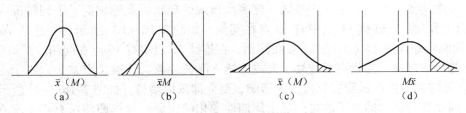

图 2-15　控制图质量特性值分布变化

图 2-15（a），反映产品质量分布服从正态分布，其分布中心与质量标准中心 M 重合，散差分布在质量控制界限之内，表明生产过程处于稳定状态，这时生产的产品基本上都是合格品，可继续生产。

图 2-15（b），反映产品质量分布散差没变，而分布中心发生偏移。

图 2-15（c），反映产品质量分布中心虽然没有偏移，但分布的散差变大。

图 2-15（d），反映产品质量分布中心和散差都发生了较大变化，即 μ（$\bar{x}$）值偏离标准中心，σ（s）值增大。

后三种情况都是由于生产过程中存在异常原因引起的，都会出现不合格品，应及时分析，消除异常原因的影响。

综上所述，我们可依据描述产品质量分布的集中位置和离散程度的统计特征值，随时间（生产进程）的变化情况来分析生产过程是否处于稳定状态。在控制图中，只要样本质量数据的特征值是随机地落在上、下控制界限之内，就表明产品质量分布的参数 μ 和 σ 基本保持不变，生产中只存在偶然原因，生产过程是稳定的。而一旦发生了质量数据点飞出控制界限，或排列有缺陷，则说明生产过程中存在系统原因，使 μ 和 σ 发生了改变，生产过程出现异常情况。

2. 控制图的观察与分析

绘制控制图的目的是分析判断生产过程是否处于稳定状态，这主要是通过观察与分析控制图上点子的分布情况进行的。因为控制图上点子作为随机抽样的样本，可以反映出生产过程（总体）的质量分布状态。

当控制图同时满足以下两个条件：一是点子几乎全部落在控制界限之内；二是控制界限内的点子排列没有缺陷。我们就可以认为生产过程基本上处于稳定状态。如果点子的分布不满足其中任何一条，都应判断生产过程为异常。

（1）点子几乎全部落在控制界线内，是指应符合下述三个要求：

1）连续 25 点以上处于控制界限内。

2）连续 35 点中仅有 1 点超出控制界限。

3）连续 100 点中不多于 2 点超出控制界限。

（2）点子排列没有缺陷，是指点子的排列是随机的，而没有出现异常现象。这里的异常现象是指点子排列出现了"链"、"多次同侧"、"趋势或倾向"、"周期性变动"、"接近控制界限"等情况。

1）链。是指点子连续出现在中心线一侧的现象。出现五点链，应注意生产过程发展状况。出现六点链，应开始调查原因。出现七点链，应判定工序异常，需采取处理措施，如图 2-16（a）所示。

2）多次同侧。是指点子在中心线一侧多次出现的现象，或称偏离。下列情况说明生产过程已出现异常：在连续 11 点中有 10 点在同侧，如图 2-16（b）所示。在连续 14 点中有 12 点在同侧。在连续 17 点中有 14 点在同侧。在连续 20 点中有 16 点在同侧。

3）趋势或倾向。是指点子连续上升或连续下降的现象。连续 7 点或 7 点以上上升或下降排列，就应判定生产过程有异常因素影响，要立即采取措施，如图 2-16（c）所示。

4）周期性变动。即点子的排列显示周期性变化的现象。这样即使所有点子都在控制界限内，也应认为生产过程为异常，如图 2-16（d）所示。

5）接近控制界限。是指点子落在了 $\mu \pm 2\sigma$ 以外和 $\mu \pm 3\sigma$ 以内。如属下列情况的判定为异常：连续 3 点至少有 2 点接近控制界限。连续 7 点至少有 3 点接近控制界限。连续 10 点至少有 4 点接近控制界限。如图 2-16（e）所示。

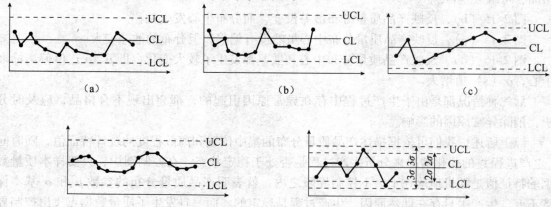

图 2-16　有异常现象的点子排列

122

以上是分析用控制图判断生产过程是否正常的准则。如果生产过程处于稳定状态，则把分析用控制图转为管理用控制图。分析用控制图是静态的，而管理用控制图是动态的。随着生产过程的进展，通过抽样取得质量数据把点描在图上，随时观察点子的变化，一是点子落在控制界限外或界限上，即判断生产过程异常，点子即使在控制界限内，也应随时观察其有无缺陷，以对生产过程正常与否做出判断。

3. 控制图的用途

控制图是用样本数据来分析判断生产过程是否处于稳定状态的有效工具。它的用途主要有两个：

（1）过程分析，即分析生产过程是否稳定。为此，应随机连续收集数据，绘制控制图，观察数据点分布情况并判定生产过程状态。

（2）过程控制，即控制生产过程质量状态。为此，要定时抽样取得数据，将其变为点子描在图上，发现并及时消除生产过程中的失调现象，预防不合格品的产生。

（二）相关图法（散布图）

在质量控制中它是用来显示两种质量数据之间关系的一种图形。质量数据之间的关系多属相关关系，一般有三种类型：一是质量特性和影响因素之间的关系；二是质量特性和质量特性之间的关系；三是影响因素和影响因素之间的关系。

用 Y 和 X 分别表示质量特性值和影响因素，通过绘制散布图，计算相关系数等，分析研究两个变量之间是否存在相关关系，以及这种关系密切程度，进而对相关程度密切的两个变量，通过对其中一个变量的观察控制，去估计控制另一个变量的数值，以达到保证产品质量的目的。这种统计分析方法，称为相关图法。

1. 相关图的绘制方法

以混凝土抗压强度和水灰比之间的关系为例介绍相关图的绘制方法。

（1）收集数据

需要成对地收集两种质量数据，数据不得过少。本例收集数据见表2-8。

表 2-8　混凝土抗压强度与水灰比统计资料

序　号		1	2	3	4	5	6	7	8
x	水灰比（W/C）	0.4	0.45	0.5	0.55	0.6	0.65	0.7	0.75
y	强度（N/mm^2）	36.3	35.3	28.2	24.0	23.0	20.6	18.4	15.0

（2）绘制相关图

在直角坐标系中，一般 x 轴用来代表原因的量或较易控制的量，本例中表示水灰比；y 轴用来代表结果的量或不易控制的量，本例中表示强度。然后在数据中相应的坐标位置上描点，便得到散布图，如图 2-17 所示。

2. 相关图的观察与分析

相关图中点的集合，反映了两种数据之间的散布状况，根据散布状况我们可以分析两个变量之间的关系。归纳起来，有以下六种类型，如图 2-18 所示。

（1）正相关［图 2-18（a）］。散布点基本形成由左至右向上变化的一条直线带，即随 x 增加，y 值也相应增加，说明 x 与 y 有较强的制约关系。此时，可通过对 x 控制而有效控制 y

的变化。

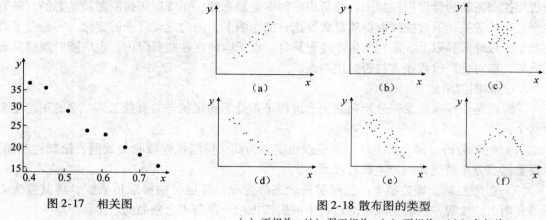

图 2-17 相关图　　　　　　　　　　图 2-18 散布图的类型
（a）正相关；（b）弱正相关；（c）不相关；（d）负相关；
（e）弱负相关；（f）非线性相关

（2）弱正相关 ［图 2-18（b）］。散布点形成向上较分散的直线带。随 x 值的增加，y 值也有增加趋势，但 x、y 的关系不像正相关那么明确。说明 y 除受 x 影响外，还受其他更重要的因素影响。需要进一步利用因果分析图法分析其他的影响因素。

（3）不相关 ［图 2-18（c）］。散布点形成一团或平行于 x 轴的直线带。说明 x 变化不会引起 y 的变化或其变化无规律，分析质量原因时可排除 x 因素。

（4）负相关 ［图 2-18（d）］。散布点形成由左至右向下的一条直线带。说明 x 对 y 的影响与正相关恰恰相反。

（5）弱负相关 ［图 2-18（e）］。散布点形成由左至右向下分布的较分散的直线带。说明 x 与 y 的相关关系较弱，且变化趋势相反，应考虑寻找影响 y 的其他更重要的因素。

（6）非线性相关 ［图 2-18（f）］。散布点呈一曲线带，即在一定范围内 x 增加，y 也增加；超过这个范围 x 增加，y 则有下降趋势，或改变变动的斜率呈曲线形态。

从图 2-17 可以看出本例水灰比对强度影响是属于负相关。初步结果是，在其他条件不变情况下，混凝土强度随着水灰比增大有逐渐降低的趋势。

（三）直方图法

直方图法即频数分布直方图法，它是将收集到的质量数据进行分组整理，绘制成频数分布直方图，用以描述质量分布状态的一种分析方法，所以又称质量分布图法。通过直方图的观察与分析，可了解产品质量的波动情况，掌握质量特性的分布规律，以便对质量状况进行分析判断。同时可通过质量数据特征值的计算估算施工生产过程总体的不合格品率，评价过程能力等。

1. 直方图的绘制方法

以某施工工地浇筑的 C30 混凝土的抗压强度质量分析为例说明直方图的绘制方法。

（1）收集整理数据

用随机抽样的方法抽取数据，一般要求数据在 50 个以上。本例共收集了 50 份抗压强度试验报告单，经整理见表 2-9。

表 2-9　数据整理表　　　　　　　　　　　　　　　　　　（N/mm²）

序　号	抗压强度数据					最大值	最小值
1	39.8	37.7	33.8	31.5	36.1	39.8	31.5*
2	37.2	38.0	33.1	39.0	36.0	39.0	33.1
3	35.8	35.2	31.8	37.1	34.0	37.1	31.8
4	39.9	34.3	33.2	40.4	41.2	41.2	33.2
5	39.2	35.4	34.4	38.1	40.3	40.3	34.4
6	42.3	37.5	35.5	39.3	37.3	42.3	35.5
7	35.9	42.4	41.8	36.3	36.2	42.4	35.9
8	46.2	37.6	38.3	39.7	38.0	46.2*	37.6
9	36.4	38.3	43.6	38.2	38.0	42.4	36.4
10	44.4	42.0	37.9	38.4	39.5	44.4	37.9

（2）计算极差 R

$$R = x_{max} - x_{min} = 46.2 - 31.5 = 14.7(N/mm^2)$$

（3）确定组数、组距和组限

1）确定组数 k。当数据在 50～100 个之间时，组数可取 6～10，数据越多组数越大。本例取 $k = 8$。

2）确定组距 h。本例中：$h = R/k = 14.7/8 = 1.8$，组距取 2。

3）确定组限。首先确定第一组下限：$x_{min} - \dfrac{h}{2} = 31.5 - \dfrac{2.0}{2} = 30.5$

第一组上限：$30.5 + h = 30.5 + 2 = 32.5$

第二组下限：第一组上限 = 32.5

第二组上限：$32.5 + h = 32.5 + 2 = 34.5$

以下依此类推，最高组限为 44.5～46.5，分组结果覆盖了全部数据。

（4）编制数据频数统计表

统计各组频数，可采用计票形式进行，频数总和应等于全部数据个数。本例频数统计结果见表 2-10。

表 2-10　频数统计

组号	组限（N/mm²）	频数统计	频数	组号	组限（N/mm²）	频数统计	频数
1	30.5～32.5	丁	2	5	38.5～40.5	正正	9
2	32.5～34.5	正一	6	6	40.5～42.5	正	5
3	34.5～36.5	正正	10	7	42.5～44.5	丁	2
4	36.5～38.5	正正正	15	8	44.5～46.5	一	1
					合计		50

（5）绘制频数分布直方图（图 2-19）

2. 直方图的观察与分析

（1）观察直方图的形状、判断质量分布状态

做完直方图后，首先要认真观察直方图的整体形状，看其是否是属于正常型直方图。正常型直方图就是中间高，两侧低，左右接近对称的图形，如图2-20（a）所示。

出现非正常型直方图时表明生产过程或收集数据作图有问题。这就要求进一步分析判断，找出原因，从而采取措施加以纠正。凡属非正常型直方图，其图形分布有各种不同缺陷，归纳起来一般有五种类型，如图2-20所示。

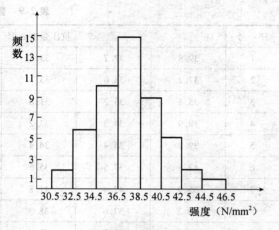

图 2-19　混凝土强度分布直方图

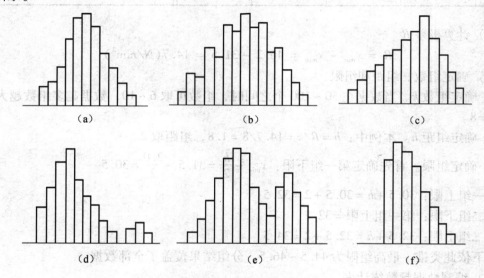

图 2-20　常见的直方图图形

（a）正常型；（b）折齿型；（c）左缓坡型；（d）孤岛型；（e）双峰型；（f）绝壁型

1）折齿型［图2-20（b）］，是由于分组组数不当或者组距确定不当出现的直方图。

2）左（或右）缓坡型［图2-20（c）］，主要是由于操作中对上限（或下限）控制太严造成的。

3）孤岛型［图2-20（d）］，由原材料发生变化，或者临时他人顶班作业造成的。

4）双峰型［图2-20（e）］，是由于用两种不同方法或两台设备或两组工人进行生产，然后把两方面数据混在一起整理产生的。

5）绝壁型［图2-20（f）］，是由于数据收集不正常，可能有意识地去掉下限以下的数据，或是在检测过程中存在某种人为因素所造成的。

（2）将直方图与质量标准比较，判断实际生产过程能力

正常型直方图与质量标准相比较，一般有如图2-21所示六种情况。

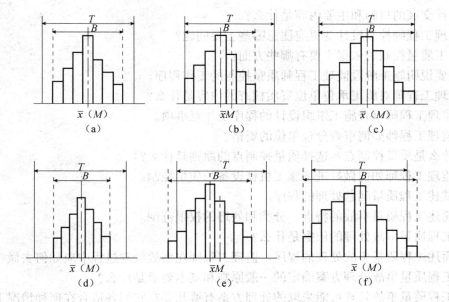

图 2-21　实际质量分析与标准比较

图 2-21 中：T—表示质量标准要求界限；B—表示实际质量特性分布范围。

1）图 2-21（a），B 在 T 中间，质量分布中心 x 与质量标准中心 M 重合，实际数据分布与质量标准相比较两边还有一定余地。这样的生产过程，产品质量是很理想的，说明生产过程处于正常的稳定状态。在这种情况下生产出来的产品可认为全是合格品。

2）图 2-21（b），B 虽然落在 T 内，但质量分布中心 x 与 T 的中心 M 不重合，偏向一边。如果生产状态一旦发生变化，就可能超出质量标准下限而出现不合格品。出现这样情况时应迅速采取措施，使直方图移到中间来。

3）图 2-21（c），B 在 T 中间，且 B 的范围接近 T 的范围，没有余地，生产过程一旦发生小的变化，产品的质量特性值就可能超出质量标准。出现这种情况时，必须立即采取措施，以缩小质量分布范围。

4）图 2-21（d），B 在 T 中间，但两边余地太大，说明加工过于精细，不经济。在这种情况下，可以对原材料、设备、工艺、操作等控制要求适当放宽些，有目的地使 B 扩大，从而有利于降低成本。

5）图 2-21（e），质量分布范围 B 已超出标准下限，说明出现不合格品。此时必须采取措施进行调整使质量分布位于标准之内。

6）图 2-21（f），质量分布范围完全超出了质量标准上、下界限，散差太大，产生许多废品，说明过程能力不足，应提高过程能力，使质量分布范围 B 缩小。

思考题

1. 什么是建设工程质量？建设工程质量的特性有哪些？其内涵如何？
2. 施工图设计的深度要求是什么？
3. 监理工程师施工图审核的主要内容是什么？
4. 图纸会审一般包括的主要内容有哪些方面？

5. 设计交底的目的和主要内容是什么？

6. 监理工程师控制设计变更应注意哪些主要问题？

7. 施工质量控制的依据主要有哪些方面？

8. 简要说明施工阶段监理工程师质量控制的工作程序。

9. 监理工程师对施工承包单位资质核查的内容是什么？

10. 监理工程师审查施工组织设计的程序及注意事项。

11. 监理工程师如何审查分包单位的资格？

12. 什么是质量控制点？选择质量控制点的原则是什么？

13. 监理工程师如何做好进场施工机械设备的质量控制。

14. 试述工程质量问题处理的程序。

15. 简述工程质量事故的特点、分类和处理的权限范围。

16. 工程质量事故处理的依据是什么？

17. 简述工程质量事故处理的程序。监理工程师在事故处理过程中应如何去做？

18. 工程质量事故处理方案确定的一般原则和基本要求是什么？

19. 工程质量事故处理可能采取的处理方案有哪几类？它们各适合在何种情况下采用？

20. 监理工程师如何对工程质量事故处理进行鉴定与验收？

21. 简述质量控制统计调查表法、分类法、排列图法、因果分析图法、相关图法、直方图法和控制图法七种统计分析方法的用途。

第三章 建设工程进度控制

◇ 了解内容

1. 影响建设工程进度的因素

2. 组织施工的方式及其特点

3. 网络计划费用优化和资源优化的方法

4. 影响设计进度的因素

◇ 熟悉内容

1. 建设工程进度控制计划体系

2. 固定节拍、成倍节拍流水施工的特点和流水施工工期的计算方法

3. 双代号、单代号网络图的绘图规则和绘制方法，网络计划时间参数的计算方法，单代号搭接网络计划时间参数的计算方法

4. 工程费用与工期的关系

5. 实际进度检测与调整的系统过程

6. 监理单位控制设计进度的内容

7. 施工阶段进度控制目标的确定方法，施工进度计划的编制方法，施工进度计划实施中的检查方式和方法

◇ 掌握内容

1. 建设工程实施阶段进度控制的主要任务

2. 流水施工参数的概念，分别流水施工的特点、流水步距及流水施工工期的计算方法

3. 网络计划时间参数，关键线路和关键工作的确定方法，双代号时标网络计划的绘制与应用，单代号搭接网络计划中的搭接关系

4. 网络计划工期优化的方法

5. 实际进度与计划进度的比较方法（横道图、S形曲线、前锋线），进度计划实施中的调整方法

6. 施工进度控制的内容，施工进度计划的调整方法及其相应措施，工程延期事件的处理程序、原则和方法

第一节 工程进度控制概述

一、工程进度控制的概念

工程进度控制，是指对工程项目建设的工作内容、工作顺序、持续时间及其相互搭接关系等，按照满足目标工期、资源优化配置的原则编制计划并付诸实施，然后在计划实施过程中经常检查实际进度是否与原计划一致，一旦发现偏差，则在分析偏差产生原因的基础上采取有效措施排除障碍或调整、修改原进度计划后再付诸实施，如此循环，直至工程项目竣工

验收、交付使用的过程。进度控制的最终目的是确保工程项目按预定的时间交付使用。

二、影响工程进度的因素分析

由于工程项目具有建设规模大、工艺技术复杂、建设周期长、关联单位多等技术经济特点，故工程进度要受到许多因素的影响。例如，人的因素，技术因素，设备、材料及构配件因素，机具因素，资金因素，水文、地质与气象因素，以及其他自然与社会环境等方面的因素。其中，人的因素是影响工程进度的最大干扰因素。

从影响因素产生的根源来看，有的来源于建设单位及其上级主管部门，有的来源于勘察设计、施工及材料、设备供应单位，有的来源于建设主管部门和社会，有的来源于各种自然条件，也有的来源于建设监理单位本身。

三、工程进度控制的主要任务

监理工程师应当借助组织、技术、经济、合同等措施，完成设计前准备阶段、设计阶段、施工阶段的进度控制任务。项目实施阶段监理工程师进度控制的主要任务如图 3-1 所示。

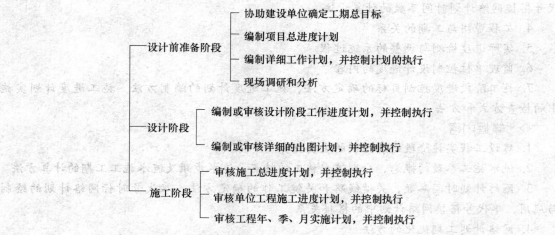

图 3-1　项目实施阶段监理工程师进度控制的主要任务

四、工程进度控制的计划系统

为了确保工程建设进度控制目标的顺利实现，参与工程建设的有关单位都要编制进度计划，并且控制这些进度计划的实施。

（一）建设单位的进度计划体系

建设单位编制（也可委托监理单位编制）的进度计划包括工程建设前期工作计划、工程建设总进度计划和工程建设年度计划。

1. 工程建设前期工作计划

工程建设前期工作计划是指在预测的基础上，对工程项目进行可行性研究、项目评估及初步设计等工作的进度安排。通过这个计划，使建设前期的各项工作相互衔接，时间得到控制。

2. 工程建设总进度计划

工程建设总进度计划是指初步设计被批准后，对工程项目从开始建设（设计、施工准备）至竣工投产动用全过程的统一部署。其目的在于安排各单项工程和单位工程的建设进度，合理分配年度投资，组织各方面的协作，保证初步设计确定的各项建设任务的完成。工程建设总进度计划对于保证项目建设的连续性，增加建设工作的预见性，确保项目按期完成，具有重要作用。

工程建设总进度计划主要由文字和表格两大部分组成：前者包括工程概况和特点、编制的原则和依据、资金的来源与分期安排、资源进场时间与外部协作条件、存在的问题与拟采取的措施等，后者包括工程项目一览表、工程项目总进度计划表、投资计划年度分配表、工程项目进度平衡表等。

3. 工程建设年度计划

工程建设年度计划是依据工程建设总进度计划编制的。它既要满足工程项目总进度计划的要求，又要与当年可能获得的资金、设备、材料、施工力量相适应。同时，应根据分批配套投产或交付使用的要求，合理安排各年度建设的工程项目。

工程建设年度计划主要由文字和表格两大部分组成：前者包括编制的原则和依据、本年计划投资额与拟完成的实物工程量、建设条件的落实情况与外部协作条件的安排、存在的问题与拟采取的措施等，后者包括年度计划项目表、年度竣工投产交付使用计划表、年度建设资金及设备平衡表等。

（二）监理单位的进度计划体系

监理单位除对前述几种计划进行监控外，本身也应编制以下几种进度计划，以便更有效地进行监控。

1. 总进度计划

在实施建设全过程控制的情况下，监理单位应根据可行性研究报告、工程项目前期工作计划、工程建设总进度计划等，编制监理总进度计划。而且，它应阐明工程项目前期准备、设计、施工、动用前准备、项目动用等阶段的进度安排。

2. 总进度分解计划

为了使总进度计划更具可操作性，应将其按工程进展和实施时间进行分解。其中，按工程进展分解的进度计划包括：设计准备阶段进度计划、设计阶段进度计划、施工阶段进度计划、动用前准备阶段进度计划等，按实施时间分解的计划包括：年度进度计划、季度进度计划、月度进度计划等。

3. 各子项目进度计划

对于有些大型工程项目，可划分为工程性质明显不同的子项目，此时应分别制定各子项目的进度计划，并要保持各子项目进度之间的有序衔接。

4. 进度控制工作制度

进度控制工作制度的主要内容包括工作流程图、进度控制措施等。

5. 实现进度目标的风险分析

进度风险分析的根本任务是确定影响进度目标不能实现的潜在因素，并对其影响程度进行预测和评价，采取最佳对策组合以确保进度目标的实现。

6. 进度控制方法规划

进度控制的方法很多，不同的工程项目，其控制方法不同。监理工程师在规划进度控制方法时，应结合工程项目的具体情况，采用切实可行的方法与措施。

（三）设计单位的进度计划体系

1. 设计总进度计划

它的主要内容是安排从设计准备到施工图设计完成的全过程中各个具体阶段的开始、完成时间。

2. 阶段性设计进度计划

它主要用以控制设计准备、初步设计（扩大初步设计）、技术设计（如有时）、施工图设计等阶段的设计进度及时间。

3. 专业性设计进度计划

它主要用以控制建筑、结构、机电等各专业的设计进度及时间。

（四）施工单位的进度计划体系

1. 施工准备工作计划

为了统筹安排施工力量、施工现场，并给工程施工创造必要的技术、物资条件，施工准备工作计划一般包括：技术准备、物资准备、劳动组织准备、施工现场准备、施工场外准备等内容，并尽可能地落实时间、人员。

2. 施工总进度计划

施工总进度计划是根据施工方案、施工顺序，对各个单位工程做出的时间方面的总体安排。通过它可以明确现场劳动力、材料、成品、半成品、施工机械的需要数量与调配情况，以及现场临时设施的数量，水、电供应量与能源、交通的需要量等。

3. 单位工程进度计划

单位工程进度计划是在既定施工方案、工期与各种资源供应条件的基础上，遵循合理的施工顺序对单位工程内部各个施工过程做出的时间、空间方面的安排。而且，借助它可以确定施工作业所必需的劳动力、施工机具与材料供应计划。

4. 分部分项工程进度计划

分部分项工程进度计划是针对工程量较大、施工技术比较复杂的分部分项工程，依据具体的施工方案，对其各施工过程所做出的时间安排。例如，大型基础土方工程、大体积混凝土工程、大面积预制构件吊装工程等。

如果按实施的时间分解，施工单位的进度计划体系还应包括年度施工计划、季度施工计划、月（旬）作业计划等。

第二节　工程进度的表示方法之一——流水施工原理

一、流水施工概念

考虑工程项目的主要控制目标、施工特点、工艺流程、资源供给状况、施工平面或空间布置等因素，施工可以采用的组织方式主要有：依次施工、平行施工、流水施工等。

132

1. 依次施工

依次施工是将拟建工程项目的建造过程，根据工艺关系分解成若干个施工过程，按照一定顺序施工，依次完成所有施工过程。

依次施工具有以下特点：

（1）不能充分利用施工工作面，工期长；

（2）如果采用专业班组施工，有窝工现象；

（3）如果由一个工作队完成全部施工任务，则不能实现专业化施工，不利于提高工程质量和劳动生产率；

（4）单位时间内投入的劳动力、施工机具、材料等资源量较少，有利于资源供应；

（5）施工现场的组织、管理、协调比较简单。

2. 平行施工

平行施工是组织几个劳动组织相同的工作队，在同一时间、不同的空间，按施工工艺要求完成各施工对象。

平行施工方式具有以下特点：

（1）充分利用施工工作面进行施工，工期短；

（2）如采用专业化班组施工，班组施工无法连续；

（3）如果由一个工作队完成一个施工对象的全部施工任务，则不能实现专业化施工，不利于提高工程质量和劳动生产率；

（4）单位时间内投入的劳动力、施工机具、材料等资源量成倍增加，不利于资源供应；

（5）施工现场的组织、管理、协调比较复杂。

3. 流水施工

流水施工是将拟建工程项目的建造过程，在工艺上分解为若干个施工过程，在平面上划分为若干个施工段，在竖向上划分为若干个施工层，然后按照施工过程组建专业工作队（或组），并使其按照规定的顺序依次连续地投入到各施工段和施工层，有节奏、均衡、连续地完成各个施工过程，这种施工组织方式称为流水施工。

流水施工具有以下特点：

（1）科学地利用了施工工作面，工期比较短；

（2）各工作队实现了专业化施工，有利于提高技术水平和劳动生产率，也有利于提高工程质量；

（3）专业工作队能够连续施工，同时相邻专业工作队实现了合理搭接；

（4）单位时间内投入的劳动力、施工机具、材料等资源量较均衡，有利于资源供应；

（5）为施工现场的文明施工和科学管理创造了有利条件。

二、流水施工表达方式

流水施工的表达方式主要有横道图和垂直图两种。

1. 横道图（水平指示图表）

流水施工水平指示图表的横坐标表示持续时间，纵坐标表示施工过程或专业工作队编号，带有编号的圆圈表示施工段或施工项目的编号。该表示法的优点是：绘图简单，施工过程及其先后顺序表达清楚，时间和空间状况形象直观，使用方便，因而被广泛用来表达施工进度计划。水平指示图表的表示法如图 3-2 所示。

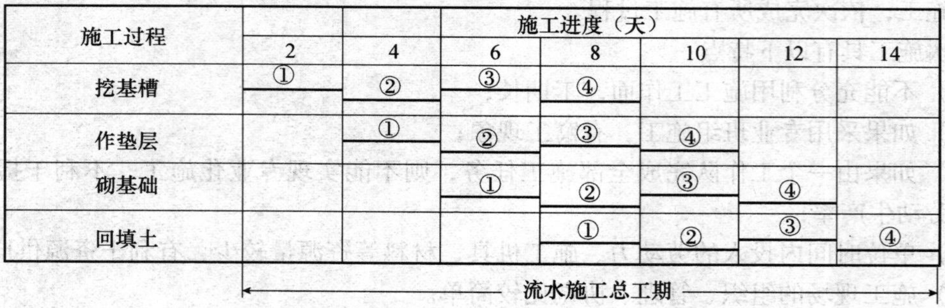

施工过程
施工进度（天）
2
4
6
8
10
12
14
挖基槽
作垫层
砌基础
回填土
①
②
③
④
流水施工总工期

图 3-2　流水施工水平指示图

2. 垂直图（垂直指示图表）

流水施工垂直指示图表的横坐标表示持续时间，纵坐标表示施工段或施工项目的编号，斜向线段表示施工过程或专业工作队编号。该表示法的优点是：施工过程及其先后顺序表达清楚，时间和空间状况形象直观，斜向进度线的斜率可以直观地表示出各施工过程的进展速度；缺点是：编制实际工程进度计划不如横道图方便。垂直指示图表的表示法如图 3-3 所示。

施工段编号
施工进度（天）
2
4
6
8
10
12
14
④
③
②
①
挖基槽
作垫层
砌基础
回填土
流水施工总工期

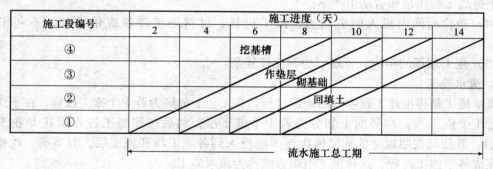

图 3-3　流水施工垂直指示图

三、流水施工参数

在组织流水施工时，用来表达流水施工在施工工艺、空间布置和时间排列方面开展状态的参数，统称为流水参数。包括工艺参数、空间参数和时间参数三类。

1. 工艺参数

工艺参数是表达流水施工在施工工艺方面进展状态的参数，通常包括施工过程和流水强度两个参数。

（1）施工过程

组织流水施工时，表达流水施工在工艺上开展层次的有关过程，称为施工过程；也可以说，施工过程是根据施工组织及计划安排对计划任务划分成的子项。根据施工进度计划的不同应用目的，如控制性进度计划或实施性进度计划，施工过程可以是单位工程，也可以是分部或分项工程，施工过程数目以 n 表示，它是流水施工的主要参数之一。

（2）流水强度

流水强度是指流水施工的某施工过程（专业工作队）在单位时间内所完成的工程量，也称为流水能力或生产能力。流水强度与产量定额密切相关。计算公式：

$$V = \sum_{i=1}^{x} R_i \cdot S_i \qquad (3\text{-}1)$$

式中，V——施工过程（专业工作队）的流水强度；

R_i——投入施工过程中的第 i 种资源量（比如工人数或机械台数）；

S_i——某施工过程中的第 i 种资源产量定额；

X——投入施工过程中的资源量种类。

2. 空间参数

空间参数是表达流水施工在空间布置上开展状态的参数，通常包括工作面、施工层和施工段三个参数。

（1）工作面

工作面是指供某专业工种的工人或某种施工机械进行施工的活动空间。工作面的大小，表明能安排施工人数或机械台数的多少，它可根据该工种的计划产量定额和安全施工技术规程要求确定。

（2）施工层

在组织流水施工时，为满足专业工种对操作高度要求，通常将施工项目在竖向上划分为若干个作业层，这些作业层均称为施工层。如砌砖墙施工层高为 1.2m，装饰工程施工层多以楼层为准。

（3）施工段

将施工对象在平面或空间上划分成若干个工程量大致相等的施工段落，称为施工段或流水段。施工段的数目一般用 m 表示，它是流水施工的主要参数之一。

1）划分施工段的目的

划分施工段的目的就是为了组织流水施工。由于建设工程体形庞大，可以将其划分成若干个施工段，从而为组织流水施工提供足够的空间。在组织流水施工时，专业工作队完成一个施工段上的任务后，遵循施工组织顺序转移到另一个施工段上作业，产生连续流动施工的效果。组织流水施工时，一个施工段在同一时间内，只安排一个专业工作队施工，各专业工作队遵循施工工艺顺序依次投入作业，同一时间内在不同的施工段上平行施工，使流水施工均衡地进行。组织流水施工时，划分适当的施工段，同时兼顾专业作业人数对工作面大小的要求，充分利用施工段，避免窝工，尽可能缩短工期。

2）划分施工段的原则

①施工段的工程量：同一专业工作队在各个施工段上的工程量应大致相等，相差幅度不宜超过 10% ~ 15%；

②施工段大小：施工段大小要满足专业工人与施工机械对工作面的要求；

③施工段的界线：施工段的界线应尽可能与结构界限（如沉降缝、伸缩缝等）相吻合，或设在对建筑结构整体性影响小的部位，以保证建筑结构的整体性；

④施工段的数量：施工段的数量要满足合理组织流水施工的要求。施工段数目过多，会

降低施工速度，延长工期；施工段过少，不利于充分利用工作面，可能造成窝工；

⑤多层施工项目：多层施工项目或流水施工存在层间关系时，既要在平面上划分施工段，又要在竖向上划分施工层，为了专业工作队能连续施工，每层需划分的最少施工段数应不小于施工过程数或专业工作队数。

3. 时间参数

时间参数是表达流水施工在时间安排上所处状态的参数，通常包括以下参数。

（1）流水节拍

流水节拍是指在组织流水施工时，某个专业工作队在某一个施工段上的施工时间。第 j 个专业工作队在第 i 个施工段的流水节拍一般用 t_i^j 来表示（$j=1$，2，3，……，n；$i=1$，2，……，m）。计算公式：

$$t_i^j = \frac{Q_i^j}{S_j R_j N_j} \tag{3-2}$$

式中，t_i^j——专业工作队（j）在某施工段（i）上的流水节拍；

$\quad\quad Q_i^j$——专业工作队（j）在某施工段（i）上的工程量；

$\quad\quad S_j$——专业工作队（j）的计划产量定额；

$\quad\quad R_j$——专业工作队（j）的工人数或机械台数；

$\quad\quad N_j$——专业工作队（j）的工作班次。

（2）流水步距

在组织流水施工时，将相邻两个专业工作队（或相邻两个施工过程）先后开始施工的合理时间间隔，称为流水步距，以 $K_{j,j+1}$ 表示。

流水步距的大小取决于相邻两个专业工作队在各个施工段上的流水节拍及流水施工的组织方式。确定流水步距时，一般应满足以下基本要求：

①要满足相邻两个专业工作队在施工工艺顺序上的制约关系；

②各施工过程的专业工作队投入施工后尽可能保持连续作业；

③要使相邻两个专业工作队，在开工时间上能实现合理搭接。

（3）技术间歇

在组织流水施工时，由施工对象工艺性质决定的间歇时间，称为技术间歇，以 $G_{j,j+1}$ 表示。如现浇混凝土构件的养护时间以及抹灰层和油漆层硬化时间等。

（4）组织间歇

在组织流水施工时，由施工组织原因造成的间歇时间，称为组织间歇，以 $Z_{j,j+1}$ 表示。如施工机械转移时间，以及作业准备时间等。

（5）平行搭接时间

在组织流水施工时，为了缩短工期，有时在工作面允许的前提下，某施工过程可与其紧前施工过程平行搭接施工的时间，称为平行搭接时间，以 $C_{j,j+1}$ 表示。

（6）流水施工工期

流水施工工期是指从第一个专业工作队投入流水施工开始，到最后一个专业工作队完成流水施工时止的整个持续时间。

四、流水施工基本组织方式

（一）固定节拍流水施工

固定节拍流水施工，是指各施工过程的流水节拍都相等的流水施工，也称为全等节拍流水施工或等节奏流水施工。

1. 固定节拍流水施工的特点

（1）所有施工过程在各个施工段上的流水节拍均相等；

（2）相邻施工过程的流水步距相等，且等于流水节拍；

（3）专业工作队数等于施工过程数；

（4）各施工段能充分利用，即各施工段没有闲置；

（5）各个专业工作队在各施工段上能够连续作业。

2. 固定节拍流水施工建立步骤

（1）确定施工起点流向，划分施工段；

（2）分解施工过程，确定施工顺序；

（3）确定流水节拍，此时 $t_i^j = t$；

（4）确定流水步距，此时 $K_{j,j+1} = K = t$；

（5）按公式（3-3）确定计算总工期；

$$T = (m + n - 1)K + \Sigma Z_{j,j+1} + \Sigma G_{j,j+1} - \Sigma C_{j,j+1} \qquad (3-3)$$

式中，T——流水施工方案的计算总工期；

$\Sigma Z_{j,j+1}$——所有组织间歇时间总和，简记为 ΣZ；

$\Sigma G_{j,j+1}$——所有技术间歇时间总和，简记为 ΣG；

$\Sigma C_{j,j+1}$——所有平行搭接时间总和，简记为 ΣC；

其他符号同前所述。

（6）绘制流水施工指示图表并标注计算总工期。

（二）成倍节拍流水施工

成倍节拍流水施工，是指各施工过程的流水节拍各自相等而不同施工过程之间的流水节拍不尽相等的流水施工，也称异节奏流水施工。在组织成倍节拍流水施工时，又可以采用等步距和异步距两种方式。

1. 等步距流水施工

等步距流水施工，是指在组织成倍节拍流水施工时，按每个施工过程流水节拍之间的比例关系，成立相应数量的专业工作队而进行的流水施工，也称为成倍节拍流水施工。

（1）加快成倍节拍流水施工的特点

①同一施工过程在其各个施工段上的流水节拍均相等；不同施工过程的流水节拍不尽相等，但其值为倍数关系；

②相邻施工过程的流水步距相等，且等于各施工过程流水节拍的最大公约数（K）；

③专业工作队数大于施工过程数，即有的施工过程只成立一个专业工作队，而对于流水节拍大的施工过程，可按其倍数增加相应专业工作队数目；

④各施工段能充分利用，即各施工段没有闲置；

⑤各个专业工作队在施工段上能够连续作业。

（2）加快成倍节拍流水施工的建立步骤

在组织加快成倍节拍流水施工时，根据不同施工过程在同一施工段上的流水节拍之间存在一个最大公约数，确定流水步距和每个施工过程的专业工作队，这样便构成了一个工期最短的成倍节拍流水施工方案。

加快成倍节拍流水施工建立步骤如下：

①确定施工起点流向，划分施工段；

②分解施工过程，确定施工顺序；

③按以上要求确定每个施工过程的流水节拍；

④确定流水步距 $K = $ 最大公约数 $\{$各施工过程流水节拍$\}$：

⑤按公式（3-4）确定专业工作队数目：

$$\left.\begin{array}{l} b_j = t_i^j / K \\ n' = \sum_{j=1}^{n} b_j \end{array}\right\} \tag{3-4}$$

式中　b_j——施工过程（j）的专业工作队数目；

　　　n'——成倍节拍流水的专业工作队总和；

其他符号同前。

⑥按公式（3-5）确定计算总工期：

$$T = (m + n' - 1)K + \Sigma Z + \Sigma G - \Sigma C \tag{3-5}$$

式中符号同前所述。

⑦绘制流水施工指示图表并标注计算总工期。

2. 异步距流水施工

异步距流水施工，是指在组织成倍节拍流水施工时，每个施工过程成立一个专业工作队，由其连续完成各施工工序的流水施工。

一般成倍节拍流水施工的特点：

每个施工过程成立一个专业工作队，各专业工作队在施工段上能够连续作业；但是，存在施工段不能充分利用的情况。

3. 成倍节拍流水施工示例

例如：某拟建工程的施工过程依次包括：挖基槽、浇筑基础、墙板吊装和屋面吊装。为组织流水施工，工程划分为三个施工段。根据施工工艺要求，浇筑基础 1 周后才能进行墙板与屋面板吊装。各施工过程的流水节拍见表 3-1（单位：周）。试分别绘制加快成倍节拍流水施工和一般成倍节拍流水施工指示图表。

表 3-1　流水节拍

施工过程	流水节拍（周）	施工过程	流水节拍（周）
挖基槽	2	墙板吊装	6
浇筑基础	4	屋面吊装	2

解：本工程为有技术间歇时间的成倍节拍流水施工，施工过程 $n = 4$，施工段数 $m = 3$。

（1）加快成倍节拍流水施工

计算流水步距：$K = \min (2, 4, 6, 2) = 2$。

138

确定专业工作队数：$b_1 = 2/2 = 1$，$b_2 = 4/2 = 2$，$b_3 = 6/2 = 3$，$b_4 = 2/2 = 1$，专业工作队总数 $n' = 7$。

确定流水工期：$T = (3 + 7 - 1) \times 2 + 1 = 19$（周）。

绘制流水施工指示图表并标注计算总工期，如图 3-4 所示。

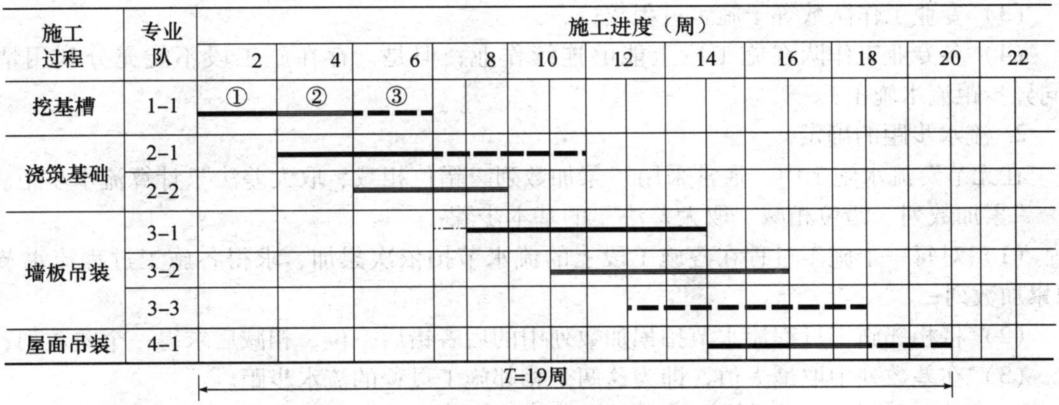

施工过程	专业队	施工进度（周）										
		2	4	6	8	10	12	14	16	18	20	22
挖基槽	1-1	① ② ③										
浇筑基础	2-1											
	2-2											
墙板吊装	3-1											
	3-2											
	3-3											
屋面吊装	4-1											

T=19周

图 3-4　加快成倍节拍流水施工进度计划

（2）一般成倍节拍流水施工

每个施工过程成立一个专业工作队，由其连续完成各施工工序的流水施工，基于此，求流水步距 [也可直接采用"累加数列、错位相减、取大差法"，参见（三）分别流水施工]，则：$K_{1,2} = 2$，$K_{2,3} = 4$，$K_{3,4} = 14$。

步距之和为 20 周，最后一个施工过程（专业队）完成所需的时间为：$2 \times 3 = 6$（周）。

计算由 4 个专业队完成的工期：$T = 20 + 6 + 1 = 27$（周）

绘制流水施工指示图表并标注计算总工期，如图 3-5 所示。

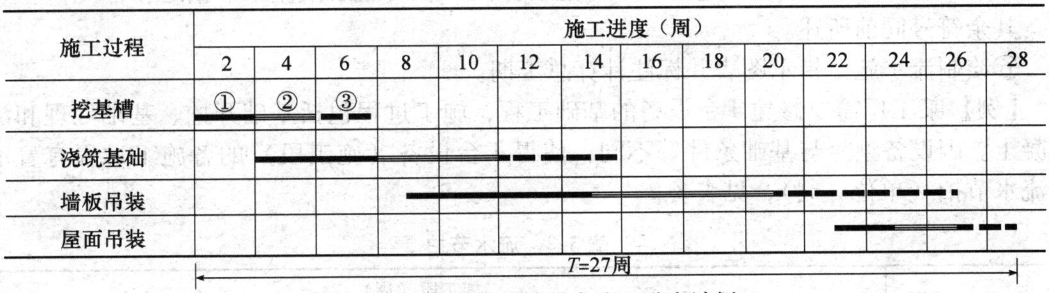

施工过程	施工进度（周）													
	2	4	6	8	10	12	14	16	18	20	22	24	26	28
挖基槽	① ② ③													
浇筑基础														
墙板吊装														
屋面吊装														

T=27周

图 3-5　一般成倍节拍流水施工进度计划

与一般成倍节拍流水施工进行比较，该工程组织采用加快成倍节拍流水施工，总工期缩短了 $27 - 19 = 8$（周）。

（三）分别流水施工

分别流水施工，是指在组织流水施工时，全部或部分施工过程在各个施工段上的流水节拍不相等的流水施工，也称无节奏流水施工。这种施工是流水施工中最常见的一种。

在组织流水施工时，如果每个施工过程在各个施工段上的工程量彼此不相等，或者各个专业工作队生产效率相差悬殊，造成多数流水节拍不相等，这时只能按照施工顺序要求，使相邻两个专业工作队最大限度地搭接起来，组织成都能够连续作业的非节奏流水施工。这种流水施工方式，称为分别流水。

1. 无节奏流水施工的特点

（1）各施工过程在各施工段的流水节拍不全相等；

（2）相邻施工过程的流水步距不尽相等；

（3）专业工作队数等于施工过程数；

（4）各专业工作队在施工段上能够连续作业；但是，存在施工段不能充分利用情况（同异步距流水施工）。

2. 流水步距的确定

在无节奏流水施工中，通常采用"累加数列、错位相减、取大差法"计算流水步距。"累加数列、错位相减、取大差法"的基本步骤：

（1）对每一个施工过程在各施工段上的流水节拍依次累加，求得各施工过程流水节拍的累加数列；

（2）将相邻施工过程流水节拍累加数列中的后者错后一位，相减后求得一个差数列；

（3）在差数列中取最大值，即为这两个相邻施工过程的流水步距。

3. 无节奏流水施工建立步骤：

①确定施工起点流向，划分施工段；

②分解施工过程，确定施工顺序；

③按以上要求确定每个施工过程的流水节拍；

④确定流水步距，通常采用"累加数列、错位相减、取大差法"；

⑤按公式（3-6）确定计算总工期：

$$T = \Sigma K + \Sigma t_n + \Sigma Z + \Sigma G - \Sigma C \tag{3-6}$$

式中，ΣK——各施工过程（或专业工作队）之间流水步距之和；

Σt_n——最后一个施工过程（或专业工作队）在各施工段流水节拍之和；

其余符号同前所述。

⑥绘制流水施工指示图表并标注计算总工期。

【例】某工厂需要修建4台设备的基础工程，施工过程包括基础开挖、基础处理和浇筑混凝土。因设备型号与基础条件等不同，使得4台设备（施工段）的各施工过程有着不同的流水节拍（单位：周），见表3-2。

表3-2 流水节拍

施工过程	施工段（周）			
	设备 A	设备 B	设备 C	设备 D
基础开挖	2	3	2	2
基础处理	4	4	2	3
浇筑混凝土	2	3	2	3

解： 从流水节拍的特点可以看出，本工程应按分别流水施工方式组织施工。

（1）确定施工流向由设备 A→B→C→D，施工段数 $m = 4$。

（2）确定施工过程数，$n = 3$，依次包括基础开挖、基础处理和浇筑混凝土。

（3）采用"累加数列、错位相减、取大差法"求流水步距。

$$
\begin{array}{cccccc}
 & 2, & 5, & 7, & 9 & \\
-)& & 4, & 8, & 10, & 13 \\
\hline
K_{1,2}=\max & [\; 2, & 1, & -1, & -1, & -13]=2 \\
\end{array}
$$

$$
\begin{array}{cccccc}
 & 4, & 8, & 10, & 13 & \\
-)& & 2, & 5, & 7, & 10 \\
\hline
K_{2,3}=\max & [\; 4, & 6, & 5, & 6, & -10]=6 \\
\end{array}
$$

（4）计算流水施工工期：$T = \sum K + \sum t_n = (2+6) + (2+3+2+3) = 18$ （周）

（5）绘制分别流水施工指示图表并标注计算总工期，，如图3-6所示。

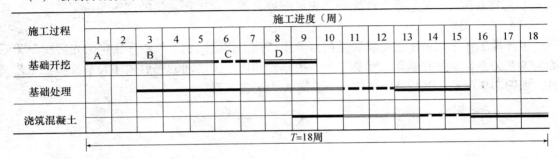

图3-6　设备基础工程流水施工进度计划

第三节　工程进度的表示方法之二——网络计划技术基础

一、基本概念

（一）网络图及其组成

网络图是由箭线和节点组成的、用来表示工作流程的有向、有序的网状图形。一个网络图表示一项计划任务。

1. 箭线

箭线又称箭杆，网络图中一端带箭头的实线。在双代号网络图中，它与其两端节点表示一项工作；在单代号网络图中，它表示工作之间的逻辑关系。如图3-7所示。

2. 节点

节点又称事件，一般用圆圈表示，节点指网络图中箭线端部的圆圈或其他形状的封闭图形。在双代号网络图中，它表示工作之间的逻辑关系；在单代号网络图中，它表示一项工作。如图3-8所示。

图3-7　箭线　　　　　　　　　　　　　图3-8　节点

（二）网络图中的工作

1. 网络图中的工作

网络图中的工作是计划任务按需要的粗细程度划分而成的，消耗时间和（或）消耗其他资源的一个子项目或子任务。

在一般情况下，完成一项工作既需要消耗时间，也需要消耗劳动力、原材料、施工机具等资源。但也有一些工作只消耗时间而不消耗资源，如混凝土浇筑后的自然养护过程等。双代号网络图中为了正确表达工作间的逻辑关系，有时需要引入虚工作（既不消耗各种实体资源也不消耗时间的工作），虚工作用虚箭线表示；应该注意，单代号网络图中不存在虚工作。

2. 工作之间的逻辑关系

工艺关系和组织关系是工作之间的先后顺序关系，即工作之间的逻辑关系。

（1）工艺关系

生产性工作之间由工艺过程决定的、非生产性工作之间由工作程序决定的先后顺序关系称为工艺关系。例如在基础工程施工中，挖基础和作主体之间的先后顺序关系就属于工艺关系。如图 3-9 所示，基础 A→主体 A→装饰 A 为工艺关系。

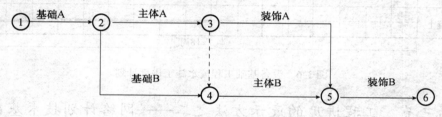

图 3-9　某工程双代号网络计划

（2）组织关系

由于组织安排需要或资源（劳动力、原材料、施工机具等）调配需要而规定的工作之间的先后顺序关系称为组织关系。例如在基础工程施工中，第一段基础的施工与第二段基础的施工的先后顺序关系就属于组织关系。如图 3-9 所示，基础 A→基础 B；主体 A→主体 B；装饰 A→装饰 B 为组织关系。

3. 紧前工作、紧后工作、平行工作、先行工作和后续工作

（1）紧前工作：紧排在某工作之前的工作称为该工作的紧前工作。在双代号网络图中，本工作与其紧前工作之间可以存在虚工作。如图 3-9 所示，主体 A 和主体 B 之间虽然存在虚工作，主体 A 仍然是主体 B 在组织关系上的紧前工作；基础 A 是主体 A 在工艺关系上的紧前工作。

（2）紧后工作：紧排在某工作之后的工作称为该工作的紧后工作。在双代号网络图中，本工作与其紧后工作之间可以存在虚工作。如图 3-9 所示，主体 A 和主体 B 之间虽然存在虚工作，主体 B 仍然是主体 A 在组织关系上的紧后工作；主体 A 是基础 A 在工艺关系上的紧后工作。

（3）平行工作：可以与某工作同时进行的工作即为该工作的平行工作。如图 3-9 所示，主体 A 和基础 B 互为平行工作。

142

紧前工作、紧后工作和平行工作是工作之间逻辑关系的具体表现，只要能根据工作之间的工艺关系和组织关系明确其紧前或紧后工作关系，就可准确绘制出网络图。

（4）先行工作：从网络图的起始节点开始，顺箭头方向经过一系列箭线与节点到达该工作开始节点的各条通路上的所有工作，统称为该工作的先行工作。如图3-9所示，基础A、主体A、装饰A、基础B、主体B均为装饰B的先行工作。

（5）后续工作：从该工作结束节点开始，顺箭头方向经过一系列箭线与节点到达网络图的结束节点的各条通路上的所有工作，称为该工作的后续工作。如图3-9所示，主体A、装饰A、基础B、主体B、装饰B均为基础A的后续工作。

（三）网络图中的时间参数

网络图中的时间参数分为：工作的持续时间和工期、工作的时间参数、节点的时间参数和相邻两项工作之间的时间间隔，各时间参数的具体含义要点及表示方法见表3-3。

表3-3　网络图中时间参数的具体含义要点及表示方法

参数名称		时间参数含义要点	表示方法	
			双代号	单代号
持续时间		指一项工作从开始到完成的时间	D_{i-j}	D_i
工期	计算工期	根据网络计划时间参数计算而得到的工期	T_c	
	要求工期	任务委托人所提出的指令性工期	T_r	
	计划工期	指根据要求工期和计算工期所确定的作为实施目标的工期	T_p	
工作最早可能开始时间		指在其所有紧前工作全部完成后，本工作最早可能开始的时刻	ES_{i-j}	ES_i
工作最早可能完成时间		指在其所有紧前工作全部完成后，本工作最早可能完成的时刻	EF_{i-j}	EF_i
工作最迟必须完成时间		指在不影响整个任务按期完成的前提下，本工作最迟必须完成的时刻	LF_{i-j}	LF_i
工作最迟必须开始时间		指在不影响整个任务按期完成的前提下，本工作最迟必须开始的时刻	LS_{i-j}	LS_i
工作总时差		指在不影响总工期的前提下，本工作可以利用的机动时间	TF_{i-j}	TF_i
工作自由时差		指在不影响其所有紧后工作最早可能开始时间的前提下，本工作可以利用的机动时间	FF_{i-j}	FF_i
节点的最早时间		指在双代号网络计划中，以该节点为开始节点的各项工作的最早可能开始时间的最大值	ET_i	
节点的最迟时间		指在双代号网络计划中，以该节点为完成节点的各项工作的最迟必须完成时间的最小值	LT_j	
工作时间间隔		指本工作的最早可能完成时间与其紧后工作最早可能开始时间之间可能存在的差值	LAG_{i-j}	

（四）网络图中线路、关键线路（Critical Path）和关键工作（Critical Work）

1. 线路。从网络图的起始节点开始到达网络图的结束节点的通路称为线路。线路可依次用该线路上的节点编号来表示，如图3-9所示，该网络图中有三条线路：1—2—3—5—6、

1—2—3—4—5—6、1—2—4—5—6；也可依次用该线路上的工作名称来表示。

2. 关键线路。各条线路中总持续时间（各工作持续时间之和）最长的线路称为关键线路。在网络计划中，关键线路可能不止一条，而且在网络计划执行中，关键线路还可能会发生变化。

3. 关键工作。其持续时间的任何延长都会导致网络计算工期增加的工作，或在工期确定的前提下，总时差最小或为零的工作，或关键线路上的工作成为关键工作。因此，关键工作的实际进度是建设工程进度控制工作中的重点。

二、网络图的绘制

（一）双代号网络图的绘制

1. 双代号网络图的绘制规则

在绘制双代号网络图时，一般应遵循以下基本规则。

（1）网络图必须按照已定的逻辑关系绘制。由于网络图是有向、有序网状图形，所以其必须严格按照工作之间的逻辑关系绘制。这也是为保证工程质量和资源优化配置及合理使用所必需的。

（2）网络图中严禁出现从一个节点出发，顺箭头方向又回到原出发点的循环回路。如果出现循环回路，会造成逻辑关系混乱，使工作无法按顺序进行。

（3）网络图中的箭线（包括虚箭线，以下同）应保持自左向右的方向，不应出现箭头指向左方的水平箭线和箭头偏向左方的斜向箭线。若遵循该规则绘制网络图，就不会出现循环回路。

（4）网络图中严禁出现双向箭头和无箭头的连线。因为工作进行的方向不明确，不能达到网络图有向的要求。

（5）网络图中严禁出现没有箭尾节点的箭线和没有箭头节点的箭线。图3-10即为错误的画法。

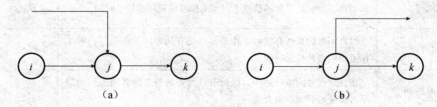

图3-10　错误画法

（a）没有箭尾节点的箭线；（b）没有箭头节点的箭线

（6）严禁在箭线上引入或引出箭线，图3-11即为错误的画法。

但当网络图的起点节点有多条箭线引出（外向箭线）或终点节点有多条箭线引入（内向箭线）时，为使图形简洁，可用母线法绘图（一项工作应只有唯一的一条箭线和相应的一对节点）。即：将多条箭线经一条共用的垂直线段从起点节点引出，或将多条箭线经一条共用的垂直线段引入终点节点，如图3-12所示。

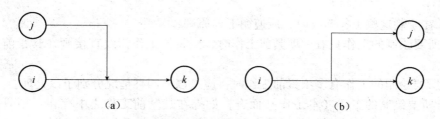

图 3-11　错误画法

（a）在箭线上引入箭线；（b）在箭线上引出箭线

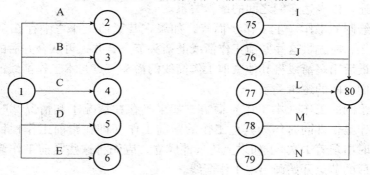

图 3-12　母线法

（7）应尽量避免网络图中工作箭线的交叉。当交叉不可避免时，可以采用过桥法或指向法处理，如图 3-13 所示。

（8）网络图中应只有一个起点节点和一个终点节点，除网络图的起点节点和终点节点外，不允许出现没有外向箭线的节点和没有内向箭线的节点，即满足"一始一终"。

（9）网络图中不允许出现相同编号的工作，此时，增加一个节点和一条虚箭线就可避免。如图 3-14 所示。

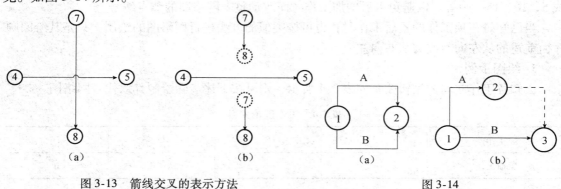

图 3-13　箭线交叉的表示方法

（a）过桥法；（b）指向法

图 3-14

（a）错误画法；（b）正确画法

2. 绘图方法

当已知每一项工作的紧前工作时，双代号网络图可按下述步骤绘制：

（1）绘制没有紧前工作的工作箭线，并使它们具有相同的开始节点，以保证网络图只有一个起点节点。

（2）依次绘制其他工作箭线。这些工作箭线的绘制条件是其所有紧前工作箭线都已经绘制出来。在绘制这些工作箭线时，应遵循下列原则：

1）当所要绘制的工作只有一项紧前工作时，则将该工作箭线直接画在其紧前工作箭线之后即可。

2）当所要绘制的工作有多项紧前工作时，应按以下四种情况分别予以处理：

①对于所要绘制的工作（本工作）而言，如果在其紧前工作之中存在一项只作为本工作紧前工作的工作（即在紧前工作栏目中，该紧前工作只出现一次），则应将本工作箭线直接画在该紧前工作箭线之后，然后用虚箭线将其他紧前工作箭线的箭头节点与本工作箭线的箭尾节点分别相连，以表达它们之间的逻辑关系。

②对于所要绘制的工作（本工作）而言，如果在其紧前工作之中存在多项只作为本工作紧前工作的工作，应先将这些紧前工作箭线的箭头节点合并，再从合并后的节点开始，画出本工作箭线，最后用虚箭线将其他紧前工作箭线的箭头节点与本工作箭线的箭尾节点分别相连，以表达它们之间的逻辑关系。

③对于所要绘制的工作（本工作）而言，如果不存在情况①和情况②时，应判断本工作的所有紧前工作是否都同时作为其他工作的紧前工作（即在紧前工作栏目中，这几项紧前工作是否均同时出现若干次）。如果上述条件成立，应先将这些紧前工作箭线的箭头节点合并，再从合并后的节点开始画出本工作箭线。

④对于所要绘制的工作（本工作）而言，如果不存在情况①、②及③时，则应将本工作箭线单独画在其紧前工作箭线之后的中部，然后用虚箭线将其各紧前工作箭线的箭头节点与本工作箭线的箭尾节点分别相连，以表达它们之间的逻辑关系。

（3）当各项工作箭线都绘制出来之后，应合并那些没有紧后工作之工作箭线的箭头节点，以保证网络图只有一个终点节点（多目标网络计划除外）。

（4）当确认所绘制的网络图正确后，即可进行节点编号。网络图的节点编号在满足前述要求的前提下，既可采用连续的编号方法，也可采用不连续的编号方法，如3、6、9……或5、10、15……等，以避免以后增加工作时而改动整个网络图的节点编号。

当已知每一项工作的紧后工作时，也可按类似的方法进行网络图的绘制，只是其绘图顺序由前述的从左向右改为从右向左。

3. 绘图示例

已知各工作之间的逻辑关系如表3-4所示，则可按下述步骤绘制其双代号网络图。

表3-4　工作逻辑关系

工作	A	B	C	D
紧前工作	—	—	A、B	B

（1）绘制工作箭线 A 和工作箭线 B，如图3-15（a）所示。

（2）按前述原则2）中的情况①绘制工作箭线 C，如图3-15（b）所示。

（3）按前述原则1）绘制工作箭线 D 后，将工作箭线 C 和 D 的箭头节点合并，以保证网络图只有一个终点节点。当确认给定的逻辑关系表达正确后，再进行节点编号。表3-4 给定逻辑关系所对应的双代号网络图如图3-15（c）所示。

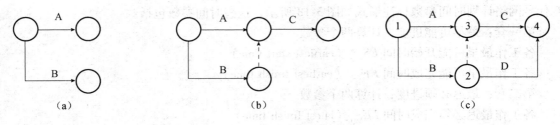

图 3-15　绘图过程

又例如：将某单位工程分解为基础、主体、装饰三个分部工程，并分为 A、B、C 三段组织流水施工，其工作流程图可用图 3-16 的双代号网络图表示，箭线下方的数字为工作的持续时间（单位：周）。

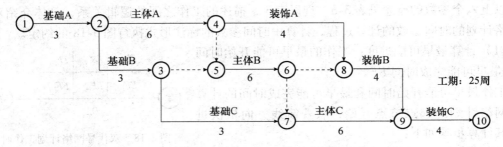

图 3-16　单位工程双代号网络图

（二）单代号网络图的绘制

单代号网络图的绘图规则与双代号网络图的绘图规则基本相同，主要区别在于：当网络图中有多项开始工作时，应增设一项虚拟的工作（S），作为该网络图的起点节点；当网络图中有多项结束工作时，应增设一项虚拟的工作（F），作为该网络图的终点节点。如图 3-17 所示，其中 S 和 F 为虚拟工作。

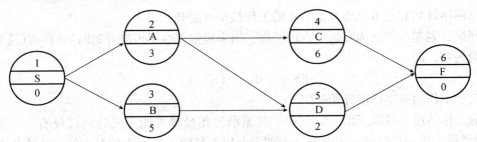

图 3-17　具有虚拟起始节点和终点节点的单代号网络图

三、网络计划时间参数的计算

（一）双代号网络计划时间参数的计算

双代号网络计划的时间参数既可以按工作计算，也可以按节点计算。

1. 按工作计算法

所谓按工作计算法，就是以网络计划中的工作为对象，直接计算各项工作的时间参数。

双代号网络计划时间参数标注形式如图 3-18 所示，这些时间参数包括：

第一套：最早可能进度，计算两个参数

各工作最早可能开始时间 ES_{i-j}（earliest start time）

各工作最早可能完成时间 EF_{i-j}（earliest finish time）

第二套：最迟必须进度，计算两个参数

各工作最迟必须完成时间 LF_{i-j}（latest finish time）

各工作最迟必须开始时间 LS_{i-j}（latest start time）

第三套：各工作的两个时差

各工作总时差 TF_{i-j}（total float）

各工作自由时差 FF_{i-j}（free float）

以上六个参数的概念见表 3-3。现以表 3-5 描述的工作之间的逻辑关系，具体介绍双代号网络计划的时间参数的计算过程，计算中时间参数的标注形式执行图 3-18 的约定。

（1）计算最早可能进度：工作的最早可能开始时间 ES 和最早可能完成时间 EF。

工作最早可能开始时间和最早可能完成时间的计算应从网络计划的起点节点开始，顺着箭线方向依次进行。其计算步骤如下：

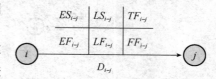

图 3-18　双代号网络计划工作时间参数标注形式

表 3-5　工作逻辑关系表

工作	A	B	C	D	E	F	H	I
紧前工作	—	—	A	A	B、C	B、C	D、E	D、E、F
持续时间	1	5	3	2	6	5	5	3

1）计算工作的最早可能开始时间 ES

①以网络计划起点节点为开始节点的工作最早可能开始时间

以网络计划起点节点为开始节点的工作，当未规定其最早可能开始时间时，其最早可能开始时间为零，即：

$$ES_{i-j} = 0 \qquad (i = 1) \tag{3-7}$$

②其他工作的最早可能开始时间

其他工作的最早可能开始时间应等于其紧前工作最早可能完成时间（仅有一个紧前工作），或紧前工作最早可能完成时间（有两个及以上紧前工作）中的最大值。计算公式：

$$ES_{i-j} = \max[ES_{h-i} + D_{h-i}] = \max[EF_{h-i}] \tag{3-8}$$

2）计算工作的最早可能完成时间 EF

工作的最早可能完成时间可利用公式（3-9）进行计算：

$$EF_{i-j} = ES_{i-j} + D_{i-j} \tag{3-9}$$

最早可能进度计算口诀："顺箭向、用加法、取大值"。

本例中工作最早可能进度计算结果如图 3-19 所示。

148

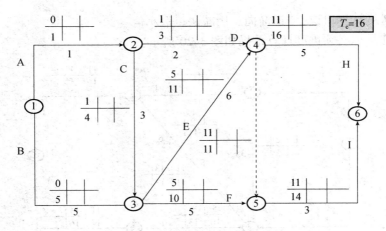

图 3-19　工作最早可能进度计算结果

（2）网络计划的计算工期 T_c

网络计划的计算工期应等于以网络计划终点节点为完成节点的工作的最早可能完成时间的最大值。计算公式：

$$T_c = \max(EF_{i-n}) \qquad （n \text{ 为终点节点}） \tag{3-10}$$

（3）网络计划的计划工期 T_p

网络计划的计划工期应按公式（3-11）或公式（3-12）确定。

①当已规定了要求工期时，计划工期不应超过要求工期，即：

$$T_p \leqslant T_r \tag{3-11}$$

②当未规定要求工期时，可令计划工期等于计算工期，即：

$$T_p = T_c \tag{3-12}$$

（4）计算工作最迟必须进度：工作的最迟必须完成时间 LF 和最迟必须开始时间 LS。

工作的最迟必须完成时间和最迟必须开始时间取决于工程计划工期。

工作最迟必须完成时间和最迟必须开始时间的计算应从网络计划的终点节点开始，逆着箭线方向依次进行。其计算步骤如下：

1）计算工作的最迟必须完成时间 LF

①以网络计划终点节点为完成节点的工作其最迟必须完成时间

以网络计划终点节点为完成节点的工作其最迟必须完成时间等于网络计划的计划工期，即：

$$LF_{i-n} = T_p \qquad （n \text{ 为终点节点}） \tag{3-13}$$

②其他工作的最迟必须完成时间

其他工作的最迟必须完成时间应等于其紧后工作最迟必须开始时间（仅有一个紧后工作），或最迟必须开始时间（有两个及以上紧后工作）中的最小值。计算公式：

$$LF_{i-j} = \min(LF_{j-k} - D_{j-k}) = \min(LS_{j-k}) \tag{3-14}$$

2）计算工作的最迟必须开始时间 LS

工作的最迟必须开始时间可利用公式（3-15）进行计算：

$$LS_{i-j} = LF_{i-j} - D_{i-j} \tag{3-15}$$

最迟必须进度计算口诀："逆箭向、用减法、取小值"。

本例中工作最迟必须进度计算结果如图 3-20 所示。

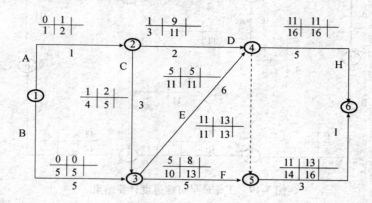

图 3-20　工作最迟必须进度计算结果

（5）计算工作的总时差 TF

工作的总时差等于该工作最迟必须完成时间与最早可能完成时间之差，或该工作最迟必须开始时间与最早可能开始时间之差。计算公式：

$$TF_{i-j} = LF_{i-j} - EF_{i-j} = LS_{i-j} - ES_{i-j} \tag{3-16}$$

（6）计算工作的自由时差 FF

工作自由时差的计算应按以下两种情况分别考虑：

第一，对于无紧后工作的工作，也就是以网络计划终点节点为完成节点的工作，其自由时差等于计划工期与本工作最早可能完成时间之差。计算公式：

$$FF_{i-n} = T_p - EF_{i-n} \tag{3-17}$$

第二，对于有紧后工作的工作，其自由时差等于紧后工作最早可能开始时间减本工作最早可能完成时间所得之差（仅有一个紧后工作）或所得之差（有两个及以上紧后工作）中的最小值。计算公式：

$$FF_{i-j} = \min(ES_{j-k} - EF_{i-j}) \tag{3-18}$$

本例中工作时差计算结果如图 3-21 所示。

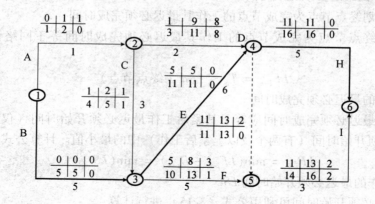

图 3-21　工作时差计算结果

150

需要指出的是，对于网络计划中以终点节点为完成节点的工作，其自由时差与总时差相等。此外，由于工作的自由时差是其总时差的构成部分，所以，当工作的总时差为零时，其自由时差必然为零，可不必进行专门计算。

（7）确定关键工作和关键线路

在网络计划中，总时差最小的工作为关键工作。特别地，当网络计划的计划工期等于计算工期时，总时差为零的工作就是关键工作。

找出关键工作之后，将这些关键工作首尾相连，便构成从起点节点到终点节点的通路，位于该通路上各项工作的持续时间总和最大，这条通路就是关键线路。在关键线路上可能有虚工作存在。

关键线路一般用粗箭线或双线箭线标出，也可以用彩色箭线标出。关键线路上各项工作的持续时间总和应等于网络计划的计算工期，这一特点也是判别关键线路是否正确的准则。

2. 按节点计算法

所谓按节点计算法，就是先计算网络计划中各个节点的最早时间和最迟时间，然后再据此计算各项工作的时间参数和网络计划的计算工期。双代号网络计划节点时间参数标注形式如图 3-22 所示。这些时间参数包括：

ET_i——工作 $i-j$ 的开始节点 i 的最早时间；

ET_j——工作 $i-j$ 的完成节点 j 的最早时间；

LT_i——工作 $i-j$ 的开始节点 i 的最迟时间；

LT_j——工作 $i-j$ 的完成节点 j 的最迟时间。

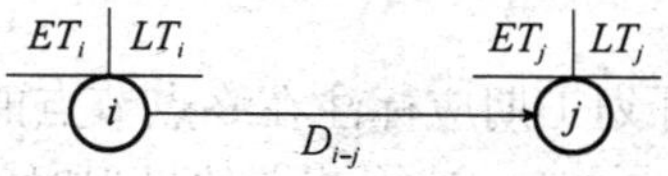

图 3-22　双代号网络计划节点
时间参数标注形式

以表 3-6 描述的工作之间的逻辑关系为例，说明按节点计算法确定的时间参数的计算，计算中时间参数的标注形式执行图 3-22 的约定。

表 3-6　工作逻辑关系

工作名称	A	B	C	D	E	F	G	H
紧前工作	—	—	A	A	B、D	B、D	C、E、F	C、E
持续时间（周）	5	7	5	4	11	6	3	8

（1）计算节点的最早时间

节点最早时间的计算应从网络计划的起点节点开始，顺着箭线方向依次进行。其计算步骤如下：

①网络计划起点节点，如未规定最早时间时，其值等于零。

$$ET_i = 0 \quad (i = 1) \tag{3-19}$$

本例中，起点节点①的最早时间为零，即：$ET_i = 0$。

②其他节点的最早时间应按式（3-20）进行计算：

$$ET_j = \max(ET_i + D_{i-j}) \tag{3-20}$$

本例中节点的最早时间计算结果如图 3-23 所示。

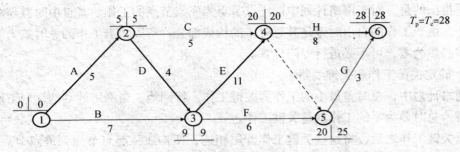

图 3-23　按节点计算的结果

（2）网络计划的计算工期等于网络计划终点节点的最早时间，即：

$$T_c = ET_n \qquad （n \text{ 为终点节点}） \qquad (3-21)$$

本例中，其计算工期为：

$$T_c = ET_n = 28$$

（3）确定网络计划的计划工期

网络计划的计划工期应按公式（3-11）或公式（3-12）确定。

本例中，假设未规定要求工期，则其计划工期就等于计算工期，即：

$$T_p = T_c = 28$$

计划工期应标注在终点节点的右上方，如图 3-23 所示。

（4）计算节点的最迟时间

节点最迟时间的计算应从网络计划的终点节点开始，逆着箭线方向依次进行。其计算步骤如下：

①网络计划终点节点的最迟时间等于网络计划的计划工期，即：

$$LT_n = T_p \qquad （n \text{ 为终点节点}） \qquad (3-22)$$

②其他节点的最迟时间应按式（3-23）计算：

$$LT_i = \min(LT_j - D_{i-j}) \qquad (3-23)$$

本例中节点的最迟时间计算结果如图 3-23 所示。

（5）根据节点的最早时间和最迟时间判定工作的六个时间参数

1）工作的最早可能开始时间等于该工作开始节点的最早时间，即：

$$ES_{i-j} = ET_i \qquad (3-24)$$

本例中，工作 1—2 和工作 2—3 的最早开始时间分别为：

$$ES_{1-2} = ET_1 = 0$$
$$ES_{2-3} = ET_2 = 5$$

2）工作的最早可能完成时间等于该工作开始节点的最早时间与其持续时间之和，即：

$$EF_{i-j} = ET_i + D_{i-j} \qquad (3-25)$$

本例中，工作 1—2 和工作 2—3 的最早完成时间分别为：

$$EF_{1-2} = ET_1 + D_{1-2} = 0 + 5 = 5$$
$$EF_{2-3} = ET_2 + D_{2-3} = 5 + 4 = 9$$

3）工作的最迟必须完成时间等于该工作完成节点的最迟时间，即：

$$LF_{i-j} = LT_j \qquad (3-26)$$

152

本例中，工作1—2和工作2—3的最迟完成时间分别为：

$$LF_{1-2} = LT_2 = 5$$

$$LF_{2-3} = LT_3 = 9$$

4）工作的最迟必须开始时间等于该工作完成节点的最迟时间与其持续时间之差，即：

$$LS_{i-j} = LT_j - D_{i-j} \tag{3-27}$$

本例中，工作1—2和工作2—3的最迟开始时间分别为：

$$LS_{1-2} = LT_2 - D_{1-2} = 5 - 5 = 0$$

$$LS_{2-3} = LT_3 - D_{2-3} = 9 - 4 = 5$$

5）工作的总时差

根据公式：

$$TF_{i-j} = LF_{i-j} - EF_{i-j} = LS_{i-j} - ES_{i-j}$$

$$EF_{i-j} = ET_i + D_{i-j}$$

$$LF_{i-j} = LT_j$$

得：

$$TF_{i-j} = LF_{i-j} - EF_{i-j} = LT_j - (ET_i + D_{i-j}) = LT_j - ET_i - D_{i-j} \tag{3-28}$$

由式（3-28）可知，工作的总时差等于该工作完成节点的最迟时间减去该工作开始节点的最早时间所得差值再减其持续时间。

6）工作的自由时差

根据公式：

$$FF_{i-j} = \min(ES_{j-k} - EF_{i-j})$$

$$ES_{i-j} = ET_i$$

得：

$$FF_{i-j} = ET_j - ET_i - D_{i-j} \tag{3-29}$$

可知，工作的自由时差等于该工作完成节点的最早时间减去该工作开始节点的最早时间所得差值再减其持续时间。

特别需要注意的是，如果本工作与其各紧后工作之间存在虚工作时，其中的 ET_j 应为本工作紧后工作开始节点的最早时间，而不是本工作完成节点的最早时间。

工作六个时间参数的观察心算法如图3-24所示。

（6）确定关键线路和关键工作

在双代号网络计划中，关键线路上的节点称为关键节点。关键工作两端的节点必为关键节点，但两端为关键节点的工作不一定是关键工作。关键节点的最迟时间与最早时间的差值最小。特别地，当网络计划的计划工期等于计算工期时，关键节点的最早时间与最迟时间必然相等。关键节点必然处在关键线路上，但由关键节点组成的线路不一定是关键线路。

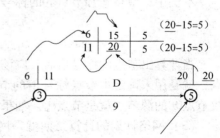

图3-24　工作六个时间参数的观察心算法

当利用关键节点判别关键线路和关键工作时，还要满足下列判别式：

$$ET_i + D_{i-j} = ET_j \tag{3-30}$$

或

$$LT_i + D_{i-j} = LT_j \quad （i、j 为关键节点） \tag{3-31}$$

如果两个关键节点之间的工作符合上述判别式，则该工作必然为关键工作，它应该在关键线路上。否则，该工作就不是关键工作，关键线路也就不会从此处通过。

（7）关键节点的特性

在双代号网络计划中，当计划工期等于计算工期时，关键节点具有以下一些特性，掌握好这些特性，有助于确定工作的时间参数。

1）开始节点和完成节点均为关键节点的工作，不一定是关键工作。

2）以关键节点为完成节点的工作，其总时差和自由时差必然相等。

3）当两个关键节点间有多项工作，且工作间的非关键节点无其他内向箭线和外向箭线时，则两个关键节点间各项工作的总时差均相等。在这些工作中，除以关键节点为完成的节点的工作自由时差等于总时差外，其余工作的自由时差均为零。

4）当两个关键节点间有多项工作，且工作间的非关键节点有外向箭线而无其他内向箭线时，则两个关键节点间各项工作的总时差不一定相等。在这些工作中，除以关键节点为完成的节点的工作自由时差等于总时差外，其余工作的自由时差均为零。

表 3-6 所述工作关系的双代号网络计划图及按节点计算结果如图 3-23 所示。

3. 标号法

标号法是一种快速寻求网络计算工期和关键线路的方法。它利用按节点计算法的基本原理，对网络计划中的每一个节点进行标号，然后利用标号值确定网络计划的计算工期和关键线路。

下面以图 3-25 所示双代号网络图为例，说明标号法的计算过程及应用。

（1）网络计划起点节点的标号值为零。本例中，节点①的标号值为零，即：

$$b_1 = 0$$

（2）其他节点的标号值应根据式（3-32）按节点编号从小到大的顺序逐个进行计算：

$$b_j = \max(b_i + D_{i-j}) \tag{3-32}$$

式中，b_j——工作 $i-j$ 的完成节点 j 的标号值；

b_i——工作 $i-j$ 的开始节点 i 的标号值；

D_{i-j}——工作 $i-j$ 的持续时间。

本例中，节点②和节点③的标号值分别为：

$$b_2 = b_1 + D_{1-2} = 0 + 2 = 2$$
$$b_3 = \max(b_1 + D_{1-3}, b_2 + D_{2-3}) = \max(0 + 12, 2 + 6) = 12$$

当计算出节点的标号值后，应该用其标号值及其源节点对该节点进行双标号。所谓源节点，就是用来确定本节点标号值的节点。本例中，节点③的标号值 12 是由节点①所确定，故节点③的源节点就是节点①。如果源节点有多个，应将所有源节点标出。

（3）网络计划的计算工期就是网络计划终点节点的标号值。本例中，其计算工期等于节点⑥的标号值 32。

（4）关键线路应从网络计划的终点节点开始，逆着箭线方向按源节点确定。本例中，从终点节点⑥开始，逆着箭线方向按源节点可以找出关键线路为①—③—⑤—⑥。标号法计算结果如图 3-25 所示。

（二）单代号网络计划时间参数的计算

单代号网络计划与双代号网络计划只是表现形式不同，它们所表达的内容则完全一样。

单代号网络计划时间参数标注形式见图3-26。

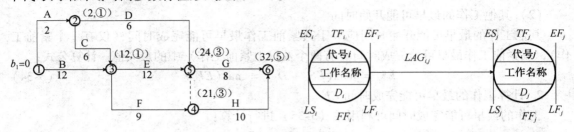

图 3-25

图 3-26　单代号网络计划时间参数标注形式

图 3-26 中，ES_i—工作 i 的最早可能开始时间；　　EF_i—工作 i 的最早可能完成时间；

LF_i—工作 i 的最迟必须完成时间；　　LS_i—工作 i 的最迟必须开始时间；

TF_i—工作 i 的总时差；　　　　　　　FF_i—工作 i 的自由时差；

$LAG_{i,j}$—相邻工作 i 与 j 的时间间隔。

以上参数的概念见表3-3，现在以表3-7描述的工作之间的逻辑关系为例，具体介绍单代号网络计划的时间参数的计算过程，计算中时间参数的标注形式执行图3-26的约定。

表 3-7　工作逻辑关系

工作	A	B	C	D	E	G	H	I
紧前工作	—	—	—	A、B	A、C	B、C	D、E、G	E、G
持续时间	4	7	2	4	4	2	5	4

按照表 3-7 的工作逻辑关系编制单代号网络图，如图 3-27 所示。

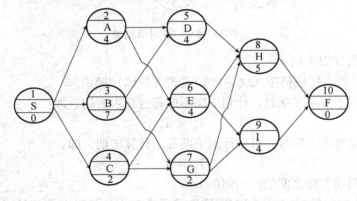

图 3-27　单代号网络图

1. 计算工作的最早可能开始时间 ES

工作最早可能开始时间的计算应从网络计划的起点节点开始，顺着箭线方向依次进行。其计算步骤如下：

（1）以网络计划起点节点为开始节点的工作最早可能开始时间

以网络计划起点节点为开始节点的工作，当未规定其最早可能开始时间时，其最早可能开始时间为零，即：

155

$$ES_i = 0 \qquad (i = 1) \tag{3-33}$$

（2）其他工作的最早可能开始时间

其他工作的最早可能开始时间应等于其紧前工作最早可能完成时间（仅有一个紧前工作），或紧前工作最早可能完成时间（有两个及以上紧前工作）中的最大值。计算公式：

$$ES_j = \max(ES_i + D_i) = \max(EF_i) \tag{3-34}$$

2. 计算工作的最早可能完成时间 EF

工作的最早可能完成时间可利用式（3-35）进行计算：

$$EF_i = ES_i + D_i \tag{3-35}$$

3. 网络计划的计算工期 T_c

网络计划的计算工期等于其终点节点 n 所代表的工作的最早可能完成时间。计算公式：

$$T_c = EF_n \tag{3-36}$$

本例中工作最早可能进度计算结果如图 3-28 所示。

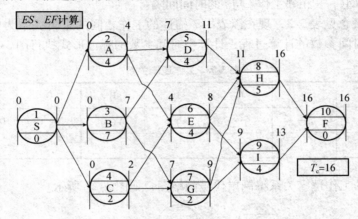

图 3-28　ES、EF 计算结果

4. 网络计划的计划工期 T_p

网络计划的计划工期应仍按式（3-11）或式（3-12）确定。

（1）当已规定了要求工期时，计划工期不应超过要求工期，即：

$$T_p \leqslant T_r$$

（2）当未规定要求工期时，可令计划工期等于计算工期，即：

$$T_p = T_c$$

5. 计算相邻两项工作之间的时间间隔 LAG

相邻两项工作之间的时间间隔 $LAG_{i,j}$ 是指其紧后工作的最早可能开始时间 ES_j 与本工作最早可能完成时间 EF_i 的差值。

（1）当终点节点为虚拟节点时，时间间隔应为：

$$LAG_{i,j} = T_p - EF_i \tag{3-37}$$

（2）其他节点之间的时间间隔应为：

$$LAG_{i,j} = ES_j - EF_i \tag{3-38}$$

本例中工作之间的时间间隔计算结果如图 3-29 所示。

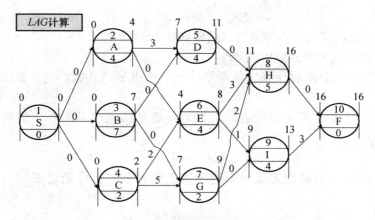

图 3-29　时间间隔计算结果

6. 计算工作的总时差 TF

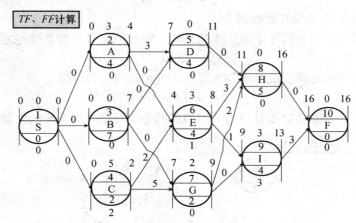

图 3-30　TF、EF 计算结果

工作总时差的计算应从网络计划的终点节点开始，逆着箭线方向依次逐项计算。

（1）网络计划终点节点 n 所代表的工作的总时差应等于计划工期与计算工期之差。

$$TF_n = T_p - T_c = T_p - EF_n \qquad (3-39)$$

当计划工期等于计算工期时，该工作的总时差为零。

（2）其他工作的总时差应等于本工作与其各紧后工作之间的时间间隔加该紧后工作的总时差所得之和的最小值。

$$TF_i = \min(LAG_{i,j} + TF_j) \qquad (3-40)$$

7. 计算工作的自由时差 FF

工作自由时差的计算应从网络计划的终点节点开始，逆着箭线方向依次逐项计算。

（1）网络计划终点节点 n 所代表的工作的自由时差等于计划工期与本工作的最早可能完成时间之差。

$$FF_n = T_p - EF_n \qquad (3-41)$$

（2）其他工作的自由时差等于本工作与其紧后工作之间时间间隔的最小值。

$$FF_i = \min(LAG_{i,j}) \tag{3-42}$$

本例中工作的总时差与自由时差计算结果如图 3-30 所示。

8. 计算工作的最迟必须完成时间 LF

工作最迟必须完成时间的计算应从网络计划的终点节点开始，逆着箭线方向依次逐项计算。

（1）网络计划终点节点 n 所代表的工作的最迟必须完成时间等于该网络计划的计划工期。

$$LF_n = T_p \tag{3-43}$$

（2）其他工作的最迟必须完成时间等于该工作各紧后工作最迟必须开始时间的最小值，即：

$$LF_i = \min(LS_j) \tag{3-44}$$

或等于本工作的最早可能完成时间与其总时差之和，即：

$$LF_i = EF_i + TF_i \tag{3-45}$$

9. 计算工作的最迟必须开始时间 LS

工作的最迟必须开始时间等于本工作的最早可能开始时间与其总时差之和，即：

$$LS_i = ES_i + TF_i \tag{3-46}$$

或等于本工作最迟必须完成时间与本工作的持续时间之差。即：

$$LS_i = LF_i - D_i \tag{3-47}$$

本例中工作的最迟必须完成时间与工作的最迟必须开始时间计算结果如图 3-31 所示。

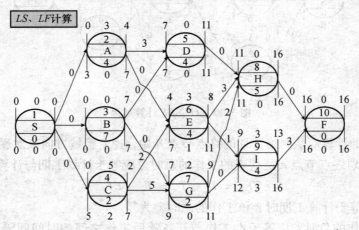

图 3-31　LF、LS 计算结果

10. 确定网络计划的关键线路

①利用关键工作确定关键线路

如前所述，总时差最小的工作为关键工作。将这些关键工作相连，并保证相邻两项关键工作之间的时间间隔为零而构成的线路就是关键线路。

②利用相邻两项工作之间的时间间隔确定关键线路

从网络计划的终点节点开始，逆着箭线方向依次找出相邻两项工作之间时间间隔为零的线路就是关键线路。

本例关键线路为 S—B—D—H—F，如图 3-32 所示。

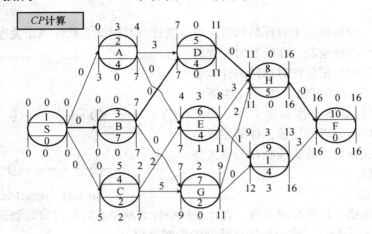

图 3-32　关键线路

四、双代号时标网络计划

双代号时标网络计划简称时标网络计划，是在双代号网络图的基础上，加入水平时间作标尺表示工作时间的网络图。时间单位可以根据工作需要确定，在同一个时标网络计划中应该使用同一时间单位。

在时标网络计划中，以实箭线表示工作，以虚箭线表示虚工作，以波形线表示时间间隔。实箭线的水平投影长度表示该工作的持续时间，故虚工作必须以垂直方向的虚箭线表示，当虚工作与紧后工作存在时间间隔时，加波形线表示。当计划工期等于计算工期时，这些工作箭线中波形线的水平投影长度表示其自由时差。

时标网络计划既具有网络计划的优点，又具有横道计划直观易懂的优点，它将网络计划的时间参数直观地表达出来。

（一）时标网络计划的编制

时标网络计划宜按各项工作的最早可能开始时间编制。为此，在编制时标网络计划时应使每一个节点和每一项工作（包括虚工作）尽量向左靠，直至不出现从右向左的逆向箭线为止。

在编制时标网络计划之前，应先按已确定的时间单位绘制时标网络计划表，见表 3-8。

表 3-8　时标网络计划

（时间单位）	1	2	3	4	5	6	7	8	9	10	11	12	13	14	15	16	17	18
（时间单位） 网络 计划																		
（时间单位）	1	2	3	4	5	6	7	8	9	10	11	12	13	14	15	16	17	18

编制时标网络计划应先绘制无时标的双代号网络计划草图，然后按间接绘制法或直接绘

制法进行。

1. 间接绘制法

间接绘制法是指先根据无时标的网络计划草图计算其时间参数并确定关键线路，然后在时标网络计划表中进行绘制。在绘制时应先将所有节点按其最早时间定位在时标网络计划表中的相应位置，然后再用规定线型（实箭线和虚箭线）按比例绘出工作和虚工作。当某些工作箭线的长度不足以到达该工作的完成节点时，须用波形线补足，箭头应画在与该工作完成节点的连接处。

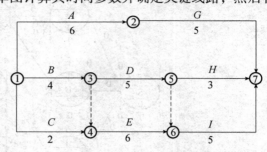

图 3-33　网络计划

2. 直接绘制法

直接绘制法是指不计算时间参数，直接按网络计划草图在时标网络计划表绘制。现以图3-33所示网络计划为例，说明时标网络计划的绘制过程。

（1）将起点节点定位在时标网络计划表的起始刻度线上，如节点①定位在时标网络计划表的起始刻度线"0"位置上；

（2）按工作的持续时间在时标网络计划表绘制起点节点为开始节点的工作箭线。如图3-34所示，分别绘出工作箭线A、B和C。

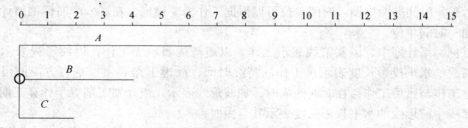

图 3-34　直接绘制法第一步

（3）除起点节点以外的其他节点，必须在所有以该节点为完成节点的工作箭线均绘出后，定位在这些工作箭线中最早可能完成时间最迟的箭线末端。当某些工作箭线的长度不足以到达该节点时，须用波形线补足，箭头画在与该节点的连接处。本例中，节点②直接定位在工作箭线A的末端；节点③直接定位在工作箭线B的末端；节点④的位置需要在绘出虚箭线3-4之后，定位在工作箭线C和虚箭线3-4中最迟的箭线末端，即坐标"4"的位置上。此时，工作箭线C的长度不足以到达节点④，因而用波形线补足，如图3-35所示。

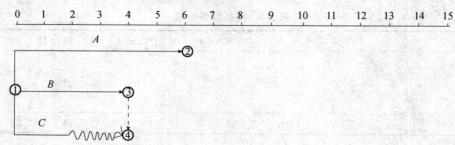

图 3-35　直接绘制法第二步

（4）当某个节点的位置确定之后，即可绘制以该节点为开始节点的工作箭线。本例中，在图 3-35 基础之上，可以分别以节点②、节点③和节点④为开始节点绘制工作箭线 G、工作箭线 D 和工作箭线 E，如图 3-36 所示。

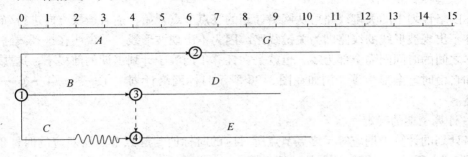

图 3-36　直接绘制法第三步

（5）利用上述方法从左至右依次确定其他各个节点的位置，直至绘出网络计划的终点节点。本例中，在图 3-36 基础之上，可以分别确定节点⑤和节点⑥的位置，并在它们之后分别绘制工作箭线 H 和工作箭线 I，如图 3-37 所示。

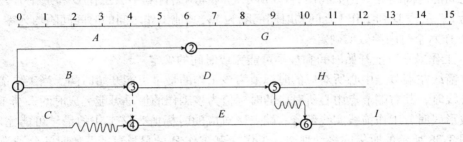

图 3-37　直接绘制法第四步

最后，根据工作箭线 G、工作箭线 H 和工作箭线 I 确定出终点节点的位置。本例所对应的时标网络计划如图 3-38 所示，图中双箭线表示的线路为关键线路。

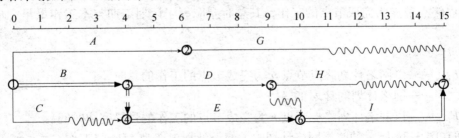

图 3-38　双代号时标网络计划

在绘制时标网络计划时，特别需要注意的问题是处理好虚箭线。首先，应将虚箭线与实箭线等同看待，只是其对应工作的持续时间为零；其次，尽管它本身没有持续时间，但可能存在波形线，因此，要按规定画出波形线。在画波形线时，其垂直部分仍应画为虚线（如图 3-38 所示时标网络计划中的虚箭线 5-6）。

（二）时标网络计划中时间参数的确定

1. 关键线路和计算工期的确定

（1）关键线路的确定

时标网络计划中的关键线路可从网络计划的终点节点开始，逆着箭线方向进行确定，凡自始至终不出现波形线的线路即为关键线路。因为不出现波形线，就说明在这条线路上相邻两项工作之间的时间间隔全部为零，也就是在计算工期等于计划工期的前提下，这些工作的总时差和自由时差全部为零。例如在图 3-38 所示时标网络计划中①—③—④—⑥—⑦即为关键线路。

（2）计算工期的确定

网络计划的计算工期应等于终点节点所对应的时标值与起点节点所对应的时标值之差。例如，图 3-38 所示时标网络计划的计算工期为：

$$T_c = 15 - 0 = 15$$

2. 相邻两项工作之间时间间隔的确定

除以终点节点为完成节点的工作外，工作箭线中波形线的水平投影长度表示工作与其紧后工作之间的时间间隔。例如在图 3-38 所示的时标网络计划中，工作 C 和工作 E 之间的时间间隔为 2；工作 D 和工作 I 之间的时间间隔为 1；其他工作之间的时间间隔均为零。

3. 工作六个时间参数的确定

（1）工作最早可能开始时间和最早可能完成时间的确定

工作箭线左端节点中心所对应的时标值为该工作的最早可能开始时间。当工作箭线中不存在波形线时，其右端节点中心所对应的时标值为该工作的最早可能完成时间；当工作箭线中存在波形线时，工作箭线实线部分右端点所对应的时标值为该工作的最早可能完成时间。例如在图 3-38 所示的时标网络计划中，工作 A 和工作 H 的最早可能开始时间分别为 0 和 9，而它们的最早可能完成时间分别为 6 和 12。

（2）工作总时差的确定

工作总时差的确定应从网络计划的终点节点开始，逆着箭线方向依次进行。

1）以终点节点为完成节点的工作，其总时差应等于计划工期与本工作最早完成时间之差，即：

$$TF_{i-n} = T_p - EF_{i-n} \tag{3-48}$$

式中，TF_{i-n}——以网络计划终点节点 n 为完成节点的工作的总时差；

T_p——网络计划的计划工期；

EF_{i-n}——以网络计划终点节点 n 为完成节点的工作的最早完成时间。

例如在图 3-38 所示的时标网络计划中，假设计划工期为 15，则工作 G、工作 H 和工作 I 的总时差分别为：4、3 和 0。

2）其他工作的总时差等于其紧后工作的总时差加本工作与该紧后工作之间的时间间隔所得之和的最小值，即：

$$TF_{i-j} = \min(TF_{j-k} + LAG_{i-j,j-k}) \tag{3-49}$$

式中，TF_{i-j}——工作 $i-j$ 的总时差；

TF_{j-k}——工作 $i-j$ 的紧后工作 $j-k$（非虚工作）的总时差；

$LAG_{i-j,j-k}$——工作 $i-j$ 与其紧后工作 $j-k$（非虚工作）之间的时间间隔。

例如在图 3-38 所示的时标网络计划中，工作 A、工作 C 和工作 D 的总时差分别为：4、2 和 1。

（3）工作自由时差的确定

1）以终点节点为完成节点的工作，其自由时差应等于计划工期与本工作最早完成时间之差，即：

$$FF_{i-n} = T_p - EF_{i-n} \tag{3-50}$$

式中，FF_{i-n}——以网络计划终点节点 n 为完成节点的工作的总时差；

T_p——网络计划的计划工期；

EF_{i-n}——以网络计划终点节点 n 为完成节点的工作的最早完成时间。

例如在图 3-38 所示的时标网络计划中，工作 G、工作 H 和工作 I 的自由时差分别为：4、3 和 0。

显然，以终点节点为完成节点的工作，其自由时差与总时差必然相等。

2）其他工作的自由时差就是该工作箭线中波形线的水平投影长度。但当工作之后只紧接虚工作时，则该工作箭线上一定不存在波形线，而其紧接的虚箭线中波形线水平投影长度的最短者为该工作的自由时差。

例如在图 3-38 所示的时标网络计划中，工作 A、工作 B、工作 D 和工作 E 的自由时差均为零，而工作 C 的自由时差为 2。

（4）工作最迟必须开始时间和最迟必须完成时间的确定

1）工作的最迟必须开始时间等于本工作的最早可能开始时间与其总时差之和，即：

$$LS_{i-j} = ES_{i-j} + TF_{i-j} \tag{3-51}$$

式中，LS_{i-j}——工作 $i-j$ 的最迟必须开始时间；

ES_{i-j}——工作 $i-j$ 的最早可能开始时间；

TF_{i-j}——工作 $i-j$ 的总时差。

例如在图 3-38 所示的时标网络计划中，工作 A、工作 C、工作 D、工作 G 和工作 H 的最迟必须开始时间分别为：4、2、5、10 和 12。

2）工作的最迟必须完成时间等于本工作的最早可能完成时间与其总时差之和，即：

$$LF_{i-j} = EF_{i-j} + TF_{i-j} \tag{3-52}$$

式中，LF_{i-j}——工作 $i-j$ 的最迟必须完成时间；

EF_{i-j}——工作 $i-j$ 的最早可能完成时间；

TF_{i-j}——工作 $i-j$ 的总时差。

例如在图 3-38 所示的时标网络计划中，工作 A、工作 C、工作 D、工作 G 和工作 H 的最迟必须完成时间分别为：10、4、10、15 和 15。

五、单代号搭接网络计划

工程建设实践中，有许多工作的开始并不是以其紧前工作的完成为条件。只要其紧前工作开始一段时间后，即可进行本工作，而不需要等其紧前工作全部完成之后再开始。工作之间的这种关系我们称之为搭接关系。

为了简单、直接地表达工作之间的搭接关系，使网络计划的编制得到简化，便出现了搭接网络计划。搭接网络计划一般都采用单代号网络图的表示方法，即以节点表示工作，以节点之间的箭线表示工作之间的逻辑顺序和搭接关系。

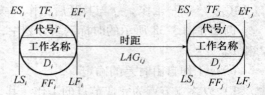

图 3-39　单代号搭接网络计划时间参数标注形式

搭接网络计划，一般采用单代号网络图表示，以箭线和时距共同表示逻辑关系，计划工期不一定取决于与终点相联系的工作的完成时间。单代号搭接网络计划时间参数标注形式如图 3-39 所示。参数概念如表 3-3 所示。

（一）搭接关系的种类及表达方式

在搭接网络计划中，工作之间的搭接关系是由相邻两项工作之间的不同时距决定的。时距就是在搭接网络计划中相邻两项工作之间的时间差值。

1. 结束到开始 *FTS*（finish to start）的搭接关系

从结束到开始的搭接关系如图 3-40（a）所示，这种搭接关系在网络计划中的表达方式如图 3-40（b）所示。

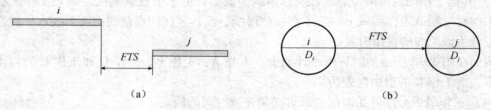

图 3-40　*FTS* 搭接关系及其在网络计划中的表达方式
（a）搭接关系；（b）网络计划中的表达方式

例如在修堤坝时，一定要等土堤自然沉降后才能修护坡，筑土堤与修护坡之间的等待时间就是 *FTS* 时距。

当 *FTS* 时距为零时，就说明本工作与其紧后工作之间紧密衔接。当网络计划中所有相邻工作只有 *FTS* 一种搭接关系且其时距均为零时，整个搭接网络计划就成为前述的单代号网络计划。

2. 开始到开始 *STS*（start to start）的搭接关系

从开始到开始的搭接关系如图 3-41（a）所示，这种搭接关系在网络计划中的表达方式如图 3-41（b）所示。

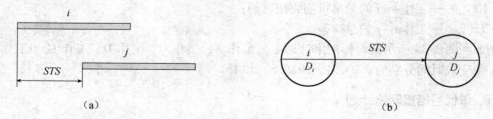

图 3-41　*STS* 搭接关系及其在网络计划中的表达方式
（a）搭接关系；（b）网络计划中的表达方式

例如在道路工程中，当路基铺设工作开始一段时间为路面浇筑工作创造一定条件之后，路面浇筑工作才可开始，路面浇筑工作的开始时间与路基铺设工作的开始时间之间的差值就是 *STS* 时距。

3. 结束到结束 *FTF*（finish to finish）的搭接关系

结束到结束的搭接关系如图 3-42（a）所示，这种搭接关系在网络计划中的表达方式如图 3-42（b）所示。

图 3-42 *FTF* 搭接关系及其在网络计划中的表达方式
（a）搭接关系；（b）网络计划中的表达方式

例如在道路工程中，如果路基铺设工作的进展速度小于路面浇筑工作的进展速度时，须考虑为路面浇筑工作留有充分的工作面。否则，路面浇筑工作就将因没有工作面而无法进行。路面浇筑工作的完成时间与路基铺设工作的完成时间之间的差值就是 *FTF* 时距。

4. 开始到结束 *STF*（start to finish）的搭接关系

从开始到结束的搭接关系如图 3-43（a）所示，这种搭接关系在网络计划中的表达方式如图 3-43（b）所示。

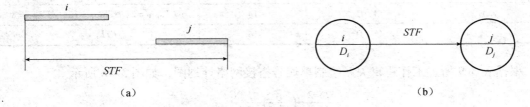

图 3-43 *STF* 搭接关系及其在网络计划中的表达方式
（a）搭接关系；（b）网络计划中的表达方式

5. 混合搭接关系

在搭接网络计划中，除上述四种基本搭接关系外，相邻两项工作之间有时还会同时出现两种以上的基本搭接关系，称之为混合搭接关系。如图 3-44 所示工作 *i* 和工作 *j* 之间同时存在 *STS* 时距和 *FTF* 时距；如图 3-45 所示工作 *i* 和工作 *j* 之间同时存在 *STF* 时距和 *FTS* 时距。

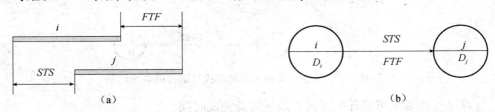

图 3-44 混合搭接关系及其在网络计划中的表达方式
（a）混合搭接关系；（b）网络计划中的表达方式

图 3-45 混合搭接关系及其在网络计划中的表达方式

（a）混合搭接关系；（b）网络计划中的表达方式

（二）搭接网络计划时间参数的计算

单代号搭接网络计划时间参数的计算，应在确定各工作持续时间和工作间时距关系的基础上进行。计算原理与前述单代号网络计划和双代号网络计划的时间参数计算基本相同。

现以表 3-9 描述的工作之间的逻辑关系，具体介绍搭接网络计划的时间参数的计算过程。计算中时间参数的标注形式执行图 3-39 的约定。

表 3-9　工作逻辑关系

工作名称	紧前工作	持续时间	搭接时距
A	—	6	—
B	A	8	$STS_{A,B}=2$；$FTF_{A,B}=3$
C	A	24	$STS_{A,C}=4$
D	A	12	$STF_{A,D}=8$
E	B，C，D	14	$FTS_{B,E}=2$；$STF_{C,E}=16$；$STS_{D,E}=8$
I	D	16	$FTF_{D,I}=8$

根据表 3-9 所述工作逻辑关系绘制单代号搭接网络计划图，如图 3-46 所示。

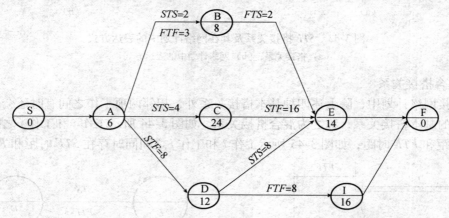

图 3-46　表 3-9 所述逻辑关系的单代号搭接网络计划图

1. 计算工作的最早可能开始时间和最早可能完成时间

工作最早可能开始时间和最早可能完成时间的计算应从网络计划的起点节点开始，顺着箭线方向依次进行。

（1）网络计划起点节点工作

单代号搭接网络计划中的起点节点一般都代表虚拟工作，其最早可能开始时间和最早可能完成时间均为零，即：

$$ES_s = EF_s = 0 \tag{3-53}$$

（2）与网络计划起点节点相联系的工作，其最早可能开始时间为零，最早可能完成时间等于其最早可能开始时间与持续时间之和。

例如本例中，工作 A：

$$ES_A = 0$$
$$EF_A = ES_s + D_A = 0 + 6 = 6$$

（3）其他工作的最早可能开始时间和最早可能完成时间应根据时距按下列公式计算：

1）相邻时距为 FTS 时，

$$ES_j = EF_i + FTS_{i,j} \tag{3-54}$$

2）相邻时距为 STS 时，

$$ES_j = ES_i + STS_{i,j} \tag{3-55}$$

3）相邻时距为 FTF 时，

$$EF_j = EF_i + FTF_{i,j} \tag{3-56}$$

4）相邻时距为 STF 时，

$$EF_j = ES_i + STF_{i,j}$$
$$EF_j = ES_j + D_j \tag{3-57}$$
$$ES_j = EF_j - D_j$$

式中，ES_i——工作 i 的最早可能开始时间；

ES_j——工作 i 紧后工作 j 的最早可能开始时间；

EF_i——工作 i 的最早可能完成时间；

EF_j——工作 i 紧后工作 j 的最早可能完成时间；

D_j——工作 j 的持续时间；

$FTS_{i,j}$——工作 i 与工作 j 之间完成到开始的时距；

$STS_{i,j}$——工作 i 与工作 j 之间开始到开始的时距；

$FTF_{i,j}$——工作 i 与工作 j 之间完成到完成的时距；

$STF_{i,j}$——工作 i 与工作 j 之间开始到完成的时距。

当某项工作有两项以上的紧前工作，或该工作与其紧前工作之间存在着混合搭接关系时，应分别计算该工作的最早可能时间并取其中的最大值。当某项工作的最早可能开始时间出现负值时，将虚工作 S（起点节点）与该工作用虚箭线相连。

（4）终点节点所代表的工作

终点节点所代表的工作，最早可能开始时间应等于该工作紧前工作最早可能完成时间的最大值。由于在搭接网络计划中，终点节点一般都表示虚拟工作（其持续时间为零），故其最早可能完成时间与最早可能开始时间相等，且一般为网络计划的计算工期。

但是，由于在搭接网络计划中，决定工期的工作不一定是最后进行的工作，因此，在用上述方法完成计算之后，还应检查网络计划中其他工作的最早可能完成时间是否超过已算出的计算工期。

例如在本例中，由于工作 C 的最早可能完成时间 28 为最大，故网络计划的计算工期是由工作 C 的最早可能完成时间决定的。为此，应将工作 C 与虚工作 F（终点节点）用虚线相连，于是得到工作 F 的最早可能开始时间与最早可能完成时间为：

$$ES_F = EF_F = 28$$

该网络计划的计算工期为 28。

本例工作最早可能开始时间和最早可能完成时间如图 3-47 所示。

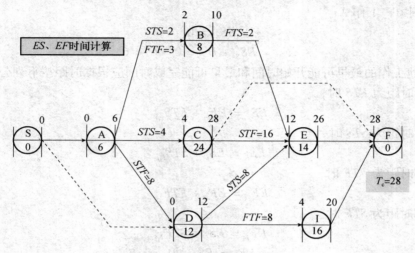

图 3-47　ES、EF 计算结果

2. 计算相邻两项工作之间的时间间隔

由于相邻两项工作之间的搭接关系不同，其时间间隔的计算方法也有所不同。

（1）搭接关系为结束到开始（FTS）时的时间间隔

如果在搭接网络计划中出现 $ES_j > (EF_i + FTS_{i,j})$ 的情况，就说明在工作 i 和工作 j 之间存在时间间隔 $LAG_{i,j}$；

$$LAG_{i,j} = ES_j - (EF_i + FTS_{i,j}) = ES_j - EF_i - FTS_{i,j} \tag{3-58}$$

（2）搭接关系为开始到开始（STS）时的时间间隔

如果在搭接网络计划中出现 $ES_j > (ES_i + STS_{i,j})$ 的情况，就说明在工作 i 和工作 j 之间存在时间间隔 $LAG_{i,j}$；

$$LAG_{i,j} = ES_j - (ES_i + STS_{i,j}) = ES_j - ES_i - STS_{i,j} \tag{3-59}$$

（3）搭接关系为结束到结束（FTF）时的时间间隔

如果在搭接网络计划中出现 $EF_j > (EF_i + FTF_{i,j})$ 的情况，就说明在工作 i 和工作 j 之间存在时间间隔 $LAG_{i,j}$；

$$LAG_{i,j} = EF_j - (EF_i + FTF_{i,j}) = EF_j - EF_i - FTF_{i,j} \tag{3-60}$$

（4）搭接关系为开始到结束（STF）时的时间间隔

如果在搭接网络计划中出现 $EF_j > (ES_i + STF_{i,j})$ 的情况，就说明在工作 i 和工作 j 之间存在时间间隔 $LAG_{i,j}$；

$$LAG_{i,j} = EF_j - (ES_i + STF_{i,j}) = EF_j - ES_i - STF_{i,j} \tag{3-61}$$

（5）混合搭接关系时的时间间隔

当相邻两项工作之间存在两种时距及以上的搭接关系时，应分别计算出时间间隔，然后取其中的最小值，即：

$$LAG_{i,j} = \min\{ES_j - EF_i - FTS_{i,j}, ES_j - ES_i - STS_{i,j}, EF_j - EF_i - FTF_{i,j}, EF_j - ES_i - STF_{i,j}\}$$

$$(3-62)$$

本例中：

$$LAG_{A,D} = EF_D - ES_A - STF_{A,D} = 12 - 0 - 8 = 4$$

$$LAG_{A,B} = \min\{ES_B - ES_A - STS_{A,B}, EF_B - EF_A - FTF_{A,B}\} = \min\{2 - 0 - 2, 10 - 6 - 3\} = 0$$

3. 计算工作的时差

（1）工作的总时差

搭接网络计划中工作的总时差可以利用式（3-63）和式（3-64）。

$$TF_n = T_p - T_c \tag{3-63}$$

$$TF_i = \min(LAG_{i,j} + TF_j) \tag{3-64}$$

但在计算出总时差后，需要根据公式 $LF_i = EF_i + TF_i$ 判别该工作的最迟必须完成时间是否超出计划工期。

如果超出计划工期，显然不合理；应将该工作与终点节点用虚箭线相连。

（2）工作的自由时差

搭接网络计划中工作的自由时差可以利用式（3-65）和式（3-66）计算。

$$FF_n = T_p - EF_n \tag{3-65}$$

$$FF_i = \min(LAG_{i,j}) \tag{3-66}$$

本例中相邻两项工作之间的时间间隔、工作的总时差与工作的自由时差计算结果见图 3-48，工作之间的时间间隔标注在图中△处。

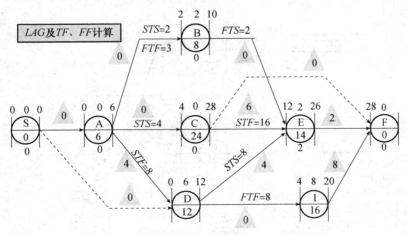

图 3-48 *LAG*、*TF*、*FF* 计算结果

4. 计算工作的最迟必须完成时间和最迟必须开始时间

工作的最迟必须完成时间和最迟必须开始时间可以利用式（3-45）和式（3-46）计算。

$$LF_i = EF_i + TF_i \tag{3-45}$$

$$LS_i = ES_i + TF_i \tag{3-46}$$

本例中工作最迟必须完成时间和最迟必须开始时间计算结果见图 3-49。

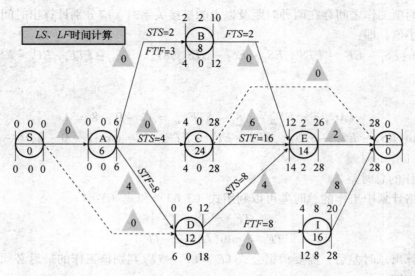

图 3-49 *LS*、*LF* 计算结果

5. 确定关键线路

同前述简单的单代号网络计划一样，可以利用相邻两项工作之间的时间间隔来判定关键线路。即从搭接网络计划的终点节点开始，逆着箭线方向依次找出相邻两项工作之间时间间隔为零的线路就是关键线路。关键线路上的工作即为关键工作，关键工作的总时差最小。

需要注意的是，在单代号搭接网络计划中，由于搭接关系的存在，关键线路上工作的持续时间总和不一定等于该网络计划的计算工期。本例中关键线路见图 3-50，即为 S—A—C—F。

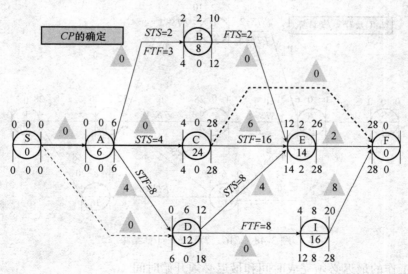

图 3-50 *CP* 的确定结果

总结：确定关键线路的方法有以下几种。

（1）在关键线路法中，总时差最小的工作为关键工作。特别地，当网络计划的计划工

期等于计算工期时，总时差为零的工作就是关键工作。找出关键工作之后，将这些关键工作首尾相连，便构成从起点节点到终点节点的通路，位于该通路上各项工作的持续时间总和最大（等于计算工期），这条通路就是关键线路。

（2）在双代号网络计划中，关键线路上的节点称为关键节点。关键工作两端的节点必为关键节点，但两端为关键节点的工作不一定是关键工作。关键节点的最迟必须时间与最早可能时间的差值最小。特别地，当网络计划的计划工期等于计算工期时，关键节点的最早可能时间与最迟必须时间必然相等。找出关键节点之后，将这些关键节点相连，便构成从起点节点到终点节点的通路，位于该通路上各项工作的持续时间总和最大（等于计算工期），这条通路就是关键线路。

（3）在双代号网络计划中，利用标号法可以确定关键线路。

（4）在单代号网络计划（包括单代号搭接网络计划）中，从网络计划的终点节点开始，逆着箭线方向依次找出相邻两项工作之间时间间隔为零的线路就是关键线路。

（5）时标网络计划中的关键线路可从网络计划的终点节点开始，逆着箭线方向进行判定。凡自始至终不出现波形线的线路即为关键线路。

第四节　网络计划优化

网络计划优化就是在满足既定的约束条件下（工期、成本或资源），按选定的目标（缩短工期、节约费用、资源平衡等），通过不断改进初始网络计划，寻找最优方案的过程。

根据计划任务的需要与资源供给条件约束，优化的目标分为工期目标、费用目标和资源目标，决定了网络计划优化的内容相应包括工期优化、费用优化和资源优化。

一、工期优化

工期优化，是指网络计划的计算工期不满足要求工期时，通过压缩关键工作的持续时间以满足工期目标（即计算工期不超出要求工期）的过程。

1. 工期优化的基本原理

网络计划工期优化是指在不改变网络计划中各项工作间逻辑关系的前提下，通过压缩涉及所有关键线路的一个或几个关键工作的持续时间，使所有关键线路的总持续时间减小相同的数值来实现优化目标。在工期优化过程中，按照经济合理的原则，不能将关键工作压缩成非关键工作。

2. 工期优化的步骤

工期优化一般按照下列步骤进行：

（1）计算初始网络计划的时间参数，找出计算工期和关键线路；

（2）按要求工期确定应缩短的时间，即：

$$\Delta T = T_c - T_r \tag{3-67}$$

式中，T_c——计算工期；

T_r——要求工期。

（3）确定应缩短的关键工作。选择压缩对象时，应该考虑压缩该对象的持续时间可能引起的对质量、安全、费用及资源供给的影响，具体来说，选择那些缩短持续时间对质量和安全影响不大的工作，有充足备用资源的工作，缩短持续时间所需增加费用最少的工作。

（4）确定关键工作能缩短的持续时间。保证关键工作缩短的持续时间就是工期缩短的时间，所以，按照经济合理的原则，不得将关键工作压缩成非关键工作。

（5）计算调整后的网络计划计算工期，当不满足要求工期时，则重复（2）、（3）、（4），直至计算工期满足要求工期或计算工期不能再缩短为止。

3. 工期优化示例

已知某双代号网络计划如图 3-51 所示，A、B、C、D、E、H、I、G 代表工作名称。图中箭线下方括号外数字为工作的正常持续时间，括号内数字为最短持续时间；箭线上方括号内数字为优选系数，选择关键工作压缩其持续时间，应选择优选系数最小的关键工作，若需要同时压缩几个关键工作的持续时间，则它们的优选系数之和最小者为首选压缩对象。该工程合同工期为 15 个月，试进行工期优化。

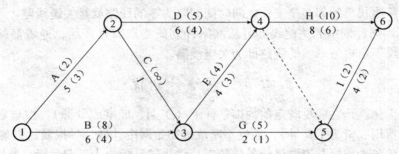

图 3-51　初始网络计划

解：本题要求工期 $T_r = 15$ 个月。

第一步，根据各项工作的正常持续时间，用标号法确定该网络计划的计算工期和关键线路。如图 3-52 所示。

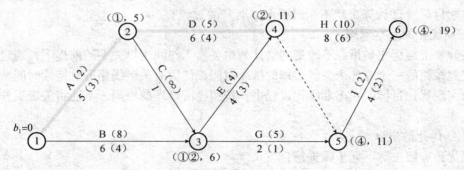

图 3-52　初始网络计划中的关键线路

$T_c = 19$；CP：①-②-④-⑥。

第二步，计算应缩短的时间 $\Delta T = T_c - T_r = 19 - 15 = 4$

第三步，确定应缩短的关键工作。

可行方案：（1）压缩工作 1-2（A），优选系数为 2*；

　　　　　　（2）压缩工作 2-4（D），优选系数为 5；

　　　　　　（3）压缩工作 4-6（H），优选系数为 10。

172

因此，优先选择方案（1），即压缩1-2（A）工作，使 $D'_{1-2}=3$。

第四步，确定关键工作能缩短的持续时间。工作1-2（A）缩短2周，$D'_{1-2}=3$，用标号法确定该网络计划的计算工期和关键线路。如图3-53所示。此时工作A压缩为为非关键工作，故将其持续时间3延长为4，使之恢复为关键工作。

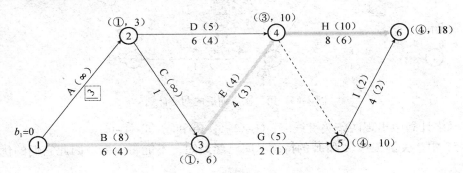

图 3-53 工作 A 压缩最短时的关键线路

工作A恢复为关键工作后，网络计划中出现两条关键线路：①-②-④-⑥和①-③-④-⑥，如图3-54所示。

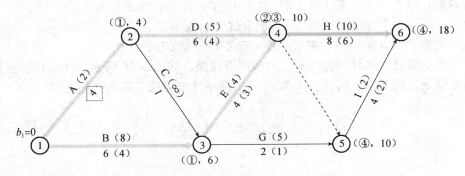

图 3-54 第二次压缩后的网络计划

第五步，计算调整后的网络计划计算工期。第一次优化后的计算工期为18，仍大于要求工期15。

第六步，因为需继续压缩：$\Delta = 18 - 15 = 3$，因此进行第二次优化。

关键线路：①-②-④-⑥和①-③-④-⑥。

可行方案：（1）压缩工作1-2（A）和1-3（B）组合优选系数为 $2+8=10$；

（2）压缩工作1-2（A）和3-4（E）组合优选系数为 $2+4=6^*$；

（3）压缩工作1-3（B）和2-4（D）组合优选系数为 $8+5=13$；

（4）压缩工作2-4（D）和3-4（E）组合优选系数为 $5+4=9$；

（5）压缩工作4-6（H）优选系数为10。

因此，优先选择方案（2），即将工作1-2（A）、和3-4（E）同时压缩1个月。用标号法确定该网络计划的计算工期和关键线路。如图3-55所示。

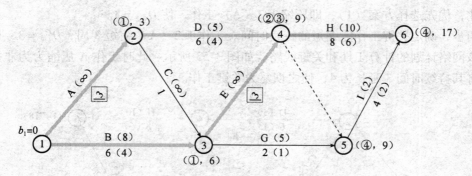

图 3-55   第二次压缩后的网络计划

此时网络计划中出现两条关键线路：①-②-④-⑥和①-③-④-⑥。

图 3-55 中，关键工作 A 和 E 的持续时间已经最短，不能再压缩，因此它们的优选系数变为无穷大。

因为第二次优化后的计算工期为 17，仍大于要求工期 15。

第七步，因为需继续压缩：$\Delta = 17 - 15 = 2$，因此进行第三次优化。

关键线路：①-②-④-⑥和①-③-④-⑥。

可行方案：（1）压缩工作 1-3（B）和 2-4（D）组合优选系数为 8 + 5 = 13；

　　　　　　（2）压缩工作 4-6（H）组合优选系数为 10。

因此，优先选择方案（2），即将工作 4-6（H）压缩 2 个月。

用标号法确定该网络计划的计算工期和关键线路。如图 3-56 所示。此时计算工期为 15 个月，满足要求工期要求，因此，图 3-56 所示网络计划为该工程的优化方案。

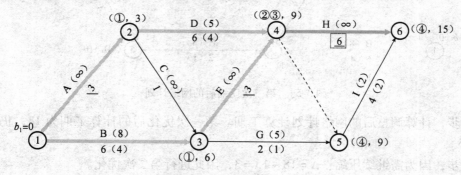

图 3-56   工期优化后的网络计划

二、资源优化

资源是指为完成一项计划任务所需投入的人力、材料、机械设备和资金等。完成一项工程任务所需要的资源数量不可能通过资源优化而减少，因此，资源优化的目的是通过改变工作的开始时间和完成时间，使资源按照时间的分布符合优化目标。

资源优化的前提条件：

①优化过程不改变网络计划中各项工作之间逻辑关系；

②优化过程不改变网络计划中各项工作的持续时间；

③网络计划中各项工作的资源强度 r_{i-j}（单位时间内所需的资源数量）为合理常数；

④除规定可中断的工作外，网络计划中各项工作应保持连续性，一般不能中断；

⑤为简化计算，假定网络计划中的所有工作需要同一种资源。

资源优化分为两种，一是"资源有限，工期最短"优化，二是"工期固定，资源均衡"优化。

（一）"资源有限，工期最短"的优化

"资源有限，工期最短"，就是通过调整计划安排，在资源需用量（$R_t = \sum r_{i-j}$）满足资源限量 R_a 的条件下，利用工作时差，改变某些工作的最早可能开始时间，使工期延长最少。

1. 优化步骤

"资源有限，工期最短"一般按照下列步骤进行：

①按照工作的最早可能开始时间，绘制时标网络图，计算网络计划每个时间的资源需用量（$R_t = \sum r_{i-j}$）；

②从计划开始时点起，逐时段（每个时间单位资源需用量相同的时段）检查，当出现 $R_t > R_a$ 时，作为调整时段；

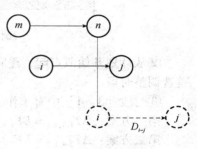

图 3-57

③对调整时段平行工作重新安排（改变某些工作的开始时间），以图 3-57 中的工作 $m-n$、$i-j$ 为例，说明计算各方案工期延长值原理：

$$\Delta T_{m-n,i-j} = EF_{m-n} + D_{i-j} - LF_{i-j} = EF_{m-n} - (LF_{i-j} - D_{i-j}) = EF_{m-n} - LS_{i-j}$$
$$= EF_{m-n} - (ES_{i-j} + TF_{i-j}) \tag{3-68}$$

对于资源有冲突的时段，对平行工作进行两两排序，即可得出若干个 $\Delta T_{m-n,i-j}$，选择 $\min \Delta T_{m-n,i-j} = \min (EF_{m-n} - LS_{i-j})$ 作为调整方案，将相应的 $i-j$ 工作安排在 $m-n$ 工作后进行，既可以降低该时段的资源需用量，又使网络计划的计算工期延长最短。

④对调整后的网络计划重新计算每个时间的资源需用量。

⑤重复以上步骤，直到调整后的网络在整个工期范围的所有时间段内的资源需用量（$R_t = \sum r_{i-j}$）满足资源限量（R_a）为止。

2. 优化示例

已知某工程时标网络计划如图 3-58 所示，图中箭线上方的数字为工作的资源强度，各工作的持续时间见时标。假定资源限量 $R_a = 12$，试对其进行"资源有限，工期最短"的优化。

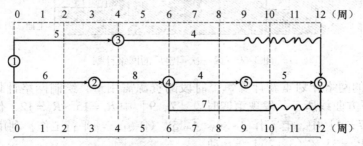

图 3-58　初始网络计划

解：①计算网络计划每个时段的资源需求量，绘制网络计划的资源动态曲线，见图 3-59。

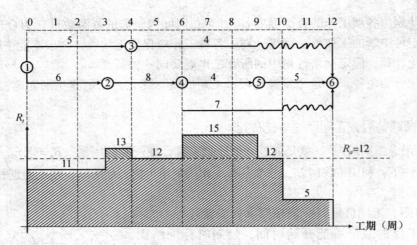

图 3-59 初始网络计划的资源动态曲线

②从计划开始节点起，逐时段检查，发现第二时段［3，4］中 $R_t = 13 > R_a = 12$，作为首选调整时段。

③时段［3，4］中有工作①-③、②-④两项平行工作，利用上式计算 ΔT：

第一方案：$\Delta T_{1\text{-}3,2\text{-}4} = EF_{1\text{-}3} - (ES_{2\text{-}4} + TF_{2\text{-}4}) = 4 - (3 + 0) = 1$

第二方案：$\Delta T_{2\text{-}4,1\text{-}3} = EF_{2\text{-}4} - (ES_{1\text{-}3} + TF_{1\text{-}3}) = 6 - (0 + 3) = 3$

取 $\Delta T_{m\text{-}n,i\text{-}j} = \min(\Delta T_{1\text{-}3,2\text{-}4}, \Delta T_{2\text{-}4,1\text{-}3}) = \min(1, 3) = 1$。即选第一方案作为调整方案。也就是把工作②-④安排在工作①-③之后进行，此时工期延长最短，延长值为 1。绘制调整后的网络计划图，见图 3-60。

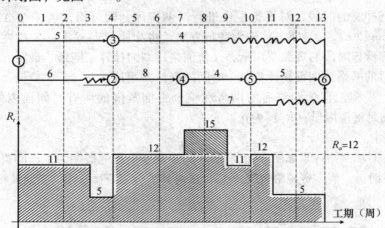

图 3-60 第一次调整后的网络计划

④对调整后的网络计划重新计算每个时段的资源需用量，绘制网络计划的资源动态曲线，见图 3-60 下方曲线所示。发现第四时段［7，9］中 $R_t = 15 > R_a = 12$，作为调整时段。

⑤在时段［7，9］中，有工作③-⑥、④-⑤、④-⑥三项平行工作，利用上式计算 ΔT：

可行方案：$P_3^2 = 3! / (3-2)! = 6$ 种

最佳排列标准：

$$\min\Delta T_{m\text{-}n,i\text{-}j} = \min(EF_{m\text{-}n} - LS_{i\text{-}j}) = \min(EF_{m\text{-}n}) - \max(LS_{i\text{-}j})$$

176

可知仅当 $\min(EF_{m-n})$，和 $\max(LS_{i-j})$ 同时存在时的 $\Delta T_{m-n,i-j}$ 最小。

因为，$EF_{3-6}=9$；$EF_{4-5}=10$；$EF_{4-6}=11$；$LS_{3-6}=8$；$LS_{4-5}=7$；$LS_{4-6}=9$。

所以，$\min\Delta T_{m-n,i-j}=\Delta T_{3-6,4-6}=EF_{3-6}-LS_{4-6}=9-9=0$

即把工作④-⑥安排在工作③-⑥之后进行，此时工期不延长（此时 $\Delta T=0$）。

绘制调整后的网络计划图，见图 3-61。

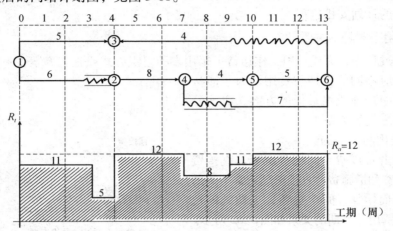

图 3-61　优化后的网络计划

⑥对调整后的网络计划重新计算每个时间的资源需用量，绘制网络计划的资源动态曲线，见图 3-61 下方曲线所示。发现整个工期范围的所有时间段内的资源需用量（$R_t = \sum r_{i-j}$）均满足资源限量（R_a），因此所示方案为最优方案，最短工期为 13 周。

（二）"工期固定，资源均衡"的优化

"工期固定，资源均衡"，就是通过调整计划安排，在工期保持不变的情况下，使资源需求量尽可能均衡。

工程项目的建设过程是不均衡的生产过程，对资源的种类、用量的需求等常常会有很大的变化。通过利用网络计划中非关键工作时差对资源计划进行调整（削峰填谷），尽量减少资源需用量的波动，使资源连续均衡分布。

"工期固定，资源均衡"的优化方法有：方差值最小法、极差值最小法、削峰填谷法等。

优化过程中一般会遇到以下资源均衡性（量化）指标。

1. 均方差值：$\sigma^2 = \dfrac{1}{T}\sum_{t=1}^{T} R_t^2 - R_{\mathrm{m}}^2$ 　　　　　　　　　　　　　　（3-69）

2. 极差值：$\Delta R = \max(\mid R_t - R_{\mathrm{m}}\mid)$ 　　　　　　　　　　　　　　　（3-70）

3. 不均衡系数：$K = R_{\max}/R_{\mathrm{m}}$ 　　　　　　　　　　　　　　　　　　（3-71）

式中，σ^2——资源需用量方差值；

　　　ΔR——资源需用量极差值；

　　　K——资源需用量不均衡系数；

　　　T——网络计划的计算工期；

　　　R_t——第 t 个时间单位的资源需用量；

　　　R_{m}——资源需用量的平均值；

　　$R_{\max}$——工期内某时间单位的资源需用量最大值。

工程管理过程中，可以选择某一方法进行"工期固定，资源均衡"的优化，各种方法的计算均较为繁杂，应用时可参考《工程网络技术规程》JGJ/T 121—1999，此处不详述。

三、费用优化

费用优化又称工期—成本优化，是指寻求工程总成本最低时的工期安排，或按要求工期寻求最低成本的计划安排过程。

（一）费用与时间的关系

工程建造过程中，完成一项工作通常可采用多种组织方式或施工方案，不同的组织方式或施工方案对应不同的工期与费用，为了能从多种施工方案中选择成本最低的方案，应该分析费用与时间之间的关系。

1. 工程费用与工期的关系

工程费用由直接费与间接费组成。直接费包括直接工程费和措施费，直接费随正常工期的缩短（赶工）而增加。间接费随着工期的缩短而减少。工程费用与工期的关系如图3-62所示。

2. 工作直接费与持续时间的关系

网络计划的工期取决于关键工作的持续时间，为了进行工期成本优化，就必须分析网络计划中各项工作的直接费与持续时间的关系，它同样也是工期成本优化的基础。工作的直接费与持续时间的关系类似于工程直接费与工期的关系，为了便于分析，工作的直接费与持续时间的关系近似认为是线性关系，如图3-63所示。

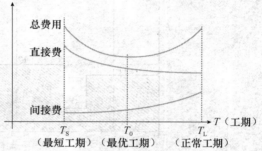

图 3-62　工程费用与工期的关系

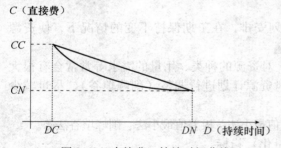

图 3-63　直接费—持续时间曲线

DN—工作的正常持续时间；
CN—按正常持续时间完成工作时的直接费；
DC—工作的最短持续时间；
CC—按最短持续时间完成工作时的直接费

定义，工作 $i-j$ 的持续时间每缩短一个单位增加的直接费称作工作 $i-j$ 直接费用率。即：

$$\Delta C_{i-j} = \frac{CC_{i-j} - CN_{i-j}}{DN_{i-j} - DC_{i-j}} \quad (3-72)$$

式中，ΔC_{i-j}——工作 $i-j$ 直接费用率；

CC_{i-j}——按最短持续时间完成工作 $i-j$ 时的直接费；

CN_{i-j}——按正常持续时间完成工作 $i-j$ 时的直接费；

DN_{i-j}——工作 $i-j$ 的正常持续时间；

DC_{i-j}——工作 $i-j$ 的最短持续时间。

分析式（3-72）可知，在压缩关键工作的持续时间已达到缩短工期的目的时，应该选择直接费用率最小的工作。当出现多条关键线路而需同时压缩多个关键工作的持续时间时，应该选择组合直接费用率最小者。

（二）费用优化的步骤

费用优化依照下列步骤进行：

1. 按工作正常持续时间确定计算工期及关键线路。

2. 按照式（3-72）计算各项工作的直接费用率。

3. 确定压缩对象，即确定为缩短工期要压缩持续时间的一个或若干个关键工作。

4. 对于选定的压缩对象，比较直接费用率或组合直接费用率与工程间接费用率的关系。

（1）如果被压缩对象的直接费用率或组合直接费用率大于工程间接费用率，说明压缩该对象的持续时间将增加工程总费用，应停止压缩该工作。

（2）如果被压缩对象的直接费用率或组合直接费用率等于工程间接费用率，说明压缩该对象的持续时间不会增加工程总费用，可以压缩该工作的持续时间。

（3）如果被压缩对象的直接费用率或组合直接费用率小于工程间接费用率，说明压缩该对象的持续时间将降低工程总费用，可以压缩该工作的持续时间。

5. 当需要缩短关键工作的持续时间时，其缩短值的确定必须符合下列两条原则：

（1）压缩后的工作的持续时间不能小于其最短持续时间；

（2）不能将关键工作压缩成非关键工作。

6. 计算关键工作持续时间缩短后对应的总费用；

7. 重复上述 3～6，直至计算工期满足要求工期，或被压缩对象的直接费用率或组合直接费用率大于工程间接费用率为止。

（三）费用优化示例

已知网络计划如图 3-64 所示，箭线下方括号外数字为工作的正常持续时间，括号内数字为工作的最短持续时间；箭线上方括号外数字为正常持续时间时的直接费，括号内数字为最短持续时间时的直接费。费用单位为千元，时间单位为周。如果工程间接费率为 0.8 万元/周，则最低工程费用时的工期为多少周？

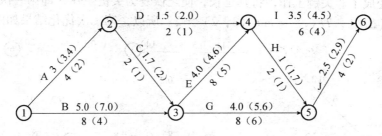

图 3-64　初始网络计划

解：该网络计划的费用优化步骤如下：

根据各项工作的正常持续时间，用标号法确定网络计划的计算工期和关键线路，计算各项工作的直接费用率并标注在图中，箭线上方。如图 3-65 所示。

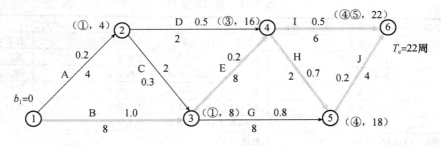

图 3-65　初始网络计划中的参数与关键线路

179

该网络计划的费用优化步骤如下：

（1）第一次优化，见表3-10。

表3-10　第一次优化

关键线路为：①-③-④-⑥；①-③-④-⑤-⑥				
备选方案	压缩工作	（组合）直接费率	费率差	方案可行否
（1）	1-3	$\Delta C = 1.0$	0.2	否
（2）	3-4	$\Delta C = 0.2$	-0.6	可行
（3）	4-5 + 4-6	$\Delta C = 0.7 + 0.5 = 1.2$	0.4	否
（4）	4-6 + 5-6	$\Delta C = 0.5 + 0.2 = 0.7$	-0.1	可行
方案优劣顺序：（2）-（4）-（1）-（3）		最优方案：（2）		
第一次优化：工作3-4缩短3周，为$D'_{3-4} = 5$周，此时工作3-4被压缩成最短时间，结果见图3-66				

注：费率差 =（组合）直接费率 - 间接费率。

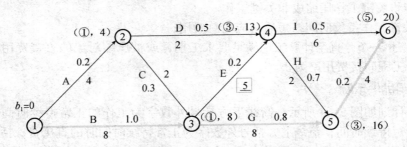

图3-66　工作3-4压缩最短时的网络计划

工作3-4变成了非关键工作，将其延长，使之恢复为关键工作，即第一次优化：
$$\Delta T = \min\ (\Delta D_{3-4},\ TF_{3-5}) = \min\ (3, 2) = 2。所以，第一次优化结果如图3-67所示。$$

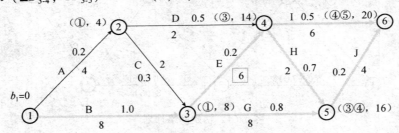

图3-67　第一次优化后的网络计划

（2）第二次优化，见表3-11。

表3-11　第二次优化

关键线路为：①-③-④-⑥；①-③-④-⑤-⑥；①-③-⑤-⑥				
备选方案	压缩工作	（组合）直接费率	费率差	方案可行否
（1）	1-3	$\Delta C = 1.0$	0.2	否
（2）	3-4, 3-5	$\Delta C = 0.2 + 0.8 = 1.0$	0.2	否
（3）	3-4, 5-6	$\Delta C = 0.2 + 0.2 = 0.4$	-0.4	可行
（4）	4-6, 5-6	$\Delta C = 0.5 + 0.2 = 0.7$	-0.1	可行
（5）	3-5, 4-5, 4-6	$0.8 + 0.7 + 0.5 = 2.0$	1.2	否
方案优劣顺序：（3）-（4）-（1）-（2）-（5）		最优方案：（3）		
第二次优化：工作3-4和5-6同时压缩1周，工作4-5被动变成非关键工作，结果见图3-68				

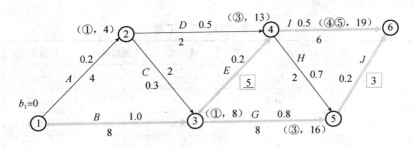

图 3-68 第二次优化后的网络计划

（3）第三次优化，见表 3-12。

表 3-12 第三次优化

关键线路为：①-③-④-⑥；①-③-⑤-⑥

备选方案	压缩工作	（组合）直接费率	费率差	方案可行否
（1）	1-3	$\Delta C = 1.0$	0.2	否
（2）	3-5，4-6	$\Delta C = 0.8 + 0.5 = 1.3$	0.5	否
（3）	4-6，5-6	$\Delta C = 0.5 + 0.2 = 0.7$	-0.1	可行
方案优劣顺序：（3）-（1）-（2）		最优方案：（3）		
第三次优化：工作 4-6 和 5-6 同时压缩 1 周，结果见图 3-69				

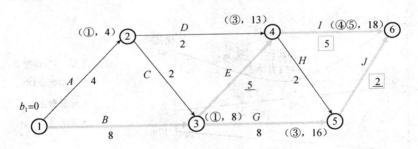

图 3-69 第三次优化后的网络计划

（4）第四次优化，见表 3-13。

表 3-13 第四次优化

关键线路为：①-③-④-⑥；①-③-⑤-⑥

备选方案	压缩工作	（组合）直接费率	费率差	方案可行否
（1）	1-3	$\Delta C = 1.0$	0.2	否
（2）	3-5，4-6	$\Delta C = 0.8 + 0.5 = 1.3$	0.5	否
方案优劣顺序：（1）-（2）		最优方案：无		
结论：图 3-69 为最优方案				

（5）优化汇总表，见表3-14。

表3-14　优化汇总

缩短次数	被缩短工作	（组合）直接费率	费率差	缩短时间	费用变化	对应工期
0	—	—	—	—	—	22 周
1	3-4	0.2	-0.6	2	-1.2	20 周
2	3-4；5-6	0.4	-0.4	1	-0.4	19 周
3	4-6；5-6	0.7	-0.1	1	-0.1	T^*=18 周
4	1-3	1.0	0.2	—	—	—

（6）优化前后费用计算与对比，见表3-15 和图3-70。

表3-15　优化前后费用计算与对比

项目 内容	直接费（万元）	间接费（万元）	总费用（万元）	工期（周）
优化前	26.2	17.6	43.8	22
优化后	27.7	14.4	42.1	18
优化前后对比	增加1.5	减少3.2	减少1.7	缩短4

注：优化前直接费 = 3 + 1.5 + 5 + 1.7 + 4 + 4 + 3.5 + 1 + 2.5 = 26.2（万元）；
　　优化后直接费 = 3 + 1.5 + 5 + 1.7 + 4 + 4 + 3.5 + 1 + 2.5 + 0.2 × 2 + 0.4 + 0.7 = 27.7（万元）。

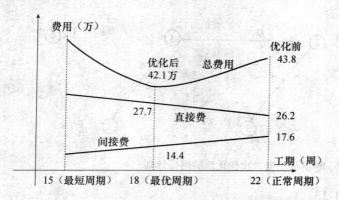

图3-70　优化前后费用对比

<h2 align="center">第五节　工程进度计划执行中的管理</h2>

　　在项目实施过程中，由于受到事先难以准确预料因素的干扰，往往造成实际进度与计划进度产生偏差，如果偏差得不到及时纠正，必将影响进度目标的实现。因此，在项目进度计划的执行过程中，必须采取可靠的监测手段不断发现问题，并采用行之有效的进度调整方法及时纠正偏差，这对保证工程进度目标的实现具有现实意义。

　　进度计划执行中的管理工作主要包括：检查并掌握工程实际进展情况，分析产生进度偏差的主要原因，确定相应的纠偏措施或调整方法。

一、实际进度检测与调整的系统过程

在项目实施过程中，监理工程师要对进度计划进行的动态管理。进度计划执行中的动态管理系统如图 3-71 所示。该动态管理系统中的主要工作包括：

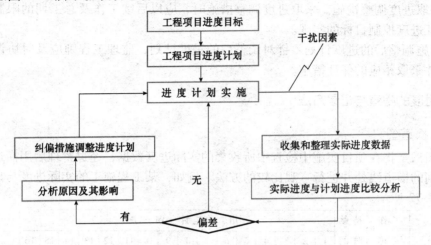

图 3-71　进度计划执行中的动态管理系统

（1）进度计划执行中的跟踪检查

跟踪检查的主要工作是定期收集反映实际工程进度的有关数据，并且确保数据的完整、准确，为科学的决策奠定基础。监理工程师应认真做好以下工作：

①经常定期地收集进度报表资料。进度报表必须由施工单位按照规定的时间报送监理工程师。

②监理人员常驻现场，检查进度计划的实际执行情况。

③定期召开现场会议，了解实际进度情况、协调有关方面的进度。

（2）整理、统计和分析收集的数据

对收集的数据要进行整理、统计和分析，形成与计划进度有可比性的数据。例如，累计完成工程量、累计完成的百分比等。

（3）实际进度与计划进度对比

实际进度与计划进度对比是将实际进度的数据与计划进度的数据进行比较。通常可以利用表格和图形等方法，从而得出实际进度比计划进度拖后、超前或一致的结论。

（4）进度计划的调整

在项目进度监测过程中，一旦发现实际进度与计划进度不符，即出现进度偏差时，监理工程师应认真分析偏差产生的原因及对后续工作和总工期的影响，并采取合理的调整措施，确保进度总目标的实现。

其具体过程如下：

1）分析进度产生偏差的原因。为了调整进度，监理工程师应深入现场进行调查，分析产生偏差的原因。

2）分析偏差对后续工作和总工期的影响。在查明产生偏差的原因之后，要分析偏差对后续工作和总工期的影响，确定是否需要进行进度进化调整。

3）确定影响后续工作和总工期的限制条件。在分析偏差对后续工作和总工期的影响并需要采取一定的调整措施后，应当确定进度可调整的范围。它通常与签订的承包合同有关，需认真分析，防止承包单位提出索赔。

4）采取进度调整措施。采取进度调整措施时，应以后续工作及总工期的限制条件为依据，并保证进度控制目标的实现。

5）实施调整后的进度计划。针对调整后的进度计划，监理工程师应及时协调有关单位的关系，并采取相应的保证措施。

二、进度的检查与记录方法

（一）横道图法

横道图法是将在项目实施中检查中所收集的实际进度数据，经过整理后用横道线平行记录在原计划的横道线处并进行直观比较的方法。例如，某工程施工的实际进度与计划进度比较，如图3-72所示。

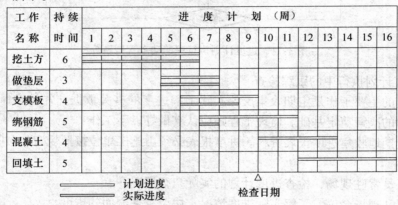

图 3-72　实际进度与计划进度的比较

从图中实际进度与计划进度的比较可以看出，到第9周末进行实际进度检查时，挖土方和做垫层两项工作已经完成；支模板按计划也应该完成，但实际只完成75%，任务量拖欠25%；绑钢筋按计划应该完成60%，但实际只完成20%，任务量拖欠40%。

据工程项目中各项工作的实际进展是否匀速，横道图法可分为匀速进展横道图法和非匀速进展横道图法。

（1）匀速进展横道图法

匀速进展是指在工程项目中，每项工作在单位时间内完成的任务量相等。此时，每项工作累计完成的任务量与时间呈现图3-73所示的线性关系。

在各项工作匀速进展情况下，其横道图法的工作步骤如下：

第一步，编制横道图进度计划。

第二步，在进度计划上标注检查日期。

第三步，将检查收集的实际进度数据，按比例用涂黑的粗线标于计划进度线的下方，如图3-74所示。

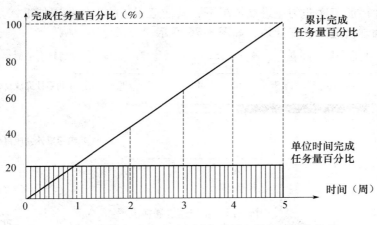

图 3-73　工作匀速进展时实际完成任务量与时间的关系

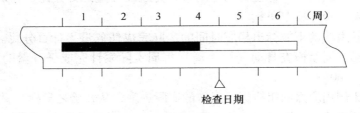

图 3-74　匀速进展横道图

第四步，对比实际进度与计划进度，如果涂黑粗线的右端落在检查日期的右侧，则实际进度超前，否则属于拖后。

（2）非匀速进展横道图法

非匀速进展是指在工程项目中，每项工作在单位时间内完成的任务量不相等。此时，每项工作累计完成的任务量与时间将呈现出非线性关系。

下面结合例题 3-1，介绍各项工作在非匀速进展情况下，其横道图法的工作步骤。

【例 3-1】某工程项目的钢筋绑扎工序按计划 7 周完成，每周计划完成的任务量如图 3-75 所示。

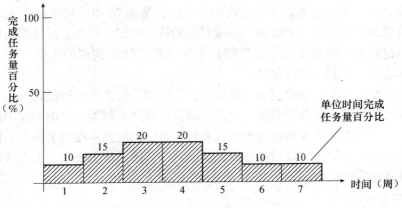

图 3-75　钢筋绑扎工序计划完成工作量与时间的关系

解：在绑扎钢筋工序非匀速进展情况下，其横道图法的工作步骤如下：

第一步，编制横道图进度计划，如图 3-76 所示。

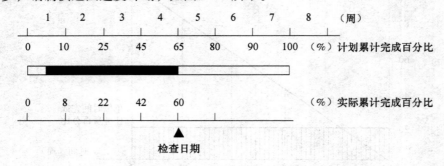

图 3-76 非匀速进展横道图

第二步，在横道线的上方标注每周计划累计完成任务量的百分比，分别为 10%，25%，45%，65%，80%，90% 和 100%。

第三步，在横道线的下方标出相应时间的实际完成任务量累计百分比。例如图 3-76 在横道线下方标出第 1 周至检查日期（第 4 周）每周实际累计完成任务量的百分比，分别为 8%、22%、42%、60%。

第四步，按比例用涂黑的粗线标注工作的实际进度，从开始之日标起，同时反映出该工作在实施过程中的连续与间断状况；图 3-76 表明，该工作实际开始时间晚于计划开始时间，在开始后连续工作，没有中断。

第五步，通过比较同一时刻实际完成任务量累计百分比和计划完成任务量累计百分比，判断工作实际进度与计划进度之间的关系：

①如果同一时刻横道线上方累计百分比大于横道线下方累计百分比，表明实际进度拖后，拖欠的任务量为二者之差；

②如果同一时刻横道线上方累计百分比小于横道线下方累计百分比，表明实际进度超前，超前的任务量为二者之差；

③如果同一时刻横道线上下方两个累计百分比相等，表明实际进度与计划进度一致。从图 3-76 中可以看出，该工作在第一周至第四周末每周累计拖后分别为 2%、3%、3% 和 5%。

可以看出，由于工作进展速度是变化的，因此，图 3-76 中的横道线，无论是计划的还是实际的，只能表示工作的开始时间、完成时间和持续时间。此外，采用非匀速进展横道图法，不仅可以进行某一时刻（如检查日期）实际进度与计划进度的比较，而且还能进行某一时间段实际进度与计划进度的比较。

该方法具有使用简单、形象直观、使用方便等优点。但由于这种比较方法以横道计划为基础，仍不能克服横道图中各项工作之间的逻辑关系表达不明确，关键工作和关键线路无法确定的缺点。一旦某些工作实际进度出现偏差时，难以预测其对后续工作和工程总工期的影响，也就难以确定相应的进度计划调整方法。因此，横道图法主要用于工程项目中局部工作实际进度与计划进度的比较。

（二）S 形曲线法

一般而言，项目资源投入量与完成的任务量在开始、结束阶段较少，中间阶段较高，即呈现"中间高、两头低"的态势,见图3-77 (a)。其累加以后则呈S形变化,如图3-77 (b) 所示,故名"S形曲线法"。S形曲线法是以横坐标表示时间、以纵坐标表示累计完成的任务量,绘制出一条按计划时间排列的累计完成任务量的S形曲线,然后将项目实施过程中各个检查时间实际完成任务量的S形曲线也绘制于同一坐标系中,通过实际进度与计划进度的对比分析来发现偏差的方法。

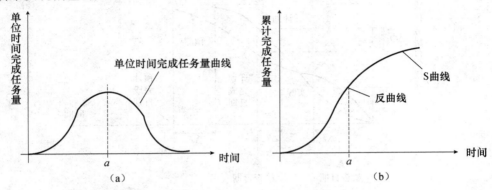

图3-77 时间与完成任务量的关系曲线

1. S形曲线的绘制

举例说明S形曲线的绘制步骤。某土方工程的工程量为10000m³,要求在10天内完成,其每天计划完成的工程量见表3-16。

表3-16 土方工程的工程量汇总

时间(天)	1	2	3	4	5	6	7	8	9	10
每日计划量(m³)	200	600	1000	1400	1800	1800	1400	1000	600	200
累计计划量(m³)	200	800	1800	3200	5000	6800	8200	9200	9800	10000

本例S形曲线的绘制步骤如下:

(1) 确定单位时间计划完成的任务量。

(2) 确定不同时间累计完成的计划任务量。

(3) 根据累计完成的计划任务量绘制S形曲线,见图3-78。

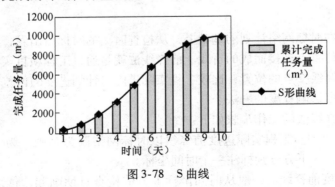

图3-78 S曲线

2. S形曲线的应用

S形曲线主要应用于实际进度与计划进度的比较,在项目实施过程中,将根据规定检查时间收集到的实际累计完成任务量绘制出的 S 形曲线，与计划进度 S 形曲线绘制在同一张图上，见图 3-79。通过实际进度 S 形曲线与计划进度 S 形曲线的比较，可以获得工程项目的如下信息：

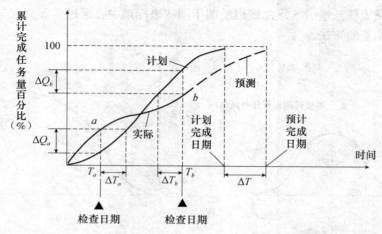

图 3-79 S 形曲线的应用

（1）实际进度与计划进度的关系。如果工程实际进展点落在计划 S 形曲线的左侧，则表明实际进度比计划进度超前，如图 3-79 中的 a 点；如果工程实际进展点落在计划 S 形曲线的右侧，则表明实际进度拖后，如图 3-79 中的 b 点；如果工程实际进展点正好落在计划 S 形曲线上，则实际进度与计划进度一致。

（2）实际进度超前或拖后的时间。例如，在图 3-79 中，ΔT_a 表示 T_a 时刻实际进度超前的时间，ΔT_b 表示 T_b 时刻实际进度拖后的时间。

（3）实际超额或拖欠的任务量。例如，ΔQ_a 表示 T_a 时刻实际进度超前完成的任务量，ΔQ_b 表示 T_b 时刻实际进度拖后的拖欠任务量。

（4）后期工程进度预测。如果后期工程按原进度计划进行，则可做出后期工程计划 S 形曲线。例如，根据图 3-79 中的虚线，可以确定工期拖延的预测值 ΔT。

（5）形成香蕉形曲线。利用最早时间（ES）、最迟时间（LS）所对应的两条 S 形曲线可以形成香蕉形曲线，并据此在进度优化的基础上，合理安排施工进度。

（三）前锋线法

前锋线，是指在时标网络计划的基础上，从检查时刻的时标点出发，用点画线依次将各项工作的实际进展位置点连接而成的折线。前锋线法就是通过工程项目实际进度前锋线与原进度计划中各工作箭线交点的位置，比较工程实际进度与计划进度的偏差，进而判定该偏差对后续工作及总工期影响程度的方法。

一般来讲，前锋线法的工作步骤如下：

1. 绘制时标网络图。工程实际进度前锋线以时标网络图为基础，为了清晰起见，通常在时标网络图的上方、下方分别标注一个时间坐标。

2. 绘制实际进度前锋线。一般从时间坐标上方的检查日期画起，依次连接相邻工作箭线的实际进度点，最后与下方坐标的检查日期相连接。其中，工作实际进展位置点可以采用两种方法进行标定：①假定各项工作均为匀速进展，并按检查时该工作已完成任务量占计划

188

完成总任务量的比例标定；②当某些工作的持续时间难以按实物工程量估算时，可按检查时刻到该工作全部完成尚需的作业时间进行标定。

3. 比较实际进度与计划进度前锋线可以直观地反映出实际进度与计划进度的关系，并可归纳为三种情况：①工作实际进度点的位置与检查日期的时间坐标相同，则该工作的实际进度与计划进度一致；②工作实际进度点的位置在检查日期的时间坐标的右侧，则该工作的实际进度超前，超前时间为两者之差；③工作实际进度点的位置在检查日期的时间坐标的左侧，则该工作的实际进度拖后，拖后时间仍为两者之差。

4. 预测进度偏差对后续工作及总工期的影响。根据工作的自由时差、总时差可以预测某项进度偏差对于后续工作及总工期的影响。一般来说，当偏差小于该工作的自由时差时，对工作计划无影响；当偏差大于自由时差小于总时差时，对后续工作的最早开工时间有影响，对总工期无影响；当偏差大于总时差时，对后续工作及总工期都有影响。

因此，前锋线法既适用于工作实际进度与计划进度的局部比较，还可用于分析、预测工程项目的总体进度情况。但是，上述比较是以匀速进展为背景的，对于非匀速进展情况，则要复杂得多。

【例3-2】某工程项目的时标网络计划如图3-80所示。该计划执行到第12天末时检查发现，工作A和工作B已经全部完成，工作D、工作E分别完成计划的20%、50%，工作C尚需3周完成。试用前锋线法分析其实际进度与计划进度。

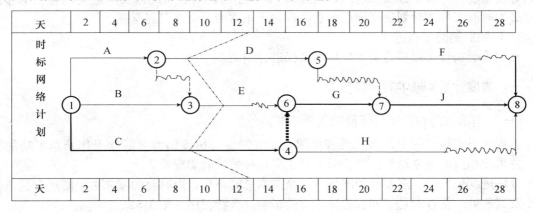

图3-80 某工程前锋线

解：根据第12天末实际进度的检查结果绘制前锋线（见图3-79）。通过比较分析可以发现：

1）工作D的实际进度拖后4天，将使其后续工作F的最早开始时间推迟4天，并使总工期延长2天。

2）工作E的实际进度拖后2天，但不影响其后续工作与总工期。

3）工作G的实际进度拖后4天，将使其后续工作G、工作H、工作J的最早开始时间推迟4天，并由于工作队J开始时间的推迟，使总工期延长4天。

4）如果不采取措施加快进度，该工程项目的总工期将推迟4天。

（四）香蕉曲线法

香蕉曲线是由两条S曲线组合而成的闭合曲线。由S曲线法可知，工程项目累计完成的任务量与计划时间的关系，可以用一条S曲线表示。对于一个工程项目的网络计划来说，如果以其中各项工作的最早可能开始时间安排进度而绘制 S 曲线，称为 ES 曲线；如果以其中各项工作的最迟必须开始时间安排进度而绘制 S 曲线，称为 LS 曲线。两条 S 曲线具有相同的起点和终点，因此，两条曲线是闭合的。在一般情况下，ES 曲线上的其余各点均落在 LS 曲线的相应点的左侧。由于该闭合曲线形似"香蕉"，故称为香蕉曲线，如图 3-81 所示。

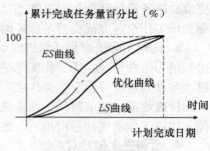

图 3-81　香蕉曲线

香蕉曲线法来源于 S 曲线，但是可以从香蕉曲线中获得比 S 曲线更多的信息，其主要作用表现在以下方面：

1. 为工程项目进度计划的制定提供依据

当工程项目中各项工作均按其最早可能时间安排进度，将导致工程项目投资增加；而当各项工作均按其最迟必须时间安排进度，则一旦受到进度影响因素的干扰，又会导致工期拖延。因此，科学合理的进度计划优化曲线应为在香蕉曲线所包络内，如图 3-81 所示。

2. 为工程项目实际进度与计划进度的比较服务

工程项目实际进度的理想状态是任一时刻工程实际进展点应落在香蕉曲线所包络内。如果工程实际进展点落在 ES 曲线左侧，表明此刻实际进度比各项工作按最早可能时间安排的计划进度超前；如果工程实际进展点落在 LS 曲线左侧，则表明此刻实际进度比各项工作按最迟必须时间安排的计划进度拖后。这些都是不正常的，应该引起重视。

3. 预测后期的工程进展

利用香蕉曲线可以对后期工程进展情况进行预测。

三、进度计划实施中的调整方法

（一）进度偏差对后续工作及总工期的影响分析

工程项目实施过程中，当出现进度偏差时，需要分析该偏差对后续工作及总工期的影响，并采取相应的进度调整措施，以确保工期目标的顺利实现。

分析进度偏差时，需要利用网络计划中工作总时差和自由时差的概念去判断进度偏差的大小及其所处的位置对总工期和后续工作的影响。分析程序见图 3-82。

1. 分析出现进度偏差的工作是否在关键线路上。如果出现进度偏差的工作位于关键线路上，即该工作为关键工作，则无论其偏差有多少，都将对后续工作和总工期产生影响，必须采取相应的调整措施；如果出现偏差的工作是非关键工作，则需要根据进度偏差值与总时差和自由时差的关系进一步分析。

2. 分析进度偏差是否超过总时差。如果工作的进度偏差大于该工作的总时差，则此进度偏差必将影响其后续工作和总工期，必须采取相应的调整措施；如果工作的进度偏差未超过该工作的总时差，则此进度偏差不影响总工期，至于对后续工作的影响程度，还需要根据偏差值与其自由时差的关系进一步分析。

3. 分析进度偏差是否超过自由时差。如果工作的进度偏差大于该工作的自由时差，则此进度偏差将对其后续工作产生影响，此时应根据后续工作的限制条件确定调整方法；如果工作的进度偏差未超过该工作的自由时差，则此进度偏差不影响后续工作，因此，原进度计划可以不作调整。

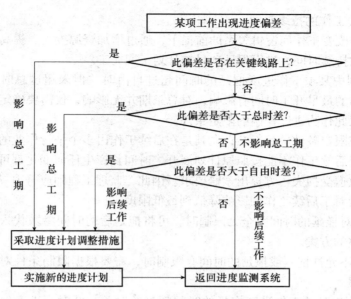

图 3-82　进度偏差对后续工作和总工期影响分析过程图

（二）进度计划的调整方法

通过进度偏差分析，识别进度偏差的影响程度，并以之为基础制定进度纠偏措施。当实际进度偏差影响到后续工作和总工期时需要调整进度计划时。

1. 网络计划中某项工作进度拖延时的调整方法

（1）改变某些工作间的逻辑关系

当实际进度偏差影响到总工期，并且有关工作的逻辑关系允许改变时，可以通过改变关键线路和非关键线路上有关工作之间的逻辑关系，达到缩短工期的目的。例如，将依次进行的工作改为平行作业、搭接作业以及分段组织的流水作业等。例如某工程如采用依次施工组织方式，工期为 39 天，见图 3-83；如分三段组织流水作业，双代号网络计划工期为 25 周，工期缩短 14 周。如图 3-84 所示。

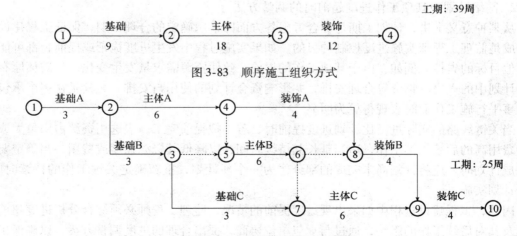

图 3-83　顺序施工组织方式

图 3-84　流水施工组织方式

（2）缩短相关工作的持续时间

该方法是在不改变工作间逻辑关系的前提下，通过增加资源投入、提高劳动生产率等措施缩短某些工作的持续时间，进而保证项目按计划工期完工。

（1）网络计划中某项工作进度拖延的时间超过自由时差但未超过总时差。此时，进度偏差仅对后续工作的最早开工时间有影响，对总工期并无影响，仅需要确定其后续工作允许拖延的时间，并以此作为进度控制的限定条件。

但是，确定该限定条件较为复杂，尤其是在后续工作由多个平行作业的承包单位负责实施的情况下，如果后续工作不能按照原计划展开，时间长产生任何变化都可能导致合同无法正常履行，并导致遭受损失一方提出索赔要求。因此，监理工程师应努力寻求合理的调整方案，并将进度拖延对于后续工作的影响降低到最低限度。

1）后续工作对拖延的时间完全无限制时，可将拖延后的时间参数代入原计划，并化简网络图，即为调整的方案。

2）后续工作不允许拖延或拖延的时间有限制时，需要根据限制条件对网络计划进行调整，寻求最优方案。

（2）网络计划中某项工作进度拖延的时间超过总时差。此时，进度偏差对于后续工作及总工期都有影响，监理工程师必须根据不同情况对进度计划做出调整：

1）项目总工期不允许拖延的，则运用工期优化的原理和方法，通过压缩关键线路上后续工作的持续时间来调整进度计划。

2）项目总工期允许拖延，则需以实际数据替代计划数据，并重新绘制检查日期之后的网络计划。

3）项目总工期允许有限时间的拖延的，且实际进度拖延的时间超过限制时，需要以总工期为限额，对于检查日期之后尚未实施的网络计划进行优化，即通过压缩关键线路上后续工作持续时间的方法使总工期满足规定的要求。当然，在上述过程中，不能忽略后续工作的限制条件，尤其是对于作为独立合同标段的后续工作。监理工程师应当充分考虑可能的协调、合同、索赔等因素，运用上述方法妥善地处理后续工作对于进度拖延的限制。

2. 网络计划中某项工作进度超前时的调整方法

从某种意义上讲，计划工期是综合考虑各方面因素后确定的合理工期，保证工程建设按期完成是监理工程师实施进度控制的目的。如果实施过程中发生进度拖延或提前，都可能导致其他目标的失控。例如，由于某项工作的提前、致使资源需求量发生变化，将破坏原有总进度计划中的人力、物资等合理安排，并影响资金计划的使用与安排，尤其是在多个承包单位从事平行施工作业时表现得更为明显。

当关键线路的实际进度比计划进度提前时，若不拟提前完工，应选用资源占用量大或者直接费用高的后续关键工作，适当延长其持续时间，以降低其资源强度或费用；当确定要提前完成计划时，应将计划尚未完成的部分作为一个新计划，重新确定关键工作的持续时间，按新计划实施。

因此，工程建设过程中如果出现进度提前的情况，监理工程师必须综合分析进度超前的原因及其对后续工作的影响，通过与承包单位协商，提出合理的进度调整方案，以确保工期总目标的顺利实现。

192

3. 增、减工作项目时进度计划的调整方法

增、减工作项目时的进度调整应符合下列规定：

1）不打乱原网络计划总的逻辑关系，只对局部逻辑关系进行调整；

2）在增减工作后应重新计算时间参数，分析对原网络计划的影响。当对工期有影响时，应采取调整措施，以保证计划工期不变。

4. 资源供应发生异常时进度计划的调整方法

当资源供应发生异常时，应采用资源优化方法对计划进行调整，或采取应急措施，使其对工期的影响最小。

网络计划的调整，可以定期进行，亦可根据进度检查的结果在必要时进行。

第六节　建设工程设计阶段的进度控制

设计进度对于工程施工、设备与材料供应乃至整个工程建设进度具有重要影响，监理单位如果承担了设计阶段的监理任务，必须采取有效措施对工程的设计进度进行控制，以确保项目按期交付使用。

一、影响设计进度的因素

工程设计工作属于多专业配合的智力劳动，影响其进度的因素很多，并可归纳为以下几个主要方面：

1. 建设意图及要求改变的影响

工程设计是按照建设单位的意图、要求而进行的。如果建设意图及要求发生改变，必然引起设计变更，进而影响设计进度。

2. 设计审批时间的影响

工程设计是分阶段进行的。如果前一阶段（如初步设计）的设计文件不能顺利得到有关方面的批准，必然影响到下一阶段（如施工图设计）的设计进度，进而影响整体设计进度。

3. 各专业协调配合的影响

工程设计作为一个多专业、多方面协调、配合的系统工程，必然受到建设单位、设计单位、监理单位、政府审批部门等有关单位，以及建筑、结构、电气、设备等各专业之间协作关系的直接影响。

4. 工程变更的影响

在建设过程中，发生工程变更是比较普遍的。尤其是当工程采用 CM 法实行分段设计、分段施工时，如果发生工程变更情况必将影响设计工作的进度。

5. 材料代用、设备选用失误的影响

材料代用或设备选用的失误将会导致原有工程设计失效并需重新设计，进而影响设计工作的进度。

二、设计进度控制的工作程序

监理单位接受委托进行工程设计监理时，应在项目监理机构中落实专门负责设计进度控制的人员，并按合同要求对设计工作进度进行严格的、动态的监控。设计阶段进度控制的主

要任务是出图控制，即通过采取有效措施使工程设计人员如期、优质地完成初步设计、技术设计、施工图设计等各阶段的设计工作，并提交相应的设计图样及说明书。

因此，监理工程师在设计工作开始之前，应审查设计单位编制的进度计划的合理性和可行性；在设计过程中，应定期检查设计工作的实际完成情况，并与计划进度进行比较分析；如果发现进度偏差，应在分析原因的基础上提出具体措施，如增加设计人员的数量、增加设计时间等，以加快设计工作进度；必要时应对原进度计划进行调整或修订。

监理工程师在三阶段设计过程中进行进度控制的工作流程如图 3-85 所示。

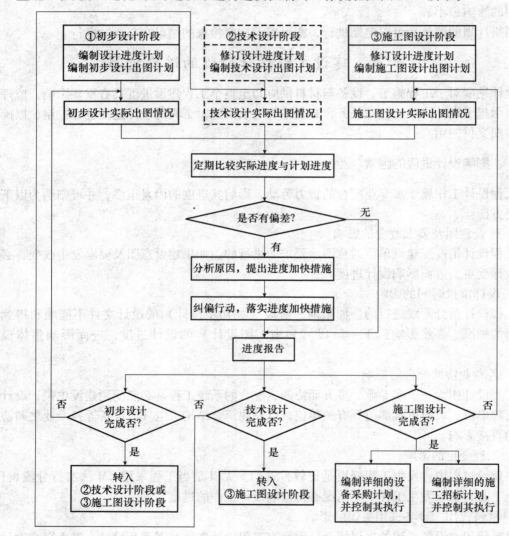

图 3-85　"三阶段设计"过程中进度控制的工作流程

三、建筑工程管理方法（CM，Construction Management）

建筑工程管理方法的特点是将工程设计分阶段进行，每阶段设计好之后就进行招标施工，并在全部工程竣工前，可将已完部分工程交付使用。这样，不仅可以缩短工程项目的建设工期，还可以使部分工程分批投产，以提前获得收益。传统的项目实施程序与建筑工程管理方法实施程序如图 3-86 与图 3-87 所示。

图 3-86　传统的项目实施程序

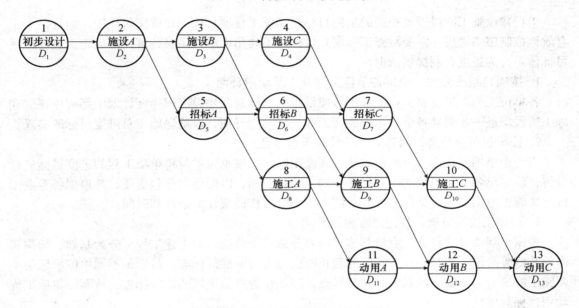

图 3-87　建筑工程管理方法实施程序

当采用建筑工程管理方法时，监理工程师不仅要负责设计方面的管理与协调工作，同时还有施工方面的监理职能。因此，监理工程师必须采取有效措施，使工程设计与施工协调进行，避免出现因设计进度拖延而导致施工进度受影响的情况，最终确保工程项目按期交付使用。

CM 的基本指导思想是缩短工程项目的建设周期，它采用快速路径（Fast-Track）的生产组织方式，特别适用于那些实施周期长、工期要求紧迫的大型复杂建设工程。建设工程采用 CM 承发包模式，在进度控制方面的优势主要体现在以下几个方面：

（1）由于采取分阶段发包，实现了有条件的"边设计、边施工"，使设计与施工能够合理充分地搭接，有利于缩短建设工期。

（2）监理工程师在建设工程设计早期即可参与项目的实施，使设计方案的施工可行性和合理性在设计阶段就得到考虑，从而可以减少施工阶段因修改设计而造成的实际进度拖后。

（3）为了实现设计与施工以及施工与施工的合理搭接，建筑工程管理方法将项目的进度安排看作一个完整的系统工程，一般在项目实施早期即编制供货期长的设备采购计划，并提前安排设备招标、提前组织设备采购，从而可以避免因设备供应工作的组织和管理不当而造成的工程延期。

第七节 建设工程施工阶段的进度控制

施工阶段是工程实体形成的阶段，该阶段的进度控制是建设工程进度控制的重点。监理工程师施工阶段进度控制的总任务是，在满足工程项目建设总进度计划要求的基础上，编制或审核施工进度计划，并对其进行动态控制，保证工程项目按期交付使用。

一、施工进度控制目标分解

工程建设施工阶段进度控制的最终目标是保证工程项目按期建成交付使用。而且，为了有效地控制施工进度，需要对施工进度总目标从不同角度进行层层分解，形成施工进度控制目标体系，为进度控制提供依据。

1. 按项目组成分解，确定各单位工程开工及动用日期

各单位工程的进度目标在工程项目建设总进度计划及建设工程年度计划中都有体现。在施工阶段应进一步明确各单位工程的开工和交工动用日期，以确保施工总进度目标的实现。

2. 按承包单位分解，明确分工条件和承包责任

当一个单项工程由多个承包单位负责施工时，应按承包单位将单项工程的进度目标进行分解，确定出各分包单位的进度目标，列入分包合同，以便落实分包责任，并根据各专业工程交叉施工方案和施工条件，明确不同承包单位工作面交接的条件和时间。

3. 按施工阶段分解，划定进度控制分界点

根据工程项目的特点，应将其施工内容分成几个阶段，如土建工程可分为基础、结构和内外装修等阶段。而且，每一阶段的起止时间都要有明确的标志，特别是不同单位承包的不同施工段之间，更要明确划定时间分界点，以此作为形象进度的控制标志，从而使单项工程动用目标具体化。

4. 按计划期分解，组织综合施工

将工程项目的施工进度控制目标按年度、季度、月（或旬）进行分解后，用实物工程量、货币工作量及形象进度表示，有利于监理工程师明确对各承包单位的进度控制要求，并据此监督、检查其实施情况。而且，划分的计划期越短、进度目标越细，进度跟踪就越及时，发生进度偏差时也就更能有效地采取纠正措施。

二、施工进度控制目标的确定

为了提高进度计划的预见性和进度控制的主动性，在确定施工进度控制目标时，必须通过全面细致地分析与工程项目进度有关的各种有利因素和不利因素，制订出科学、合理的进度控制目标。否则，进度控制也就失去了意义。

（一）确定施工进度控制目标的主要依据有：工程建设总进度目标对施工工期的要求，工期定额，类似工程项目的实际进度，工程难易程度和工作条件的落实情况等。

（二）在确定施工进度分解目标时，还要考虑以下情况：

1. 对于大型工程项目，应根据尽早提供可动用单元的原则，处理好前期动用与后期建设、每期工程中主体工程与辅助及附属工程的关系，集中力量分期分批建设，以便尽早投入使用，尽快发挥投资效益。

2. 合理安排土建与机电安装的综合施工。要按照各自的特点，合理安排土建施工与

设备基础、设备安装的先后顺序及搭接、交叉或平行作业，明确设备安装对土建工程的要求。

3. 结合工程的具体特点，参考同类工程建设的经验确定施工进度目标。避免因按主观愿望盲目确定进度目标，造成实施过程中的进度失控。

4. 做好资金供应能力、施工力量配备、物资（材料、构配件、设备）供应能力与施工进度需要的平衡工作，确保工程进度目标的实现。

5. 全面考虑外部协作条件的配合情况。包括施工过程中及项目竣工动用所需的水、电、气、通信、道路及其他社会服务项目的满足程度和满足时间，使之与有关项目的进度目标相协调。

6. 考虑工程项目所在地区地形、地质、水文、气象等方面的限制条件。

三、施工进度控制的内容

（一）施工进度控制的工作内容

监理工程师对施工进度的控制从审核承包单位提交的施工进度计划开始，直至工程项目保修期满为止。其主要工作内容有：

1. 编制施工进度控制工作细则

施工进度控制工作细则是在建设工程监理规划的指导下，由负责进度控制的监理人员编制的更具实施性、操作性的监理业务文件。其主要内容包括：

1）施工进度控制目标分解图。

2）施工进度控制的主要工作内容和深度。

3）进度控制人员的具体分工。

4）与进度控制有关各项工作的时间安排及工作流程。

5）进度控制的方法（包括进度检查日期、数据收集方式、进度报表格式、统计分析方法等）。

6）进度控制的具体措施（包括组织措施、技术措施、经济措施和合同措施）。

7）施工进度控制目标实现的风险分析。

8）尚待解决的有关问题。

2. 编制或审核施工进度计划

施工总进度计划应当明确分期分批的项目组成，各批工程项目的开工、竣工顺序及时间安排，全场性准备工程，尤其是首批准备工程的内容与进度安排等。对于大型工程项目，如果单项工程多、施工工期长，且采取分期分批分包又没有一个负责全部工程的总承包单位时，监理工程师应当负责编制施工总进度计划；或者当工程项目由若干个承包单位平行承包时，监理工程师也有必要编制施工总进度计划。

当工程项目有总承包单位时，监理工程师只需对总承包单位提交的施工总进度计划进行审核即可。

监理工程师对施工进度计划审核的主要内容有：

1）进度安排是否符合工程项目建设总进度计划中总目标和分目标的要求，是否符合施工合同中的开、竣工日期的规定。

2）施工总进度计划中的项目是否有遗漏，分期施工是否满足分批动用的需要和配套动用的要求。

3）施工顺序的安排是否符合施工程序的要求。

4）劳动力、材料、构配件、机具和设备的供应计划是否能保证进度计划的实现，供应是否均衡，需求高峰期是否有足够能力实现计划供应。

5）总包、分包单位分别编制的各项单位工程施工进度计划之间是否相协调，专业分工与计划衔接是否明确合理。

6）对于业主负责提供的施工条件（包括资金、施工图纸、施工场地、采供的物资等），在施工进度计划中安排得是否明确、合理，是否有造成因业主违约而导致工程延期和费用索赔的可能存在。

如果监理工程师在审查施工进度计划的过程中发现问题，监理工程师应及时向承包单位提出书面修改意见（也称整改通知书），并协助承包单位修改。其中重大问题应及时向业主汇报。

应当说明，编制和实施施工进度计划是承包单位的责任。承包单位之所以将施工进度计划提交给监理工程师审查，是为了听取监理工程师的建设性意见。因此，监理工程师对施工进度计划的审查或批准，并不解除承包单位对施工进度计划的任何责任和义务。对监理工程师来讲，其审查施工进度计划的主要目的是为了防止承包单位计划不当，以及为承包单位实现合同规定的进度目标提供帮助。如果强制地干预承包单位的进度安排，或支配施工中所需要劳动力、设备和材料，将是一种错误行为。

尽管承包单位向监理工程师提交施工进度计划是为了听取建设性的意见，但施工进度计划一经监理工程师确认，即应当视为合同文件的一部分，它是以后处理承包单位提出的工程延期或费用索赔的一个重要依据。

3. 按年、季、月编制工程综合计划

在按计划期编制的进度计划中，监理工程师应着重解决各承包单位施工进度计划之间、施工进度计划与资源（包括资金、设备、机具、材料及劳动力）保障计划之间的综合平衡与相互衔接问题。同时，根据上期计划的完成情况对本期计划作必要的调整，并将其作为承包单位近期执行的指令性计划。

4. 下达工程开工令

从发布工程开工令之日算起，加上合同工期后即为工程的竣工日期。而且，如果工程开工令的发布拖延，将推迟竣工时间，甚至可能引起承包商的索赔。因此，监理工程师应根据承包单位和建设单位有关工程开工的准备情况，选择合适的时机及时发布工程开工令。

为了检查双方的准备情况，通常召开由建设单位组织、承包单位及其他相关单位参加的第一次工地会议。此前，建设单位应按照合同规定，做好征地拆迁工作，及时提供施工用地，完成法律及财务方面的手续，以便能及时向承包单位支付工程预付款；承包单位应当将开工所需要的人力、材料及设备准备好，同时还要按合同约定为监理工程师提供工作条件。

5. 协助承包单位实施进度计划

监理工程师要随时了解施工进度计划执行过程中所产生的问题，并帮助承包单位予以解决，特别是承包单位无力解决的内外关系协调问题。

6. 监督施工进度计划的实施

作为监控施工进度的经常性工作，监理工程师不仅要及时检查承包单位报送的施工进度报表和分析资料，同时还要进行必要的现场实地检查、核实所报送的已完项目时间及工程量，杜绝虚报现象。

在对工程实际进度资料进行整理的基础上，监理工程师应将其与进度计划相比较，以判定实际进度是否出现偏差。如果出现进度偏差，监理工程师应进一步分析此偏差对进度目标的影响程度及其产生的原因，以便研究对策，并提出纠偏措施。必要时还应对后期工程进度计划作适当的调整。

7. 组织现场协调会

监理工程师应每月、每周定期组织召开不同层次的现场协调会，以解决施工过程中的相互协调配合问题。例如，各承包单位之间的进度协调问题，工作面交接和阶段成品保护责任，现场与公用设施利用中的矛盾问题，某一方断水、停电、堵路、开挖要求对其他方面影响的协调问题，资源保障、外部条件配合问题等。

在平行、交叉施工单位多，工序交接频繁且工期紧迫的情况下，现场协调会甚至需要每日召开。而且，在会上通报、检查当天的工程进度，确定薄弱环节，部署当天工作，以便为次日正常施工创造条件。对于某些未曾预料的突发变故或问题，监理工程师还可以通过发布紧急协调指令，督促有关单位采取应急措施维护工程施工的正常秩序。

8. 签发工程进度款支付凭证

监理工程师应对承包单位申报的已完分项工程量按约定的时间、方式等进行核实，在其质量通过检查验收后，签发工程进度款支付凭证。

9. 审批工程拖延

造成工程进度拖延的原因，主要有两个方面：一是由于承包单位自身的原因，称为工程延误；一是由于承包单位以外的原因，称为工程延期。

（1）工程延误。当出现工期延误时，监理工程师有权要求承包单位采取有效措施加快施工进度。如果经过一段时间后，实际进度没有明显改进，仍然拖后于计划进度，而且将影响工程按期竣工时，监理工程师应要求承包单位修改进度计划，并提交监理工程师重新确认。但是，监理工程师对修改后的施工进度计划的确认，并不是对工程延期的批准，他只是要求承包单位在合理状态下施工。因此，监理工程师对进度计划的确认，并不能解除承包单位应负的责任，承包单位需要承担赶工的全部额外开支和误期损失赔偿。

由于工期延误是由于承包单位自身的原因造成的工期延长，其一切损失由承包单位承担，包括承包商在监理工程师的同意下采取加快工程进度的任何措施所增加的各种费用。同时，由于工期延误确实造成工期延长时，承包单位还要向建设单位支付误期损失赔偿费。

（2）工程延期。如果由于承包单位以外的原因造成工程进度拖延，承包单位有权提出延长工期的申请。监理工程师应根据合同约定，审批工程延期时间。经监理工程师核实批准的工程延期时间，应纳入合同工期，作为合同工期的一部分，即新的合同工期应等于原定的合同工期加上监理工程师批准的工程延期时间。监理工程师对施工进度的拖延是否批准为工程延期，对承包单位和建设单位都很重要，如果承包单位的工程延期获得监理工程师的批准，不仅无须赔偿由于工期延长而支付的误期损失费，还要由建设单位承担由于工期延长所增加的费用。因此，监理工程师应按照合同的有关约定，科学、公正地区分工期延误与工程延期，并合理地批准工程延期时间。

工程延期是由于非承包单位原因造成的工期延长。例如，工程量增加、未按时向承包单位提供设计图纸、恶劣的气候条件、业主的干扰和阻碍等。经过监理工程师批准的工程延期时间属于合同工期的一部分，即工程竣工时间等于标书中规定的时间加上监理工程师批准的工程延期时间。

10. 向建设单位提供进度报告

监理工程师应随时整理进度资料、做好工程记录，并定期向建设单位提交工程进度报告。

11. 督促承包单位整理技术资料

监理工程师要根据工程进展情况，督促承包单位及时整理有关技术资料。

12. 签署工程竣工报验单，提交质量评估报告

当工程达到竣工验收条件后，承包单位应在自行预验的基础上提交工程竣工报验单，申请竣工验收。监理工程师应在对竣工资料及工程实体进行全面检查、验收合格后，签署工程竣工报验单，并向建设单位提交质量评估报告。

13. 处理争议和索赔

在工程结算过程中，监理工程师要处理有关争议和索赔问题。

14. 整理工程进度资料

在工程完工以后，监理工程师应将工程进度资料收集起来，进行归类、编目和建档，以便为今后其他类似工程项目的进度控制提供参考。

15. 工程接收

监理工程师应督促承包单位办理工程接收手续，颁发工程接收证书。在工程接收后的保修期内，还要分析、处理验收后质量问题的原因及责任等争议，并督促责任单位及时修理。当保修期结束且再无争议时，工程项目进度控制的任务完成。

（二）施工进度控制的工作流程

建设工程施工进度控制的工作流程如图 3-88 所示。

四、施工进度计划的编制

施工进度计划是表示单位工程、分部工程或分项工程的施工顺序、开始和结束时间以及相互衔接关系的计划。它既是承包单位进行现场施工管理的核心指导文件，也是监理工程师实施进度控制的依据。施工进度计划通常是按工程对象编制的。

（一）施工总进度计划的编制

施工总进度计划一般是工程项目的施工进度计划。它是用来确定工程项目中所包含的各单位工程的施工顺序、施工时间及相互衔接关系的计划。编制施工总进度计划的依据有：施工总方案，资源供应条件，各类定额资料，合同文件，工程项目建设总进度计划，工程动用时间目标，建设地区自然条件及有关技术经济资料等。

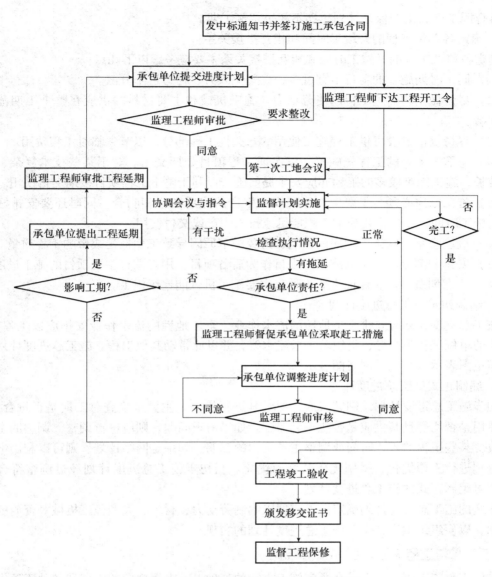

图 3-88　建设工程施工进度控制的工作流程

施工总进度计划的编制步骤如下：

1. 计算工程量

根据批准的工程项目一览表，按单位工程分别计算其主要实物工程量，计算工程量既是编制施工总进度计划依据，又是计算人工、施工机械及建筑材料的需要量的依据，还是编制施工方案和选择施工、运输机械，初步规划主要施工过程的依据。

工程量的计算可按初步设计（或扩大初步设计）图纸和有关定额手册或资料进行。

2. 确定各单位工程的施工期限

各单位工程的施工期限应根据合同工期确定，同时还要考虑建筑类型、结构特征、施工方法、施工管理水平、施工机械化程度及施工现场条件等因素。如果在编制施工总进度计划时没有合同工期，则应保证计划工期不超过定额工期。

3. 确定各单位工程的开竣工时间和相互搭接关系

确定各单位工程的开竣工时间和相互搭接关系主要应考虑以下几点：

（1）同一时期施工的项目不宜过多，以避免人力、物力过于分散。

（2）尽量做到均衡施工，以使劳动力、施工机械和主要材料的供应在整个工期范围内达到均衡。

（3）尽量提前建设可供工程施工使用的永久性工程部分，以节省临时工程费用。

（4）急需和关键的工程先施工，以保证工程项目如期交工。对于某些技术复杂、施工周期较长、施工困难较多的工程亦应安排提前施工以利于整个工程项目按期交付使用。

（5）施工顺序必须与主要生产系统投入生产的先后次序相吻合。同时还要安排好配套工程的施工时间，以保证建成的工程能迅速投入生产或交付使用。

（6）应注意季节对施工顺序的影响，避免季节原因导致工期拖延或影响工程质量。

（7）安排一部分附属工程或零星项目作为后备项目，用以调整主要项目的施工进度。

（8）注意创造条件，保证主要工种和主要施工机械能连续施工。

4. 编制初步施工总进度计划

施工总进度计划应安排全工地性的流水作业，全工地性的流水作业安排应以工程量大、工期长的单位工程为主导，组织若干条流水线，并以此带动其他工程。施工总进度计划既可以用横道图表示也可以用网络图表示。

5. 编制正式施工总进度计划

初步施工总进度计划编制完成后，要对其进行检查。主要是检查总工期是否符合要求，资源使用是否均衡且其供应是否能得到保证。如果出现问题，则应进行调整。调整的主要方法是改变某些工程的起止时间或调整主导工程的工期。如果是网络计划，则可以利用电子计算机分别进行工期优化、费用优化及资源优化。当初步施工总进度计划经过调整符合要求后，即可编制正式的施工总进度计划。

正式的施工总进度计划确定后，应据以编制劳动力、材料、大型施工机械等资源的需用量计划，以便组织供应，保证施工总进度计划的实现。

（二）单位工程施工进度计划的编制

单位工程施工进度计划是在既定施工方案的基础上，根据规定的工期和各种资源供应条件，对单位工程中的各分部分项工程的施工顺序、施工起止时间及衔接关系进行合理安排的计划。其编制的主要依据有施工总进度计划、单位工程施工方案、合同工期或定额工期、施工定额、施工图和施工预算、施工现场条件、资源供应条件、气象资料等。

单位工程施工进度计划的编制步骤和方法如下：

1. 划分工作项目

工作项目是包括一定工作内容的施工过程，它是施工进度计划的基本组成单元。工作项目内容的多少，划分的粗细程度，应该根据计划的需要来决定。

2. 确定施工顺序

按照施工的技术规律和合理的组织关系，解决各工作项目之间在时间上的先后和搭接问题，以达到保证质量、安全施工、充分利用空间、争取时间、实现合理安排工期是确定施工顺序的目的。

一般说来，施工顺序受施工工艺和施工组织两方面的制约。当施工方案确定之后，工作项目之间的工艺关系也就随之确定。如果违背这种关系，将不可能施工，或者导致工程质量事故和安全事故的出现，或者造成返工浪费。

工作项目之间的组织关系是由于劳动力、施工机械、材料和构配件等资源的组织和安排需要而形成的。它不是由工程本身决定的，而是一种人为的关系。组织方式不同，组织关系也就不同。不同的组织关系会产生不同的经济效果，应通过调整组织关系，并将工艺关系和组织关系有机地结合起来，形成工作项目之间的合理顺序关系。

不同的工程项目，其施工顺序不同。即使是同一类工程项目，其施工顺序也难以做到完全相同。因此，在确定施工顺序时，必须根据工程的特点、技术组织要求以及施工方案等进行研究，不能拘泥于某种固定的顺序。

3. 计算工程量

工程量的计算应根据施工图和工程量计算规则，针对所划分的每一个工作项目进行。当编制施工进度计划时已有预算文件，且工作项目的划分与施工进度计划一致时，可以直接套用施工预算的工程量，不必重新计算。若某些项目出入不大时，应结合工程的实际情况进行某些必要的调整。

计算工程量时应注意以下问题：

（1）工程量的计算单位应与现行定额手册中所规定的计量单位相一致，以便计算劳动力、材料和机械数量时直接套用定额，而不必进行换算。

（2）要结合具体的施工方法和安全技术要求计算工程量。

（3）应结合施工组织的要求，按已划分的施工段分层分段进行计算。

4. 计算劳动量和机械台班数

当某工作项目是由若干个分项工程合并而成时，则应分别根据各分项工程的时间定额（或产量定额）及工程量，计算出合并后的综合时间定额（或综合产量定额）。

5. 确定工作项目的持续时间

根据工作项目所需要的劳动量或机械台班数，以及该工作项目每天安排的工人数或配备的机械台数，计算出各工作项目的持续时间。

6. 绘制施工进度计划图

7. 施工进度计划的检查与调整

当施工进度计划初始方案编制好后，需要对其进行检查与调整，以便使进度计划更加合理，进度计划检查的主要内容包括：

（1）各工作项目的施工顺序、平行搭接和技术间歇是否合理。

（2）总工期是否满足合同约定。

（3）主要工种的工人是否能满足连续、均衡施工的要求。

（4）主要机具、材料等的利用是否均衡和充分。

在上述四个方面中，首要检查前两方面，如果不满足要求，必须进行调整。只有在前两个方面均达到要求的前提下，才能进行后两个方面的检查与调整。前者是解决可行与否的问题，而后者则是优化的问题。

五、施工进度计划实施中的检查与调整

施工进度计划由承包单位编制完成后，应提交给监理工程师审查，待监理工程师审查确认后即可付诸实施。承包单位在执行施工进度计划的过程中，应接受监理工程师的监督与检查。而监理工程师应定期向业主报告工程进展状况。

（一）施工进度的动态检查

在施工进度计划的实施过程中，由于各种因素的影响，常常会打乱原始计划的安排而出现进度偏差。因此，监理工程师必须对施工进度计划的执行情况进行动态检查，并分析进度偏差产生的原因，以便为施工进度计划的调整提供必要的信息。

1. 施工进度的检查方式

在建设工程施工过程中，监理工程师可以通过以下方式获得其实际进展情况：

（1）定期地、经常地收集由承包单位提交的有关进度报表资料。

（2）由驻地监理人员现场跟踪检查建设工程的实际进展情况。

除上述两种方式外，由监理工程师定期组织施工现场负责人召开现场会议，也是获得建设工程实际进展情况的一种方式。

2. 施工进度的检查方法

施工进度检查的主要方法是对比法。即利用前面所述的方法将经过整理的实际进度数据与计划进度数据进行比较，从中发现是否出现进度偏差以及进度偏差的大小。通过检查分析，如果进度偏差比较小，应在分析其产生原因的基础上采取有效措施，解决矛盾，排除障碍，继续执行原进度计划。如果经过努力，确实不能按原计划实现时，再考虑对原计划进行必要的调整，即适当延长工期，或改变施工速度。计划的调整一般是不可避免的，但应当慎重。

（二）施工进度计划的调整

通过检查分析，如果发现原有进度计划已不能适应实际情况时，为了确保进度控制目标的实现或需要确定新的计划目标，就必须对原有进度计划进行调整，以形成新的进度计划，作为进度控制的新依据。

施工进度计划的调整方法主要有两种：一是通过缩短某些工作的持续时间来缩短工期；二是通过改变某些工作间的逻辑关系来缩短工期。在实际工作中应根据具体情况选用。

在缩短某些工作的持续时间时，通常需要采取一定的措施来达到目的。具体措施包括：

1. 组织措施

（1）增加工作面，组织更多的施工队伍；

（2）增加每天的施工时间（如采用三班制等）；

（3）增加劳动力和施工机械的数量。

2. 技术措施

（1）改进施工工艺和施工技术，缩短工艺技术间歇时间；

（2）采用更先进的施工方法，以减少施工过程的数量；

（3）采用更先进的施工机械。

3. 经济措施

（1）实行包干奖励；

（2）提高奖金数额；

（3）对所采取的技术措施给予相应的经济补偿。

4. 其他配套措施

（1）改善外部配合条件；

（2）改善劳动条件；

（3）实施强有力的调度等。

一般来说，不管采取哪种措施，都会增加费用。因此，在调整施工进度计划时，应利用费用优化的原理选择费用增加量最小的关键工作作为压缩对象。

六、工程延期

（一）工程延期的申报与审批

1. 申报工程延期的条件

由于以下原因导致工程拖期，承包单位有权提出延长工期的申请，监理工程师应按合同约定，批准工程延期时间。

（1）监理工程师发出工程变更指令而导致工程量增加；

（2）合同所涉及的任何可能造成工程延期的原因，如延期交图、工程暂停、对合格工程的剥离检查及不利的外界条件等；

（3）异常恶劣的气候条件（程度达到合同约定的业主的风险标准）；

（4）由业主造成的任何延误、干扰或障碍，如未及时提供施工场地、未及时付款等；

（5）除承包单位自身以外的其他任何原因。

2. 工程延期的审批程序

当工程延期事件发生后，承包单位应在合同规定的有效期内以书面形式通知监理工程师（即工程延期意向通知），以便于监理工程师尽早了解所发生的事件，及时作出一些减少延期损失的决定。随后，承包单位应在合同规定的有效期内（或监理工程师可能同意的合理期限内）向监理工程师提交详细的申述报告（延期理由及依据）。监理工程师收到该报告后应及时进行调查核实，准确地确定出工程延期时间。

当延期事件具有持续性，承包单位在合同约定的有效期内不能提交最终详细的申述报告时，应先向监理工程师提交阶段性的详情报告。监理工程师应在调查核实阶段性报告的基础上，尽快作出延长工期的临时决定。临时决定的延期时间不宜太长，一般不超过最终批准的延期时间。

待延期事件结束后，承包单位应在合同规定的期限内向监理工程师提交最终的详情报告。监理工程师应复查详情报告的全部内容，然后确定该延期事件所需要的延期时间。如果遇到比较复杂的延期事件，监理工程师可以成立专门小组进行处理。对于一时难以作出结论的延期事件，即使不属于持续性的事件，也可以采用先作出临时延期的决定，然后再作出最后决定的办法。这样既可以保证有充足的时间处理延期事件，又可以避免由于处理不及时而造成的损失。

监理工程师在作出临时工程延期批准或最终工程延期批准之前，均应与业主和承包单位进行协商。

3. 工程延期的审批原则

监理工程师在审批工程延期时应遵循下列原则：

（1）合同条件

监理工程师批准的工程延期必须符合合同条件。也就是说，导致工期拖延的原因确实属于承包单位自身以外的，否则不能批准为工程延期。这是监理工程师审批工程延期的一条根本原则。

（2）影响工期

发生延期事件的工程部位，无论其是否处在施工进度计划的关键线路上，只有当所延长的时间超过其相应的总时差时，才能批准工程延期。如果延期事件发生在非关键线路上，且延长的时间并未超过总时差而影响到工期时，即使符合批准为工程延期的合同条件，也不能批准工程延期。

应当说明，建设工程施工进度计划中的关键线路并非固定不变，它会随着工程的进展和情况的变化而转移。监理工程师应以承包单位提交的、经自己审核后的施工进度计划（不断调整后）为依据来决定是否批准工程延期。

（3）实际情况

批准的工程延期必须符合实际情况。为此，承包单位应对延期事件发生后的各类有关细节进行详细记载，并及时向监理工程师提交详细报告。与此同时，监理工程师也应对施工现场进行详细考察和分析，并做好有关记录，以便为合理确定工程延期时间提供可靠依据。

（二）工程延期的控制

发生工程延期事件，不仅影响工程的进展，而且会给业主带来损失。因此，监理工程师应做好以下工作，以减少或避免工程延期事件的发生。

1. 选择合适的时机下达工程开工令

监理工程师在下达工程开工令之前，应充分考虑业主的前期准备工作是否充分。特别是征地、拆迁问题是否已解决，设计图纸能否及时提供，以及付款方面有无问题等，以避免由于上述问题缺乏准备而造成工程延期。

2. 提醒业主履行施工承包合同中所规定的职责

在施工过程中，监理工程师应经常提醒业主履行自己的职责，提前做好施工场地及设计图纸的提供工作并能及时支付工程进度款以减少或避免由此而造成的工程延期。

3. 妥善处理工程延期事件

当延期事件发生以后监理工程师应根据合同规定进行妥善处理，既要尽量减少工程延期时间及其损失，又要在详细调查研究的基础上合理批准工程延期时间。此外，业主在施工过程中应尽量减少干预、多协调，以避免由于业主的干扰和阻碍而导致延期事件的发生。

七、物资供应进度控制

物资供应进度控制是指在一定的人力、物力、财力条件下，为实现工程项目一次性特定目标而对物资的需求进行计划、组织、协调和控制的过程。

1. 物资供应计划实施中的检查

由于物资供应计划在执行过程中发生变化的可能性始终存在，且难以预估。因此，必须加强跟踪检查，以保证物资可靠、经济、及时地供应到现场。其中，对于重要的设备要经常定期地进行实地检查。

通过定期或临时检查等形式检查物资供应计划的实施情况，可以达到如下目的：发现实际物资供应偏离计划的情况，以便实施有效的调整和控制；发现计划脱离实际的情况，据此修订计划的偏离部分，使之更切合实际情况；反馈计划执行的结果，并作为下期决策和调整供应计划的依据。

2. 物资供应计划的调整

如果物资供应执行过程中的某一环节出现拖延现象时，应当及时进行调整。其调整方法与施工进度计划的调整类似，一般有如下几种处理措施：

1）这种拖延不致影响施工进度计划的执行，可加快进货过程的有关环节、减少此拖延对供货过程本身的影响。

2）这种拖延影响施工进度计划的执行，则根据受到影响的施工活动是否处在关键线路上或是否影响到合同的执行等分析这种拖延是否允许。若允许，则可采用上述调整方式；若不允许，则必须采取加快供应速度，尽可能避免此拖延对施工进度的影响或将此拖延对施工进度的影响降低到最低限度。

思考题

1. 建设工程进度计划的常用表示方法有哪些？各自的特点是什么？

2. 流水施工参数包括哪些内容？

3. 流水施工的基本方式有哪些？

4. 固定节拍流水施工、加快的成倍节拍流水施工、非节奏流水施工各有哪些主要特点？

5. 当组织非节奏流水施工时，如何确定其流水步距？

6. 何谓工艺关系和组织关系？试举例说明。

7. 何谓工作的总时差和自由时差？关键线路和关键工作的确定方法有哪些？

8. 双代号时标网络计划的特点有哪些？

9. 在费用优化过程中，如果拟缩短持续时间的关键工作（或关键工作组合）的直接费用率（或组合直接费用率）大于工程间接费用率时，即可判定此时已达优化点，为什么？

10. 何谓搭接网络计划？试举例说明工作之间的各种搭接关系。

11. 简述建设工程进度监测的系统过程与建设工程进度调整的系统过程。

12. 建设工程实际进度与计划进度的比较方法有哪些？各有何特点？

13. 如何分析进度偏差对后续工作及总工期的影响？

14. 进度计划的调整方法有哪些？如何进行调整？

15. 监理工程师施工进度控制工作包括哪些内容？

16. 单位工程施工进度计划的编制程序和方法有哪些？

17. 监理工程师如何减少或避免工程延期事件的发生？

第四章　建设工程投资控制

◇　了解内容

1. 建设工程投资的特点
2. 可行性研究的工作阶段及步骤
3. 建设工程投标报价的计算
4. 施工阶段投资控制的措施
5. 竣工决算与竣工结算的区别，竣工决算的内容

◇　熟悉内容

1. 建设工程总投资、建设投资、静态投资部分、动态投资部分和建设工程投资控制要点，工程建设其他费用的构成，预备费、建设期贷款利息的计算
2. 建设工程投资的计价依据，建设工程定额的基本原理
3. 建设投资估算的步骤与方法
4. 限额设计的概念及其控制工作的内容
5. 建设工程招标投标价格
6. 资金使用计划的编制
7. 施工阶段投资控制的措施
8. FIDIC 合同条件下工程的变更与估价
9. 新增固定资产、流动资产、无形资产、递延资产及其他资产价值的构成

◇　掌握内容

1. 建设工程投资构成，设备、工器具购置费用的构成及计算方法，建筑安装工程费用项目的组成及计算
2. 工程量清单计价的基本原理，工程量清单的内容
3. 设计概算的编制方法及适用范围，施工图预算的编制内容及依据
4. 建设工程承包合同价格的类型及其适用条件
5. 工程计量的依据、方法、程序
6. 监理工程师对工程变更的管理，工程变更价款的确定方法
7. 索赔费用的计算
8. 投资偏差的分析方法
9. 工程价款的结算与工程价款的动态结算

第一节　建设工程投资控制概述

一、建设工程投资的概念

建设工程总投资是指投资主体为获取预期收益，在选定的建设项目上所投入的全部

资金。

生产性建设工程总投资包括固定资产投资和流动资产投资两部分，而非生产性建设工程总投资只有固定资产投资，不含流动资产投资。

固定资产投资又称建设投资，由前期工程费，设备、工器具购置费用，建筑安装工程费用，工程建设其他费用，预备费（基本预备费和涨价预备费），建设期贷款利息，固定资产投资方向调节税等构成。

建设投资可以分为静态投资和动态投资两部分，其中，静态投资由前期工程费，设备、工器具购置费用、建筑安装工程费用，工程建设其他费和基本预备费组成；动态投资是指在建设期内，由于汇率、利率变动，以及价格变化所引起建设投资增加额，它主要包括涨价预备费、建设期贷款利息、固定资产投资方向调节税。

二、建设工程投资的特点

（1）建设工程投资的大额性

建设工程，造价高昂，特大的工程项目投资可达百亿、千亿元人民币。

（2）建设工程投资差异明显

任何一项建设工程都有特定的用途、功能、规模，其内部的结构、造型、空间分割、设备设置和内外装修都有不同要求，这种差异决定了投资的个别性，同时，同一个工程项目处于不同的区域，投资也会有所差别。

（3）建设工程投资需单独计算

建设工程的实物形态千差万别，尽管采用相同或相似的设计图纸，在不同地区、不同时间建造的产品，其构成投资费用的各种价值要素存在差别，最终导致工程造价千差万别。因此建设工程只能是单独计价。

（4）建设工程投资确定依据复杂且需分阶段计价

计价依据及不同阶段的计价文件如图4-1所示。建筑产品生产周期长、涉及的范围广，决定了建设工程投资确定依据复杂且需分阶段计价。

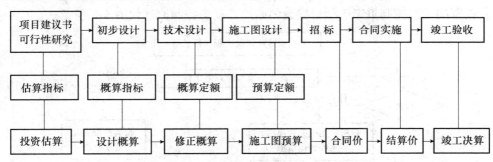

图4-1 计价依据及不同阶段的计价文件

（5）建设工程投资确定的层次性

建设项目的层次性决定了工程投资的层次性。建设项目往往由多个单项工程组成，一个单项工程由多个单位工程组成，一个单位工程由多个分部工程组成，一个分部工程由多个分项工程组成，建设项目的层次决定了工程投资的五个层次：分项工程投资（最基本的计价单位）、分部工程投资、单位工程投资、单项工程投资和建设项目投资。

（6）建设工程投资需动态调整

工程建设周期长、涉及的范围广决定了工程投资的动态性。一项工程从决策到竣工，少则数月，多达数年，甚至十几年，由于不可预测因素的影响，存在许多影响工程投资的因素，如工程变更、设备和材料价格的涨跌、工资标准以及费率、利率、汇率等的变化，使得工程投资具有动态性。因此，建设工程投资在整个建设期内都是不确定的，需随时进行动态调整，直至竣工决算后才能真正确定其投资。

三、建设工程投资管理

建设工程投资控制，就是在投资决策阶段、设计阶段、招投标阶段、施工阶段以及竣工阶段，把建设工程投资控制在批准的投资限额内，随时纠正发生的偏差，以保证投资管理目标的实现，以求在建设项目中能合理使用人力、物力、财力，取得较好的投资效益和社会效益。

（一）建设工程投资管理的目标

建设工程投资管理的目标有二，一是合理确定的工程投资；二是使工程投资始终处于受控状态。

投资估算应是选择建设工程设计方案和进行初步设计的投资控制目标；设计概算应是进行技术设计和施工图设计的投资控制目标；施工图预算或工程承包合同价则应是施工阶段投资控制的目标。不同阶段的经济文件相互制约，相互补充，前者控制后者，后者补充前者，共同组成建设工程投资控制的目标体系。

（二）建设工程投资控制的重点

虽然工程造价控制贯穿于项目建设全过程，但是必须突出重点。工程造价控制的关键在于施工前的投资决策和设计阶段。资料统计，在初步设计阶段，影响项目造价的可能性为75%～95%；在技术设计阶段，影响项目造价的可能性为35%～75%；在施工图设计阶段，影响项目造价的可能性为5%～35%，可见，设计质量对整个工程建设的效益至关重要。

（三）工程投资的动态控制

工程投资的动态控制贯穿于项目建设的始终，动态控制原理如图4-2所示。

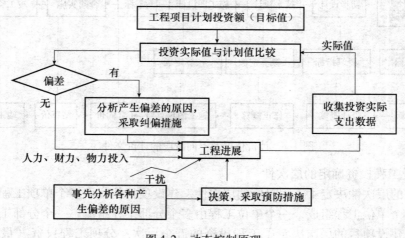

图4-2 动态控制原理

210

第二节 建设工程投资构成

一、我国现行建设工程投资的构成

我国现行建设工程投资的构成见表4-1。

表 4-1 建设工程总投资的构成表

建设工程总投资	建设投资或工程造价或固定资产投资	前期工程费	
		建筑安装工程费	直接费
			间接费
			利润
			税金
		设备工器具购置费	设备购置费
			工器具及生产家具购置费
		工程建设其他费	与土地使用有关的其他费用
			与工程建设有关的其他费用
			与未来企业生产经营有关的其他费用
		预备费	基本预备费
			涨价预备费
		建设期贷款利息	
		固定资产投资方向调节税	
	流动资产投资——铺底流动资金		

其中，前期工程费是指建设项目设计范围内的建设场地平整、竖向布置土石方工程及因建设项目开工实施所需的场外交通、供电、供水等管线的引接、修建的工程费用。

二、设备、工器具及生产家具购置费

设备、工器具购置费是由设备购置费和工器具及生产家具购置费用组成。

（一）设备购置费

设备购置费，是指为工程建设项目购置或自制的，国产或进口的达到固定资产标准的设备、工器具及生产家具的费用。确定固定资产的标准是：使用年限在一年以上、单位价值在限额以上的资产，具体单位价值限额由主管部门规定。新建项目和扩建项目的新建车间购置或自制的全部设备、工器具，不论是否达到固定资产标准，均计入设备购置费用中。设备购置费一般按下式计算：

$$设备购置费 = 设备原价 + 设备运杂费 \qquad (4-1)$$

其中，设备原价是指国产标准设备原价、国产非标准设备原价、进口设备的原价。

设备运杂费是指除设备原价之外的关于设备采购、运输、途中包装及仓库保管等方面支出的费用。如果设备是由设备成套公司供应的，成套公司的服务费也应计入设备运杂费之中。

1. 国产标准设备原价

国产标准设备是指按照主管部门颁布的标准图纸和技术要求，由国内设备生产厂批量生产的，符合国家质量检验标准的设备。如果设备由设备制造厂直接供应，国产标准设备原价一般指的是设备制造厂的交货价，即出厂价；如果设备由设备成套公司供应，则设备原价是指设备订货合同价。

有的设备有两种出厂价，即带有备件的出厂价和不带备件的出厂价，在计算设备原价时，一般采用带有备件的出厂价计算。

2. 国产非标准设备原价

国产非标准设备是指国家尚无定型标准，不能成批生产，只能按一次订货，并根据具体的设计图纸制造的设备。非标准设备原价有多种不同的计算方法，通常有成本计算估价法、扩大定额估价法、类似设备估价法、概算指标估价法等。

3. 进口设备原价

进口设备原价是指进口设备的抵岸价，即抵达买方国家的边境港口或边境车站，且交完相关税费后所形成的价格。

（1）进口设备的交货方式

①内陆交货类。它是指卖方在出口国内陆的某个地点交货。

在交货地点，卖方及时提交合同规定的货物和有关凭证，并负担交货前的费用和风险；买方按时接收货物，交付货款，负担接货后的费用和风险，并自行办理出口手续、装运出口。货物的所有权也在交货后由卖方转移给买方。

②目的地交货类。它是指卖方在进口国的港口或者内地交货。

目的地交货类主要有目的港船上交货价、目的港船边交货价（FOS 价）、目的港码头交货价（关税已付）和完税后交货价（进口国指定地点）等几种交货价。

它们的特点是：买卖双方承担的责任、费用和风险是以约定的目的地交货点为分界线，只有当卖方在交货点将货物置于买方控制下才算交货，才能向买方收取货款。这种交货类别对卖方来说承担的风险较大，在国际贸易中卖方一般不愿采用。

③装运港交货类。它是指卖方在出口国装运港交货。

装运港交货类主要有装运港船上交货价（FOB 价），也称离岸价、运费在内价（C&F 价）、运费和保险费在内价（CIF 价），也称到岸价等几种交货价。

它们的特点是：卖方按照约定的时间在装运港交货，只要卖方把合同规定的货物装船后提供货物运输单便完成交货任务，可凭单据收回货款。

装运港船上交货价（FOB 价）是我国进口设备采用最多的一种货价。采用 FOB 价时卖方的责任是：在规定的期限内，负责在合同规定的装运港口将货物装上买方指定的船只，并及时通知买方；负担货物装船前的一切费用和风险；负责办理出口手续；提供出口国政府或有关方面签发的证件；负责提供有关装运单据。买方的责任是：负责租船或订舱，支付运费，并将船期、船名通知卖方；负担货物装船后的一切费用及风险；负责办理保险及支付保险费，办理在目的港的进口和收货手续；接受卖方提供的有关装运单据，并按合同规定支付货款。

（2）采用装运港船上交货（FOB 价）方式进口设备原价的构成及计算

$$进口设备原价 = 货价 + 从属费用 \qquad (4-2)$$

212

$$从属费用 = 国外运费 + 国外运输保险费 + 银行财务费 + 外贸手续费 +$$
$$进口关税 + 增值税 + 消费税 + 海关监管手续费$$

采用装运港船上交货（FOB 价）方式进口设备原价的构成见表 4-2。

表 4-2 装运港交货类进口设备原价的构成

进口设备原价的构成	计算公式
货价	进口设备货价分为离岸价（原币货价）和人民币货价
国外运费	国外运费 = 离岸价×运费率，或国外运费 = 运量×单位运量运价
国外运输保险费	国外运输保险费 =（离岸价 + 国外运费）×国外保险费费率
银行财务费	银行财务费 = 离岸价×财务费费率×人民币外汇牌价
外贸手续费	外贸手续费 = 到岸价[①]×外贸手续费费率×人民币外汇牌价
进口关税	进口关税 = 到岸价×关税率×人民币外汇牌价
消费税	消费税 =（到岸价×人民币外汇牌价 + 关税）/（1 − 消费税率）×消费税率
增值税[②]	增值税 = 组成计税价格[③]×增值税税率
海关监管手续费[②]	海关监管手续费 = 到岸价×海关监管手续费率×人民币外汇牌价

①到岸价（CIF 价）= 离岸价（FOB 价）+ 国外运费 + 国外运输保险费；

②消费税、海关监管手续费仅对部分进口设备或产品征收；

③组成计税价格 = 到岸价×人民币外汇牌价 + 进口关税 + 消费税。

4. 设备运杂费的确定

国产设备运杂费是指由制造厂仓库或交货地点运至施工工地仓库止，所发生的运输及杂项费用。进口设备国内运杂费是指进口设备由我国到岸港口或边境车站运到工地仓库止，所发生的运输及杂项费用。其内容包括：

（1）运费

运费包括从交货地点到施工工地仓库所发生的运费及装卸费。

（2）包装费

包装费是指对需要进行包装的设备在包装过程中所发生的人工费和材料费。该费用已计入设备原价的，不再另计；没有计入设备原价又确实需要进行包装的，则应在运杂费内计算。

（3）采购保管和保养费

采购保管和保养费是指设备管理部门在组织采购、供应和保管设备过程中所需的各种费用，包括设备采购保管和保养人员的工资、职工福利费、办公费、差旅交通费、固定资产使用费、检验试验费等。

（4）供销部门手续费

供销部门手续费是指设备供销部门为组织设备供应工作而支出的各项费用。该项费用只有在供销部门取得设备的时候才产生。供销部门手续费包括的内容与采购保管和保养费包括的内容相同。

设备运杂费的计算公式为：

$$设备运杂费 = 设备原价×设备运杂费费率 \tag{4-3}$$

【例 4-1】某公司拟从国外进口一套设备，质量 1500 吨，装运港船上交货价（FOB）为

400万美元。其他有关费用参数为：国外运费标准为360美元/吨，海上运输保险费率为0.266%，中国银行财务费率0.5%，外贸手续费率为1.5%，关税率为22%，增值税率为17%，人民币外汇牌价为1美元兑换8.27元人民币，设备的国内运杂费费率为2.5%。现对该套设备购置费进行估价。

解：根据上述各项费用的计算公式，则有：

（1）进口设备人民币货价 = 400 × 8.27 = 3308.00（万元人民币）

（2）国外运费 = 360 × 1500 × 8.27 = 446.58（万元人民币）

（3）国外运输保险费 = [（1）+（2）] × 0.266% = (3308.00 + 446.58) × 0.266% = 9.99（万元人民币）

（4）银行财务费 =（1）× 0.5% = 3308.00 × 0.5% = 16.54（万元人民币）

（5）外贸手续费 = [（1）+（2）+（3）] × 1.5% = (3308.00 + 446.58 + 9.99) × 1.5% = 56.47（万元人民币）

（6）进口关税 = [（1）+（2）+（3）] × 22% = (3308.00 + 446.58 + 9.99) × 22% = 828.21（万元人民币）

（7）增值税 = [（1）+（2）+（3）+（6）] × 17% = (3308.00 + 446.58 + 9.99 + 828.21) × 17% = 780.77（万元人民币）

（8）进口设备原价 = [（1）+（2）+（3）+（4）+（5）+（6）+（7）] = 3308.00 + 446.58 + 9.99 + 16.54 + 56.47 + 828.21 + 780.77 = 5446.56（万元人民币）

（9）设备购置费 =（8）×（1 + 2.5%）= 5446.56 ×（1 + 2.5%）= 5582.72（万元人民币）

（二）工器具及生产家具购置费

工器具及生产家具购置费是指新建项目或扩建项目初步设计规定所必须购置的不够固定资产标准的设备、仪器工具、生产家具和备品备件等的费用。其一般计算公式为：

$$工器具及生产家具购置费 = 设备购置费 × 定额费率 \tag{4-4}$$

其中，工器具及生产家具定额费率按照相关部门或行业的规定计取。

三、建筑安装工程费

建筑安装工程费包括建筑工程费和安装工程费。建筑工程费是指各类房屋建筑、一般建筑安装工程、室内外装饰装修、各类设备基础、室外构筑物、道路、绿化、铁路专用线、码头、围护等工程费。一般建筑安装工程是指建筑物（构筑物）附属的室内供水、供热、卫生、电气、燃气、通风孔、弱电设备的管道安装及线路敷设工程。安装工程费包括专业设备安装工程费和管线安装工程费。专业设备安装工程费是指在主要生产、辅助生产、公用等单项工程中需安装的工艺、电气、自动控制、运输、供热、制冷等设备和装置及各种工艺管道的安装、衬里、防腐、保温等工程费。管线安装工程费是指供电、通信、自控等管线安装工程费。

（一）建筑安装工程费用项目组成

根据中华人民共和国建设部、中华人民共和国财政部建标〔2003〕206号文件（《建筑安装工程费用项目组成》）规定，建筑安装工程费由直接费、间接费、利润和税金组成，见表4-3。

表 4-3　建筑安装工程费用项目组成

建筑安装工程费	直接费	直接工程费	人工费
			材料费
			施工机械使用费
		措施费	环境保护
			文明施工
			安全施工
			临时设施
			夜间施工
			二次搬运
			大型机械设备进出场及安拆
			混凝土、钢筋混凝土模板及支架
			脚手架
			已完工程及设备保护
			施工排水、降水
	间接费	规费	工程排污费
			工程定额测定费
			社会保障费（养老保险费、失业保险费、医疗保险费）
			住房公积金
			危险作业意外伤害保险
		企业管理费	管理人员工资
			办公费
			差旅交通费
			固定资产使用费
			工具用具使用费
			劳动保险费
			工会经费
			职工教育经费
			财产保险费
			财务费
			税金
			其他
	利润		
	税金		

1. 直接费

直接费由直接工程费和措施费组成。

（1）直接工程费

直接工程费是指施工过程中耗费的构成工程实体的各项费用，包括人工费、材料费、施

215

工机械使用费。即：

$$直接工程费 = 人工费 + 材料费 + 施工机械使用费 \qquad (4-5)$$

1）人工费。人工费是指直接从事建筑安装工程施工的生产工人开支的各项费用，内容包括：

①基本工资。是指发放给生产工人的基本工资。

②工资性补贴。是指按规定标准发放的物价补贴，煤、燃气补贴，交通补贴，住房补贴，流动施工津贴等。

③生产工人辅助工资。是指生产工人年有效施工天数以外非作业天数的工资，包括职工学习、培训期间的工资，调动工作、探亲、休假期间的工资，因气候影响的停工工资，女工哺乳时间的工资，病假在六个月以内的工资及产、婚、丧假期的工资。

④职工福利费。是指按规定标准计提的职工福利费。

⑤生产工人劳动保护费。是指按规定标准发放的劳动保护用品的购置费及修理费，徒工服装补贴，防暑降温费，在有碍身体健康环境中施工的保健费用等。

单位工程量人工费计算公式：

$$人工费 = \Sigma（工日消耗量 \times 日工资单价） \qquad (4-6)$$

2）材料费。材料费是指施工过程中耗费的构成工程实体的原材料、辅助材料、构配件、零件、半成品的费用。内容包括：

①材料原价（或供应价格）。

②材料运杂费。是指材料自来源地运至工地仓库或指定堆放地点所发生的全部费用。

③运输损耗费。是指材料在运输装卸过程中不可避免的损耗。

④采购及保管费。是指为组织采购、供应和保管材料过程中所需要的各项费用。内容包括：采购费、仓储费、工地保管费、仓储损耗。

⑤检验试验费。是指对建筑材料、构件和建筑安装物进行一般鉴定、检查所发生的费用，包括自设试验室进行试验所耗用的材料和化学药品等费用。不包括新结构、新材料的试验费和建设单位对具有出厂合格证明的材料进行检验，对构件做破坏性试验及其他特殊要求检验试验的费用。

单位工程量材料费计算公式：

$$材料费 = \Sigma（材料消耗量 \times 材料基价） + 检验试验费 \qquad (4-7)$$

$$材料基价 = （供应价格 + 运杂费） \times [1 + 运输损耗率(\%)] \times$$
$$[1 + 采购保管费率(\%)] \qquad (4-8)$$

$$检验试验费 = \Sigma（单位材料量检验试验费） \times 材料消耗量 \qquad (4-9)$$

3）施工机械使用费。施工机械使用费是指施工机械作业所发生的机械使用费以及机械安拆费和场外运费。施工机械台班单价应由下列七项费用组成：

①折旧费。指施工机械在规定的使用年限内，陆续收回其原值及购置资金的时间价值。

②大修理费。指施工机械按规定的大修理间隔台班进行必要的大修理，以恢复其正常功能所需的费用。

③经常修理费。指施工机械除大修理以外的各级保养和临时故障排除所需的费用。包括为保障机械正常运转所需替换设备与随机配备工具附具的摊销和维护费用，机械运转中日常保养所需润滑与擦拭的材料费用及机械停滞期间的维护和保养费用等。

216

④安拆费及场外运费。安拆费指施工机械在现场进行安装与拆卸所需的人工、材料、机械和试运转费用以及机械辅助设施的折旧、搭设、拆除等费用；场外运费指施工机械整体或分体自停放地点运至施工现场或由一施工地点运至另一施工地点的运输、装卸、辅助材料及架线等费用。

⑤人工费。指机上司机（司炉）和其他操作人员的工作日人工费及上述人员在施工机械规定的年工作台班以外的人工费。

⑥燃料动力费。指施工机械在运转作业中所消耗的固体燃料（煤、木柴）、液体燃料（汽油、柴油）及水、电等。

⑦养路费及车船使用税。指施工机械按照国家规定和有关部门规定应缴纳的养路费、车船使用税、保险费及年检费等。

单位工程量施工机械使用费计算公式：

$$施工机械使用费 = \Sigma（施工机械台班消耗量 \times 机械台班单价） \tag{4-10}$$

$$机械台班单价 = 台班折旧费 + 台班大修费 + 台班经常修理费 + 台班安拆费及场外运费 +$$
$$台班人工费 + 台班燃料动力费 + 台班养路费及车船使用税 \tag{4-11}$$

（2）措施费

措施费是指为完成工程项目施工，发生于该工程施工前和施工过程中非工程实体项目的费用。内容包括：

1）环境保护费。是指施工现场为达到环保部门要求所需要的各项费用。

2）文明施工费。是指施工现场文明施工所需要的各项费用。

3）安全施工费。是指施工现场安全施工所需要的各项费用。

4）临时设施费。是指施工企业为进行建筑工程施工所必须搭设的生活和生产用的临时建筑物、构筑物和其他临时设施费用等。

临时设施包括：临时宿舍、文化福利及公用事业房屋与构筑物，仓库、办公室、加工厂以及规定范围内道路、水、电、管线等临时设施和小型临时设施。

临时设施费用包括：临时设施的搭设、维修、拆除费或摊销费。

5）夜间施工费。是指因夜间施工所发生的夜班补助费、夜间施工降效、夜间施工照明设备摊销及照明用电等费用。

6）二次搬运费。是指因施工场地狭小等特殊情况而发生的二次搬运费用。

7）大型机械设备进出场及安拆费。是指机械整体或分体自停放场地运至施工现场或由一个施工地点运至另一个施工地点，所发生的机械进出场运输及转移费用及机械在施工现场进行安装、拆卸所需的人工费、材料费、机械费、试运转费和安装所需的辅助设施的费用。

8）混凝土、钢筋混凝土模板及支架费。是指混凝土施工过程中需要的各种钢模板、木模板、支架等的支、拆、运输费用及模板、支架的摊销（或租赁）费用。

9）脚手架费。是指施工需要的各种脚手架搭、拆、运输费用及脚手架的摊销（或租赁）费用。

10）已完工程及设备保护费。是指竣工验收前，对已完工程及设备进行保护所需费用。

11）施工排水、降水费。是指为确保工程在正常条件下施工，采取各种排水、降水措施所发生的各种费用。

2. 间接费

间接费由规费和企业管理费组成。

（1）规费

规费是指政府和有关权力部门规定必须缴纳的费用（简称规费）。内容包括：

1）工程排污费。工程排污费是指施工现场按规定缴纳的工程排污费。

2）工程定额测定费。工程定额测定费是指按规定支付工程造价（定额）管理部门的定额测定费。

3）社会保障费

①养老保险费。是指企业按规定标准为职工缴纳的基本养老保险费。

②失业保险费。是指企业按照国家规定标准为职工缴纳的失业保险费。

③医疗保险费。是指企业按照规定标准为职工缴纳的基本医疗保险费。

4）住房公积金。住房公积金是指企业按规定标准为职工缴纳的住房公积金。

5）危险作业意外伤害保险。危险作业意外伤害保险是指按照建筑法规定，企业为从事危险作业的建筑安装施工人员支付的意外伤害保险费。

（2）企业管理费

企业管理费是指建筑安装企业组织施工生产和经营管理所需费用。内容包括：

1）管理人员工资。是指管理人员的基本工资、工资性补贴、职工福利费、劳动保护费等。

2）办公费。是指企业管理办公用的文具、纸张、账表、印刷、邮电、书报、会议、水电、烧水和集体取暖（包括现场临时宿舍取暖）用煤等费用。

3）差旅交通费。是指职工因公出差、调动工作的差旅费、住勤补助费，市内交通费和误餐补助费，职工探亲路费，劳动力招募费，职工离退休、退职一次性路费，工伤人员就医路费，工地转移费以及管理部门使用的交通工具的油料、燃料、养路费及牌照费。

4）固定资产使用费。是指管理和试验部门及附属生产单位使用的属于固定资产的房屋、设备仪器等的折旧、大修、维修或租赁费。

5）工具用具使用费。是指管理使用的不属于固定资产的生产工具、器具、家具、交通工具和检验、试验、测绘、消防用具等的购置、维修和摊销费。

6）劳动保险费。是指由企业支付离退休职工的易地安家补助费、职工退职金、六个月以上的病假人员工资、职工死亡丧葬补助费、抚恤费、按规定支付给离休干部的各项经费。

7）工会经费。是指企业按职工工资总额计提的工会经费。

8）职工教育经费。是指企业为职工学习先进技术和提高文化水平，按职工工资总额计提的费用。

9）财产保险费。是指施工管理用财产、车辆保险。

10）财务费。是指企业为筹集资金而发生的各种费用。

11）税金。是指企业按规定缴纳的房产税、车船使用税、土地使用税、印花税等。

12）其他。包括技术转让费、技术开发费、业务招待费、绿化费、广告费、公证费、法律顾问费、审计费、咨询费等。

间接费计算。间接费的计算方法按取费基数的不同分为以下三种：

①以直接费为计算基础：

$$间接费 = 直接费合计 \times 间接费费率(\%) \tag{4-12a}$$

②以人工费和机械费合计为计算基础：

$$间接费 = 人工费和机械费合计 \times 间接费费率(\%) \tag{4-12b}$$

③以人工费为计算基础：

$$间接费 = 人工费合计 \times 间接费费率(\%) \tag{4-12c}$$

3. 利润

利润是指施工企业完成所承包工程获得的盈利。按照不同的计价程序，利润的计算方法有所不同。具体计算公式为：

$$利润 = 计算基数 \times 利润率 \tag{4-13}$$

根据工程特点和承包的方式，计算基数可采用：（1）以直接费和间接费合计为计算基础；（2）以人工费和机械费合计为计算基础；（3）以人工费为计算基础。

4. 税金

建筑安装工程费税金是指国家税法规定的应计入建筑安装工程造价内的营业税、城市维护建设税及教育费附加，即"两税一费"。

（1）营业税

$$营业税 = 营业额 \times 税率 \tag{4-14}$$

（2）城市维护建设税

$$城市维护建设税 = 营业税 \times 适用税率 \tag{4-15}$$

（3）教育费附加

$$教育费附加 = 营业税 \times 适用税率 \tag{4-16}$$

（4）税金计算

为了计算方便，可将营业税、城市维护建设税及教育费附加合并在一起计算，以工程成本加利润为基数计算税金。

$$税金 = （直接费 + 间接费 + 利润） \times 综合税率(\%) \tag{4-17}$$

综合税率按以下计算：

Ⅰ纳税地点在市区的企业

$$税率(计税系数) = \left[\frac{1}{1 - 3\% - (3\% \times 7\%) - (3\% \times 3\%)} - 1\right] \times 100\% = 3.41\%$$

Ⅱ纳税地点在县城、镇的企业

$$税率(计税系数) = \left[\frac{1}{1 - 3\% - (3\% \times 5\%) - (3\% \times 3\%)} - 1\right] \times 100\% = 3.35\%$$

Ⅲ纳税地点不在市区、县城、镇的企业

$$税率(计税系数) = \left[\frac{1}{1 - 3\% - (3\% \times 1\%) - (3\% \times 3\%)} - 1\right] \times 100\% = 3.22\%$$

（二）建筑安装工程费计价程序

根据原建设部第 107 号部令《建筑工程施工发包与承包计价管理办法》规定，发包与承包价的计算方法分为工料单价法与综合单价法，建筑安装工程计价程序如下：

1. 工料单价法计价程序

工料单价法是以分部分项工程量乘以单价后的合计为直接工程费，直接工程费以人工、材料、机械的消耗量及其相应价格确定。直接工程费汇总后另加措施费、间接费、利润、税金生成工程发承包价，其计算程序分为三种：

(1) 以直接费为计算基础（表4-4）

表4-4 以直接费为计算基础的工料单价法计价程序

序 号	费用项目	计算方法	备 注
1	直接工程费	按预算表	
2	措施费	按规定标准计算	
3	小计（直接费）	(1)+(2)	
4	间接费	(3)×相应费率	
5	利润	[(3)+(4)]×相应利润率	
6	合计	(3)+(4)+(5)	
7	含税造价	(6)×(1+相应税率)	

(2) 以人工费和机械费为计算基础（表4-5）

表4-5 以人工费和机械费为计算基础的工料单价法计价程序

序 号	费用项目	计算方法	备 注
1	直接工程费	按预算表	
2	直接工程费中人工费和机械费	按预算表	
3	措施费	按规定标准计算	
4	措施费中人工费和机械费	按规定标准计算	
5	小计	(1)+(3)	
6	人工费和机械费小计	(2)+(4)	
7	间接费	(6)×相应费率	
8	利润	(6)×相应利润率	
9	合计	(5)+(7)+(8)	
10	含税造价	(9)×(1+相应税率)	

(3) 以人工费为计算基础（表4-6）

表4-6 以人工费为计算基础的工料单价法计价程序

序 号	费用项目	计算方法	备 注
1	直接工程费	按预算表	
2	直接工程费中人工费	按预算表	
3	措施费	按规定标准计算	
4	措施费中人工费	按规定标准计算	
5	小计	(1)+(3)	
6	人工费小计	(2)+(4)	
7	间接费	(6)×相应费率	
8	利润	(6)×相应利润率	
9	合计	(5)+(7)+(8)	
10	含税造价	(9)×(1+相应税率)	

2. 综合单价法计价程序

综合单价法是分部分项工程单价采用全费用单价，全费用单价经综合计算后生成，其内容包括直接工程费、间接费、利润和税金（措施费也可按此方法生成全费用价格，多数情况下措施费单独报价，而不包括在综合单价中）。工程量清单计价多采用综合单价。

各分项工程量乘以综合单价的合价汇总成总价后，再考虑相关费用，生成工程发承包价。

由于各分部分项工程费中的人工费、材料费、机械费含量的比例不同，各分项工程可根据其材料费占人工费、材料费和机械费合计的比例（以字母"C"代表该项比值）在以下三种计算程序中选择一种计算其综合单价。

（1）当 $C > C_0$（C_0 为本地区原费用定额测算所选典型工程材料费占人工费、材料费和机械费合计的比例）时，可采用以人工费、材料费和机械费合计为基数计算该分项的间接费和利润，见表4-7。

表4-7　以直接工程费为计算基础的综合单价法计价程序

序　号	费用项目	计算方法	备　注
1	分项直接工程费	人工费＋材料费＋机械费	
2	间接费	(1)×相应费率	
3	利润	[(1)＋(2)]×相应利润率	
4	合计	(1)＋(2)＋(3)	
5	含税造价	(4)×(1＋相应税率)	

（2）当 $C < C_0$ 时，可采用以人工费和机械费合计为基数计算该分项的间接费和利润，见表4-8。

表4-8　以人工费和机械费为计算基础的综合单价法计价程序

序　号	费用项目	计算方法	备　注
1	分项直接工程费	人工费＋材料费＋机械费	
2	其中人工费和机械费	人工费＋机械费	
3	间接费	(2)×相应费率	
4	利润	(2)×相应利润率	
5	合计	(1)＋(3)＋(4)	
6	含税造价	(5)×(1＋相应税率)	

（3）如该分项的直接费仅为人工费，无材料费和机械费时，可采用以人工费为基数计算该分项的间接费和利润，见表4-9。

表4-9　以人工费为计算基础的综合单价法计价程序

序　号	费用项目	计算方法	备　注
1	分项直接工程费	人工费＋材料费＋机械费	
2	直接工程费中人工费	人工费	
3	间接费	(2)×相应费率	
4	利润	(2)×相应利润率	
5	合计	(1)＋(3)＋(4)	
6	含税造价	(5)×(1＋相应税率)	

四、工程建设其他费用

工程建设其他费用是指从工程筹建起到工程竣工验收交付使用止的整个建设期间，为保证工程建设顺利完成和交付使用后能够正常发挥效用，除建筑安装工程费用和设备及工、器具购置费用以外而发生的各项费用。

工程建设其他费用包括若干独立费用项目，它们的发生有较大的弹性。在不同的建设项目中有些费用可能发生，有些费用可能不会发生。

工程建设其他费用按其内容大体可分为以下三类：第一类，指与土地使用有关的费用；第二类，指与项目建设有关的费用；第三类，指与未来企业生产经营有关的费用。

（一）与土地使用有关的费用

与土地使用有关的费用指建设单位为获得项目国有土地使用权而支付的费用，一般包括以下内容：

第一，建设单位以划拨方式获得项目所需国有土地的使用权而向被拆迁单位支付的拆迁补偿费用。

第二，建设单位以出让方式获得项目所需国有土地的使用权而向国家支付的土地使用权出让金和向被拆迁单位支付的拆迁补偿费费用。

第三，建设单位征用集体土地，对被征地单位和农民进行安置、补偿和补助的费用。

（二）与项目建设有关的费用

1. 建设单位管理费

建设单位管理费是指建设项目从立项、筹建、建设、联合试运转、竣工验收、交付使用和使用后评估等全过程管理所需的费用。包括建设单位开办费和建设单位经费。

2. 勘察设计费

勘察、设计费按国家颁发的工程勘察设计收费标准和有关规定计算。

3. 研究试验费

研究试验费是指为建设项目提供和验证设计参数、数据、资料等所进行的必要的试验费用以及设计规定在施工中必须进行试验、验证所需费用。

4. 建设单位临时设施费

建设单位临时设施费是指项目建设期间，建设单位所需临时设施的搭设、维修、摊销或租赁费用。

建设单位临时设施费按国家有关收费标准和规定计算。

5. 工程监理费

6. 工程保险费

工程保险费是指建设项目在建设期间根据需要实施工程保险所需的费用，包括工程一切险、施工机械险、第三者责任险、机动车辆保险、人身意外险等。

7. 引进技术和进口设备其他费用

其内容包括：应聘来华外国工程技术人员（包括随同家属）来华期间的工资、生活补贴、往返旅费、交通费、医药费等；出国人员费用；国外设计、技术资料、技术专利及技术保密费等；国外贷款、国内银行承担的经济担保费、银行手续费及保险费用等；进口设备检验鉴定费等。

8. 国内专有技术及专利使用费

9. 工程承包费

工程承包费是指具有总承包条件的工程，对工程建设项目从开始建设至竣工投产全过程的总承包所需的管理费用。

（三）与未来企业生产经营有关的费用

1. 联合试运转费

联合试运转费是指新建企业或新增加生产工艺过程的扩建企业在竣工验收前，按照施工合同约定的工程质量标准，进行整个车间的有负荷或无负荷联合试运转发生的支出费用大于试运转收入的亏损部分。

联合试运转费一般根据项目的不同性质按需要试运转车间的工艺设备购置费的百分比计算。如果收入大于支出，则规定盈余部分列入回收金额。

2. 生产准备费

生产准备费是指新建企业或新增生产能力的企业，为保证竣工交付使用进行必要的生产准备所发生的费用。费用内容包括：生产人员培训费、生产单位提前进厂参加施工、设备安装、调试等，以及熟悉工艺流程及设备性能等人员的工资、工资性补贴、职工福利费、差旅交通费、劳动保护费等。

3. 办公和生活家具购置费

办公和生活家具购置费是指为保证新建、改建、扩建项目初期正常生产、使用和管理所必须购置的办公和生活家具、用具的费用。该项费用按照设计定员人数乘以综合指标计算。

五、预备费、建设期贷款利息和固定资产投资方向调节税

（一）预备费

我国现行规定：预备费包括基本预备费和涨价预备费。

1. 基本预备费

基本预备费，是指在设计阶段难以事先预料，而在建设期间可能发生的工程费用，又称工程建设不可预见费。它主要指设计变更及施工过程中可能增加工程量的费用，另外还包括，由于预防自然灾害所采取的预防措施及一般性自然灾害造成的损失费用；竣工验收时，竣工验收组织为鉴定工程质量，必须开挖和修复隐蔽工程的费用。

基本预备费计算公式：

$$基本预备费 = （设备及工器具购置费 + 建筑安装工程费 + 工程建设其他费）\times 基本预备费费率 \qquad (4\text{-}18)$$

2. 涨价预备费

涨价预备费，是指为应对项目建设期间内由于价格等变化引起建设投资增加而预留的费用，又称价格变动不可预见费。涨价预备费的计算公式为：

$$涨价预备费\ PC = \sum_{i=1}^{n} I_t \left[(1 + f)^t - 1 \right] \qquad (4\text{-}19)$$

223

式中，PC——涨价预备费；

        I_t——建设期中第 t 年的投资额，包括设备、工器具购置费、建筑安装工程费；

        f——建设期价格上涨指数；

        n——建设期期数。

（二）建设期贷款利息

建设期贷款利息包括向国内银行和其他非银行金融机构贷款、出口信贷、外国政府贷款、国际商业银行贷款以及在境内外发行的债券等在建设期间内应偿还的借款利息。该项利息按规定应列入建设项目投资之内。建设期贷款利息实行复利计算。

当总贷款是分年均衡发放时，为了简化计算，通常假定贷款在年中支用，即当年贷款按半年计息，其余年份贷款按全年计息。计算公式为：

    各年应计利息 =（年初贷款本息累计 + 0.5 × 本年贷款额）× 年利率   （4-20）

【例 4-2】 某新建项目，建设期为 3 年，第一年贷款 3000 万元，第二年贷款 6000 万元，第三年贷款 4000 万元，年利率为 6%，建设期分年均衡进行贷款，计算项目建设期贷款利息。

解： 第 1 年贷款利息 = 0.5 × 3000 × 6% = 90.00 万元

      第 2 年贷款利息 =（3000 + 90.00 + 0.5 × 6000）× 6% = 365.40 万元

      第 3 年贷款利息 =（3000 + 90.00 + 6000 + 365.40 + 0.5 × 4000）× 6% = 687.32 万元

所以，项目建设期贷款利息为：90.00 + 365.40 + 687.32 = 1142.72 万元。

（三）固定资产投资方向调节税

固定资产投资方向调节税是贯彻国家产业政策，控制投资规模，引导投资方向，调整投资结构，加强重点建设，促进国民经济持续稳定协调发展，对在我国境内进行固定资产投资的单位和个人（不含中外合资经营企业、中外合作经营企业和外商独资企业）征收固定资产投资方向调节税（简称调节税）。

第三节　建设工程投资确定的依据

目前，我国确定建设工程投资的方法主要有：建设工程定额计价法、工程量清单计价法。虽然在计价应用时两种方法均具有独立性，但是两种计价法在原理上有着密切的联系。

一、建设工程投资计价的依据

建设工程投资计价依据，是指计算建设工程投资的各类基础资料。由于建筑产品及其生产的特殊性，决定了影响建设工程投资的因素很多，如工程的用途、类别、规模、结构特征、建设标准、所在地区和坐落地点等，同时，每一项工程的造价还要与市场价格信息和涨幅趋势以及政府的产业政策、税收政策和金融政策等有关。因此与确定上述各项因素相关的各种量化资料都作为计价的依据。

（一）计算工程和设备数量的依据

计算工程和设备数量的依据包括：可行性研究资料，初步设计文件、扩大初步设计文件、技术设计文件、施工图设计文件，工程量计算规则，工程现场情况，施工组织设计或施工方案及工程量计算工具书等。

（二）计算设备费的依据

计算设备费的依据包括设备价格和运杂费率等。

（三）计算建筑安装工程费用的依据

计算建筑安装工程费用的依据是费用定额、取费标准、利润率、税率及其他价格指数。

（四）计算分部分项工程人工、材料、机械台班使用量及费用的依据

计算分部分项工程人工、材料、机械台班使用量及费用的依据包括：估算指标、概算指标、概算定额、预算定额、企业定额，人工费单价、材料预算单价、机械台班单价，建设工程造价信息、材料调价通知、取费调整通知。

（五）计算工程建设其他费用的依据

计算工程建设其他费用的依据包括用地指标、工程建设其他费用定额等。

（六）合同文件及与调费有关的相关文件

例如，工程变更引起工程量的变化，此时可以根据合同专用条款，确定是否应该调整合同价。

（七）计算造价相关的法规和政策

计算造价相关的法规和政策包括在建设工程投资内的税种、税率，与产业政策、能源政策、环境政策、技术政策和土地等资源利用政策有关的取费标准，利率和汇率及其他计价依据。

二、建设工程定额原理

（一）建设工程定额的概念

建设工程定额是指在合理的劳动组织、合理的使用材料和机械的条件下，完成单位合格建设工程产品所需消耗的资源（例如"人工"、"材料"、"机械使用"、"资金"和"工期"）的数量标准，定额不是单纯的数量标准，而是数量、质量和安全要求的统一。

建设工程定额内容是建设工程生产力内容的反映，所以建设工程定额水平就是一定时期建设工程生产力水平的反映。所以，建设工程定额不是一成不变的，而是随着社会生产力水平的提高而提高。所谓建设工程定额水平的提高，是指完成单位合格建设工程产品的消耗量的降低。

（二）建设工程定额的意义

实行建设工程定额的目的是为了力求消耗尽量少的资源，生产出尽量多的合格建设工程产品，取得尽量大的工程效益。建设工程定额是编制投资估算、设计概算、施工图预算、竣工决算的基础资料。

定额为企业提供可靠的管理数据，所以定额是企业实行科学管理的必要条件，如定额是建筑企业推行投资包干制、招标承包制，以及企业内部实行的各种经济责任制的依据。

（三）建设工程定额的分类

建设工程定额是工程建设中各类定额的总称。可以按照不同依据对建设工程定额进行科学的分类。

1. 按生产要素内容分类

（1）劳动消耗定额。简称劳动定额，又称人工定额，是指为完成单位的合格产品（工程实体或劳务）规定活劳动消耗的数量标准。

（2）机械消耗定额。它又称机械台班定额，是指为完成单位合格产品（工程实体或劳务）规定的施工机械消耗的数量标准。

（3）材料消耗定额。它简称材料定额，是指完成单位合格产品所需消耗材料的数量标准。材料是工程建设中使用的原材料、成品、半成品、构配件、燃料以及水、电等动力资源的统称。

2. 按编制程序和用途分类

（1）施工定额

施工定额，是指在合理劳动组织、正常的施工条件下，以施工过程或工序为标定对象，完成单位合格产品所需消耗的人工、材料和机械台班使用的数量标准。施工定额由劳动定额、材料消耗定额和机械消耗定额组成。

施工定额是工程定额体系中的基础定额；施工定额执行平均先进生产力水平，这是施工定额的特征。平均先进的水平，是指在正常的施工条件下，大多数施工班组或生产者通过努力可以达到，少数施工班组或生产者可以接近，个别先进施工班组或生产者可以超过的水平。平均先进水平比先进水平低，比平均水平略高。

施工定额属于企业定额的性质。它反映企业的施工水平、技术装备水平、工艺完善水平和管理水平，作为考核施工企业的标尺和确定施工成本、投标报价的依据。施工企业应将施工定额的水平作为商业秘密。

（2）预算定额

预算定额，是指在合理的施工条件下，完成一定计量单位的合格的分项工程或结构构件所需消耗的人工、材料和施工机械台班使用的数量及其货币标准。预算定额是根据社会平均生产力发展水平编制的，是社会性定额，而非企业性质定额。

预算定额是计算建筑安装工程投资的直接依据。预算定额的各项指标，是完成规定计量单位符合设计标准和施工及验收规范要求的分项工程或结构构件所消耗的活劳动和物化劳动的数量限度。

预算定额基价是用货币形式表示的预算定额中每一分项工程或结构构件的定额单价。它是根据预算定额中规定人工、材料、施工机械台班消耗量（简称"三量"），按当地的人工日工资单价、材料预算价格和机械台班单价（简称"三价"）计算人工费、材料费、机械台班使用费（简称"三费"），然后将这三项费用合计汇总，即为定额项目的预算基价。

（3）概算定额

概算定额是指在正常的生产建设条件下，为完成一定计量单位的扩大分项工程或扩大结构构件所需消耗的人工、材料和机械台班使用数量及货币价值标准。概算定额是在综合施工定额或预算定额的基础上，根据有代表性的工程通用图纸和标准图集等资料进行综合、扩大和合并而成。它是编制设计概算的定额依据。

概算定额水平与预算定额相同，同属社会平均水平。概算定额消耗量的内容包括人工、材料和机械台班使用三个基本部分。

（4）概算指标

概算指标是比概算定额综合性更强的一种指标。它是以每建筑面积（m² 或 100m²）或建筑体积（m³ 或 1000m³）为计算单位，构筑物以座为计算单位，规定所需人工、材料、机械台班使用和资金数量的定额指标。它是编制设计概算的定额依据。

概算指标是指以统计指标的形式反映工程建设过程中生产单位合格建筑产品所需资源消耗量的水平。

（5）投资估算指标

投资估算指标比其他各种计价定额具有更大的综合性和概括性。投资估算指标通常是以独立的单项工程或完整的工程项目为计算对象编制确定的生产要素消耗的数量标准或项目费用标准，是根据已建工程或现有工程的价格资料，经分析、归纳和整理编制而成的。投资估算指标是项目建议书、可行性研究报告阶段编制建设项目投资估算的主要依据。

三、工程量清单计价

工程量清单计价是工程价格管理体制改革的产物。工程量清单计价模式的实质是市场定价模式。建设市场的交易双方根据供求状况、信息状况进行自由竞价，最终确定合同价格并签订工程合同。工程量清单计价法反映的是工程个别成本，有利于企业自主报价和公平竞争。这种计价方式是完全市场定价体系的反映。

招标投标实行工程量清单计价，是以招标人公开提供的工程量清单为平台，投标人根据工程项目特点、自身的技术水平、施工方案、管理水平及中标后面临的风险等进行综合报价，经过招标人择优，中标者与招标人签订合同价款、进行工程结算等活动。

（一）基本概念

1. 工程量清单

工程量清单是表现拟建工程的分部分项项目、措施项目、其他项目名称和相应数量的明细清单，它是按照招标文件和施工设计文件的要求，将拟建招标工程的全部内容，依据统一的项目编码、统一的工程量计算规则、统一的工程量清单项目编制规则（如项目划分与计量单位），计算出的拟建工程分部分项工程数量的表格。

它是招标文件的重要组成内容，由招标人或其委托的建设工程投资咨询单位编制的，是投标人投标的重要依据，也是双方签订工程合同的依据。

2. 分部分项工程量清单

分部分项工程量清单是表现拟建工程各分部分项实体工程名称和相应数量的清单。

3. 措施项目清单

措施项目工程量清单是表现为完成工程项目施工，发生于该工程施工前和施工过程中技术、生活、安全等方面的非实体工程项目名称和相应数量的清单。

4. 综合单价

综合单价是指完成工程量清单中一个规定计量单位项目所需的人工费、材料费、机械使用费、管理费和利润之和，并考虑了风险因素。

（二）工程量清单计价的基本原理

1. 工程量清单计价过程

工程量清单计价程序可以分为两个阶段：工程量清单的编制和利用工程量清单来编制投

标报价。工程量清单计价的基本过程是，在统一的工程量计算规则的基础上，制定工程量清单项目设置规则，根据具体工程的施工图纸计算出各个清单项目的工程量，再根据国家、地区或行业的定额资料以及各种渠道所获得的工程造价信息和经验数据计算得到工程造价；投资企业也可以根据自身的企业定额确定投标报价。工程造价工程量清单计价过程见图4-3。

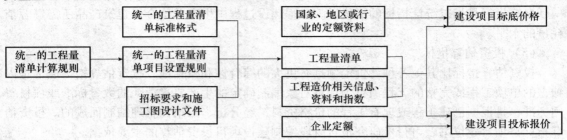

图4-3　工程造价工程量清单计价过程

2. 单位工程投标报价的构成

投标报价是在业主提供的工程量计算结果的基础上，根据企业自身所掌握的各种信息、资料，结合企业定额编制得出的。单位工程投标报价的构成见图4-4。

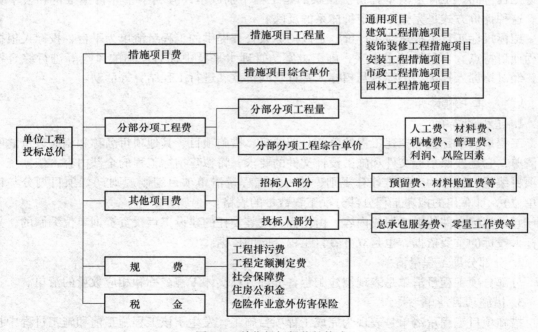

图4-4　单位投标报价的构成

（三）工程量清单的内容

《建设工程工程量清单计价规范》对工程量清单的格式作了统一规定，其内容有：工程量清单封面、填表须知、工程量清单总说明、分部分项工程量清单、措施项目清单、其他项目清单和零星工作项目表。其中，分部分项工程量清单、措施项目清单、其他项目清单是工程量清单的主要部分，尤以分部分项工程量清单为核心。除以上规定的内容外，招标人在编制清单过程中可根据具体情况进行补充。

1. 工程量清单封面

招标人应在工程量清单封面填写：工程名称、招标人（单位签字、盖章）、法定代表人（签字、盖章）、中介机构法定代表人（签字、盖章）、造价工程师及注册证号（签字、盖执业专用章）、编制时间。

2. 填表须知

（1）工程量清单及其计价格式中所有要求签字、盖章的地方，必须由规定的单位和人员签字、盖章。

（2）工程量清单及其计价格式中的任何内容不得随意删除或涂改。

（3）工程量清单计价格式中列明的所有需要填报的单价和合价，投标人均应填报，未填报的单价和合价，视为此项费用已包含在工程量清单的其他单价和合价中。

（4）金额（价格）均应以＿＿＿币表示。

（5）投标报价必须与工程项目总价一致。

3. 工程量清单总说明

工程量清单总说明主要是招标人用于说明招标工程的工程概况、招标范围、工程量清单的编制依据、工程质量的要求及主要材料的价格来源等。

4. 分部分项工程量清单

分部分项工程量清单由项目编码、项目名称、计量单位和工程量四部分组成。编制分部分项工程量清单，就是将设计图纸规定要完成的工程全部任务列成清单，列出分部分项工程的项目名称，计算出相应项目的实体工程量，完成工程量清单表。

（1）项目编码

项目编码以五级编码设置，用十二位阿拉伯数字表示。第一、二、三、四级（共9位）编码全国统一；第五级编码由工程量清单编制人区分具体工程的清单项目特征而分别编码。各级编码代表的含义如下：

①第一级表示分类码（二位）：01 - 建筑工程；02 - 装饰装修工程；03 - 安装工程；04 - 市政工程；05 - 园林绿化工程。

②第二级表示章（专业）顺序码（二位）。

③第三级表示节（分部工程）顺序码（二位）。

④第四级表示清单项目（分项工程项目）顺序码（三位）。

⑤第五级表示具体清单项目顺序码（三位）。

（2）项目名称

项目名称的设置，应考虑三个因素，一是附录中的项目名称；二是附录中的项目特征；三是拟建工程的实际情况。工程量清单编制时，以附录中的项目名称为主体，考虑该项目的规格、型号、材质等特征要求，结合拟建工程的实际情况，使其工程量清单项目名称具体化，项目名称原则上以形成的工程实体命名。

随着新材料、新技术、新工艺的不断出现和工程运用，在编制工程量清单时，可能会出现附录中的缺项，此时编制认可作补充。补充项目应填写在工程量清单相应分部工程项目之后，并在"项目编码"栏中以"补"字表示。

（3）项目特征

项目特征是对项目的准确描述，是影响价格的因素，也是设置具体清单项目的依据。项目特征按不同的工程部位、施工工艺或材料品种、规格等分别列项。

（4）计量单位

工程数量的计量单位应按规定采用基本单位。

（5）工程数量

工程数量是工程量清单的核心内容，工程数量的计算工作量大，且须保证计算结果准确，实事求是地反映工程实物状态、内容和数量，以作为编制标底价格、投标报价的基础依据。

分部分项工程量计算的依据是设计图纸和统一的工程量计算规则。除另有说明外，所有清单项目的工程量应以实体工程量为准，并以完成后的净值计算，投标人投标报价时，应在单价中考虑施工中的各种损耗和需要增加的工程量。

工程量计算规则按主要专业划分的，包括建筑工程、装饰装修工程、安装工程、市政工程和园林绿化工程五个专业部分。

5. 措施项目清单

措施项目是指为了完成工程项目施工，发生于施工前和施工中的技术、生活、安全等方面的非工程实体的项目。措施项目包括通用项目和专业项目。

（1）通用项目

通用项目所列内容是各专业工程均可列出的措施项目。通用项目名称及发生情况说明，可参考表4-10。

表 4-10　通用项目名称及发生情况说明

序号	项目名称	发生情况说明
1	环境保护	一般情况均发生
2	文明施工	凡按原建设部《建设施工现场管理规定》要求实施者发生
3	安全施工	一般情况均发生
4	临时设施	一般情况均发生
5	夜间施工	夜间施工时发生
6	二次搬运	场地狭小时发生
7	大型机械进出场及安拆	机械挖土、吊装、打桩等及其他需要大型机械施工的工程发生
8	混凝土、钢筋混凝土模板及支架	混凝土及钢筋混凝土及其他需要支模板的工程发生
9	脚手架	除个别工程外、一般情况均发生
10	已完工程及设备保护	需要进行成品保护时发生
11	施工降水及排水	在地下水位较高的地下施工的深基础发生

（2）专业项目

专业项目所列内容是指各专业工程根据专业要求按相应专业列出的措施项目，可分为建筑工程、装饰装修工程、安装工程、市政工程和园林绿化工程五个专业。

措施项目清单根据拟建工程的特征列项编制，根据实际情况对清单规范所列项目增减。补充项目应列在清单项目的后面，并在"序号"栏中以"补"字表示。措施项目一律以"项"为计量单位，数量为"1"。

6. 其他项目清单

其他项目清单是指分部分项工程量清单和措施项目清单以外，该工程项目施工中可能发生的其他费用。可分为以下两部分。

（1）招标人部分：预留金、材料购置费等。

（2）投标人部分：总承包服务费、零星工作项目费等。

7. 零星工作项目表

零星工作项目费是指完成招标人提出的、工程量暂估的零星工作所需的费用。零星工作项目一般不能以实物量为计量。为了准确地计价，零星工作项目表应详细列出人工、材料、机械名称和相应数量。人工应按工种列项，材料和机械应按规格、型号列项。

（四）工程量清单的作用

工程量清单计价中工程量清单的作用如下：

1. 工程量清单既是编制招标工程标底，又是确定投标报价的依据。工程量清单鼓励企业自主竞争报价，有利于市场形成建设工程价格，建立投资模式。

2. 工程量清单为投标者提供一个公开、公平、公正的竞争环境。工程量清单由招标人统一提供，避免了由于工程量计算不准确、项目不一致等人为因素造成的不公正影响，使投标者站在同一起跑线上，创造了一个公平的竞争环境。

3. 工程量清单是工程计价、询标和评标的依据。如果清单存在计算错误或漏项，可按照招标文件的要求在中标后进行修正。

4. 工程量清单是施工过程中工程进度款支付的依据。与工程建设合同相结合，工程量清单为施工过程中的进度款支付提供了依据。另外，工程量清单是办理竣工结算和工程索赔的依据。

四、建设工程投资指数

建设工程投资指数是调整建设工程投资价差的依据，是反映一定时期由于价格变化对建设工程投资影响程度的一种指标。合理的建设工程投资指数，能够较好地反映建设工程投资的变动趋势和变化幅度，正确反映建筑市场的供求关系和生产力发展水平。建设工程投资指数反映了报告期与基期相比的价格变动。

利用建设工程投资指数分析价格变动趋势、估计建设工程投资变化对宏观经济的影响，是业主控制投资、投标人确定报价的重要依据。

（一）按期限长短对建设工程投资指数分类

按期限长短，建设工程投资指数可分为：时点造价指数、月指数、季指数和年指数。时点造价指数是不同时点价格对比计算的相对数；月指数是不同月份价格对比计算的相对数；季指数是不同季度价格对比计算的相对数；年指数是不同年度价格对比计算的相对数。

（二）按照工程范围、类别、用途对建设工程投资指数分类

1. 单项价格指数

单项价格指数是分别反映各类工程的人工、材料、施工机械使用及主要设备报告期价格对基期价格的变化程度的指标。该指数反映主要单项价格变化的情况及其发展变化的趋势。例如人工费价格指数、主要材料价格指数、施工机械台班价格指数、主要设备价格指数等。

2. 综合造价指数

综合造价指数是综合反映各类项目或单项工程人工费、材料费、施工机械使用费和设备费等报告期价格对基期价格变化而影响建设工程投资程度的指标，是研究造价总水平变动趋

势和程度的主要依据。综合造价指数包括建设项目或单项建设工程投资指数，建筑安装工程投资指数，建筑安装工程直接费指数、间接费指数，工程建设其他费用指数等。

（三）按不同基期对建设工程投资指数分类

按不同基期，建设工程投资指数可分为：定基指数、环比指数（环基指数）。定基指数是指各时期价格与某固定时期的价格对比后编制的指数；环比指数是指各时期价格都以其前一期价格为基础计算的造价指数。例如：与上月对比计算的指数，为月环比指数。

第四节　建设工程建设前期的投资控制

项目开发建设过程，大体可分为三个时期：建设前期（亦称投资前期）、建设时期（亦称投资时期）和生产时期。三个时期主要是按"投资决策"和"交工验收"两条分界线来划分。建设前期依次包括：机会研究、初步可行性研究、项目建议书、可行性研究、项目评估和投资决策。建设前期的投资控制主要包括：投资决策阶段的投资控制、设计阶段的投资控制和施工招标阶段的投资控制。

一、投资决策阶段的投资控制

建设前期各阶段中，投资决策阶段对工程投资的影响程度最高，可达到80% ~ 90%。因此，决策阶段是决定工程投资的基础阶段。

（一）可行性研究

1. 可行性研究的概念

可行性研究，是运用科学手段综合论证工程项目在技术上是否先进、实用和可靠，在财务上是否盈利，做出环境影响、社会效益和经济效益的分析和评价，及项目抗风险能力等的结论；简单地说，可行性研究就是从技术和经济两方面研究、评价建设项目是否可行，从而为决策者投资决策提供科学依据的过程。

在建设项目的整个寿命周期中，可行性研究起着极端重要的作用：可行性研究是建设项目投资决策的依据，是编制初步设计文件的依据，是项目业主向银行贷款的依据，是建设项目与各协作单位签订合同和有关协议的依据，是环保部门、地方政府和规划部门审批项目的依据，是施工组织设计、工程进度安排及竣工验收的依据，此外它还是项目后评估的依据。

2. 可行性研究的工作阶段

可行性研究的工作阶段划分及各阶段的研究深度见表4-11。

表4-11　可行性研究的工作阶段划分及各阶段的研究深度

工作阶段	目的任务	估算精度	研究费用占总投资的（%）	需要时间（月）
机会研究	选择项目，寻求投资机会，包括地区、行业、资源和项目的机会研究	±30%	0.1 ~ 1.0	1 ~ 2
初步可行性研究	对项目初步估价，作专题辅助研究，广泛分析，选筛方案，避免下一步做虚功	±20%	0.25 ~ 1.25	1 ~ 3
详细可行性研究	对项目进行深入细致的技术经济论证，重点是财务分析，经济评价，需做多方案比选，提出结论性报告，这是关键步骤	±10%	大项目 0.2 ~ 1.0 小项目 1.0 ~ 3.0	3 ~ 6 或更长

3. 可行性研究的步骤

（1）签订委托协议

可行性研究报告编制单位与委托单位，就项目可行性研究报告编制工作的范围、重点、深度要求、完成时间、费用预算和质量要求交换意见，并签订委托协议，据以开展可行性研究各阶段的工作。

（2）组建项目可行性研究工作小组

根据委托项目可行性研究的工作量、内容、范围、技术难度、时间要求等组建项目可行性研究工作小组。

（3）制定工作计划

根据工作的范围、重点、深度、进度安排、人员配置、费用预算及报告编制可行性研究大纲，并与委托单位交换意见。

（4）调查研究收集资料

各专业组根据报告编制大纲进行实地调查，收集整理有关资料。

（5）方案编制与优化

在调查研究收集资料的基础上研究编制备选方案，进行方案论证比选并提出推荐方案。

（6）项目评价

对推荐方案进行环境评价、财务评价、国民经济评价、社会评价及风险分析，以判别项目的环境可行性、经济可行性、社会可行性和抗风险能力，据评价结果确定：是否继续下一步的报告编写还是重新构想或规划方案。

（7）编写可行性研究报告初稿

（8）与委托单位交换意见

报告初稿形成后，与委托单位交换意见，修改完善，形成正式可行性研究报告。建设项目可行性研究报告的内容因不同项目类型而各有所侧重，没有固定的统一模式，做法也有所不同。

（二）建设项目投资估算

1. 投资估算的概念

投资估算，是指在项目投资决策过程中，依据现有的资料（如估算指标）和特定的方法，对项目的投资数额进行的估计。

2 投资估算的作用

投资估算是经济评价的基础，经济评价是可行性研究的核心，因此投资估算的正确与否直接影响可行性研究的结果，决定可行性研究的工作质量。投资估算的主要作用如下：

（1）项目可行性研究阶段的投资估算，是项目投资决策的重要依据。

（2）项目建议书阶段的投资估算，是项目主管部门审批项目建议书的依据之一；当可行性研究报告被批准之后，其投资估算额就是作为设计任务书中下达的投资限额，即作为建设项目投资的最高限额，不得随意突破。

（3）项目投资估算对工程设计概算起控制作用，设计概算不得突破批准的投资估算额，即投资估算是实行工程限额设计的依据。

（4）项目投资估算也是项目资金筹措及制订建设贷款计划的依据。

3. 投资估算的内容

从费用构成来看，投资估算内容包括项目从筹建、施工直至竣工投产所需的全部费用。建设项目的投资估算包括固定资产投资估算和流动资金估算两部分。

固定资产投资可见本章第二节内容。

流动资金是指生产经营性项目投产后，用于购买原材料、燃料、支付工资及其他经营费用等所需的周转资金。它是伴随着固定资产投资而发生的长期占用的流动资产投资，其值等于项目投产运营后所需全部流动资产扣除流动负债后的余额。

4. 投资估算的步骤

（1）分别估算各单项工程所需的建筑安装工程费、设备及工器具购置费。

（2）在汇总各单项工程费用基础上，估算工程建设其他费用和基本预备费，得出项目的静态投资部分。

（3）估算涨价预备费和建设期利息，得出项目的动态投资部分。

（4）估算流动资金。

（5）汇总出总投资。

5. 建设投资（固定资产投资）估算

（1）资金周转率法

这种方法是用资金周转率来推测投资额的一种简单方法。计算公式如下：

$$拟建项目总投资 = 产品的年产量 \times 产品单价 / 资金周转率 \tag{4-21}$$

这种方法比较简便，计算速度快，但精确度较低，适用于规划阶段或项目建议书阶段的投资估算。

（2）生产能力指数法

生产能力指数法亦称 0.6 指数法，采用这种方法是根据已建成的、性质类似的项目或生产装置的投资额估算同类而不同生产规模的项目投资额或生产装置投资额。其计算公式为：

$$C_2 = C_1 (Q_2 / Q_1)^n \cdot f \tag{4-22}$$

式中，C_2——拟建项目或装置的投资额；

C_1——已建同类型项目或装置的投资额；

Q_2——拟建项目或装置的生产能力；

Q_1——已建同类型项目或装置的生产能力；

n——生产能力指数；

f——修正系数。

若已建类似项目或装置的规模和拟建项目或装置的规模相差不大，生产规模比值在 0.5~2 之间，则指数 n 的取值近似为 1；若已建类似项目或装置与拟建项目或装置的规模相差不大于 50 倍，且拟建项目规模的扩大仅靠增大设备规模来达到时，则 n 取值约在 0.6~0.7 之间；若是靠增加相同规格设备的数量达到时，n 的取值约在 0.8~0.9 之间。

（3）比例估算法

比例估算法按不同的基数，又可分为两种方法。

1）以拟建项目或装置的设备费用为基数，根据已建成的同类项目或装置的建筑安装费和其他费用等占设备价值的百分比，求出拟建项目的建筑安装费及其他费用等，其总和即为拟建项目或装置的投资额。

234

计算公式：

$$C = E \times (1 + f_1 p_1 + f_2 p_2 + f_3 p_3 + \cdots) + I \tag{4-23}$$

式中，　　C——拟建项目或装置的投资额；

E——根据拟建项目或装置的设备清单按当时当地价格计算的设备费（包括运杂费）的总和；

p_1、p_2、p_3…——已建项目中建筑安装工程费及其他工程费用等占设备费用的百分比；

f_1、f_2、f_3…——由于时间因素引起的定额、价格、费用标准等变化的综合调整系数；

I——拟建项目的其他费用。

2）以拟建项目中的最主要、投资比重较大并与生产能力直接相关的工艺设备的投资（包括运杂费及安装费）为基数，根据同类型的已建项目的有关统计资料，计算出拟建项目的各专业工程费占工艺设备投资的百分比，据以求出各专业的投资，然后把各部分投资费用相加求和，再加上工程其他有关费用，即为拟建项目的总费用。计算公式：

$$C = E \times (1 + f_1 p_1' + f_2 p_2' + f_3 p_3' + \cdots) + I \tag{4-24}$$

式中，p_1'，p_2'，p_3'…——各专业工程费用占工艺设备费用的百分比。其他符号意义同上。

（4）指标估算法

此法从工程费用中的单项工程入手估算投资。这种方法是把项目投资划分为建筑工程费用、设备安装工程费用、设备购置费及工程建设其他费用、基本预备费和涨价预备费等费用项目，采用相应的指标进行计算。

6. 流动资金的估算

流动资金是保证生产性建设项目投产后，能正常生产经营所需要的最基本的周转资金数额。流动资金估算可以采用两种方法：一种是扩大指标估算法，适用于项目建议书的编制；另一种是分项详细估算法，适用于可行性研究的编制。

（1）扩大指标估算法

这是一种简单估算法，它是采用相对固定的扩大指标定额（如流动资金占某种费用基数的比率）来估算流动资金。这种扩大指标估算法简便易行，主要适用于项目初选立项阶段项目建议书的编制与评估。

计算公式：

$$流动资金 = 固定资产总投资 \times 流动资金占固定资产总投资比例 \tag{4-25}$$

（2）分项详细估算法

分项详细估算法是根据流动资金在生产过程中的周转额与周转速度之间的关系，对构成流动资金的各项流动资产和流动负债分别进行估算。

二、设计阶段的投资控制

（一）工程设计及设计程序

1. 工程设计

工程设计是指在工程施工之前，设计者根据已批准的设计任务书，为具体实现拟建项目的技术、经济要求，拟定建筑、安装及设备制造等所需的规划、图纸、数据等技术文件的工作。拟建工程在建设过程中能否保证进度、保证质量和节约投资，在很大程度上取决于设计质量的优劣。

为保证工程建设和设计工作有机的配合和衔接，将工程设计划分为几个阶段，一般工业与民用建设项目，可按扩大初步设计和施工图设计两阶段进行，称为"两阶段设计"；对于技术复杂而又缺乏设计经验的项目，可按初步设计、技术设计和施工图设计三个阶段进行，称为"三阶段设计"。

2. 设计程序

（1）设计准备

设计之前，首先要掌握有关工程的各种外部条件和客观情况：包括地形、气候、地质、自然环境等自然条件，城市规划对建筑物的要求，交通、水、电、气、通讯等基础设施状况，业主对工程的要求，工程使用的资金、材料、施工技术和装备等以及可能影响工程的其他客观因素。

（2）初步方案

在设计准备的基础上，设计者对工程主要内容有了大概的布局设想，然后要考虑工程与周围环境之间的关系。对于不太复杂的工程，这一阶段可以省略，把有关的工作并入初步设计阶段。

（3）初步设计

初步设计是整个设计构思基本形成的阶段，通过初步设计可以进一步明确拟建工程在指定地点和规定期限内进行建设的技术可行性和经济合理性，规定主要技术方案、工程总造价和主要技术经济指标，以利于在项目建设和使用过程中最有效地利用人力、物力和财力。工业项目初步设计包括总平面设计、工艺设计和建筑设计三部分。在初步设计阶段应编制设计总概算。

（4）技术设计

技术设计是初步设计的具体化，也是各种技术问题的定案阶段。技术设计所应研究和决定的问题，与初步设计大致相同，但需要根据更详细的勘查资料和技术经济计算加以补充修正。技术设计的详细程度应能满足确定设计方案中重大技术问题和有关实验、设备选型等方面的要求。对于不太复杂的工程，技术设计阶段可以省略，把这个阶段的一部分工作纳入初步设计（承担技术设计部分任务的初步设计称为扩大初步设计），另一部分留待施工图设计阶段进行。

（5）施工图设计

这一阶段主要是通过图纸，把设计者的意图和全部设计结果表达出来，为施工提供图纸依据。施工图设计是设计工作和施工工作的桥梁。施工图设计的成果包括项目各部分工程的详图和零部件、结构构件明细表，以及验收标准、方法等。施工图设计的深度应能满足设备材料的选择与确定、非标准设备的设计与加工制作、施工图预算的编制、建筑工程施工和安装的要求。

（6）设计交底和配合施工

施工图发出后，根据现场需要，设计单位应派相应设计人员到施工现场，与建设、施工单位共同会审施工图，进行设计技术交底，介绍设计意图和技术要求，修改不符合实际或有错误的图纸；参加试运转和竣工验收，解决试运转过程中的技术问题，并检验设计的完善程度。

（二）设计阶段影响工程投资的因素

不同类型工程项目，设计阶段影响投资的因素不完全相同，以工业建筑项目为例介绍设计阶段影响工程投资的因素。

1. 总平面设计中影响投资的因素

总平面设计是指总图运输设计和总平面配置。主要包括的内容有：厂址方案、占地面积和土地利用情况，总图运输、主要建筑物和构筑物及公用设施的配置，外部运输、水、电、气及其他外部协作条件等。总平面设计中影响建设投资的因素有：占地面积、功能分区、运输方式的选择。

2. 工艺设计中影响投资的因素

工艺设计部分要确定企业的技术水平。影响投资的因素主要包括建设规模、标准和产品方案，工艺流程和主要设备的选型，主要原材料、燃料供应，"三废"治理及环保措施，此外还包括生产组织及生产过程中的劳动定员情况等。

3. 建筑设计中影响投资的因素

建筑设计部分，在考虑施工过程的合理组织和施工条件的基础上，确定工程的立体、平面设计和结构方案的工艺要求，确定建筑物和构筑物及公用辅助设施的设计标准，提出建筑工艺方案、暖气通风、给排水等问题的简要说明。在建筑设计阶段影响建设投资的主要因素有：平面形状、流通空间、层高、建筑物层数、柱网布置、建筑物的体积、建筑面积与建筑结构类型。

（三）设计阶段控制工程投资的重要意义

1. 在设计阶段进行工程投资分析可以使投资构成更合理，提高资金利用效率。

通过设计阶段编制设计概算，可以了解工程投资的构成，分析资金分配的合理性，并可以利用价值工程理论分析项目各个组成部分功能与成本的匹配程度，调整项目功能与成本，使其更趋于合理。

2. 在设计阶段进行工程投资控制，可以提高投资控制效率。

通过分析设计概算，可以了解工程各组成部分的投资比例，对于投资比例比较大的部分应作为投资控制的重点，这样可以提高投资控制效率。

3. 在设计阶段控制工程投资，使控制工作更主动。

设计阶段，可以先开列新建建筑物每一分部或分项的计划支出费用的报表，即投资计划。然后当详细设计制定出来以后，对照造价计划中所列的指标进行审核，预先发现差异，主动采取一些控制方法消除差异，使设计更经济。

4. 在设计阶段控制建设投资，利于技术与经济相结合。

将设计建立在健全的经济基础之上，有利于选择一种最经济的方式实现技术目标，从而确保设计方案的技术与经济效果。

5. 在设计阶段控制建设投资，效果最显著。

建设投资控制贯穿于项目建设全过程，但是进行全过程控制的时还必须突出重点。初步设计阶段对投资的影响约为20%，技术设计阶段对投资的影响约为40%，施工图设计准备阶段对投资的影响约为25%。很显然，控制建设投资的关键是在设计阶段。

（四）限额设计

1. 限额设计的含义

限额设计，是按批准的投资估算控制初步设计，按批准的初步设计总概算控制技术设计和施工图设计。同时，各专业在保证达到使用功能的前提下，按分配的投资限额控制设计，严格控制不合理变更，保证总投资额不被突破。

推行限额设计的关键是确定投资限额，如果投资限额过高，限额设计就失去了意义；如果投资限额过低，限额设计也将陷入"巧妇难为无米之炊"的境地。

投资分解和工程量控制是实行限额设计的有效途径。投资分解就是把投资限额合理地分配到单项工程、单位工程，甚至分部工程中去，通过层层限额设计，实现对投资限额的有效控制；工程量控制是实现限额设计的主要途径，工程量的大小直接影响建设投资，工程量的控制应以设计方案的优选为手段，切不可以牺牲质量和安全为代价。

2. 推行限额设计的意义

（1）推行限额设计是控制建设投资的重要手段。在设计中以控制工程量为主要内容，抓住了控制建设投资的核心。

（2）推行限额设计有利于处理好技术与经济的关系，提高广义设计质量，优化设计方案。

（3）推行限额设计有利于增强设计单位的责任感，在实施限额设计的过程中，通过奖罚管理制度，促使设计人员增强经济观念和责任感，使其既负技术责任也要负经济责任。

3. 限额设计的纵向控制

限额设计的纵向控制，是指在设计工作中，根据前一设计阶段的投资确定控制后一设计阶段的投资控制额。具体来说，可行性研究阶段的投资估算作为初步设计阶段的投资限额，初步设计阶段的设计概算作为施工图设计阶段的投资限额。

（1）施工图设计阶段以前的限额设计

施工图设计阶段以前的限额设计主要要做好以下几点：

1）重视设计方案的选择

设计方案直接影响建设投资，因此在设计过程中，要促使设计人员进行多方案的比选，尤其要注意运用技术经济比选的方法，使选择的设计方案真正做到技术可行、经济合理。

2）应采用先进的设计理论、设计方法、优化设计

设计理论的落后往往带来建设投资的增加，而采用先进的设计理论和方法有利于限额设计的顺利实现。所以，应用现代科学技术的成果，对工程设计方案、设备选型、效益分析等方面进行最优化的设计。

3）重点研究对投资影响较大的因素

设计方案、结构选型、平面布置、空间组合等都是影响建设投资最为敏感的因素，在设计过程中应该重点研究这些因素。

（2）施工图设计阶段的限额设计

施工图设计是设计工作的最终产品，是指导工程建设的重要文件，是施工企业实施施工的依据。施工图设计实际上已决定了工程量的大小和资源的消耗量，从而决定了建设投资，因而施工图设计阶段的限额设计更具现实意义，其重点应放在工程量的控制。另外，应严格按照批准的可行性研究报告中的建设规模、建设标准、建设内容进行设计，不得任意突破。如有确需设计方案的重大变更，必须报原审批部门审批。

（3）加强设计变更管理

设计变更是影响建设投资的重要因素，变更发生越早，损失越小，反之就越大。如在设

计阶段变更，则只需修改图纸，虽然造成一定损失，但其他费用尚未发生，损失有限；如果在采购阶段变更，不仅需要修改图纸，而且设备、材料还须重新采购；若在施工阶段变更，除上述费用外，已施工的工程还须拆除，不仅投资损失而且还会拖延工期。因此必须加强设计变更管理，尽可能把设计变更控制在设计初期，尤其对影响建设投资的重大设计变更，更要用先算账后变更的办法解决，使建设投资得到有效控制。

4. 限额设计的横向控制

限额设计的横向控制，是指建立和加强设计单位及其内部的管理制度和经济责任制，明确设计单位内部各专业及其设计人员的职责和经济责任，并赋予相应权力，但赋予的决定权应与其责任相一致。

5. 限额设计的不足

限额设计也是一把双刃剑，既有重要积极作用，也存在以下不足：由于投资限额的限制，设计人员的创造性有可能受到制约；由于投资限额的限制，可能降低设计的合理性；由于投资限额的限制，可能会导致投资效益的降低；限额设计是指建设项目的一次性投资，从建设期来看可能最优，但如果从项目的全寿命期来看，不一定经济。

（五）设计方案技术经济分析与经济效果评价

技术经济分析和经济效果评价，是提高设计方案的经济性和经济效果、保证设计方案的经济合理性的重要手段。

总体设计方案的经济性由若干局部设计方案的经济性决定的，并会受到若干因素的影响。这些因素可用一系列指标体系来反映。在各种设计方案中，通过将设计方案的技术经济指标和国内外先进方案的指标进行对比分析，采取有效措施，提高设计方案的经济性。这就是设计方案的技术经济分析。

局部设计方案的经济性不能代表整个工程设计方案的经济性，也不能反映整个方案的经济效果。因为，在几个设计方案的同类指标进行分析比较时，往往会出现某个方案的某个指标较优而另一些指标较差的现象，不易选择。因此，有必要对被选方案的经济性和经济效果进行综合的、全面的评价。这就是设计方案经济效果评价。

（六）设计概算的编制

1. 设计概算的含义

设计概算是设计文件的重要组成部分，是在投资估算的控制下由设计单位根据初步设计（或扩大初步设计）图纸，概算定额（或概算指标），各项费用定额或取费标准，建设地区自然、技术经济条件和设备、材料预算价格等资料，编制和确定的建设项目从立项筹建至竣工交付使用为止所需全部费用的文件。采用两阶段设计的建设项目，扩大初步设计阶段必须编制设计概算；采用三阶段设计的，技术设计阶段必须编制修正概算。

设计概算的编制既要确定静态投资，又要确定能反映工程和价格变化等多种因素的动态投资。静态投资作为考核工程设计和施工图预算的依据；动态投资作为筹措、供应和控制资金使用的限额。

2. 设计概算的作用

（1）设计概算是国家编制建设项目投资计划、确定和控制建设投资的依据。

（2）设计概算是控制施工图设计和施工图预算的依据。经批准的建设项目设计总概算的投资额，是该工程建设投资的最高限额，施工图预算不得突破。如确需突破总概算时，应按规定程序报经审批。

（3）设计概算是衡量设计方案经济合理性和选择最佳设计方案的依据。

（4）设计概算是签订建设工程合同和贷款合同的依据，经批准的设计总概算的投资额不得突破。

（5）设计概算是签订贷款合同或银行拨款的最高限额。

（6）设计概算是工程投资管理及编制招标标底和投标报价的依据，设计概算是考核项目投资效果的依据。

3. 设计概算的内容

设计概算可分单位工程概算、单项工程综合概算和建设项目总概算三级。各级概算的相互关系如图4-5所示。

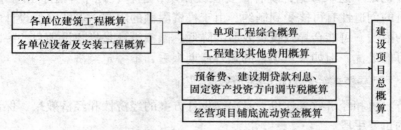

图4-5　设计概算文件的组成及结构关系

（1）单位工程概算。单位工程概算是确定各单位工程建设费用的文件，它是根据初步设计或扩大初步设计图纸和概算定额或概算指标以及市场价格信息等资料编制而成的。对一般工业与民用建筑而言，单位工程概算分为建筑单位工程概算和设备及安装单位工程概算两大类，建筑单位工程概算、设备及安装单位工程概算的内容见图4-6。

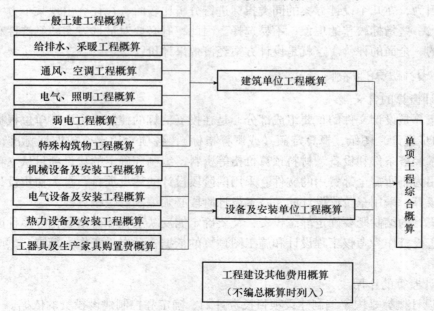

图4-6　单项工程综合概算的组成内容

240

单位工程概算由直接费、间接费、利润和税金组成，其中直接费由分部分项工程直接费的汇总加上措施费构成。

（2）单项工程综合概算。单项工程综合概算是确定一个单项工程所需建设费用的文件，它是由单项工程中的各单位工程概算汇总编制而成的，是建设项目总概算的组成部分。对一般工业与民用建筑而言，单项工程综合概算的组成内容如图4-6所示。

（3）建设项目总概算。建设项目总概算是确定整个建设项目从立项筹建到竣工验收所需全部费用的文件，它是由各单项工程综合概算、工程建设其他费用概算、预备费、建设期贷款利息、固定资产投资方向调节税概算和经营项目铺底流动资金概算汇总编制而成的，如图4-7所示。

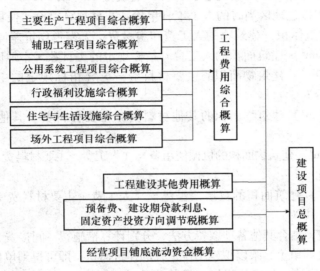

图4-7　建设项目总概算组成内容

4. 单位建筑工程设计概算编制

设计概算是从最基本的单位工程设计概算编制开始，逐级汇总得各级设计概算文件。

单位工程设计概算编制方法有：利用概算指标编制设计概算、利用概算定额编制设计概算、类似工程预算法。

（1）利用概算指标编制设计概算

当初步设计深度不够，不能准确地计算工程量，但工程设计采用技术比较成熟而又有类似工程概算指标可以利用时，可以采用概算指标法编制工程概算。

概算指标法将拟建厂房、住宅的建筑面积或体积乘以技术条件相同或基本相同的概算指标而得出直接工程费，然后按规定计算出措施费、间接费、利润和税金等。但是概算指标法计算精度较低。

1）拟建工程结构特征与概算指标相同时

在使用概算指标法时，如果拟建工程在建设地点、结构特征、地质及自然条件、建筑面积等方面与概算指标相同或相近，就可直接套用概算指标编制概算。

根据选用的概算指标的内容，可选用两种套算法：

一种方法是以指标中所规定的工程每平方米或每立方米的直接工程费造价，乘以拟建单位工程建筑面积或体积，得出单位工程的直接工程费，再计算其他费用，即可求出单位工程的概算造价。直接工程费计算公式为：

$$直接工程费 = 概算指标每平方米（或立方米）直接工程费造价 ×$$
$$拟建工程建筑面积（或建筑体积） \qquad (4-26)$$

这种简化方法的计算结果参照的是概算指标编制时期的价值标准，未考虑拟建工程建设时期与概算指标编制时期的价差，所以在计算直接工程费后还应用物价指数另行调整。

另一种方法以概算指标中规定的每100m² 建筑面积（或1000m³ 建筑体积）所耗人工工日数、主要材料数量为依据，首先计算拟建工程人工、主要材料消耗量，再计算直接工程费，并取费。在概算指标中，一般规定了100m² 建筑面积（或1000m³）所耗工日数、主要材料数量，通过套用拟建地区当时的人工工日单价和主材预算单价，便可得到每100m² 建筑面积（或1000m³ 建筑体积）建筑物的人工费和主材费，无需再作价差调整。计算公式为：

100m²（或1000m³）建筑面积的人工费 = 指标规定的工日数 × 本地区人工工日单价

100m²（或1000m³）建筑物面积的主要材料费 = ∑（指标规定的主要材料数量 × 相应的地区材料预算单价）

100m²（或1000m³）建筑物面积的其他材料费 = 主要材料费 × 其他材料费占主要材料费的百分比

100m²（或1000m³）建筑物面积的机械使用费 =（人工费 + 主要材料费 + 其他材料费）× 机械使用费所占百分比

每1m²（或1m³）建筑面积的直接工程费 =（人工费 + 主要材料费 + 其他材料费 + 机械使用费）÷100（或1000）

根据直接工程费，结合其他各项取费方法，分别计算措施费、间接费、利润和税金，得到每1m² 建筑面积的概算单价，乘以拟建单位工程的建筑面积，即可得到单位工程概算造价。

2）拟建工程结构特征与概算指标有局部差异时的调整

由于拟建工程往往与类似工程的概算指标的技术条件不尽相同，而且概算编制年份的设备、材料、人工等价格与拟建工程当时当地的价格也会不同，在实际工作中，还经常会遇到拟建对象的结构特征与概算指标中规定的结构特征有局部不同的情况，因此必须对概算指标进行调整后方可套用。调整有如下两种方法：

第一，调整概算指标中的每平方米（立方米）造价。

当设计对象的结构特征与概算指标有局部差异时，需要对概算指标进行调整。调整方法是将原概算指标中的单位造价进行调整（仍使用直接工程费指标），扣除每平方米（立方米）原概算指标中与拟建工程结构不同部分的造价，增加每平方米（立方米）拟建工程与概算指标结构不同部分的造价。计算公式为：

$$结构变化修正概算指标（元/m² 或元/m³）= J + Q_1P_1 - Q_2P_2 \qquad (4-27)$$

式中，J——原概算指标；

Q_1——概算指标中换入结构的工程量；

Q_2——概算指标中换出结构的工程量；

P_1——换入结构的直接工程费单价；

P_2——换出结构的直接工程费单价。

则拟建单位工程的直接工程费为：

242

直接工程费 = 修正后的概算指标 × 拟建工程建筑面积（或体积）

求出直接工程费后，再按照规定的取费方法计算其他费用，最终得到单位工程概算价值。

第二，调整概算指标中的工、料、机数量。

这种方法是将原概算指标中每 $100m^2$ 建筑面积（或 $1000m^3$ 建筑体积）中的工、料、机数量进行调整，扣除原概算指标中与拟建工程结构不同部分的工、料、机消耗量，增加拟建工程与概算指标结构不同部分的工、料、机消耗量，使其成为与拟建工程结构相同的每 $100m^2$ 建筑面积（或 $1000m^3$ 建筑体积）工、料、机数量。计算公式为：

$$结构变化修正概算指标的工、料、机数量 = 原概算指标的工、料、机数量 + 换入结构件工程量 × $$
$$相应定额工、料、机消耗量 - 换出结构件工程量 × $$
$$相应定额工、料、机消耗量 \qquad (4-28)$$

以上两种方法，前者是直接修正概算指标单价，后者是修正概算指标工料机数量。修正之后，方可按上述第一种情况分别套用。

（2）利用概算定额编制设计概算

概算定额法又叫扩大单价法或扩大结构定额法。它与利用预算定额编制单位建筑工程施工图预算的方法基本相同。其不同之处在于编制概算所采用的依据是概算定额，所采用的工程量计算规则是概算工程量计算规则。该方法要求初步设计达到一定深度，建筑结构比较明确时方可采用。

利用概算定额法编制设计概算的具体步骤如下所述：

1）按照概算定额分部分项顺序，列出各分项工程的名称。

2）确定各分部分项工程项目的概算定额单价。

有些地区根据地区人工工资、物价水平和概算定额编制了与概算定额配合使用的扩大单位估价表，该表确定了概算定额中各扩大分项工程或扩大结构构件所需的全部人工费、材料费、机械台班使用费之和，即概算定额单价。在采用概算定额法编制概算时，可以将计算出的扩大分部分项工程的工程量，乘以扩大单位估价表中的概算定额单价计算直接工程费。计算概算定额单价的计算公式为：

$$概算定额单价 = 概算定额人工费 + 概算定额材料费 + 概算定额机械台班使用费 \qquad (4-29)$$

3）计算单位工程直接工程费和直接费。

4）根据直接费，结合其他各项取费标准，分别计算间接费、利润和税金。

5）计算单位工程概算造价，其计算公式为：

$$单位工程概算造价 = 直接费 + 间接费 + 利润 + 税金 \qquad (4-30)$$

采用概算定额法编制的某学校实验楼土建单位工程概算书参见表4-12。

表4-12　某学校实验楼土建单位工程概算书表

工程定额编号	工程费用名称	计量单位	工程量	金额（元）	
				概算定额基价	合价
3－1	实心砖基础（含土方工程）	$10m^3$	19.60	1722.55	33761.98
……	……	……	……	……	……
（一）	项目直接工程费小计	元			783244.79
（二）	措施费（一）×5%	元			39162.24

工程定额编号	工程费用名称	计量单位	工程量	金额（元）	
				概算定额基价	合价
（三）	直接费〔（一）+（二）〕	元			822407.03
（四）	间接费（三）×10%	元			82240.70
（五）	利润〔（三）+（四）〕×5%	元			45232.39
（六）	税金〔（三）+（四）+（五）〕×3.41%	元			32390.91
（七）	造价总计〔（三）+（四）+（五）+（六）〕	元			982271.03

（3）类似工程预算法

类似工程预算法是利用技术条件与设计对象相类似的已完工程或在建工程的工程造价资料来编制拟建工程设计概算的方法。该方法适用于拟建工程初步设计与已完工程或在建工程的设计相类似且没有可用概算指标的情况，但必须对建筑结构差异和价差进行调整。

1）建筑结构差异的调整

调整方法与概算指标法的调整方法相同。即先确定有差别的项目，然后分别按每一项目算出结构构件的工程量和单位价格（按编制概算工程所在地区的单价），然后以类似预算中相应（有差别）的结构构件的工程数量和单价为基础，算出总差价。将类似预算的直接工程费总额减去（或加上）这部分差价，就得到结构差异换算后的直接工程费，再行取费得到结构差异换算后的造价。

2）价差调整

类似工程造价的价差调整方法通常有两种：一是类似工程造价资料有具体的人工、材料、机械台班的用量时，可按类似工程造价资料中的主要材料用量、工日数量、机械台班用量乘以拟建工程所在地的主要材料预算价格、人工工日单价、机械台班单价，计算出直接工程费，再行取费即可得出所需的造价指标；二是类似工程造价资料只有人工、材料、机械台班费用和其他费用时，可作如下调整。

$$D = AK \tag{4-31}$$

$$K = a\%K_1 + b\%K_2 + c\%K_3 + d\%K_4 + e\%K_5 \tag{4-32}$$

式中，　　　　　　　D——拟建工程单方概算造价；

　　　　　　　　　　A——类似工程单方预算造价；

　　　　　　　　　　K——综合调整系数；

$a\%$、$b\%$、$c\%$、$d\%$、$e\%$——类似工程预算的人工费、材料费、机械台班费、措施费、间接费占预算造价比重；

K_1、K_2、K_3、K_4、K_5——拟建工程地区与类似工程地区人工费、材料费、机械台班费、措施费、间接费价差系数；

K_1＝拟建工程概算的人工费（或工资标准）/类似工程预算人工费（或工资标准）；

$K_2 = \sum$（类似工程主要材料数量×编制概算地区材料预算价格）/$\sum$类似地区各主要材料费。

类似地，可得出其他指标的表达式。

5. 设备及其安装工程概算的编制

设备及其安装工程概算由设备购置费和安装工程费两部分组成。设备及其安装工程概算的编制方法如下：

（1）预算单价法。当初步设计有详细设备清单时，可直接按安装工程预算单价编制。

（2）扩大单价法。当初步设计的设备清单不完备，可采用主体设备，成套设备或工艺线的综合扩大安装单价编制。

（3）概算指标法。当初步设计的设备清单不完备，或安装工程预算单价及综合扩大安装单价不全，无法采用以上方法时，可采用概算指标法。概算指标法一般采用以下几种方法：

1）按占设备原价的百分比计算。设备安装工程概算 = 设备原价 × 设备安装费率。

2）按每吨设备安装费计算。设备安装工程概算 = 设备吨位 × 每吨设备安装费。

3）按台、座、等为计量单位的概算指标计算。

4）按设备安装工程每平方米建筑面积的概算指标计算。

6. 单项工程综合概算书的编制

单项工程综合概算是以其所包含的建筑工程概算表和设备及安装工程表为基础汇总编制的。当建设工程只有一个单项工程时，单项工程综合概算（实为总概算）还应包括工程建设其他费用概算（含建设期利息、预备费和固定资产投资方向调节税）。

单项工程综合概算文件一般包括编制说明（不编制总概算时列入）和综合概算表两部分。

（1）编制说明

主要包括编制依据、编制方法、主要设备和材料数量等。

（2）综合概算表

综合概算表是根据单项工程所辖范围内的各单位工程概算等基础资料，按照国家规定的统一表格进行编制。对工业建筑工程而言，其概算包括建筑工程和设备及安装工程；对民用建筑工程而言，其概算包括一般土木建筑工程、给排水、采暖、通风及电气照明工程等。某综合实验室综合概算表见表4-13。

表4-13　某综合试验室综合概算

序号	单位工程或费用名称	概算价值（万元）				技术经济指标			占总投资比例（％）
		建安工程费	设备购置费	工程建设其他费用	合计	单位	数量	指标（元/m²）	
1	建筑工程	168.97			168.97	m²	1360	1242.43	58.50
1.1	土建工程	115.54			115.54			894.56	
……	……							……	
2	设备及安装工程	8.67	109.76		118.43	m²	1360	870.81	41.00
2.1	设备购置		109.76		109.76			807.06	
2.2	设备安装工程	8.67			8.67			63.75	
3	工器具购置		1.44		1.44	m²	1360	10.59	0.50
	合计	177.64	111.20		288.84			2123.83	100

7. 建设项目总概算的编制

建设项目总概算是设计文件的重要组成部分。它由各单项工程综合概算，工程建设其他费用，建设期利息、预备费、固定资产投资方向调节税概算和经营性项目的铺底流动资金概算组成，并按主管部门规定的统一表格编制而成。总概算表应反映静态投资和动态投资两个部分。设计概算文件一般应包括以下六部分。

（1）封面、签署页及目录。

（2）编制说明。编制说明应包括下列内容：

①工程概况简述建设项目性质、特点、生产规模、建设周期、建设地点等主要情况。对于引进项目要说明引进内容及与国内配套工程等主要情况；

②资金来源及投资方式；

③编制依据及编制原则；

④编制方法说明设计概算是采用概算定额法，还是采用概算指标法等；

⑤投资分析主要分析各项投资的比重、各专业投资的比重等经济指标；

⑥其他需要说明的问题。

（3）总概算表。总概算表应反映静态投资和动态投资两个部分，见表4-14。

（4）工程建设其他费用概算表。工程建设其他费用概算按国家或地区或部委所规定的项目和标准确定。

（5）单项工程综合概算表和建筑安装单位工程概算表。

（6）工程量计算表和工、料数量汇总表。

某学校新扩建工程项目总概算，见表4-14。

表4-14 某学校新扩建工程项目总概算

序号	单位工程或费用名称	概算价值（万元）				技术经济指标		
		建筑工程费	安装工程费	设备购置费	合计	单位	数量	指标（元/m²）
一	建筑、安装工程费							
1	1号楼	5254.7	579.61	831.62	6665.93	m²	21617	3083.65
2	2号楼	534.88	240.17	317.16	1092.21	m²	1547	7060.18
	小计	5789.58	819.78	1148.78	7758.14	m²	23164	3349.23
二	工程建设其他费							
1	建设管理费				99.47	m²	23164	42.94
2	……	……	……	……	……	……	……	……
	小计				7946.63	m²	23164	3430.59
三	预备费				280.45	m²	23164	121.07
1	基本预备费				250.45	m²	23164	108.12
2	涨价预备费				30	m²	23164	12.95
四	建设期利息				220	m²	23164	94.97
五	造价合计				16205.22	m²	23164	6995.86

（七）施工图预算的编制

1. 施工图预算的含义

施工图预算是根据批准的施工图设计文件、预算定额或单位估价表、施工组织设计文件以及各种费用定额等资料计算的单位工程经济文件。施工图预算的编制对象为单位工程，因此也称为单位工程预算。施工图预算通常分为建筑工程预算和设备安装工程预算。

2. 施工图预算的编制依据

（1）经审定的施工图设计文件和标准图集；

（2）现行预算定额及单位估价表、材料、人工、机械台班预算价格及取税标准、调价规定；

（3）施工组织设计或施工方案；

（4）施工合同文件；

（5）经批准的设计概算文件；

（6）预算工作手册及有关工具书。

3. 施工图预算的编制方法

（1）工料单价法编制施工图预算

①预算单价法编制施工图预算

单价法编制施工图预算，是用事先编制好的分项工程的单位估价表来编制施工图预算。具体来说是按施工图计算的各分项工程的工程量，乘以相应单价，汇总相加，得到单位工程的直接工程费；再加上措施费、间接费、利润和税金，便可得出单位工程的施工图预算造价。

单价法编制施工图预算的计算直接工程费公式：

$$单位工程施工图预算直接工程费 = \sum（分项工程量 \times 预算定额单价）\qquad (4\text{-}33)$$

单价法编制施工图预算的步骤如图 4-8 所示。

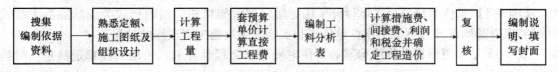

图 4-8　单价法编制施工图预算步骤

工料分析是指根据各分部分项工程的实物工程量和预算定额项目的用工工日及材料数量，计算出各分部分项工程所需的人工及材料数量，相加汇总便得出该单位工程的所需要的各类人工和材料的数量的过程。

单价法是目前国内编制施工图预算的主要方法，具有计算简单、工作量较小和编制速度较快，便于建设投资管理部门集中统一管理的优点。但由于是采用事先编制好的统一的单位估价表，其价格水平只能反映定额编制年份的价格水平。在市场经济价格波动较大的情况下，单价法的计算结果会偏离实际价格水平，虽然可采用调价，但调价系数和指数从测定到颁布又滞后于实际市场水平且计算也较烦琐。

②实物法编制施工图预算

实物法编制施工图预算，是首先根据施工图纸分别计算出分项工程的实物工程量，然后套用预算定额人工、材料、机械台班的消耗量，计算单位工程所需的各种人工、材料、机械台班的消耗量，再分别乘以工程所在地当时的各种人工、材料、机械台班的实际单价，求出单位工程的人工费、材料费和施工机械使用费，并汇总求和得单位工程的直接工程费，最后按规定计取其他各项费用，最后汇总就可得出单位工程施工图预算造价。

实物法编制施工图预算的计算直接工程费公式：

$$\begin{aligned}
\substack{\text{单位工程施工图}\\\text{预算直接工程费}} = &\sum\left(\substack{\text{工}\\\text{程}\\\text{量}} \times \substack{\text{人工预}\\\text{算定额}\\\text{用量}} \times \substack{\text{当时当地}\\\text{人工工资}\\\text{单价}}\right) + \sum\left(\substack{\text{工}\\\text{程}\\\text{量}} \times \substack{\text{材料预}\\\text{算定额}\\\text{用量}} \times \substack{\text{当时当地}\\\text{材料预算}\\\text{价格}}\right) + \\
&\sum\left(\substack{\text{工}\\\text{程}\\\text{量}} \times \substack{\text{施工机械}\\\text{台班预算}\\\text{定额用量}} \times \substack{\text{当时当地}\\\text{机械台班}\\\text{单价}}\right)
\end{aligned} \qquad (4\text{-}34)$$

实物法编制施工图预算的步骤如图 4-9 所示。

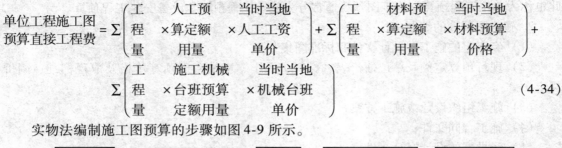

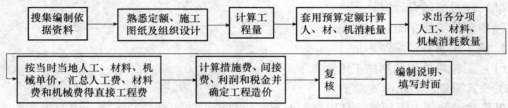

图 4-9　实物法编制施工图预算的步骤

在市场经济条件下，人工、材料和机械台班单价是随市场而变化的，而且它们是影响建设投资最活跃、最主要的因素。用实物法编制施工图预算，是采用工程所在地的当时人工、材料、机械台班价格，较好地反映实际价格水平，建设投资的准确性高。虽然计算过程较单价法烦琐，但用计算机来计算就快捷了。因此，实物法是与市场经济体制相适应的预算编制方法。

【例 4-3】某住宅楼项目主体设计采用七层轻型框架结构，基础形式为钢筋混凝土筏式基础。现以基础部分为例说明预算单价法和实物法编制施工图预算的过程。

表 4-15 是采用预算单价法编制的某住宅楼基础工程预算书。采用的预算定额是当时当地适用的某市建筑工程预算定额，套用的是当时当地建筑工程单位估价表中的有关分项工程的预算单价，并考虑了材料价差。

表 4-15　采用预算单价法编制某住宅楼基础工程预算书

定额编号	工程费用名称	计量单位	工程量	金额（元）	
				单　价	合　价
1－48	平整场地	100m³	15.12	112.55	1711.89
……	……		……	……	……
（一）	项目直接工程费小计	元			437041.33
（二）	措施费	元			41650.00
（三）	直接费 ［（一）＋（二）］	元			478691.33
（四）	间接费 ［（三）×10%］	元			47869.13
（五）	利润 ［（三）＋（四）］ ×5%	元			26328.02
（六）	税金 ［（三）＋（四）＋（五）］ ×3.41%	元			18853.50
（七）	造价总计 ［（三）＋（四）＋（五）＋（六）］	元			571741.98

实物法编制同一工程的预算，采用的定额与预算单价法采用的定额相同，但资源单价为当时当地的价格。采用实物法编制同一住宅楼基础工程预算书具体参见表4-16。

表4-16　采用实物法编制某住宅楼基础工程预算书

序号	人工、材料、机械费用名称	计量单位	实物工程量	金额（元）	
				当地时价	合　价
1	人工（综合工日）	工日	2049	35	71715.00
……	……		……	……	……	……
（一）	项目直接工程费小计	元			447859.95
（二）	措施费	元			41650.00
（三）	直接费［（一）+（二）］	元			489509.95
（四）	间接费［（三）×10%］	元			48951.00
（五）	利润［（三）+（四）］×5%	元			26923.05
（六）	税金［（三）+（四）+（五）］×3.41%	元			19279.59
（七）	造价总计［（三）+（四）+（五）+（六）］	元			584663.59

（2）综合单价法编制施工图预算

综合单价是指分部分项工程单价综合了直接工程费及以外的多项费用内容。按照单价综合内容的不同，综合单价可分为全费用综合单价和部分费用综合单价。

①全费用综合单价

全费用综合单价即单价中综合了直接工程费、措施费、管理费、规费、利润和税金及风险因素等，以各分项工程量乘以综合单价的合价汇总后，就生成工程发承包价。

②部分费用综合单价

有些情况的综合单价还有不同于以上两种情况的其他内容。

我国目前实行的工程量清单计价采用的综合单价是部分费用综合单价，分部分项工程单价中综合了直接工程费、管理费、利润，并考虑了风险因素，单价中未包括措施费、规费和税金，是不完全费用单价。以各分项工程量乘以部分费用综合单价的合价汇总，再加上项目措施费、规费和税金后，生成工程发承包价。

综合单价法编制实例可参考工程量清单计价有关材料，本书不再详述。

三、建设项目施工招投标阶段的投资控制

（一）工程建设招标与投标的价格

1. 工程建设招标与投标的计价方法

根据《建筑工程施工发包与承包计价管理办法》的规定，我国工程建设招标投标价格可以采用工料单价也可以是综合单价。

（1）工料单价法。工料单价是指分部分项工程的直接工程费单价。直接工程费单价以人工、材料、机械的消耗量及其相应价格确定。措施费、间接费、利润、税金按照有关规定另行计算。

工料单价法根据其所含价格和费用标准的不同，又可分为以下两种计算方法：预算定额单价法与预算定额实物法。

第一，预算定额单价法，按现行定额的人工、材料、机械的消耗量及其预算单价确定直接工程费，措施费、间接费、利润、税金按照有关规定另行计算。

第二，预算定额实物法，按工程量计算规则和基础定额确定的单位分部分项工程中的人工、材料、机械消耗量，再依据三种资源的市场时价计算直接工程费，然后计算措施费、间接费、利润、税金。

（2）综合单价法。综合单价是指分部分项工程的完全单价，它综合了直接工程费、间接费、有关文件规定的调价、利润、税金以及采用固定价格的工程所测算的风险金等全部费用，一般不包括措施费用。工程量清单计价主要采用综合单价。

综合单价法按其所包含项目工作内容及工程计量方法的不同，又可分为以下三种表达形式：

第一，参照现行预算定额（或基础定额）对应子项目所约定的工作内容、计算规则进行报价。

第二，按招标文件约定的工程量计算规则，以及按技术规范规定的每一分部分项工程所包括的工作内容进行报价。

第三，由投标者依据招标图纸、技术规范，按其计价习惯，自主报价，即工程量的计算方法、投标价的确定均由投标者根据自身情况决定。

一般情况下，综合单价法比工料单价法能更好地控制工程价格，使工程价格接近市场行情，有利于竞争，同时也有利于降低建设工程投资。

2. 工程建设招标与投标的价格形式

（1）标底价格。标底价格是建设项目造价的表现形式之一，是由招标单位或具有编制标底价格资格和能力的中介机构根据设计图样和有关规定，按照预算定额计算出来的招标工程的预期价格，标底是招标者对招标工程所需费用的期望值，也是评标定标的参考。

（2）投标报价。投标报价是投标人根据招标文件、企业定额、投标策略等要求，对投标工程做出的自主报价。如果中标，该价格是确定合同价格的基础。编制投标报价以及投标书的过程中，应当紧密结合招标文件的要求，追求"能够最大限度地满足招标文件中规定的各种综合评价标准"或"能够满足招标文件的实质性要求，并且经评审的投标价格最低"。投标书（投标报价）可以由投标人编制，也可以委托咨询机构代为编制。

（3）评标定价。在招标投标过程中，招标文件（含可能设置的标底）是发包人的定价意图，投标书（含投标报价）是投标人的定价意图，而中标价则是双方均可接受的价格，并应成为合同的重要组成部分。评标委员会在选择中标人时，通常遵循"最大限度地满足招标文件中规定的各种综合评价标准"或"能够满足招标文件的实质性要求，并且经评审的投标价格最低"原则。前者属于综合评价法，后者属于最低评标价法。

最低评标法中中标价必须是经评审的最低报价，但报价不得低于成本。成本的界定有两种方法：一是招标标底扣除招标人拟允许投标人获得的利润（或类似工程的社会平均利润水平统计资料）；二是把计算标底时的工程直接费与间接费相加便可得出成本。如果不设标底的，在评标时，只能由评标委员会的专家根据报价的情况，把低报价且施工组织设计中又无具体措施的，认为是低于成本的报价，并予以剔除；或专家根据经验判断其报价是否低于成本。中标者的报价，即为决标价，即签订合同的价格依据。

250

（二）建设工程标底价格的编制

1. 标底价格的编制原则

有关人员编制工程标底应当严格按照国家的政策、规定，科学、公正地进行，并且应当遵循以下原则：

（1）根据国家公布的统一工程项目划分、统一计量单位、统一计算规则以及施工图样、招标文件，并参照国家制定的基础定额和国家、行业、地方规定的技术标准规范，以及要素市场价格确定工程量和编制标底。

（2）力求与市场的实际变化吻合，并有利于竞争和保证工程质量。

（3）标底价格应由成本、利润、税金等组成，一般应控制在批准的总概算或修正概算的限额以内。

（4）标底价格应考虑各种价格变动因素，包括不可预见费、措施费、现场因素费用、保险费以及采用固定价格工程的风险金等，工程要求优良的还应增加相应的费用。

（5）一个工程只能编制一个标底。

（6）招标人不得以各种借口任意压低标底价格。

（7）标底价格编制完毕后，直至开标前应当严格保密。

2. 标底文件的内容

完整的标底文件应当包括以下内容：编制标底的综合说明，标底价格，主要人工、材料、机械设备用量表，标底附件及表格等。

3. 标底价格的编制步骤

招标人或其委托的咨询机构在编制标底时，通常要经历以下步骤：

（1）准备工作。包括熟悉招标文件、工程图样、现场勘察、市场调查等。

（2）收集相关资料。

（3）计算标底价格。依次包括计算或复核整个工程的人工、材料、机械台班需要量，并确定相应的费用；确定措施费用及特殊费用；测算风险系数；考虑利润、税金等因素后确定投标价格。

（4）审核标底价格。

（三）工程投标报价

1. 投标报价计算的原则

投标报价是投标人进行工程投标的核心，报价过高会失去承包机会；而报价过低，虽然可能中标，但会给工程承包带来亏损的风险。因此，报价过高或过低都不可取，必须做出合理的报价。计算投标报价应遵循以下原则：

（1）以招标文件中设定的发、承包双方的责任划分，作为考虑投标报价费用项目和费用计算的基础。

（2）以施工方案、技术措施作为投标报价计算的基本条件。

（3）以企业定额作为计算人工、材料和机械台班消耗量的基本依据。

（4）充分利用现场考察、调研成果、市场价格信息和行情资料，编制基价，确定调价方法。

（5）报价计算方法要科学严谨，简明适用。

2. 投标报价计算的主要内容

（1）复核或计算工程量。工程招标文件中若提供工程量清单，计算投标价格之前，要对工程量进行校核。若招标文件中没有提供工程量清单，则须根据设计图纸计算全部工程量。如果招标文件对工程量计算方法有规定，应按规定的方法进行计算。

（2）确定单价，计算合价。投标报价中，复核或计算完分部分项工程的实物工程量以后，就需确定每一个分部分项工程的单价，并按招标文件中工程量表的格式填写报价，一般按分部分项工程内容和项目名称填写单价与合价。

（3）确定分包工程费。来自分包人的工程分包费用是投标价格的一个重要组成部分，因此，在编制投标价格时需熟悉分包工程的范围，对分包人的能力进行评估，尽量准确地衡量分包人的报价。

（4）确定利润。利润是指承包人的预期利润，确定利润取值的原则是既要考虑可以获得最大可能利润，又要保证投标价格具有一定的竞争性。投标报价时承包人应根据市场竞争情况确定工程利润率。

（5）确定风险费。风险费对承包人来说是个未定数，如果预计的风险没有全部发生，则预计的风险费可能有剩余，这部分剩余和计划利润加在一起就是盈余；如果风险费估计不足，则只有由利润来贴补，盈余自然就减少，甚至可能成为负值。在投标时，应根据该工程规模、特征及工程所在地的实际情况，由有经验的专业人员对可能的风险因素进行逐项分析后确定合理的风险费。

（6）确定投标价格。如前所述，将所有分部分项工程的合价累加汇总后就可得出工程的总价，但是这样计算的工程总价还不能作为投标价格，因为计算出来的价格有可能重复计算或漏算，也有可能某些费用的预估有偏差等。因而必须对计算出的工程总价做出某些必要的调整。调整投标价格应当建立在对工程盈亏分析的基础上，同时考虑可以降低成本的措施，确定最后的投标报价。工程投标报价的程序如图4-10所示。

3. 投标报价的策略

投标价格既要注重严谨的建设投资测算，又要运用一定的策略，既力争能使招标人接受报价，又能让自己（承包人）获得更多的利润。通常，承包人可能会采用以下几种投标策略。

（1）不平衡报价策略。所谓不平衡报价，就是在不影响投标总报价的前提下，将某些分部分项工程的单价定得比正常水平高一些，某些分部分项工程的单价定得比正常水平低一些。不平衡报价是单价合同投标报价中常见的一种方法。

1）对能早期得到结算付款的分部分项工程的单价定得较高，对后期的施工分

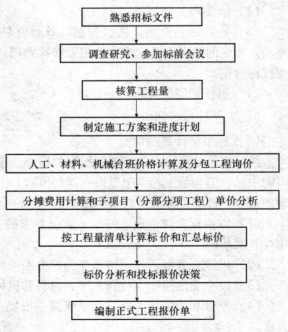

图4-10 建设工程投标报价编制程序

熟悉招标文件

调查研究、参加标前会议

核算工程量

制定施工方案和进度计划

人工、材料、机械台班价格计算及分包工程询价

分摊费用计算和子项目（分部分项工程）单价分析

按工程量清单计算标价和汇总标价

标价分析和投标报价决策

编制正式工程报价单

项单价适当降低。

2）估计施工中工程量可能会增加的项目，单价提高；工程量会减少的项目单价降低。

3）设计图纸不明确或有错误的，估计今后修改后工程量会增加的项目，单价提高，工程内容说明不清的，单价降低。

4）没有工程量，只填单价的项目（如土方工程中的挖淤泥、岩石等），其单价提高些，这样做既不影响投标总价，以后发生时承包人又可多获利。

5）对于暂列数额（或工程），预计会做的可能性较大，价格定高些，估计不一定发生的则单价低些。

6）零星用工（计日工）的报价高于一般分部分项工程中的工资单价，因它不属于承包总价的范围，发生时实报实销，价高些会多获利。

不平衡报价一定要建立在对工程量清单表中工程量仔细核对的基础上，特别是对于报低单价的项目，实际工程量增多将给承包商造成损失。

（2）多方案报价与增加备选方案报价策略

对于一些招标项目工程范围不很明确，文件条款不清楚或不公正，或技术规范要求过于苛刻时，承包人往往可能会承担较大的风险，为了减少风险就须提高单价，增加不可预见费，但这样做又会因报价过高而增加投标失败的可能性。在这种情况下，要在充分估计投标风险的基础上，按多方案报价法处理。即按原招标文件报一个价，然后再提出"如果条款做某些变动，报价可降低多少……"以此降低总价，吸引业主。此外，如对工程中部分没有把握的工作，可注明采用成本加酬金方式进行结算的办法。

有时招标文件中规定，可以提一个备选方案，即可以部分或全部修改原设计方案，提出投标人的方案。投标人这时应组织一批有经验的设计和施工工程师，对原招标文件的设计和施工方案仔细研究，提出更合理的方案以吸引业主，促成自己的方案中标。这种新的备选方案必须有一定的优势，如可以降低总造价，或提前竣工，或使工程运作更合理。但要注意的是对原招标方案一定也要报价，以供业主比较。

增加备选方案时，不要将方案写得太具体，要保留方案的技术关键，以防止业主将此方案交给其他承包商实施。同时要强调的是，备选方案一定要比较成熟，或过去有这方面的实践经验。因为投标时间不长，如果仅为中标而匆忙提出一些没有把握的备选方案，可能会引起很多后患。

多方案与增加备选方案报价都需要按招标文件提出的具体要求进行报价，在此基础上提出的新报价方案要有特点。例如，报价降低，采用新技术、新工艺、新材料，工程整体质量提高等。多方案报价和增加备选方案报价与施工组织设计、施工方案的选择有着密切的关系，应充分发挥投标企业的整体优势，调动各类人员的积极性，促进报价方案整体水平的提升。在制定方案时要具体问题具体分析，深入施工现场调查研究，集思广益选定最佳建议方案，要从安全、质量、经济、技术和工期上，对建议（比选）方案进行综合分析比较，使最终选定的建议（比选）方案在满足安全、质量、技术、工期等要求的前提下，达到效益最佳的目的。

（3）随机应变策略

在投标截止日之前，一些投标人采取随机应变策略，这是根据竞争对手可能出现的方案，在充分预案的前提下，采取的突然降价策略、开口升级策略、扩大标价策略、许诺优惠条件策略的总称。

报价是一件保密的工作，但是对手往往通过各种渠道、手段来刺探情况，因之在报价时可以采取迷惑对方的手法。即先按一般情况报价或表现出自己对该工程兴趣不大，到投标快截止时，再突然降价。如鲁布革水电站引水系统工程招标时，日本大成公司知道他的主要竞争对手是前田公司，因而在临近开标前把总报价突然降低8.04%，取得最低标，为以后中标打下基础。

采用这种方法时，一定要在准备投标报价的过程中考虑好降价的幅度，在临近投标截止日期前，根据情报信息与分析判断，再作最后决策。

1）突然降价法

这是一种迷惑对手的竞争手段。投标报价是一项商业秘密性的竞争工作，竞争对手之间可能会随时互相探听对方的报价情况。在整个报价过程中，投标人先按一般态度对待招标工程，按一般情况进行报价，甚至可以表现出自己对该工程的兴趣不大，但等快到投标截止时，再突然降价，使竞争对手措手不及。采取突然降价法必须在信息完备，测算合理，预案完整，系统调整的条件下完成。

2）开口升级报价法

这种方法是将报价看成是协商的开始。首先对图纸和说明书进行分析，把工程中的一些难题，如特殊基础等造价最多的部分抛开作为活口，将标价降至无法与之竞争的数额（在报价单中应加以说明）。利用这种"最低标价"来吸引业主，从而取得与业主商谈的机会。由于特殊条件施工要求的灵活性，利用活口进行升级加价，以达到最后得标的目的。

3）扩大标价法

这种方法比较常用，即除了按正常的已知条件编制价格外，对工程中变化较大或没有把握的工作，采用扩大单价、增加"不可预见费"的方法来减少风险。但是这种方法往往因为总价过高而不易中标。

这三种策略都是在正常编制投标标价并有可能获得中标的情况下，利用招标项目中的特殊性、风险性所选择的策略，在投标前要做好充分的准备。

4）许诺优惠条件

投标报价附带优惠条件是行之有效的一种手段。招标单位评标时，除了主要考虑报价和技术方案外，还要分析其他条件，如工期、支付条件等。所以在投标时主动提出提前竣工、低息贷款、赠给施工设备、免费转让新技术或某种技术专利、免费技术协作、代为培训人员等，均是吸引业主、利于中标的辅助手段。

（4）费用构成与盈利水平调整策略

有的招标文件要求投标者对工程量大的项目报"单价分析表"。投标者可将单价分析表中的人工费及机械设备费报得较高，而材料费算得较低。这主要是为了在今后补充项目报价时，可能参考选用"单价分析表"中较高的人工费和机械设备费，而材料则往往采用市场价，因而可获得较高的收益。

1）计日工报价

如果是单纯计日工的报价，可以高一些，以便在日后业主用工或使用机械时可以多盈利。但如果采用"名义工程量"时，则需具体分析是否报高价，以免抬高总报价。

2）暂定工程量的报价

暂定工程量有三种。第一种是业主规定了暂定工程量的分项内容和暂定总价款，并规定所有投标人都必须在总报价中加入这笔固定金额，但由于分项工程量不很准确，允许将来按投标人所报单价和实际完成的工程量付款。第二种是业主列出了暂定工程量的项目和数量，但并没有限制这些工程量的估价总价款，要求投标人既列出单价，也应按暂定项目的数量计算总价，当将来结算付款时可按实际完成的工程量和所报单价支付。第三种是只有暂定工程的一笔固定总金额，将来这笔金额做什么用，由业主确定。第一种情况，由于暂定总价款是固定的，对总报价水平竞争力没有任何影响，因此，投标时应将暂定工程量的单价适当提高。这样既不会因今后工程量变更而吃亏，也不会削弱投标报价的竞争力。第二种情况，投标人必须慎重考虑，如果单价定高了，同其他工程量计价一样，便会增大总报价，影响投标报价的竞争力；如果单价定低了，将来这类工程量增大，便会影响收益。一般来说，这类工程量可以采用正常价格。如果承包商估计今后实际工程量肯定会增大，则可适当提高单价，使将来可增加额外收益。第三种情况对投标竞争没有实际意义，按招标文件要求将规定的暂定款列入总报价即可。

3）分阶段报价

对大型分期建设工程，在第一期工程投标时，可以将部分间接费分摊到第二期工程中去，少计利润以争取中标。这样在第二期工程招标时，凭借第一期工程的经验、临时设施，以及创立的信誉，比较容易中标。但应注意分析第二期工程实现的可能性，如果开发前景不明确，后续资金来源不明确，实施第二期工程遥遥无期，则不可以这样考虑。

4）无利润报价

缺乏竞争优势的承包商，在不得已的情况下，只好在算标中根本不考虑利润去夺标。这种办法一般是处于以下情况时采用。

①有可能在得标后将大部分工程包给索价较低的一些分包商。

②对于分期建设的项目，先以低价获得首期工程，而后赢得机会创造第二期工程的竞争优势，并在以后的实施中赚得利润。

③较长时期内，承包商没有在建的工程项目，如果再不得标，就难以维持生存。因此，虽然本工程无利可图，只要能有一定的管理费维持工程的日常运转，就可设法渡过暂时的困难，以图将来东山再起。

但采用这种方法的承包人，必须要有十分雄厚的实力，较好的资信条件，这样才能长久、不断地扩大市场份额。

（5）其他策略

除上述策略外，还可以采取信誉制胜策略、优势制胜策略、联合保标策略。

1）信誉制胜策略

信誉，在建筑业意味着工程质量好，及时交工，守信用。它如同工厂产品的商标，名牌产品价格就高；建筑企业信誉好，价格就高些，如某建设项目，施工技术复杂，难度大，而本公司过去承担过此类工程，取得信誉，业主信得过，报价就可稍高些。若为了打入某地区市场，建立信誉，也可以忍痛降低报价，以求占有市场，争取将来发展。

2）优势制胜策略

优势体现在施工质量、施工速度、价格水平、设计方案上，采用上述策略可以有以下几种方式。

①以质取胜。建筑产品百年大计，质量第一。投标企业用自己以前承建的施工项目质量的社会评价及荣誉、科学完备的质量保证体系，已通过国际和国内相关认证等，作为获得中标的重要条件。

②以快取胜。通过采取有效措施缩短施工工期，并能保证进度计划的合理性和可行性，从而使招标工程早投产、早收益，以吸引业主。

③以廉取胜。其前提是保证施工质量，这对业主一般都具有较强的吸引力。从投标单位的角度出发，采取这一策略也可能有长远的考虑，即通过降价扩大任务来源，从而降低固定成本在各个工程上的摊销比例，既降低工程成本，又为降低新投标工程的承包价格创造了条件。

④靠改进设计取胜。通过仔细研究原设计图纸，若发现明显不合理之处，可提出改进设计的建议和能切实降低造价的措施。在这种情况下，一般仍然要按原设计报价，再按建议的方案报价。

3）联合保标策略

在竞争对手众多的情况下，可以采取几家实力雄厚的承包商联合起来控制标价，一家出面争取中标，再将其中部分项目转让给其他承包商分包，或轮流相互保标。在国际上这种做法很常见，但是一旦被业主发现，则有可能被取消投标资格。

上述策略是投标报价中经常采用的，策略的选择需要掌握充足的信息，而竞标企业对项目重要性的认识对策略选择有着直接的影响。策略的应用又与谈判、答辩的技巧有关，灵活使用投标报价的基本策略，以达到中标获得项目承建权和企业获得经济效益的目的。

（四）工程建设发承包合同价格的类型

工程建设发承包合同根据计价方式的不同，可以划分总价合同、单价合同、成本加酬金合同三大类型。把握各类合同的计价方法、特点和适用条件，对于选择合同类型以及合同管理等均具有非常重要的意义。

1. 总价合同

所谓总价合同是指支付给承包方的款项在合同中是一个"规定的金额"，即总价。它是以工程量清单、设计图样和工程说明书为依据，由承包方与发包方协商确定的。

总价合同按其履行过程中是否允许调值又可分为以下两种不同形式：

（1）不可调值总价合同。该合同的价格计算是以工程量清单、图样及规定、规范为基础，发承包双方就承包项目协商一个固定的总价，并由承包方一笔包死，无特定情况不能变化。

特点：这种合同的合同总价只有在设计和工程范围有所变更的情况下，才能随之做相应的变更。采用这种合同时，承包方要承担实物工程量、工程单价、地质条件、气候和其他一切客观因素造成亏损的风险。在合同执行过程中，发承包双方均不能因工程量、设备、材料价格、工资等变动和地质条件恶劣、气候恶劣等理由，提出对合同总价调值的要求，因此承包方要在投标时对一切费用的上升可能做出估计并包含在投标报价之中。由于承包方要为许多不可预见的因素付出代价，并加大不可预见费用，可能致使这种合同的报价较高。

适用条件：不可调值总价合同适用于工期较短（一般不超过一年），对最终产品的要求又非常明确的工程项目，即项目的内涵清楚、设计图样完整齐全、工作范围及工程量计算依据确切。

（2）可调值总价合同。该合同的总价也是以工程量清单、图样及规定、规范为基础，但它是按"时价"计算的，是一种相对固定的价格。

特点：在合同执行过程中，由于通货膨胀而使所用的工料成本增加时，允许利用调值条款对合同总价进行相应的调值。其有关调值的特定条款，往往是在合同特别说明书（亦称特别条款）中列明，调值工作必须按照这些特定的调值条款进行。它与不可调值总价合同的区别在于，对合同实施中出现的风险做了分摊，发包方承担了通货膨胀这一不可预测费用因素的风险，而承包方只承担了实施中实物工程量、工期等因素的风险。

适用条件：可调值总价合同适用于工程内容和技术经济指标规定比较明确的项目，由于合同中列有调值条件，因此适用于工期较长（一年以上）的项目。

2. 单价合同

当施工图不完整或准备发包的工程项目内容、技术经济指标尚不能明确、具体地予以规定时，往往要采用单价合同形式。这样可以避免凭运气而使发包方或承包方中的任何一方承担过大的风险。

（1）估算工程量单价合同，亦称计量估价合同。该合同形式要求承包商在报价时，按照招标文件中提供的估计工程量，填报发包分项工程单价，以便确定投标包价及合同价格，实际结算价按承包方实际完成的分项工作量乘以该分项工程单价计算。

特点：采用这种合同时，要求实际完成的工程量与原估计的工程量不能有实质性的变更。因为承包方给出的单价是以相应工程量为基础的，如果工程量大幅度增减可能影响工程成本。不过在实践中往往很难确定工程量究竟有多大范围的变更才算实质性变更，这是采用这种合同计价方式需要考虑的一个问题。有些固定单价合同规定，如果实际工程量与报价表中的工程量相差超过 ±10% 时，允许承包方调整合同单价。此外，也有些固定单价合同在材料价格变动较大时允许承包方调整单价。

这种合同计价方式较为合理分担了合同履行过程中的风险。承包方以报价的清单工程量为估计工程量，这样可以避免实际完成工程量与估计工程量有较大差异时，若以总价合同承包可能导致发包方过大的额外支出或是承包方的亏损。此外，承包方在投标时不必将不能合理预见的风险计入投标报价内，有利于发包方获得较为合理的合同价格。

采用这种合同时，确定合同价格的工程量是统一计算出来的，承包方只需经过复核并填上适当的单价，承担的风险较小，发包方只需审核单价是否合理，对双方都方便。因此，估算工程量单价合同是较常见的一种合同计价方式。

适用条件：估算工程量单价合同大多用于工期长、技术复杂、实施过程中可能会发生各种不可预见因素较多的建设工程；或发包方为了缩短项目建设周期，如在初步设计完成后就拟进行施工招标的工程。在施工图不完整或当准备招标的工程项目内容、技术经济指标一时尚不能明确、具体予以规定时，往往要采用这种合同计价方式。

（2）纯单价合同。采用该合同形式时，发包方只向承包方给出发包工程的有关分部分项工程以及工程范围，不需对工程量作任何规定。承包方在投标时只需要对这种给定范围的分部分项工程做出报价，而结算则按实际完成工程量进行。因此，发包方必须对工程的划分做出明确的规定，以使承包方能够合理地确定单价。

纯单价合同形式主要适用于没有施工图样、工程量不明，却急需开工的紧迫工程。

3. 成本加酬金合同

成本加酬金合同是将工程项目的实际投资划分成直接成本费和承包方完成工作后应得酬金两部分。工程实施过程中发生的直接成本费由发包方实报实销，再按合同的约定另外支付给承包商相应报酬。

成本加酬金合同主要适用于工程内容及其技术经济指标尚未全面确定、投标报价的依据尚不充分的情况下，但因工期要求紧迫，必须发包的工程；或者发包方与承包方之间有着高度的信任，承包方在某些方面具有独特的技术、特长和经验。

按照酬金的计算方式不同，成本加酬金合同又分为以下几种形式。

（1）成本加固定百分比酬金合同。采用这种合同形式，承包方的实际成本实报实销，同时按照实际成本的固定百分比付给承包方一笔酬金。

这种合同形式，工程总价及付给承包方的酬金随工程成本而水涨船高，不利于鼓励承包商降低成本，这是此种合同类型的弊病所在，使得这种合同形式很少被采用。

（2）成本加固定金额酬金合同。这种合同形式的酬金一般是按估算工程成本的一定百分比确定，数额是固定不变的。

采用上述两种合同形式时，为了避免承包商企图获得更多的酬金而对工程成本不加控制，业主应在承包合同中补充一些鼓励承包方节约资金，降低成本的条款。

（3）成本加奖罚合同（成本加浮动酬金合同）。采用成本加奖罚合同，在签订合同时双方事先约定工程的预期成本（或称目标成本）和固定酬金，以及根据实际成本与预期成本的比较结果确定奖罚计算的办法：

①当实际成本小于目标成本时，承包商从发包方获得实际成本、全额酬金、额外奖金。

②当实际成本等于目标成本时，承包商从发包方获得实际成本、全额酬金。

③当实际成本大于目标成本时，承包商从发包方获得实际成本、部分酬金。

这种合同发承包双方都不会承担太大的风险，故应用较多。

（4）最高限额成本加固定最大酬金合同。

在这种形式的合同中，首先要确定最高限额成本、报价成本和最低成本，并约定固定酬金。执行此种合同时酬金计算方法如下：

①当实际成本小于最低成本时，承包商从发包方获得实际成本、全额酬金、分享节约额。

②当实际工程成本在最低成本和报价成本之间时，承包商从发包方获得实际成本、全额酬金。

③当实际工程成本在报价成本与最高限额成本之间时，从发包方只能获得实际成本。

④当实际工程成本超过最高限额成本时，则承包商不能从发包方获得超过报价成本部分的支付。

这种合同形式有利于控制工程投资，能鼓励承包商最大限度的降低工程成本。

不同计价类型的合同在应用范围、投资控制、承包商风险等方面又不同的作用，见表4-17。

表4-17　不同计价类型的合同在应用范围、投资控制、承包商风险方面的比较

合同类型	总价合同	单价合同	成本加酬金合同			
			百分比酬金	固定酬金	浮动酬金	固定最大酬金
应用范围	较广泛	广泛	局限性较大	有局限性	较广泛	酌情采用
投资控制	易	较易	最难	难	不易	存在可能
承包商风险	风险大	风险小	基本无风险	基本无风险	风险不大	有风险

第五节　建设工程施工阶段的投资控制

施工阶段投资控制的基本原理是把计划投资额作为投资控制的目标值，工程施工过程中定期进行投资实际值与目标值的比较，及时发现实际支出额与投资控制目标值之间的偏差，分析产生偏差的原因，并采取有效措施加以控制，以保证投资控制目标的实现。

一、施工阶段投资控制概述

（一）资金使用计划

1. 资金使用计划的编制

为了确保投资目标的实现，监理工程师必须编制如下资金使用计划。

（1）按投资构成分解的资金使用计划

工程建设投资主要由建筑安装工程费，设备、工器具购置费及其他工程建设费等构成，按投资构成分解的资金使用计划主要是将建筑安装工程费，设备、工器具购置费等进行详细的分解。

（2）按子项目分解的资金使用计划

按子项目分解的资金使用计划就是将项目投资分解到各个单项工程、单位工程，乃至分部分项工程。而且，在分解工作完成后，应适当地考虑不可预见费等因素，编制工程分项的投资支出预算。

（3）按时间进度分解的资金使用计划

建设项目的投资通常是分阶段、分期发生的，其资金应用是否合理与资金的时间安排密切相关。实际工程控制中，通常利用进度控制中的网络图进一步扩充得到按时间进度分解的资金使用计划。

2. 资金使用计划的形式

（1）按子项目分解得到的资金使用计划表

在完成工程项目投资目标分解之后，接下来就要具体地分配投资，编制工程分项的投资支出计划，从而得到详细的资金使用计划表。

资金使用计划表一般包括：工程分项编码，工程内容，计量单位，工程数量，计划综合单价，本分项总计。

（2）时间—投资累计曲线

通过对项目投资目标按时间进行分解，在网络计划基础上，可获得项目进度计划的横道图，并在此基础上编制资金使用计划。时间—投资累计曲线的绘制步骤如下：

①确定工程进度计划，编制进度计划的横道图；

②根据每单位时间内完成的实物工程量或投入的人力、物力和财力，计算单位时间（月或旬）的投资，见表4-18。

表4-18　按月编制的资金使用计划表

时间（月）	1	2	3	4	5	6	7	8	9	10	11	12
投资（万元）	100	200	300	500	600	800	800	700	600	400	300	200

③计算规定时间 t 内计划累计完成的投资额。其计算方法为：各单位时间计划完成的投资额求和，可按下式计算：

$$Q_t = \sum_{n=1}^{t} q_n \tag{4-35}$$

式中，Q_t——某时间 t 内计划累计完成投资额；

　　　q_n——单位时间 n 的计划完成投资额；

　　　t——规定的计划时间。

④按各规定时间的 Q_t 值，绘制 S 形曲线，如图4-11所示。

每一条 S 形曲线都对应某一特定的工程进度计划。进度计划的非关键路线中存在许多有时差的工序或工作，因而 S 形曲线（投资计划值曲线）必然包括在由曲线 a 与 b 所组成的"香蕉图"内，见图4-12。其中：a 是所有活动按最迟开始时间开始的曲线；b 是所有活动按最早开始时间开始的曲线。建设单位可根据编制的投资支出预算来合理安排资金，同时建设单位也可以根据筹措的建设资金来调整 S 形曲线，即通过调整非关键路线上的工序项目最早或最迟开工时间，力争将实际的投资支出控制在预算范围内。

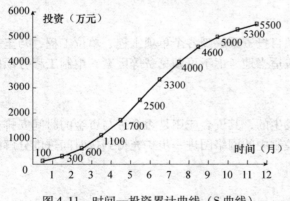

图4-11　时间—投资累计曲线（S曲线）

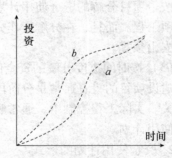

图4-12　投资计划值的香蕉图

一般而言，所有活动都按最迟时间开始，对节约建设资金贷款利息是有利的，但同时也降低了项目按期竣工的保证率，因此必须合理地确定投资支出预算，达到既节约投资支出，又控制项目工期的目的。

（3）综合分解资金使用计划表

将投资目标的不同分解方法相结合，会得到比前者更为详尽、有效的综合分解资金使用计划表。综合分解资金使用计划表一方面有助于检查各单项工程和单位工程的投资构成是否合理，有无缺陷或重复计算；另一方面也可以检查各项具体的投资支出的对象是否明确和落实，并可校核分解的结果是否正确。

（二）施工阶段投资控制的措施

建设工程的投资主要发生在施工阶段，因此，精心地组织施工，挖掘各方面潜力，对施工阶段的投资控制应给予足够的重视，从组织、经济、技术、合同等多方面采取措施，控制投资。

1. 组织措施

（1）在项目管理班子中落实从投资控制角度进行施工跟踪的人员分工、任务分工和职能分工。

（2）编制本阶段投资控制工作计划和详细的工作流程图。

2. 经济措施

（1）编制资金使用计划，确定、分解投资控制目标。

（2）按照合同文件进行工程计量。

（3）复核工程付款账单，签发付款证书。

（4）在施工过程中进行投资跟踪控制，定期进行投资实际支出值与计划目标值的比较；发现偏差，分析产生偏差的原因，采取纠偏措施。

（5）协商确定工程变更的价款，审核竣工结算。

（6）对工程施工过程中的投资支出做好分析与预测，经常或定期向建设单位提交项目投资控制及其存在问题的报告。

3. 技术措施

（1）对设计变更进行技术经济比较，严格控制设计变更。

（2）继续寻找通过设计挖潜节约投资的可能性。

（3）审核承包商编制的施工组织设计，对主要施工方案进行技术经济分析。

4. 合同措施

（1）做好工程施工记录，保存各种图纸文件，特别是注有实际施工变更情况的图纸，注意积累素材，为正确处理可能发生的索赔提供依据。参与处理索赔事宜。

（2）参与合同修改、补充工作，着重考虑它对投资控制的影响。

二、工程变更价款

工程变更是指由于施工过程中的实际情况与原来签订的合同文件中约定的内容不同，对原合同的任何部分的改变。在施工过程中经常会出现如设计变更、进度计划变更、材料代用、施工条件变化以及原招标文件和工程量清单中未包括的"新增工程"等工程变更。

工程变更的原因主要来自三个方面：一是由于勘测设计工作不细致，以至于在施工过程中出现了许多招标文件中没有考虑或估算不准确的工程量，因而不得不改变施工项目或增减工程量；二是由于客观原因，如不可预见因素的发生，自然或社会原因引起的停工、返工、工期拖延等；三是由于发包人或承包人的原因导致的，如发包人对工程有新的要求或对工程进度计划的调整导致的工程变更，承包人由于施工质量原因导致的工期延误等。

（一）工程变更的内容与管理

1. 工程变更的内容

在施工合同管理工作中，存在着两种不同性质的工程变更，即"工程范围"方面的变更和"工程量"方面的变更。

（1）"工程范围"方面的变更。超出合同规定的工程范围，就是与原合同无关的工程，这类工程变更被称为"工程范围的变更"。每项工程的合同文件中，均有明确的"工程范围"的规定，即该项施工合同所包括的工程内容。"工程范围"既是合同的基础，又是双方的合同责任范围。

（2）"工程量"方面的变更。工程量的变更指属于原合同工程范围以内的工作，只是在其工程数量上有变化，它与"工程范围的变更"有着本质的区别，一般被统称为"工程变更"。

2. 监理工程师对变更的管理

（1）设计单位对原设计存在的缺陷提出的工程变更，应编制设计变更文件；建设单位或承包单位提出的变更，应提交总监理工程师，由总监理工程师组织专业监理工程师审查。审查同意后，由建设单位转交原设计单位编制设计变更文件。当工程变更涉及安全、环保等内容时，应按规定经有关部门审定。

（2）当工程发生变更时，工程师应及时处理并确认变更的合理性。工程师必须根据实际情况、设计变更文件和其他有关资料，按照施工合同的有关款项对工程变更的费用和工期做出评估：

1）确定工程变更项目与原工程项目之间的类似程度和难易程度；

2）确定工程变更项目的工程量；

3）确定工程变更的单价或总价。

（3）总监理工程师应就工程变更费用及工期的评估情况与承包单位和建设单位进行协调。

（4）总监理工程师签发工程变更单。

工程变更单应包括工程变更要求、工程变更说明、工程变更费用和工期、必要的附件等内容，有设计变更文件的工程变更应附设计变更文件。

（5）项目监理机构根据项目变更单监督承包单位实施变更工程内容。

监理工程师在处理工程变更价款时应注意，当建设单位和承包单位不能就工程变更的费用等方面达成协议时，项目监理机构应提出一个暂定的价格，作为临时支付工程款的依据。该工程款的最终结算价款，应以建设单位与承包单位达成的协议为依据。在总监理工程师签发工程变更单之前，承包单位不得实施工程变更。未经总监理工程师或其代表审查同意而实施的工程变更，项目监理机构不得予以计量。

（二）《建设工程工程量清单计价规范》的约定

工程量清单漏项或设计变更引起的新的工程量清单项目，其相应综合单价由承包人提出，经发包人确认后作为结算的依据。具体来说，由于工程量清单的工程数量有误或设计变更引起工程量增减，属合同约定幅度以内的，应执行原有的综合单价；属合同约定幅度以外的，其增加部分的工程量或减少后剩余部分的工程量的综合单价由承包人提出，经发包人确认后作为结算的依据。

（三）《建设工程施工合同（示范文本）》的约定

《建设工程施工合同（示范文本）》约定的工程变更价款的确定方法如下：

1. 合同中已有适用于变更工程的价格，按合同已有的价格变更合同价款。

合同中工程量清单的单价和价格由承包商投标时提供，用于变更工程，容易被业主、承包商及监理工程师接受，从合同意义上讲也是比较公平的。

采用合同中工程量清单的单价或价格有几种情况：一是直接套用工程量清单上单价；二是换算工程量清单上的单价后间接套用；三是部分套用，即取工程量清单单价的某一部分使用。

某合同钻孔桩的工程情况是，直径为1.0m的共计长1200m；直径为1.2m的共计长9006m；直径为1.3m的共计长3008m。原合同规定选择直径为1.0m的钻孔桩做静载破坏试验。显然，如果选择直径为1.2m的钻孔桩做静载破坏试验对工程更具有代表性和指导意义。因此监理工程师决定变更。但在原工程量清单中仅有直径为1.0m的钻孔桩静载破坏试验的价格，没有直接可套用的价格供参考。经过认真分析，监理工程师认为，钻孔桩做静载破坏试验的费用主要由两部分构成：一部分为试验费用；另一部分为桩本身的费用。而试验方法及设备并未因试验桩直径的改变而改变。因此，可认为试验费用没有增减，费用的增减主要来自由钻孔桩直径变化而引起的桩本身的费用的变化。直径为1.2m的普通钻孔桩的单价在工程量清单中就可以找到，且地理位置和施工条件相近。因此，采用直径为1.2m的钻孔桩做静载破坏试验的费用为：直径为1.0m静载破坏试验费加直径为1.2m的钻孔桩的清单价格。即本例采用部分套用工程量清单单价。

2. 合同中只有类似于变更工程的价格，可以参照类似价格变更合同价款。

3. 合同中没有适用或类似于变更工程的价格，由承包人提出适当的变更价格，经工程师确认后执行。

协商单价和价格是基于合同中没有或者有但不合适的情况而采取的一种方法。例如：工程量清单上有100道类似管涵，路堤土方工程完成后，工程师发现原设计在排水方面考虑不周，为此业主同意在适当位置增设同样的排水管涵。但承包商却拒绝直接从工程量清单中选择相应的单价作为参考依据。理由是变更设计提出时间较晚，其土方已经完成并准备开始路面施工，新增工程不但打乱了其进度计划，而且二次开挖土方难度较大，特别是重新开挖用石灰土处理过的路堤，与开挖天然表土不能等同。监理工程师认为承包商的意见可以接受，不宜直接套用清单中的管涵价格。经与承包商协商，决定采用工程量清单上的几何尺寸、地理位置等条件相近的管涵价格作为新增工程的基本单价，但对其中的"土方开挖"一项在原报价基础上按某个系数予以适当提高，提高的费用叠加在基本单价上，构成新增工程价格。

（四）FIDIC合同条件下工程的变更与估价

参见本书第六章第二节施工合同条件的主要内容。

三、索赔费用的计算

参见本书第五章第七节建设工程施工索赔管理。

四、工程价款的结算

（一）工程价款的主要结算方式

按现行规定，工程价款结算可以根据不同情况采取多种方式：

1. 按月结算。即先预付工程备料款，在施工过程中按月结算工程进度款，竣工后进行竣工结算。

2. 竣工后一次结算。建设项目或单项工程全部建筑安装工程建设期在 12 个月以内，或者工程承包合同价值在 100 万元以下的，可以实行工程价款每月月中预支，竣工后一次结算。

3. 分段结算。即当年开工，当年不能竣工的单项工程或单位工程，可按照工程形象进度划分为不同阶段进行结算。分段结算可以按月预支工程款。

实行竣工后一次结算和分段结算的工程，当年结算的工程款应与分年度的工作量一致，年终不另清算。

4. 结算双方约定的其他结算方式。

（二）工程预付款

工程预付款（Advanced Payment）是建设工程施工合同订立后，由发包人按照合同约定，在正式开工前预先支付给承包人的工程款。它是施工准备和所需主要材料和构件等流动资金的主要来源，因此也称作工程预付备料款。实行工程预付款的，双方应当在专用条款内约定发包人向承包人预付工程款的时间和数额，以及开工后扣回工程预付款的时间和比例。

在《建设工程价款结算暂行办法》中，对有关工程预付款作了如下约定：包工包料工程的预付款按合同约定拨付，原则上预付比例不低于合同金额的 10%，不高于合同金额的 30%，对重大工程项目，按年度工程计划逐年预付。

计价执行《建设工程工程量清单计价规范》的工程，实体性消耗和非实体性消耗部分应在合同中分别约定预付款比例。在具备施工条件的前提下，发包人应在双方签订合同后的 1 个月内或不迟于约定的开工日期前的 7 天内预付工程款（《建设工程施工合同（示范文本）》规定：预付时间应不迟于约定的开工日期前 7 天），发包人不按约定预付，承包人应在预付时间到期后 10 天内向发包人发出要求预付的通知，发包人收到通知后仍不按要求预付，承包人可在发出通知 14 天后停止施工（《建设工程施工合同（示范文本）》规定：发包人不按约定预付，承包人在约定预付时间 7 天后向发包人发出要求预付的通知，发包人收到通知后仍不能按要求预付，承包人可在发出通知后 7 天停止施工，发包人应从约定应付之日起向承包人支付应付款的利息，并承担违约责任）。

1. 工程预付款的额度

工程预付款额度，各地区、各部门的规定不完全相同，主要是保证施工所需材料和构件的正常储备。一般是根据施工工期、建筑安装工作量、主要材料和构件费用占建筑安装工作量的比例以及材料储备周期等因素测算而定的。

（1）合同条件中约定。发包人根据工程的特点、工期长短、市场行情、供求规律等因素，招标时在合同条件中约定工程预付款的百分比。

（2）公式计算法。公式计算法是根据主要材料（含结构件等）占承包工程总价的比重、材料储备定额天数和计划施工工期等因素，通过公式计算预付备料款额度的一种方法。

$$M = \frac{P \times N}{T} \times t \tag{4-36}$$

式中，M——工程预付款数额；

P——承包工程合同总价；

N——主要材料及构件所占比重，即主要材料和构件占承包工程总价的比例；

T——计划施工工期；

t——材料储备时间，可根据材料储备定额或当地材料供应情况确定。

对于施工企业常年应备的备料款数额也可按下式计算：

$$M = \frac{P' \times N}{T'} \times t \qquad (4\text{-}37)$$

式中，P'——年度承包工程总价值；

T'——年度施工总日历天数；

M、N、t 含义同上。

工程预付款仅用于承包人支付施工开始时与本工程有关的动员费用。如承包人滥用此款，发包人有权立即收回。在承包人向发包人提交金额等于预付款数额的银行保函（发包人认可的银行开出）后，发包人按规定的金额和规定的时间向承包人支付预付款，在发包人全部扣回预付款之前，该银行保函将一直有效。随着预付款被发包人不断扣回，银行保函金额可相应递减。

2. 工程预付款的扣回

随着工程进度的推进，拨付的工程进度款数额不断增加，工程所需主要材料、构件的用量逐渐减少，原已支付的预付款应以抵扣的方式予以陆续扣回，扣款的方法有以下几种：

（1）发包人和承包人通过洽商用合同的形式予以确定，可采用等比率或等额扣款的方式，也可针对工程实际情况具体处理，如有些工程工期较短、造价较低，就无需分期扣还；有些工期较长，如跨年度工程，其预付款的占用时间长，根据需要可以少扣或不扣。

（2）从未施工工程尚需的主要材料及构件的价值相当于工程预付款数额时起扣，按材料及构件比重扣抵工程价款，至竣工之前全部扣清。

工程预付款起扣点可按下式计算：

$$T = P - \frac{M}{N} \qquad (4\text{-}38)$$

式中，T——起扣点，即工程预付款开始扣回的累计完成工程金额；

P、M、N 含义同前。

【例4-4】某项工程合同总额为6000万元，工程预付款为合同总额的20%，主要材料和构件所占比重为60%，求该工程的工程预付款、累计工程量起扣点为多少万元？

解： 工程预付款 $M = 6000 \times 20\% = 1200$ 万元

工程预付款起扣点 $T = P - (M/N) = 6000 - (1200/60\%) = 4000$ 万元。

【例4-5】某工程项目合同总价为1200万元，工程预付款为200万元，主要材料和构件的比重为50%，工程预付款起扣点为累计完成建筑安装工作量400万元，6月份累计完成建筑安装工作量500万元，当月完成建筑安装工作量110万元，7月份完成建筑安装工作量108万元。计算6月份和7月份结算应抵扣工程预付款数额。

解：（1）6月份结算应抵扣工程预付款数额：

$$(500 - 400) \times 50\% = 50 \text{ 万元}$$

（2）7月份结算应抵扣工程预付款数额：

$$108 \times 50\% = 50.4 \text{ 万元}$$

（三）工程计量与工程进度款支付

工程计量是进行工程进度款结算的基础。

1. 工程计量

（1）工程计量的依据

计量依据一般有质量合格证书、工程量清单前言、技术规范中的"计量支付"条款和设计图纸。也就是说，计量时必须以这些资料为依据。

1）质量合格证书

经过专业工程师检验，工程质量达到合同规定的标准的，专业工程师签署报验申请表（质量合格证书）。只有质量合格已完的工程，才予以计量。工程计量与质量监理紧密配合，质量监理是计量监理的基础，计量又是质量监理的保障，通过计量支付，强化承包商的质量意识。

2）工程量清单前言和技术规范

工程量清单前言和技术规范是确定计量方法的依据。工程量清单前言和技术规范的"计量支付"条款规定了清单中每一项工程的计量方法，同时还规定了按规定的计量方法确定的单价所包括的工作内容和范围。

3）设计图纸

单价合同以实际完成的工程量进行结算，但被工程师计量的工程数量，并不一定是承包商实际施工的数量。计量的几何尺寸要以设计图纸为依据，工程师对照设计图纸，仅对承包人完成的永久工程合格工程量进行计量。所以，对承包人超出设计图纸范围和因承包人原因造成返工的工程量，工程师不予计量；承包人原因造成返工的工程量不予计算。

（2）工程计量的内容与方法

1）工程师一般只对以下三方面的工程项目进行计量：

第一，工程量清单中的全部项目；

第二，合同文件中规定的项目；

第三，工程变更项目。

2）根据 FIDIC 合同条件的规定，一般可按照以下方法进行计量：

①均摊法。就是对清单中某些项目的合同价款，按合同工期平均计量。

②凭据法。就是按照承包商提供的凭据进行计量支付。如建筑工程险保险费、第三方责任险保险费等，一般按凭据法进行计量支付。

③估价法。就是按合同文件的规定，根据工程师估算的已完成的工程价值支付。

④断面法。主要用于取土坑或填筑路堤土方的计量。

⑤图纸法。在工程量清单中，许多项目都采取按照设计图纸所示的尺寸进行计量。

⑥分解计量法。就是将一个项目，根据工序或部位分解为若干子项，对完成的各子项进行计量支付。这种计量方法主要是为了解决一些包干项目或较大的工程项目的支付时间过长，影响承包商的资金流动等问题。

（3）工程计量的程序

1）《建设工程施工合同（示范文本）》约定的程序

承包人应按专用条款约定的时间，向工程师提交已完工程量的报告，工程师接到报告后7天内按设计图纸核实已完工程量，并在计量前24小时通知承包人，承包人为计量提供便利条件并派人参加。承包人收到通知后不参加计量，计量结果有效，作为工程价款支付的依据。

工程师不按约定时间通知承包人，使承包人不能参加计量，计量结果无效。

共同计量的指导思想：一是工程师未通知承包人的单方计量无效；二是工程师已经通知

承包人，承包人未按时参加的，工程师的单方计量有效。

工程师收到承包人报告后 7 天内未进行计量，从第 8 天起，承包人报告中开列的工程量即视为已被确认，作为工程价款支付的依据。

对承包人超出设计图纸范围和因承包人原因造成返工的工程量，工程师不予计量。

2）《建设工程价款结算暂行办法》约定的程序

承包人应当按照合同约定的方法和时间，向发包人提交已完工程量的报告。发包人接到报告后 14 天内核实已完工程量，并在核实前 1 天通知承包人，承包人应提供条件并派人参加核实，承包人收到通知后不参加核实，以发包人核实的工程量作为工程价款支付的依据。

发包人不按约定时间通知承包人，致使承包人未能参加核实，核实结果无效。

发包人收到承包人报告后 14 天内未核实完工程量，从第 15 天起，承包人报告的工程量即视为被确认，作为工程价款支付的依据，双方合同另有约定的，按合同执行。

对承包人超出设计图纸（含设计变更）范围和因承包人原因造成返工的工程量，发包人不予计量。

3）《建设工程监理规范》规定的程序

①承包单位统计经专业监理工程师质量验收合格的工程量，按施工合同的约定填报工程量清单和工程款支付申请表；

②专业监理工程师进行现场计量，按施工合同的约定审核工程量清单和工程款支付申请表，并报总监理工程师审定；

③总监理工程师签署工程款支付证书，并报建设单位。

4）FIDIC 施工合同约定的程序

当工程师要求测量工程的任何部分时，应向承包商代表发出合理通知，承包商代表应：

①及时亲自或另派合格代表协助工程师进行测量；

②提供工程师要求的任何具体材料。

如果承包商未能到场或派代表，工程师（或其代表）所作测量应作为准确予以认可。除合同另有规定外，凡需根据记录进行测量的任何永久工程，此类记录应由工程师准备，承包商应根据或被提出要求时，到场与工程师对记录进行检查和协商，达成一致后应在记录上签字。如承包商未到场，应认为该记录准确，予以认可。如果承包商检查后不同意该记录，和（或）不签字表示同意，承包商应向工程师发出通知，说明认为该记录不准确的部分。工程师收到通知后，应审查该记录，进行确认或更改。如果承包商被要求检查记录 14 天内，没有发出此类通知，该记录应作为准确予以认可。

2. 工程进度款支付

（1）工程进度款的计算方法

工程进度款的计算，主要涉及两个方面：

一是工程量的计量，执行《建设工程工程量清单计价规范》，可参照该规范规定的工程量的计算规则；二是单价的计算方法，主要根据由发包人和承包人事先约定的工程价格的计价方法确定。

1）可调工料单价法

当采用可调工料单价法计算工程进度款时，在确定已完工程量后，可按以下步骤计算工程进度款：

第一步，根据已完工程量的项目名称、分项编号、单价得出合价；

第二步，将本月所完全部项目合价相加，得出直接工程费小计；

第三步，按规定计算措施费、间接费、利润；

第四步，按规定计算主材差价或差价系数；

第五步，按规定计算税金；

第六步，累计本月应收工程进度款。

2）全费用综合单价法

用全费用综合单价法计算工程进度款比用可调工料单价法更为方便，工程量得到确认后，只需将工程量与综合单价相乘得出合价，再累加即可完成本月工程进度款的计算工作。

（2）工程进度款的计算内容

计算本期应支付承包人的工程进度款的款项内容包括：

①经过确认核实的实际工程量对应工程量清单或报价单的相应价格计算应支付的工程款。

②设计变更应调整的合同价款。

③本期应扣回工程预付款与应扣留的保留金，与工程款（进度款）同期结算。

④根据合同允许调整合同价款发生，应补偿承包人的款项和应扣减的款项。

⑤经过工程师批准的承包人索赔款等。

（3）工程进度款的支付

1）《建设工程价款结算暂行办法》和《建设工程施工合同（示范文本）》均有如下规定：

①发包人向承包人支付工程进度款内容。发包人应扣回的预付款，与工程进度款同期结算抵扣；符合合同约定范围的合同价款的调整、工程变更调整的合同价款及其他条款中约定的追加合同价款，应与工程进度款同期调整支付；对于质量保证金从应付的工程款中预留。

②关于支付期限。根据确定的工程计量结果，承包人向发包人提出支付工程进度款申请后，14 天内发包人应向承包人支付工程进度款。

③违约责任。发包人超过约定的支付时间不支付工程进度款，承包人可向发包人发出要求付款的通知，发包人收到承包人通知后仍不能按要求付款，可与承包人协商签订延期付款协议，经承包人同意后可延期支付，协议应明确延期支付的时间和从工程计量结果确认后第 15 天起计算应付款的利息。

发包人不按合同约定支付工程进度款，双方又未达成延期付款协议，导致施工无法进行，承包人可停止施工，由发包人承担违约责任。

（四）工程竣工结算

1. 竣工结算的概念

竣工结算指承包人按照合同规定全部完成所承包的工程，经验收质量合格，并符合合同要求之后，与发包人进行的最终工程价款结算。竣工结算一般由承包人编制，经发包人或监理工程师审查无误，由承包人和发包人共同办理竣工结算确认手续。

竣工结算审查是在竣工结算阶段的一项重要工作，经核定的竣工结算是核定建设投资、编制竣工决算和核定新增固定资产价值的重要依据。竣工结算的审查主要包括：核对合同条款、检查隐藏验收记录、落实设计变更签证、按图核实工程量、认真核实单价、注意各项费用计取和防止各种计算误差等。

2. 《建设工程施工合同（示范文本）》对竣工结算程序与违约责任的规定

（1）结算程序

1）承包人向发包人递交竣工结算报告及完整的结算资料。工程竣工验收报告经发包人认可后28天内，承包人向发包人递交竣工结算报告及完整的结算资料，双方按照协议书约定的合同价款及专用条款约定的合同价格调整内容，进行工程竣工结算。

2）专业监理工程师审核承包人报送的竣工结算报表；总监理工程师审定竣工结算报表；与发包人、承包人协商一致后，签发竣工结算文件和最终的工程款支付证书。

发包人在收到承包人递交的竣工结算报告资料后28天内进行核实，给予确认并支付工程竣工结算款或者提出修改意见。

3）发包人向承包人支付工程竣工结算价款。发包人确认竣工结算报告，通知经办银行向承包人支付工程竣工结算价款。

4）承包人向发包人移交竣工工程。承包人收到竣工结算价款后14天内将竣工工程交付发包人。

（2）竣工结算的违约责任

1）发包人的违约责任。

①发包人收到竣工结算报告及结算资料后28天内无正当理由不支付工程竣工结算价款，从第29天起按承包人同期向银行贷款利率支付拖欠工程价款的利息，并承担违约责任。

②发包人收到竣工结算报告及结算资料后28天内不支付工程竣工结算价款，承包人可以催告发包人支付结算价款。发包人在收到竣工结算报告及结算资料后56天内仍不支付的，承包人可以与发包人协议将该工程折价，也可以由承包人申请人民法院将该工程依法拍卖，承包人就该工程折价或者拍卖的价款优先受偿。

2）承包人的违约责任。

工程竣工验收报告经发包人认可后28天内，承包人未能向发包人递交竣工结算报告及完整的结算资料，造成工程竣工结算不能正常进行或工程竣工结算价款不能及时支付，发包人要求交付工程的，承包人应当交付；发包人不要求交付工程的，承包人承担保管责任。

3. 《建设工程价款结算暂行办法》对竣工结算的规定：

单项工程竣工后，承包人应在提交竣工验收报告的同时，向发包人递交竣工结算报告及完整的结算资料，发包人应按规定时限进行核对（审查）并提出审查意见。

建设项目竣工总结算在最后一个单项工程竣工结算审查确认后15天内汇总，送发包人后30天内审查完成。

发包人收到承包人递交的竣工结算报告及完整的结算资料后，应按规定的期限（合同约定有期限的，从其约定）进行核实，给予确认或者提出修改意见。发包人根据确认的竣工结算报告向承包人支付工程竣工结算价款，保留5%左右的质量保证（保修）金，待工程交付使用1年质保期到期后清算（合同另有约定的，从其约定），质保期内如有返修，发生费用应在质量保证（保修）金内扣除。

（五）工程价款的动态结算

动态结算就是把通货膨胀等各种动态因素渗透到结算过程中，使结算大体能反映实际的费用消耗。其常用的方法包括按实际价格结算法、竣工调价系数法、调值公式法等，其中调值公式法是相对较为科学、合理的方法。

1. 调值公式法的工作程序

根据国际惯例，对建设项目已经完成投资费用的结算，一般采用调值公式法，又称动态结算公式法。而且，签约双方通常在签订的合同中就预先规定了明确的调值公式。调值公式法的工作程序比较复杂，一般合同文件中应明确以下内容：

（1）确定计算物价指数的品种，即调值品种。一般地说品种不宜太多，只宜选择那些对项目投资影响较大的因素，如设备、水泥、钢材、工资等。

（2）明确物价波动的界限，即明确物价波动到何种程度才进行调整。

（3）明确调值因素的地点价格和时点价格。

地点价格一般选择工程所在地或指定的某地市场价格；时点价格则应包括基准日期（投标截止日期前第28天）的市场价格及与特定付款证书有关期间最后一天的49天前的时点价格。

（4）确定每个调值因素的品种系数和固定系数。

每个调值因素的品种系数为该品种价格占总造价的比重，且各个调值品种系数之和加上固定系数应该等于1。为防止日后产生合同纠纷，在合同中应确定调值因素系数与固定系数。

2. 建筑安装工程费用的价格调值公式

建筑安装工程费用价格调值公式的基本形式为：

$$P = P_0\left(a_0 + a_1 \frac{A}{A_0} + a_2 \frac{B}{B_0} + a_3 \frac{C}{C_0} + a_4 \frac{D}{D_0} + \cdots \right) \tag{4-39}$$

式中，　　　　　　　P——调值后合同价款或工程实际结算款；

P_0——合同价款或工程预算进度款；

a_0——固定要素，代表合同支付中不能调整的部分的费用占合同总价的比重；

a_1、a_2、a_3、a_4…——代表合同支付中调整的部分对应的各项费用（如：人工费用、钢材费用、水泥费用、运输费等）在合同总价中所占比重 $a_1 + a_2 + a_3 + a_4 + \cdots = 1 - a_0$；

A_0、B_0、C_0、D_0…——基准日期与 a_1、a_2、a_3、a_4…对应的各项费用的基期价格指数或价格；

A、B、C、D…——与特定付款证书有关期间最后一天的49天前与 a_1、a_2、a_3、a_4…对应的各项费用的现行价格指数或价格。

许多招标文件要求承包商在投标时提出各部分成本（调值品种）的比例系数，并在价格分析中予以论证。同时，也有业主在招标文件中规定一个允许范围，由投标人在此范围内选定。因此，监理工程师在编制招标文件时，尽可能确定合同价中固定部分、调值因素的比例系数和范围，以供投标人选择。

【例4-6】某工程合同总价为1000万元人民币。其组成为：土方工程费100万元人民币，占总合同价10%，砌体工程费400万元人民币，占总合同价40%；钢筋混凝土工程费500万元人民币，占总合同价50%。这三个组成部分的人工费和材料费为调值部分，且占工程价款85%，人工、材料费中各项费用比例如下：

（1）土方工程：人工费 50%，机具折旧费 26%，柴油 24%。

（2）砌体工程：人工费 53%，钢材 5%，水泥 20%，集料 5%，空心砖 12%，柴油 5%。

（3）钢筋混凝土工程：人工费 53%，钢材 22%，水泥 10%，集料 7%，木材 4%，柴油 4%。

假定该合同的基准日期为 2005 年 1 月 4 日，2005 年 9 月完成的工程价款占合同总价的 10%，按照规定，计算 2005 年 9 月的工程价款应用 2005 年 8 月的指数与基准日期的指数作为依据。有关月报的工资、材料物价指数见表 4-19。

表 4-19　工资、物价指数表

费用名称	代号	2005 年 1 月指数	代号	2005 年 8 月指数
人工费	A_0	100.0	A	116.0
钢　材	B_0	153.4	B	187.6
水　泥	C_0	154.8	C	175.0
集　料	D_0	132.6	D	169.3
柴　油	E_0	178.3	E	192.8
机具折旧	F_0	154.5	F	162.5
空心砖	G_0	160.1	G	162.0
木　材	H_0	142.7	H	159.5

解： 该工程不调值的费用占工程合同价款的 100% − 85% = 15%，计算出各项参加调值的费用占工程价款比例如下：

人工费：（50% × 10% + 53% × 40% + 53% × 50%）× 85% ≈ 45%

钢材：（5% × 40% + 22% × 50%）× 85% ≈ 11%

水泥：（20% × 40% + 10% × 50%）× 85% ≈ 11%

集料：（5% × 40% + 7% × 50%）× 85% ≈ 5%

柴油：（24% × 10% + 5% × 40% + 4% × 50%）× 85% ≈ 5%

机具折旧：26% × 10% × 85% ≈ 2%

空心砖：12% × 40% × 85% ≈ 4%

木材：4% × 50% × 85% ≈ 2%

不调值费用占工程价款的比例为：15%

具体的人工费及材料费的调值公式为：

$$P = P_0\left(0.15 + 0.45\frac{A}{A_0} + 0.11\frac{B}{B_0} + 0.11\frac{C}{C_0} + 0.05\frac{D}{D_0} + 0.05\frac{E}{E_0} + 0.02\frac{F}{F_0} + 0.04\frac{G}{G_0} + 0.02\frac{H}{H_0}\right)$$

2005 年 9 月的工程款经过调整后为：

$$P = 10\%P_0\left(0.15 + 0.45\frac{A}{A_0} + 0.11\frac{B}{B_0} + 0.11\frac{C}{C_0} + 0.05\frac{D}{D_0} + 0.05\frac{E}{E_0} + 0.02\frac{F}{F_0} + 0.04\frac{G}{G_0} + 0.02\frac{H}{H_0}\right)$$

$$= 10\% \times 1000\left(0.15 + 0.45 \times \frac{116}{100} + 0.11 \times \frac{187.6}{153.4} + 0.11 \times \frac{175.0}{154.8} + 0.05 \times \frac{169.3}{132.6} + \right.$$

$$0.05 \times \frac{192.8}{178.3} + 0.02 \times \frac{162.5}{154.4} + 0.04 \times \frac{162.0}{160.1} + 0.02 \times \frac{159.5}{142.7}) = 113.27(万元)$$

由此可见，通过调值，2005 年 9 月实得工程款比原价款多 13.27 万元。

（六）保证金

建设工程质量保证金（保修金），是指发包人与承包人在建设工程承包合同中约定，从应付的工程款中预留，用以保证承包人在缺陷责任期内对建设工程出现的缺陷进行维修的资金。

缺陷是指建设工程质量不符合工程建设强制性标准、设计文件，以及承包合同的约定。

缺陷责任期指承包人对工程可能存在的缺陷承担责任的期限，一般从工程通过竣（交）工验收之日起计。由于承包人原因导致工程无法按规定期限进行竣（交）工验收的，缺陷责任期从实际通过竣（交）工验收之日起计；由于发包人原因导致工程无法按规定期限进行竣（交）工验收的，在承包人提交竣（交）工验收报告 90 天后，工程自动进入缺陷责任期。缺陷责任期一般为六个月、十二个月或二十四个月，具体可由发、承包双方在合同中约定。

（1）保证金的预留。建设工程保证金，发包人应按照合同约定在向承包人支付工程结算价款中按结算价款的 5% 左右预留。

（2）保证金（含利息）的返还。缺陷责任期内，承包人认真履行合同约定的责任，缺陷责任期结束后，承包人向发包人申请返还保证金。发包人在接到承包人返还保证金申请后，应于 14 日内会同承包人按照合同约定的内容进行核实。如无异议，发包人应当在核实后 14 日内将保证金返还给承包人，逾期支付的，从逾期之日起，按照同期银行贷款利率计付利息，并承担违约责任。发包人在接到承包人返还保证金申请后 14 日内不予答复，经催告后 14 日内仍不予答复，视同认可承包人的返还保证金申请。

关于缺陷责任期内缺陷责任的承担参本书第二章第一节工程质量保修制度。

五、投资偏差分析

为了有效地控制投资，工程师必须定期地进行投资实际值与计划值的比较。当实际值偏离计划值时，分析产生偏差的原因，并采取适当的纠偏措施，以利于投资控制目标的实现。

（一）投资偏差的概念

1. 投资偏差

投资偏差指投资实际值与计划值之间存在的差异，即：

$$投资偏差 = 已完工程实际投资 - 已完工程计划投资 \qquad (4-40)$$

结果为正表示投资超支，结果为负表示投资节约。但是，进度偏差对投资偏差分析的结果也有重要的影响，如果不予考虑则不能正确反映投资偏差的实际情况。例如，某一阶段的投资偏差结果为正，可能是由于进度超前导致的，也可能由于物价上涨导致。因此，必须引入进度偏差的概念。

2. 进度偏差

进度偏差指已完工程实际时间与已完工程计划时间之间存在的差异，即：

$$进度偏差 = 已完工程实际时间 - 已完工程计划时间 \qquad (4-41)$$

为了与投资偏差联系起来，进度偏差也可表示为：

$$进度偏差 = 拟完工程计划投资 - 已完工程计划投资 \qquad (4\text{-}42)$$

式中，拟完工程计划投资 = 拟完工程量 × 计划单价

进度偏差为正值时，表示工期拖延；结果为负值时，表示工期提前。实际应用中，为了便于调整工期，需将用投资差额表示的进度偏差转化为相应的时间。

3. 其他投资偏差参数

进行投资偏差分析时，还应考虑以下几组投资偏差参数。

（1）局部偏差和累计偏差

局部偏差有两层含义：一是相对于总项目的投资而言，指各单项工程、单位工程和分部分项工程的偏差；二是相对于项目实施的时间而言，指每一控制周期所发生的投资偏差。

累计偏差，其数值总是与具体的时间联系在一起，表示在项目已经实施的时间内累计发生的偏差，因此累计偏差是一个动态概念。

局部偏差的工程内容及其原因一般都比较明确，分析结果也就比较可靠，而累计偏差所涉及的工程内容较多、范围较大，且原因也较复杂，因而累计偏差分析必须以局部偏差分析的结果为基础，其结果更能显示规律性，对投资控制工作在较大范围内具有指导作用。

（2）绝对偏差和相对偏差

绝对偏差是指投资实际值与计划值比较所得的差额。相对偏差是指投资偏差的相对数或比例数，通常是用绝对偏差与投资计划值的比值来表示，即：

$$相对偏差 = \frac{绝对偏差}{投资计划值} = \frac{投资实际值 - 投资计划值}{投资计划值} \qquad (4\text{-}43)$$

绝对偏差和相对偏差的数值均可正可负，且两者符号相同，正值表示投资超支，负值表示投资节约。绝对偏差的结果比较直观，其作用主要是了解项目投资偏差的绝对数额，指导调整资金支出计划和资金筹措计划。由于项目规模、性质、内容不同，其投资总额会有很大差异，因此绝对偏差就显得有一定的局限性。相对偏差就能较客观地反映投资偏差的严重程度或合理程度，从对投资控制工作的要求来看，相对偏差比绝对偏差更有意义，应当给予更高的重视。

（3）偏差程度

偏差程度是指投资实际值与计划值的偏离程度，表达为：

$$投资偏差程度 = \frac{投资实际值}{投资计划值} \qquad (4\text{-}44)$$

（二）偏差分析的方法

进行投资偏差分析时，可以根据需要采用不同的方法，常用的有：横道图法、表格法、曲线法（赢值法）。

1. 横道图法

横道图法是指用不同的横道标识已完工程计划投资、拟完工程计划投资和已完工程实际投资，而横道的长度与其金额成正比例。投资偏差和进度偏差数额用数字表示，产生偏差的原因应经过认真分析后填入。横道图的优点是简单直观，便于了解项目投资的概貌，但这种方法的信息量较少，主要反映累计偏差和局部偏差。横道图偏差分析法见图4-13。

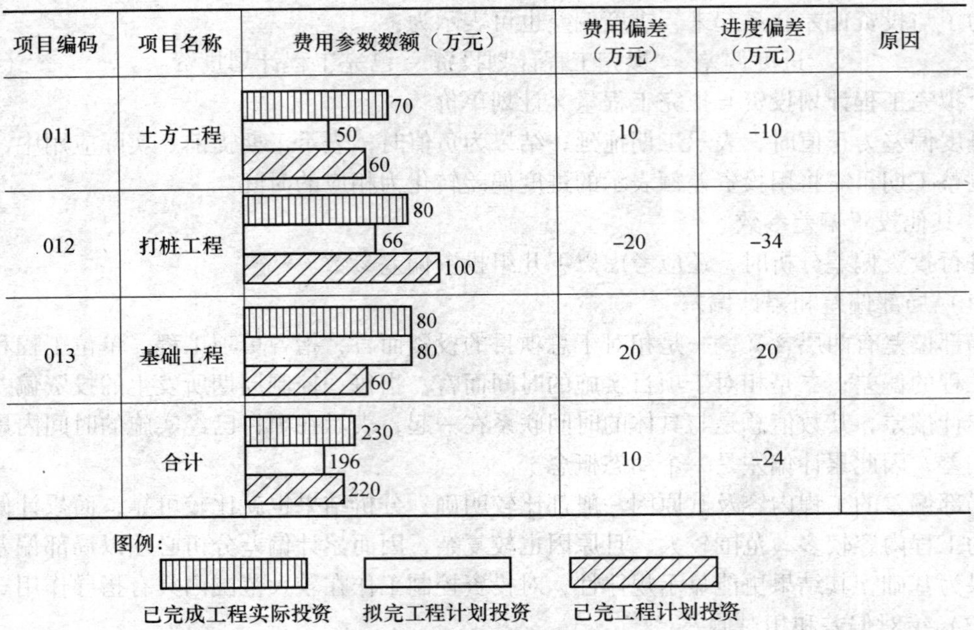

项目编码	项目名称	费用参数数额（万元）	费用偏差（万元）	进度偏差（万元）	原因
011	土方工程	70 / 50 / 60	10	−10	
012	打桩工程	80 / 66 / 100	−20	−34	
013	基础工程	80 / 80 / 60	20	20	
	合计	230 / 196 / 220	10	−24	

图例：
已完成工程实际投资　　拟完工程计划投资　　已完工程计划投资

图 4-13　横道图法的投资偏差分析

2. 表格法

表格法是进行投资偏差分析最常用的一种方法，它具有灵活、适用性强、信息量大、便于计算机辅助投资控制等特点。投资偏差分析见表 4-20。

表 4-20　投资偏差分析表

项目编码	(1)	011	012	013
项目名称	(2)	土方工程	打桩工程	基础工程
单位	(3)	m^3	m	m^2
计划单价	(4)	15	10	20
拟完工程量	(5)	2	3	2
拟完工程计划投资	(6) = (4) × (5)	30	30	40
已完工程量	(7)	2	4	2
已完工程计划投资	(8) = (4) × (7)	30	40	40
实际单价	(9)	15	12.5	25
其他款项	(10)	0	0	0
已完工程实际投资	(11) = (7) × (9) + (10)	30	50	50
投资局部偏差	(12) = (11) − (8)	0	10	10
投资局部偏差程度	(13) = (11) ÷ (8)	1	1.25	1.25
投资累计偏差	(14) = Σ (12)			
投资累计偏差程度	(15) = Σ (11) ÷ Σ (8)			
进度局部偏差	(16) = (6) − (8)	0	−10	0
进度局部偏差程度	(17) = (6) ÷ (8)	1	0.75	1
进度累计偏差	(18) = Σ (16)			
进度累计偏差程度	(19) = Σ (6) ÷ Σ (8)			

3. 曲线法（赢值法）

曲线法是用投资累计曲线（S形曲线）来进行投资偏差分析的一种方法，见图4-14。其中 a 表示投资实际值曲线，p 表示投资计划值曲线，两条曲线之间的竖向距离表示投资偏差。

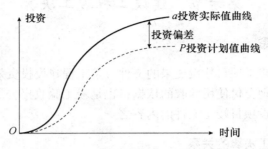

图 4-14 投资计划值与实际值曲线

用曲线法进行投资偏差分析时，首先要确定投资计划值曲线。投资计划值曲线是与确定的进度计划联系在一起的。同时，也应考虑实际进度的影响，应当引入三条投资参数曲线，即已完工程实际投资曲线 a，已完工程计划投资曲线 b 和拟完工程计划投资曲线 p。见图4-15。图中曲线 a 与曲线 b 的竖向距离表示投资偏差，曲线 b 与曲线 p 的水平距离表示进度偏差。

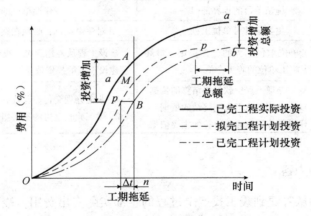

图 4-15 三种投资参数曲线

曲线法反映的偏差为累计偏差。用曲线法进行偏差分析同样具有形象、直观的特点，但这种方法很难直接用于定量分析，只能对定量分析起一定的指导作用。

（三）偏差原因分析

偏差分析的主要目的是要发现引起投资偏差的原因，从而有针对性地采取措施，减少或避免类似情况的再次发生。一般建设工程投资产生偏差的原因有：物价上涨、设计原因、业主原因、施工原因和其他客观原因。

（四）纠偏

纠正投资偏差，首先要确定纠偏对象。对于无法避免和控制的偏差，只能对其中少数原因做到防患于未然，力求减少该原因所产生的直接损失。比如施工原因导致的经济损失一般由承包商负责，从投资控制的角度，工程师只能加强合同管理，避免被承包商索赔。所以这些偏差原因都不是纠偏的重点对象。纠偏的重点对象是业主原因和设计原因造成的投资偏差。在确定了纠偏的主要对象后，就需要采取有针对性的纠偏措施。

第六节　建设工程竣工决算

一、竣工决算的概念

竣工决算，是反映竣工项目建设成果的文件，是工程建设投资效果的全面反映，是核定新增固定资产和工程办理交付使用验收的依据，也是竣工验收报告的重要组成部分，是建设单位向主管部门汇报建设项目竣工文件的内容之一。

二、竣工结算与竣工决算的关系

竣工结算是承包方将承包工程按照合同规定全部完工验收之后，向发包单位进行的最终工程价款结算。

竣工结算与竣工决算的主要联系与区别见表4-21。

表4-21　竣工结算与竣工决算的联系与区别

区别项目	竣工结算	竣工决算
编制单位及部门	施工单位的预算部门	建设单位的财务部门
编制范围	主要是针对单位工程	针对建设项目，必须在整个建设项目全部竣工后
编制内容	施工单位承包工程的全部费用，最终反映了施工单位的施工产值	建设工程从筹建到竣工投产全部建设费用，它反映了建设工程的投资效益
编制性质和作用	1. 双方办理工程价款最终结算的依据 2. 双方签订的施工合同终结的依据 3. 建设单位编制竣工决算的主要依据	1. 业主办理交付、验收、动用新增各类资产的依据 2. 竣工验收报告的重要组成部分

三、竣工决算的内容

竣工决算应包括从筹建到竣工投产全过程的全部实际支出费用，竣工决算由竣工决算报告说明书、竣工决算报表、建设项目竣工图、建设投资比较分析四个部分组成。

四、竣工决算编制依据

建设项目竣工决算的编制依据包括以下几个方面：
1. 经批准的可行性研究报告及其投资估算；
2. 经批准的初步设计或扩大初步设计及其设计概算或修正设计概算；
3. 经批准的施工图设计文件及施工图预算；
4. 设计交底和图纸会审会议记录；
5. 招标标底，承包合同及工程结算资料；
6. 施工记录或施工签证单及其他施工中发生的费用，例如：索赔报告和记录等；
7. 项目竣工图及各种竣工验收资料；

8. 设备、材料调价文件和调价记录；

9. 历年基建资料、历年财务决算及批复文件；

10. 国家和地方主管部门颁发的有关建设工程竣工决算的文件。

五、竣工决算编制的程序

项目建设完工后，建设单位应及时按照国家有关规定，编制项目竣工决算。其编制程序一般是：

1. 搜集、整理和分析有关原始资料；

2. 对照、核实工程变动情况，重新核实各单位工程、单项工程造价；

3. 将审定后的待摊投资、设备工器具投资、建筑安装工程投资、工程建设其他投资严格划分和核定后，分别计入相应的建设成本栏目内；

4. 编制竣工财务决算说明书；

5. 填报竣工财务决算报表；

6. 工程造价对比分析；

7. 整理、装订竣工图；

8. 按国家规定上报、审批、存档。

六、竣工决算的作用

项目竣工后要及时编制竣工决算，竣工决算主要有以下几个方面的作用：

1. 有利于节约建设项目投资。及时编制竣工决算，据此办理新增固定资产移交转账手续，是缩短建设周期，节约基建投资的途径。

2. 有利于固定资产的管理。工程竣工决算可作为固定资产价值核定与交付使用的依据，也可作为分析和考核固定资产投资效果的依据。

3. 有利于经济核算。竣工决算可使生产企业正确计算已投入使用的固定资产折旧费，保证产品成本的真实性，合理计算生产成本和企业利润，促使企业加强经营管理，增加盈利。

4. 考核竣工项目概（预）算与基建计划执行情况以及分析投资效果。

5. "三算"对比的依据。"三算"对比中的设计概算和施工图预算都是人们在建筑施工前不同建设阶段根据有关资料进行计算的经济文件，确定拟建工程所需要的费用，属于估算范畴，竣工决算所确定的费用是工程实际支出的费用，反映投资效果。

6. 有利于总结建设经验。通过编制竣工决算，全面清理财务，做到工完账清，便于及时总结建设经验，积累各项技术经济资料，不断改进基本建设管理工作，提高投资效果。

七、新增资产的确认

竣工决算是办理交付使用财产的依据。正确核定新增资产价值，不但有利于建设项目交付使用后的财务管理，而且可为建设项目竣工后评估提供依据。

根据新的财务制度和企业会计准则，新增资产按资产性质可分为：新增固定资产、新增无形资产、新增流动资产、新增递延资产及其他资产。

1. 新增固定资产价值的确定

固定资产是指使用期限在一年（包括一年）以上，单位价值在规定标准以上，并且在使用过程中保持原有物质形态的资产，包括房屋及建筑物、机电设备、运输设备、工具器具等。

新增固定资产是建设项目竣工投产后所增加的固定资产价值，是以价值形态表示的固定资产投资最终成果的综合性指标。

新增固定资产价值的计算应以单项工程为对象，单项工程建成经有关部门验收鉴定合格后，正式移交生产或使用，应计算其新增固定资产价值。

2. 新增流动资产价值的确定

流动资产是指可以在一年内或超过一年的一个营业周期内变现或者运用的资产，包括：

（1）货币资金。

（2）应收及预付款项，包括应收票据、应收账款、其他应收款、预付货款和待摊费用。

（3）各种存货应按照取得时的实际成本计价。

3. 新增无形资产价值的确定

无形资产是指企业长期使用但不具有实物形态的资产，包括专利权、商标权、著作权、土地使用权、非专利技术、商业信誉等。

4. 新增递延资产价值及其他资产价值的确定

递延资产是指不能全部计入当年损益，应在以后年度内分期摊销的各项费用，包括开办费、租入固定资产的改良支出等。

思考题

1. 简述建设工程投资控制原理。
2. 简述我国现行建设工程投资构成。
3. 简述设备、工器具购置费用的构成。
4. 简述建筑安装工程费用的构成。
5. 简述工程建设其他费用的构成。
6. 简述建设工程投资确定的依据。
7. 简述工程量清单的编制。
8. 什么是限额设计？其控制工作的内容有哪些？
9. 施工图预算的作用及其编制的内容和依据是什么？
10. 如何用单价法、实物法编制单位工程施工图预算？
11. 工程计量的依据和方法有哪些？
12. 工程价款现行结算办法和动态结算办法有哪些？
13. 投资偏差分析的内容与方法有哪些？

第五章 建设工程合同管理

◇ 了解内容

1. 合同法律制度中关于合同的分类、格式条款、缔约过失责任、合同的公证与鉴证的要点

2. 招标方式、政府主管部门对招标投标的管理

3. 监理人在建设工程委托监理合同管理中应完成的监理工作和承担的违约责任

4. 设计合同的违约责任

5. 施工合同涉及有关各方、施工准备的合同管理

6. 施工索赔的分类

◇ 熟悉内容

1. 建设工程合同管理法律基础中关于代理关系、建设工程一切险的要点

2. 合同法律制度中关于合同的形式，无效合同与可变更、可撤销合同，合同的转让与合同执行的债权转让和债务转移的要点

3. 监理招标投标管理、勘察设计招标投标要点

4. 建设工程委托监理合同管理中合同有效期概念、监理酬金及支付要点

5. 发包人应为勘察人提供的现场工作条件，设计合同的生效、变更与终止要点

6. 建设工程施工合同管理中关于合同文件、施工合同的工期和合同价款、设计变更管理、不可抗力、工程试车、竣工验收和工程保修的知识点

7. 建设工程施工索赔管理中索赔的程序和内容

◇ 掌握内容

1. 合同法律关系

2. 合同法律制度中关于要约与承诺，合同的生效、变更与终止，合同履行，违约责任，合同争议的解决，合同担保的相关内容

3. 公开招标程序、施工招标投标管理

4. 委托监理合同双方的权利义务、合同的生效与终止

5. 发包人订立设计合同时应提供的资料和委托工作范围、设计合同履行过程中双方的责任

6. 建设工程施工合同管理中关于发包人和承包人的工作、施工进度管理、建造过程的质量管理、支付和结算管理的相关内容

7. 监理工程师对索赔的管理

第一节 建设工程合同管理基础

一、合同法律关系

（一）合同法律关系的概念

合同法律关系，是指由合同法律规范调整的当事人在民事流转过程中形成的权利义务关

系。合同法律关系包括合同法律关系主体、合同法律关系客体和合同法律关系内容三个要素。缺少任何一个要素都不能构成合同法律关系，改变任何一个要素都会改变原来设定的合同法律关系。

（二）合同法律关系的构成要素

1. 合同法律关系主体

合同法律关系主体，是指参加合同法律关系，依法享有权利，承担义务的当事人。合同法律关系主体可以是自然人、法人和其他组织。

（1）自然人

自然人是指基于出生而成为民事法律关系主体的有生命的人。作为合同法律关系主体的自然人应当具有相应的民事权利能力和民事行为能力。民事权利能力，是民事主体依法享有民事权利和承担民事义务的资格，自然人的民事权利能力始于出生，终于死亡。民事行为能力，是民事主体通过自己的行为取得民事权利和履行民事义务的资格。根据自然人的年龄和健康状况，可将自然人分为完全民事行为能力人、限制民事行为能力人和无民事行为能力人。

（2）法人

法人是具有民事权利能力和民事行为能力，依法独立享有民事权利和承担民事义务的组织。法人是与自然人相对应的概念，是法律赋予社会组织具有人格的一项制度。这一制度为确立社会组织的权利、义务，为社会组织独立承担责任提供了基础。法人应当具备以下条件：

1）依法成立。

2）有必要的财产或经费。必要的财产或经费是法人进行民事活动的物质基础，法人的财产或经费必须与法人的经营范围或设立目的相适应，否则不能被批准设立或核准登记。

3）有自己的名称、组织机构和场所。

4）能够独立承担民事责任。法人在民事活动中给其他主体造成损失时，必须有以自己的财产或经费承担赔偿责任的能力。

法人的法定代表人是自然人，他依照法律或者法人组织章程的规定，代表法人行使职权。

（3）其他组织

其他组织是指依法成立，但不具备法人资格，而能以自己的名义参与民事活动的经济实体或法人的分支机构等社会组织。其他组织与法人相比，其民事责任的承担较复杂。

2. 合同法律关系客体

合同法律关系客体，是指合同法律关系主体的权利和义务所共同指向的对象。合同法律关系的客体主要包括物、行为和智力成果。

（1）物。法律意义上的物是指可为人们控制、并具有经济价值的生产资料和消费资料，可以分为动产和不动产、流通物与限制流通物、特定物与种类物等，作为一般等价物的货币当然也属于物。

（2）行为。法律意义上的行为是指人的有意识的活动。在合同法律关系中，行为多表现为完成一定的工作，如勘察设计、施工安装等，这些行为都可以成为合同法律关系的客体。

（3）智力成果。智力成果是通过人的智力活动所创造出的精神成果，包括知识产权、技术秘密及在特定情况下的公知技术等。

3. 合同法律关系内容

合同法律关系内容，是指法律规定和合同约定的权利和义务，它是联结合同法律关系主体的纽带。

（1）权利。权利是指权利主体依据法律规定和合同约定，有权按照自己的意志作出某种行为，同时要求义务主体作出某种行为或者不得作出某种行为，以实现其合法权益。当权利受到侵犯时，法律将予以保护。

（2）义务。义务是指义务主体必须按法律规定和权利主体的合法要求，必须作出某种行为或不得作出某种行为，以保证权利主体实现其权益的责任，否则义务主体要承担法律责任。

权利和义务是相互对应的，相应主体应自觉履行相对应的义务。否则，义务人应承担相应的法律责任。

（三）合同法律关系的产生、变更和消灭的原因——法律事实

1. 法律事实的概念

能够引起合同法律关系产生、变更和消灭的情况通常称为法律事实。法律事实是合同法律关系产生、变更和消灭的原因。法律事实以是否包含当事人的意志为依据分为两类，即行为和事件。

2. 行为

行为是指法律关系主体有意识的活动。能够引起法律关系产生、变更和消灭的行为，包括积极的作为和消极的不作为。行为又可分为合法行为和违法行为。此外，行政行为和发生法律效力的法院判决、裁定以及仲裁机构发生法律效力的裁决等，也是一种法律事实，也能引起法律关系的发生、变更、消灭。

3. 事件

事件是指不以合同法律关系主体的主观意志为转移而发生的，能够引起合同法律关系产生、变更、消灭的客观现象。这些客观事件的出现与否，是当事人无法预见和控制的。事件可分为自然事件和社会事件两种。自然事件是指由于自然现象所引起的客观事实，社会事件是指由于社会上发生了不以个人意志为转移的、难以预料的重大事件所形成的客观事实，无论自然事件还是社会事件，它们的发生都能引起一定的法律后果。

二、代理关系的法律规定

（一）代理的概念及特征

代理是代理人在代理权限内，以被代理人的名义实施的，其民事责任由被代理人承担的法律行为。代理具有以下特征。

1. 代理人必须在代理权限范围内实施代理行为

代理人不得擅自变更代理权限与时效，代理人超越代理权限的行为不属于代理行为，被代理人对此不承担责任。如果授权范围不明确，则应当由被代理人向第三人承担民事责任，

代理人负连带责任，代理人的连带责任是在被代理人无法承担责任的基础上承担的，即一般连带责任。

2. 代理人以被代理人的名义实施代理行为

代理人只有以被代理人的名义实施代理行为，才能为被代理人取得权利和设定义务。代理人自己名义的法律行为，不属于代理行为，这种行为所取得的权利和设定的义务只能由代理人自己承担。

3. 代理人在被代理人的授权范围内独立地表现自己的意志

在被代理人的授权范围内，代理人以自己的意志去积极地为实现被代理人的利益和意愿进行具有法律意义的活动。

它具体表现为代理人有权自行解决他如何向第三人做出意思表示，或者是否接受第三人的意思表示。

4. 被代理人对代理行为承担民事责任

代理是代理人以被代理人名义实施的法律行为，在代理关系中所设定的权利与义务由被代理人承担，既包括对代理人在执行代理任务的合法行为承担民事责任，也包括对代理人不当代理行为承担民事责任。因此，被代理人应慎重选择代理人。

（二）代理的种类

根据代理权产生的依据不同，代理可分为委托代理、法定代理和指定代理。

1. 委托代理

委托代理是基于被代理人对代理人的委托授权而产生的代理。委托代理关系的产生，需要在代理人与被代理人之间存在基础法律关系，如委托合同关系、合伙合同关系、工作隶属关系等，但只有在被代理人对代理人进行授权后，这种委托代理关系才真正建立。授予代理权的形式可以采用书面形式，也可以采用口头形式。如果法律明确规定必须采用书面形式委托的，则必须采用书面形式，如代签工程建设合同就必须采用书面形式。

委托代理中，被代理人所做出的授权行为属单方法律行为，仅凭被代理人一方的意思表示，即可发生授权的法律效力。被代理人有权随时撤销其授权委托。代理人也有权随时辞去所受委托，但代理人在辞去委托时，不能给被代理人和善意第三人造成损失，否则应负赔偿责任。

工程建设中，接受招标委托的招标代理机构是建设单位的代理人，项目经理是施工企业的代理人，总监理工程师是监理单位的代理人。

委托代理应注意的问题：

（1）因为被代理人对代理行为承担民事责任，所以被代理人应慎重选择代理人。

（2）委托授权的范围要明确。如果授权范围不明确，则应当由被代理人向第三人承担民事责任，代理人负连带责任。

（3）委托代理的事项必须合法。委托代理的事项必须合法，否则，被代理人、代理人要承担连带责任。

2. 法定代理

法定代理是指根据法律的直接规定而产生的代理。法定代理主要是为维护无行为能力或限制行为能力人的利益而设立的代理方式。

3. 指定代理

指定代理是根据人民法院和有关单位的指定而产生的代理。指定代理只在没有委托代理人和法定代理人的情况下适用。在指定代理中，被指定的人称为指定代理人，依法被指定为代理人的，无特殊原因不得拒绝担任代理人。

（三）无权代理

无权代理是指行为人没有代理权而以他人名义进行民事、经济活动。无权代理包括以下几种情况：

1. 没有代理权而为的代理行为。

2. 超越代理权限而为的代理行为。

3. 代理权终止而为的代理行为。

处理无权代理行为应注意的以下问题：

第一，无权代理行为中被代理人的选择权。对于无权代理行为，被代理人可以根据无权代理行为的后果对自己有利或不利的原则，行使"追认权"或"拒绝权"。《民法通则》规定，无权代理行为"只有经过被代理人的追认，被代理人才承担民事责任。未经追认的行为，由行为人承担民事责任"。行使追认权后，将无权代理行为转化为合法代理行为，未经追认的代理行为，视为行使拒绝权。但"本人知道他人以自己的名义实施民事行为而不作否认表示的，视为同意"。

第二，无权代理行为中相对人的权利。无权代理人签订合同，未经被代理人追认的，对被代理人不发生效力，由行为人承担责任。相对人可以催告被代理人在 1 个月内予以追认。一个月内未追认视为拒绝追认。合同被追认之前，善意相对人有撤销合同的权利。撤销应当以通知的方式做出。

无权代理人签订合同，相对人有正当理由相信行为人有代理权的，该代理行为有效。

（四）表见代理

1. 表见代理的概念

表见代理是善意相对人通过被代理人的行为（表）足以相信（见）无权代理人具有代理权的代理。基于此项信赖，该代理行为有效。善意第三人与无权代理人进行的交易行为，其后果由被代理人承担。表见代理的规定，其目的是保护善意的第三人。在现实生活中，较为常见的表见代理是采购员或推销员拿着盖有单位公章的空白合同文本，超越授权范围与其他单位订立合同。此时，其他单位如果不知采购员或推销员的授权范围，即为善意第三人。此时，订立的合同有效。

2. 表见代理一般应具备的条件

表见代理人一般应当具备以下条件：

（1）表见代理人并未获得被代理人的书面明确授权，是无权代理；

（2）客观上存在让相对人相信行为人具备代理权的理由；

（3）相对人善意且无过失。

表见代理与无权代理的区分有时很困难。

（五）代理人在代理活动中应注意几个问题

（1）代理人应在代理权限范围内进行代理活动。

（2）代理人应亲自进行代理活动。

（3）代理人应认真履行职责。

（4）代理人不得滥用代理权。比如：

1）代理人不得以被代理人名义同自己实施法律行为；

2）代理人不得代理双方当事人实施同一个法律行为；

3）代理人不得与第三人恶意串通损害被代理人的利益。

（六）代理关系终止

1. 委托代理关系终止

委托代理关系可因下列原因终止：

（1）代理期限届满或者代理事项完成；

（2）被代理人取消委托或代理人辞去委托；

（3）代理人死亡或代理人丧失民事行为能力；

（4）作为被代理人或者代理人的法人终止。

2. 指定代理或法定代理关系终止

指定代理或法定代理可因下列原因终止：

（1）被代理人取得或者恢复民事行为能力；

（2）被代理人或代理人死亡；

（3）指定代理的人民法院或指定单位撤销指定；

（4）监护关系消灭；

（5）代理人丧失民事行为能力。

三、工程保险

认识保险要从认识风险开始。风险具有不确定性，一旦发生又会造成财产损失或者人身伤害。保险是应对风险的有效措施之一。有关风险的知识见本书第一章的第三节建设工程风险管理。

（一）保险概述

1. 保险

从本质上说，保险体现一定的经济关系。保险是汇集同类危险聚资建立基金，对各类特定危险的后果提供经济补偿的一种财产转移机制。投保人之间体现的是互助合作关系，表现在一定时期内少数投保人遭受的损失由全体投保人来分担。保险作为经济补偿制度，是通过保险人与投保人订立保险合同，来实现特定的权利和义务关系。

综上所述，保险是指投保人根据合同约定，向保险人支付保险费，保险人对于合同约定的可能发生的事故因其发生所造成的财产损失承担赔偿保险金责任，或者当被保险人死亡、伤残、疾病或达到合同约定的年龄、期限时承担给付保险金责任的商业保险行为。

2. 保险合同

保险合同又称保险契约，是投保人与保险人约定保险权利和义务关系的协议，是保险关系得以建立的依据。保险合同一般是以保险单的形式订立。

（1）保险合同的主体及其相互关系

保险合同的主体包括当事人、关系人和辅助人。

1）保险合同的当事人。保险合同的当事人有保险人和投保人。

保险人又称承保人，即保险公司，是指在保险关系中，依保险合同的约定，享有收取保险费的权利，并向被保险人承担赔偿损失或者给付保险金义务的一方。

投保人是指与保险人订立保险合同，并按照保险合同承担缴付保险费等义务的一方。

2）保险合同关系人。保险合同的关系人有被保险人、受益人。

被保险人俗称"保户"，是指其财产或人身受保险合同保障，享有保险金请求权的法人或自然人。

受益人是指保险事故发生后，由于各种原因造成被保险人不能行使保险金请求权时，有权获得保险金的法人或自然人。

3）保险合同的辅助人。保险合同的辅助人是指介于保险人之间、或者保险人与保险客户之间专门从事保险业务咨询与招揽、危险管理与安排、价值衡量与评估、损失鉴定与理赔等中介服务活动，并从中依法获取佣金或手续费的企业或个人，主要包括保险代理人、保险经纪人、保险公估人等。

4）保险合同主体间的相互关系

投保人与被保险人为同一人时，只限于为自己利益投保，而且两者在保险合同中的主体位置是有区别的：投保人是保险合同的当事人，负有支付保险费的义务；在保险合同订立后即成为被保险人；被保险人是保险合同的关系人，在保险责任形成时享有保险金的请求权利。

受益人由被保险人指定，或者为被保险人法定的合法继承人。在任何情况下，都不允许投保人指定受益人，即使投保人与被保险人为同一人，也只能以被保险人的身份指定受益人。

（2）保险合同的客体

保险合同的客体是指保险合同当事人双方权利和义务所指向的对象，是财产及其相关利益或者人的生命和身体，即体现保险利益的保险标的。

（3）保险金额与保险费

保险金额是保险人承担赔付或给付保险金责任的最高限额，也是投保人对保险标的实际投保金额。

保险费是投保人按照保险合同的规定必须缴纳的费用，缴纳保险费是保险合同成立的必要条件之一，是投保人必须履行的义务。保险费等于保险金额与保险费率的乘积，它与保险价值大小、保险费缴纳方式、期限长短、银行利率水平等多种因素有关。

（4）保险合同的订立、变更与终止

保险合同当事人双方经过要约和承诺两个步骤后即完成合同订立。保险合同一经订立，根据法律的规定，在当事人之间就产生法律效力，即生效。

在保险合同的有效期内，投保人和保险人经协商同意，可以变更保险合同的有关内容。

保险合同的终止主要有以下情形：一是保险期限届满；二是保险人履行了赔偿或给付义务；三是保险标的因除外责任原因而灭失；四是当事人解除保险合同；五是保险公司因解散、破产等原因而终止。

3. 保险的种类

以被保险标的的不同性质为标准，可将保险分为财产保险与人身保险两大类。

（1）财产保险

财产保险是指以各种财产以及与其相关的利益为保险标的的一种保险。财产保险合同是以财产及其有关利益为保险标的的保险合同。在财产保险合同中，保险合同的转让应当通知保险人，经保险人同意继续承保后，依法转让合同。在合同的有效期内，保险标的危险程度增加的，被保险人按照合同约定应当及时通知保险人，保险人有权要求增加保险费或者变更合同。

（2）人身保险

人身保险是指以人的生命或身体为保险标的，以被保险人的死亡、疾病、伤害等人身危险为保险事故的一种保险。人身保险合同是以人的寿命和身体为保险标的的保险合同。投保人应向保险人如实申报被保险人的年龄、身体状况。合同成立后，投保人可以向保险人一次支付全部保险费，也可以按照合同规定分期支付保险费。保险人对人身保险的保险费，不得用诉讼方式要求投保人支付。

人身保险和财产保险存在着本质区别，即财产保险属损失保险，其标的为有形或无形的物，可以用货币来衡量；但人身保险标的是人的寿命或身体健康，不能用货币来衡量，因此人身保险的实质不是赔偿，而是按约定予以给付。

（二）建筑工程涉及的主要险种

建筑工程涉及的主要险种包括建筑工程一切险（及第三者责任险）和安装工程一切险（及第三者责任险）。

1. 建筑工程一切险（及第三者责任险）

（1）建筑工程一切险（及第三者责任险）的概念

建筑工程一切险是承保各类民用、工业和公用事业建筑工程项目建造过程中因自然灾害或意外事故而引起的一切损失的险种。在建工程抵抗灾难的能力差，风险大，一旦发生损失，不仅会对工程本身造成巨大的物质财产损失，甚至可能殃及邻近人员和财产。

建筑工程一切险往往还加保第三者责任险。第三者责任险是指凡在工程期间的保险有效期内因在工地上发生意外事故造成在工地及邻近地区的第三者人身伤亡或财产损失，依法应由被保险人承担的经济赔偿责任。

因此，建筑工程一切险（及第三者责任险）作为转嫁工程风险，保障在建工程顺利进行的有效手段，受到广大工程业主、承包商、分包商等工程相关人士的青睐。

（2）投保人与被保险人

1）投保人

建筑工程一切险的投保人可以是发包人，也可以是承包人。我国《建设工程施工合同（示范文本）》约定，工程开工前，发包人应当为建设工程办理保险，支付保险费用。在国外，建筑工程一切险的投保人一般是承包人，如 FIDIC《施工合同条件》要求，承包人以承包人和业主的共同名义对工程及其材料、配套设备装置投保。

2）被保险人

建筑工程一切险的被保险人范围较宽，所有在工程进行期间，对该项工程承担一定风险

286

的有关各方（即具有可保利益的各方），均可作为被保险人。被保险人可以不止一家，但各家接受赔偿的权利以不超过其对保险标的的可保利益为限。

被保险人包括：业主或工程所有人；承包人或者分包人；技术顾问，包括业主聘用的建筑师、监理工程师及其他专业顾问。

（3）建筑工程一切险的保险人的责任范围

保险人对下列原因造成的损失和费用负责赔偿：

1）自然事件，指地震、海啸、雷电、飓风、台风、龙卷风、风暴、暴雨、洪水、水灾、冻灾、冰雹、地崩、山崩、雪崩、火山爆发、地面下陷下沉及其他人力不可抗拒的破坏力强大的自然现象。

2）意外事故，指不可预料的以及被保险人无法控制并造成物质损失或人身伤亡的突发性事件，包括火灾和爆炸。

（4）建筑工程一切险的保险人的除外责任

并非所有损害均可获得赔偿，具体来说，保险人对下列各项原因造成的损失不负责赔偿：

1）设计错误引起的损失和费用；

2）自然磨损、内在或潜在缺陷、物质本身变化、自燃、自热、氧化、锈蚀、渗漏、鼠咬、虫蛀、大气（气候或气温）变化、正常水位变化或其他渐变原因造成的保险财产自身的损失和费用；

3）因原材料缺陷或工艺不善引起的保险财产本身的损失以及为换置、修理或矫正这些缺点错误所支付的费用；

4）非外力引起的机械或电气装置的本身损失，或施工用机具、设备、机械装置失灵造成的本身损失；

5）维修保养或正常检修的费用；

6）档案、文件、账簿、票据、现金、各种有价证券、图表资料及包装物料的损失；

7）盘点时发现的短缺；

8）领有公共运输行驶执照的，或已由其他保险予以保障的车辆、船舶和飞机的损失；

9）除非另有约定，在保险工程开始以前已经存在或形成的位于工地范围内或其周围的属于被保险人的财产的损失；

10）除非另有约定，在本保险单保险期限终止以前，保险财产中已由工程所有人签发完工验收证书或验收合格或实际占有或使用或接受的部分。

（5）建筑工程一切险加保第三者责任保险时的保险人的责任范围

建筑工程一切险如果加保第三者责任险，则保险人对下列原因造成的损失和费用，负责赔偿。

1）在保险期限内，因发生在所保工程直接相关的意外事故引起工地内及邻近区域的第三者人身伤亡、疾病或财产损失；

2）被保险人因上述原因而支付的诉讼费用以及事先经保险人书面同意而支付的其他费用。

（6）赔偿金额

保险人对每次事故引起的赔偿金额以法院或政府有关部门根据现行法律裁定的金额为

准，但在任何情况下，均不得超过保险单明细表中对应列明的每次事故赔偿限额。在保险期限内，保险人经济赔偿的最高赔偿责任不得超过本保险单明细表中列明的累计赔偿限额。

（7）保险期限

建筑工程一切险的保险责任期限自保险范围内的工作开始（工程开工或项目所用材料、设备运抵工地）之时起始，至工程所有人对部分或全部工程签发完工验收证书或验收合格，或工程所有人实际占用或使用或接受该部分或全部工程之时终止，或保单列明的建造期保险终止日，以上三种情况已先发生者为准。

2. 安装工程一切险（及第三者责任险）

（1）安装工程一切险（及第三者责任险）的概念

安装工程一切险是承保安装机器、设备、储油罐、钢结构工程、起重机、吊车以及包含机械工程因素的各种建造工程的险种。

安装工程一切险往往还加保第三者责任险。安装工程一切险的第三者责任险是在保险期限内，因发生意外事故，造成在工地及邻近地区的第三者人身伤亡、疾病或财产损失，依法应由被保险人赔偿的经济损失，以及因此而支付的诉讼费用和经保险人书面同意支付的其他费用。

（2）安装工程一切险的保险人的责任范围

安装工程一切险的保险人的责任范围与建筑工程一切险的保险人的责任范围相同。

（3）安装工程一切险的保险人的除外责任

安装工程一切险的保险人的除外责任与建筑工程一切险的保险人的除外责任相同。

（4）保险期限

安装工程一切险的保险期限，一般应以整个工期为保险期。一般从被保险的项目被卸至施工地点时起生效至工程预计竣工验收交付使用之日止。如验收完毕先于保险单列明的终止日，则验收完毕时保险期也终止。

（三）保险合同管理

1. 投保决策

投保决策主要表现在：是否投保和选择保险人。

针对建设工程的风险，可以自留也可以转移。在进行风险决策时，需要考虑期望损失与风险概率、机会成本、费用等因素。例如：期望损失与风险发生的概率高，则尽量避免风险自留。如果机会成本高，则可以考虑风险自留。当决定将建设工程的风险进行转移后，还需要决策是否投保。

在进行选择保险人的决策时，一般至少应当考虑安全、服务、成本这三项。安全是指保险人在需要履行承诺时的赔付能力。保险人的安全性取决于保险人的信誉、承保业务的大小、盈利能力、再保险机制等；保险人的服务也是一项必须考虑到的因素，在工程保险中，好的服务能够减少损失、公平合理地得到索赔。投保成本也是投保决策应该考虑的问题，决定保险成本最主要的因素是保险费率，同时也要注意资金的时间价值。进行投保决策就是要选择安全性高、服务质量好、保险成本低的保险人。

2. 保险合同当事人的管理义务

保险合同订立后，当事人双方必须严格地、全面地按保险合同订明的条款履行各自的义务。在订立保险合同前，当事人双方均应履行告知义务。即保险人应将办理保险的有关事项告知投保人；投保人应当按照保险人的要求，将主要危险情况告知保险人。在保险合同订立后，投保人应按照约定期限，交纳保险费，应遵守有关消防、安全、生产操作和劳动保护方面的法规及规定。保险人可以对被保险财产的安全情况进行检查，如发现不安全因素，应及时向投保人提出清除不安全因素的建议。在保险事故发生后，投保人有责任采取一切措施，避免扩大损失，并将保险事故发生的情况及时通知保险人。保险人对保险事故所造成的保险标的损失或者引起的责任，应当按照保险合同的规定履行赔偿或给付责任。

对于损坏的保险标的，保险人可以选择赔偿或者修理。如果选择赔偿，保险事故发生后，保险人已支付了全部保险金额，并且保险金额等于保险价值的，受损保险标的的全部权利归于保险人；保险金额低于保险价值的，保险人取得保险标的的部分权利。

3. 投保人实施的保险索赔

对于投保人而言，保险的根本目的是发生灾难事件时能够得到补偿，而这一目的必须通过索赔实现。

首先，工程投保人在进行保险索赔时，必须提供必要的、有效的证明作为索赔的依据。其次，投保人应当及时提供保险索赔，这不仅与索赔的成功与否有关，也与索赔是否能够获得补偿和索赔的难易有关。第三，是要计算损失大小。如果保险单上载明的保险财产全部损失，则应当按照全损进行保险索赔。如果财产虽然没有全部毁损或者灭失，但其损坏程度已经达到无法修理，或者虽然能够修理但修理费用将超过赔偿金额，都应当按照全损进行索赔。如果保险单上载明的保险财产没有全部损失，则应当按照部分损失进行保险索赔。如果一个建设项目同时由多家保险公司承保，则只能按照约定的比例分别向不同的保险公司提出索赔要求。

第二节 合同法律制度

一、合同法概述

（一）合同的概念

合同是平等主体的自然人、法人、其他组织之间设立、变更、终止民事权利义务关系的协议，其本质是一种合意。

《中华人民共和国合同法》（以下简称《合同法》）于 1999 年 10 月 1 日起施行。《合同法》是调整平等主体的自然人、法人、其他组织之间在设立、变更、终止合同时所发生的社会关系的法律规范总称。

各国的合同法规范的都是债权合同，它是市场经济条件下规范财产流转关系的基本依据，因此，合同是市场经济中广泛进行的法律行为。特别是工程项目，标的大、履约时间长、涉及关系多，合同尤显重要。

（二）《合同法》的基本原则

1. 平等原则。合同当事人的法律地位平等，即享有民事权利和承担民事义务的资格是平等的，一方不得将自己的意志强加给另一方。在订立建设工程合同中双方当事人的意思表示必须是完全自愿的。

2. 自愿原则。合同当事人依法享有自愿订立合同的权利，不受任何单位和个人的非法干预。合同当事人有权决定是否订立合同、与谁订立合同，有权拟定或者接受合同条款，有权以书面或口头的形式订立合同。

3. 公平原则。合同当事人应当遵循公平原则确定各方的权利和义务。在合同的订立和履行中，合同当事人应当正当行使合同权利和履行合同义务，兼顾他人利益，使当事人的利益能够均衡。建设工程合同作为双务合同也不例外，如果建设工程合同显失公平，则也属于可撤销或可变更的合同。

4. 诚实信用原则。建设工程合同当事人行使权利、履行义务应当遵循诚实信用原则。要求人们在订立和履行合同中讲究信用，恪守诺言，诚实不欺。不论是发包人还是承包人，在行使权利时都应当充分尊重他人和社会的利益，对约定的义务要忠实地履行。

5. 遵守法律法规和公序良俗原则。建设工程合同的订立和履行，应当遵守法律法规、公共秩序和善良风俗原则。

（三）合同的基本分类

1. 按标的的性质特点划分

《合同法》按标的的性质特点划分将合同分为 15 类：买卖合同，供用电、水、气、热力合同，赠与合同，借款合同，租赁合同，融资租赁合同，承揽合同，建设工程合同，运输合同，技术合同，保管合同，仓储合同，委托合同，行纪合同，居间合同。

2. 其他分类

（1）双务合同、单务合同

双务合同是当事人双方相互享有权利和相互负有义务的合同。大多数合同都是双务合同，如建设工程合同。

单务合同是指合同当事人双方并不相互享有权利、负有义务的合同，如赠与合同。

（2）诺成合同、实践合同

诺成合同是当事人意思表示一致即可成立的合同。

实践合同则要求在当事人意思表示一致的基础上，还必须交付标的物或者其他给付义务的合同。

（3）主合同、从合同

主合同是指不依赖其他合同而独立存在的合同。

从合同是以主合同的存在为存在前提的合同。主合同的无效、终止导致从合同的无效、终止，但从合同的无效、终止不能影响主合同。担保合同是典型的从合同。

（4）有偿合同、无偿合同

有偿合同是指合同当事人双方任何一方均须给予另一方相应权益方能取得自己利益的合同。

无偿合同的当事人一方无须给予相应权益即可从另一方取得利益。

在市场经济中，绝大部分合同都是有偿合同。

（5）要式合同，不要式合同

法律要求必须具备一定形式和手续的合同，称为要式合同。建设工程合同为典型的要式合同，法律要求采用书面形式签订建设工程合同。

法律不要求具备一定形式和手续的合同，称为不要式合同。

（四）格式条款合同与示范文本合同

1. 格式条款

（1）概念

格式条款是指当事人为了重复使用而预先拟定，并在订立合同时未与对方协商即采用的条款。格式条款又被称为标准条款，提供格式条款的相对人只能在接受格式条款和拒签合同两者之间进行选择。格式条款既可以是合同的部分条款为格式条款，也可以是合同的所有条款为格式条款。

（2）对格式条款起草方的要求

提供格式条款的一方应当遵循公平的原则合理划分当事人之间的权利义务关系，并采取合理的方式提请对方注意免除或限制其责任的条款，按照对方的要求，对该条款予以说明。

提供格式条款一方免除其责任、加重对方责任、排除对方主要权利的，该条款无效。

（3）格式条款发生的合同争议

1）对格式条款的理解发生争议的，应当按照通常的理解予以解释。

2）格式条款有两种以上解释的，应当作出不利于提供格式条款的一方的解释。

3）格式条款与非格式条款不一致的，应当采用非格式条款。

2. 示范文本合同

示范文本合同又称合同示范文本，它是为了实现合同签订的规范化，将各类合同的主要条款、样式等制定出的规范的、指导性的文本。

在我国建设工程领域，已经颁布的示范文本主要有《建设工程施工合同（示范文本）》、《建设工程勘察合同（示范文本）》、《建设工程设计合同（示范文本）》、《建设工程委托监理合同（示范文本）》，这些示范文本对完善建设工程合同管理制度起到了很好的作用。

3. 格式性条款合同与示范文本合同的区别在于是否为强制性，示范文本合同双方可以通过协商后签订，而格式条款表现单方意志。

二、合同的订立

订立合同过程可简要描述为：要约、再要约、承诺、合同成立，最后合同生效。

（一）合同的形式

1. 合同的形式及其分类

合同形式是当事人意思表示一致的外在表现形式。

一般认为，合同的形式可分为书面形式、口头形式和其他形式。口头形式是以口头语言形式表现合同的内容。书面形式是以合同书、信件和数据电文（包括电报、电传、传真、电子数据交换和电子邮件）等有形形式表现合同的内容。其他形式则包括公证、审批、登记等形式。

2. 合同形式欠缺的法律后果

《合同法》对合同形式的要求是以不要式为原则，不要式原则并不排除对一些特殊的合同（比如建设工程合同）要求采用规定的形式（如书面形式）。

《合同法》规定的合同形式的不要式原则的一个重要体现在于：即使法律、行政法规规定或当事人约定采用书面形式订立合同，当事人未采用书面形式，但一方已经履行了主要义务，对方接受的，该合同成立。采用合同书形式订立合同的，在签字盖章之前，当事人一方已经履行主要义务，对方接受的，该合同成立。因为，合同的本质是一种合意，合同形式是当事人意思的载体，尽管在合同形式上不符合要求，如果当事人已经有了交易事实，再强调合同的形式就失去了意义。例如：某土木工程施工合同，施工任务完成后，因为发包人拖欠承包人工程款而发生纠纷，尽管双方没有签订书面合同，仍然可以认定合同已经成立。在施工合同履行中，如果工程师发布口头指令，最后没有以书面形式确认，但承包人有证据证明工程师确实发布过该口头指令，同样可以认定该口头指令的效力。但是，合同在没有被履行前，合同的形式不符合要求，则合同不成立。

（二）合同的一般条款

合同的一般条款，即合同的内容。合同的内容由当事人约定，一般包括以下条款。

1. 当事人的名称或者姓名和住所。合同当事人包括自然人、法人、其他组织。

自然人的姓名指经户籍登记管理机关核准登记的正式用名。自然人的住所是指自然人有长期居住的意愿和事实的处所，即经常居住地。

法人和其他组织的名称是指经登记主管机关核准登记的名称，如公司的名称以企业营业执照上的名称为准。法人和其他组织的住所是指它们的主要营业地或主要办事机构的所在地。

2. 标的。标的是指合同当事人双方权利和义务共同指向的对象。即合同法律关系的客体。标的可以是货物、劳务、工程项目或者货币等。签订合同时标的必须明确、具体，否则将增加合同履行的难度，甚至无法履行。

3. 数量。数量是计算标的多少的尺度。数量把标的定量化，也是确定合同当事人权利和义务的量化指标。施工合同中的数量主要体现工程量的大小。

4. 质量。质量是标的物内在品质与外观形态的综合指标，是标的物性质差异的具体特征。它是标的物价值和使用价值的集中表现，并决定着标的物的经济效益和社会效益，还直接关系到生产的安全和人身的健康等。因此，当事人签订合同时，必须对标的物的质量作出明确的规定。由于建设工程中的质量标准大多是强制性的质量标准，因此，当事人的约定的标准不能低于这些强制性的标准。

5. 价款或者报酬。价款通常是指当事人一方为取得对方出让的标的物，而支付给对方一定数额的货币。报酬通常是指当事人一方为对方提供劳务、服务等，从而向对方收取的货币报酬。价款或者报酬在勘察、设计、监理和施工合同中分别表现为勘察费、设计费、监理费和工程款。

6. 履行期限、地点和方式。履行期限是指当事人交付标的和支付价款或报酬的日期。履行地点是指当事人交付标的和支付价款或报酬的地点。履行方式是指合同当事人双方约定以哪种方式转移标的物和结算价款。此外，在某些合同中还应写明运输、包装、结算方式等，以利于合同的完全履行。

履行期限、地点和方式是确定合同当事人是否适当履行合同的依据。

7. 违约责任。违约责任是指合同当事人约定一方或双方不履行或不完全履行合同义务时，必须承担的法律责任。违约责任包括支付违约金、偿付赔偿金以及发生意外事故的处理等其他责任。法律有规定责任范围的按规定处理；法律没有规定责任范围的，由当事人双方协商议定处理。

8. 争议解决的方式。争议解决的方式是指合同当事人约定在合同产生争议时，采取什么方式解决争议。我国解决合同争议采取"或裁或诉"制度，选择何种方式应在合同中加以约定。如果当事人希望把仲裁作为解决合同争议的最终方式，则必须在合同中约定仲裁条款，因为仲裁是以自愿为原则的。若没有约定，双方产生争议后又没有达成仲裁协议，只能通过诉讼方式解决争议。

以上合同的内容应该力求做到具体、准确，以免发生差错而引起纠纷。

（三）要约与承诺

《合同法》第13条规定：当事人订立合同，采用要约、承诺方式。要约与承诺，是当事人订立合同必经的程序，是当事人双方就合同的一般条款经过协商一致并签署书面协议的过程。建设工程合同的订立同样需要通过要约与承诺两个阶段。

1. 要约

（1）要约的概念

《合同法》第14条规定：要约是希望和他人订立合同的意思表示。该意思表示应当符合下列规定：

1）内容具体确定；

2）表明经受要约人承诺，要约人即受该意思表示约束。

具体地讲，要约必须是特定人的意思表示，必须是以缔结合同为目的。要约必须是对相对人发出的行为，虽然相对人的人数可能为不特定的多数人。另外，要约必须具备合同的一般条款。

提出要约的一方为要约人，接受要约的一方为受或被要约人。要约是一种法律行为，它表现在规定的有效期限内，要约人要受到要约的约束。受要约人若按时且完全接受要约条款时，要约人负有与受要约人签订合同的义务。否则，要约人对由此造成受要约人的损失应承担法律责任。

（2）要约邀请

《合同法》第15条规定：要约邀请是希望他人向自己发出要约的意思表示。寄送价目表、拍卖公告、招标公告、商业广告等为要约邀请。当商业广告的内容符合要约规定的，应视为要约。

要约、要约邀请的概念及关系如图5-1所示。

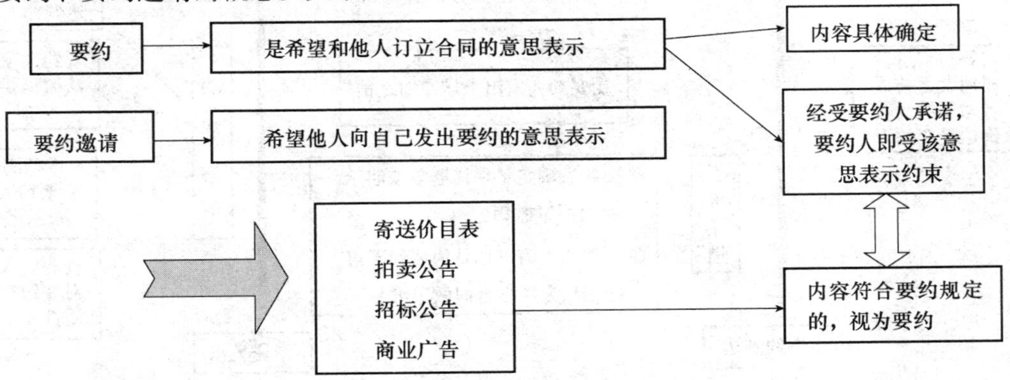

图5-1 要约、要约邀请的概念及关系

（3）要约生效

《合同法》第16条规定：要约到达受约人时生效。采用数据电文形式订立合同的，收件人指定特定系统接收数据电文的，该数据电文进入该特定系统的时间，视为到达时间；未指定特定系统的，该数据电文进入收件人的任何系统的首次时间，视为到达时间。

（4）要约撤回

要约撤回，是指要约在发生法律效力之前，要约人欲使其不发生法律效力而取消要约的意思表示。要约的约束力一般是在要约生效之后才发生，要约未生效之前，要约人是可以撤回要约的。《合同法》第17条规定：要约可以撤回。撤回要约的通知应当在要约到达受要约人之前或者与要约同时到达受要约人。

（5）要约撤销

要约撤销，是指要约在发生法律效力之后，要约人欲使其丧失法律效力而取消该项要约的意思表示。要约虽然生效后对要约人有约束力，但是，在特殊情况下，考虑要约人的利益，在不损害受要约人的前提下，要约是应该被允许撤销的。《合同法》第18条规定：要约可以撤销。撤销要约的通知应当在受要约人发出承诺通知之前到达受要约人。

但是，《合同法》第19条规定：有下列情况之一的，要约不得撤销：

1）要约人确定了承诺期限或者以其他形式明示要约不可撤销；

2）受要约人有理由认为要约是不可撤销的，并已经为履行合同做了准备工作。

（6）要约失效

《合同法》第20条规定，有下列情形之一的，要约失效：

1）拒绝要约的通知到达要约人；

2）要约人依法撤销要约；

3）承诺期限届满，受要约人未作出承诺；

4）受要约人对要约的内容作出实质性变更。

要约生效、要约撤回、要约撤销和要约失效如图5-2所示。

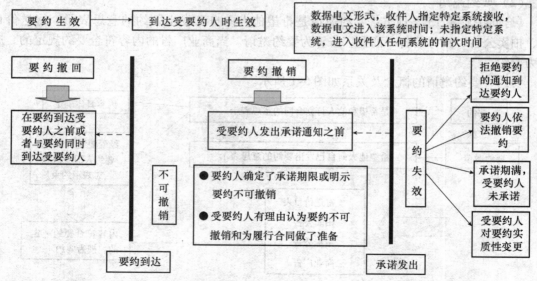

图 5-2　要约生效、要约撤回、要约撤销和要约失效

2. 承诺

（1）承诺的概念

承诺是受要约人同意要约的意思表示。具体来讲，承诺是受要约人（要约的相对人）对另一方发来的要约，在要约有效期限内，作出完全同意要约条款的意思表示。

承诺也是一种法律行为。承诺必须是要约的相对人在要约有效期限内以明示的方式作出，并送达要约人；承诺必须是承诺人作出完全同意要约的条款，方为有效。如果受要约人对要约中的某些条款提出修改、补充、部分同意，附有条件或者另行提出新的条件，以及迟到送达的承诺，都不被视为有效的承诺，而被称为新要约。

（2）承诺具有法律约束力的条件

1）承诺须由受要约人向要约人作出。非受要约人向要约人作出的意思表示不属于承诺，而是一种要约。

2）承诺的内容应当与要约的内容完全一致。承诺是受要约人愿意接受要约的全部内容与要约人订立合同的意思表示。因此，承诺是对要约的完全同意，也即对要约的无条件的接受。

3）承诺人必须在要约有效期限内作出承诺。受要约人超过承诺期限发出的承诺，除要约人及时通知受要约人该承诺有效的以外，为新要约。

（3）承诺的方式、期限和生效（如图5-3所示）

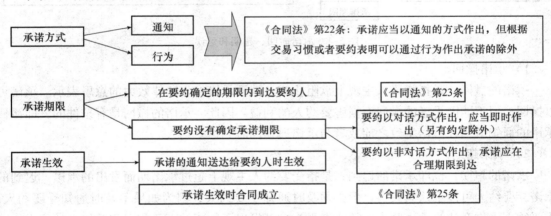

图 5-3 承诺的方式、期限和生效

1）承诺的方式

承诺应当以通知的方式作出，但根据交易习惯或者要约表明可以通过行为作出承诺的除外。通知方式是指承诺人以口头形式或书面形式明确告知要约人完全接受要约内容作出的意思表示。行为方式是指承诺人依照交易习惯或者要约的条款能够为要约人确认承诺人接受要约内容作出的意思表示。

2）承诺期限

承诺应当在要约确定的期限内到达要约人。要约没有确定承诺期限的，承诺应当依照下列规定到达：

要约以对话方式作出的，应当即时作出承诺，但当事人另有约定的除外；要约以非对话方式作出的，承诺应当在合理期限到达。

3）承诺生效

承诺生效，是指承诺发生法律效力，也即承诺对承诺人和要约人产生法律约束力。承诺生效时合同成立。承诺生效与合同成立是密不可分的法律事实。承诺人作出有效的承诺，在事实上合同已经成立，已经成立的合同对合同当事人双方具有约束力。

（4）承诺撤回、超期和延误

迟到的承诺包括承诺超期和承诺延误。合同法对承诺撤回、超期和延误的规定如图 5-4所示。

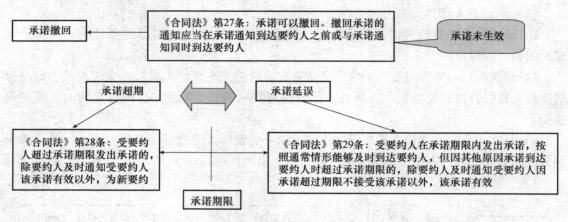

图 5-4　承诺撤回、超期和延误

1）承诺撤回

承诺的撤回，是指承诺人主观上欲阻止或者消灭承诺发生法律效力的意思表示。承诺可以撤回，但不能因承诺的撤回而损害要约人的利益。因此，承诺的撤回是有条件的，即撤回承诺的通知应当在承诺生效之前或者与承诺通知同时到达要约人。

2）承诺超期

承诺的超期，也即承诺的迟到，是指受要约人主观上超过承诺期而发出的承诺。迟到的承诺，要约人可以承认其效力，但必须及时通知受要约人，因为如果不及时通知受要约人，受要约人也许会认为承诺并未生效或者视为自己发出了新要约而希望得到要约人的承诺。

3）承诺延误

指承诺人发出承诺后，受要约人在承诺期限内发出承诺，但是因外界原因而延误到达。除要约人及时通知受要约人因承诺超过期限不接受该承诺的以外，该延误的承诺有效。

承诺是否有效最终由要约人自主选择。具体来说：受要约人原因迟到的承诺（即承诺超期），要约人未通知为拒绝；非受要约人原因迟到的承诺（即承诺延误），要约人未拒绝为有效。

（5）受要约人对要约内容的变更

受要约人对要约内容的变更可分为，受要约人对要约内容的实质性变更和承诺对要约内容的非实质性变更，如图 5-5 所示。

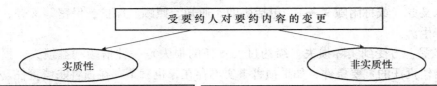

图 5-5　要约内容的变更

（6）合同的成立

合同成立是指合同当事人对合同的标的、数量等内容协商一致。

1）不要式合同的成立

如果法律法规、当事人对合同的形式、程序没有特殊的要求，则承诺生效时合同成立。因为承诺生效即意味着当事人对合同内容达成一致，对当事人产生约束力。

在一般情况下，承诺生效的地点为合同成立的地点。采用数据电文形式订立合同的，收件人的主营业地为合同成立的地点；没有主营业地的，其经常居住地为合同成立的地点。当事人另有约定的，按照其约定。

2）要式合同的成立

当事人采用合同书形式订立合同的，自双方当事人签字或者盖章时合同成立。合同书的形式是多样的，在很多情况下双方签字、盖章只要具备其中的一项即可。

当事人采用信件、数据电文等形式订立合同的，可以在合同成立之前要求签订确认书，签订确认书时合同成立。

（四）缔约过失责任

1. 缔约过失责任的概念

缔约过失责任，是指当事人在订立合同过程中，当事人一方或者双方因自己的过失行为，致使预期的合同不成立、被确认无效或者被撤销，应对信赖其合同为有效成立的相对人赔偿基于此项信赖而发生的损害。缔约过失责任既不同于违约责任，也有别于侵权责任，是一种独立的责任。从概念可以看出，缔约过失责任是合同尚未成立，对当事人过失行为造成损失的责任规定。

2. 缔约过失责任构成要件

缔约过失责任是针对合同尚未成立应当承担的责任，其成立必须具备一定的要件，否则将极大地损害当事人协商订立合同的积极性。

（1）缔约当事人有过错。承担缔约过失责任一方应当有过错，包括故意行为和过失行为导致的后果责任。这种过错主要表现为违反"先合同义务"。

"先合同义务"，是指自缔约人双方为签订合同而互相接触协商开始但合同尚未成立，逐渐产生的注意义务（或称附随义务），包括协助、通知、照顾、保护、保密等义务，它自要约生效开始产生。

（2）缔约人另一方受到实际损失。缔约过失责任的损失是一种信赖利益损失。损害事实是构成民事赔偿责任的首要条件，如果损害事实不存在，也就不存在损害赔偿责任。

（3）缔约过失责任发生在合同订立过程中（即合同尚未成立）。这是缔约过失责任有别于违约责任的最重要的原因。合同一旦成立，当事人有过错，应当承担的是违约责任或者合同无效的法律责任。

（4）缔约当事人一方的过错行为与另一方当事人的损失之间存在因果关系。即该损失是由违反"先合同义务"引起的。

3. 承担缔约过失责任的规定

（1）假借订立合同，恶意进行磋商。恶意磋商，是指一方没有订立合同的诚意，假借订立合同与对方磋商而导致另一方遭受损失的行为。

如甲设计企业得知自己的竞争对手乙设计企业在协商与丙设计企业联合投标，为了削弱竞争对手，遂与丙设计企业谈判联合投标事宜，在谈判中故意拖延时间，使竞争对手乙设计企业失去与丙设计企业联合的机会，之后宣布谈判终止，致使丙设计企业遭受损失。

（2）故意隐瞒与订立合同有关的重要事实或提供虚假情况。故意隐瞒重要事实或者提供虚假情况，是指以涉及合同成立与否的事实予以隐瞒或者提供与事实不符的情况而引诱对方订立合同的行为。

如房地产拍卖中故意隐瞒标的物的瑕疵；监理企业假借其他单位资质，参加投标；代理人隐瞒无权代理的事实与相对人进行磋商。

（3）有其他违背诚实信用原则的行为。其他违背诚实信用原则的行为主要指当事人一方对附随义务的违反，即违反了通知、保护、说明等义务。

（4）违反缔约中的保密义务。当事人在订立合同过程中知悉的商业秘密，无论合同是否成立，不得泄露或者不正当使用。泄露或者不正当地使用该商业秘密给对方造成损失的，应当承担损害赔偿责任。

三、合同的效力

（一）合同生效

合同生效是指合同对双方当事人开始产生法律约束力。

1. 有效合同成立要件

合同成立后，能否产生法律效力，能否产生当事人所预期的法律后果，要视合同是否具备生效要件。合同生效应当具备以下要件：

（1）合同当事人具有相应的民事权利能力和民事行为能力。具备完全民事行为能力的自然人可以订立一切法律允许自然人作为合同主体的合同。法人和其他组织的民事权利能力就是它们的经营、活动范围，民事行为能力则与它们的权利能力相一致。

在建设工程合同中，合同当事人一般都应当具有法人资格，并且承包人还应当具备相应的资质等级，否则，当事人就不具有相应的民事权利能力和民事行为能力，订立的建设工程合同无效。

（2）合同当事人意思表示真实。合同的本质是一种合意，是当事人意思表示一致的结果，因此，当事人的意思表示必须真实。意思表示真实是合同的生效条件而非合同的成立条件。意思表示不真实包括意思与表示不一致、不自由的意思表示两种。

一方采用欺诈、胁迫手段签订的建设工程合同，就是意思表示不真实的合同，这样的合同欠缺生效条件。

（3）合同不违反法律或者社会公共利益。不违反法律或者社会公共利益，是合同有效的重要条件。所谓不违反法律或者社会公共利益，是就合同的目的和内容而言的。合同的目的，是指当事人订立合同的直接内心原因；合同的内容，是指合同中的权利义务及其指向的对象。不违反法律或者社会公共利益，实际是对合同自由的限制。

2. 合同的生效时间

（1）合同生效时间的一般规定

依法成立的合同，自成立时生效。法律规定应当采用书面形式的合同，当事人虽然未采用书面形式，但已经履行全部或者主要义务的，可以视为合同有效。合同中有违反法律或社会公共利益条款的，当事人取消或改正后，不影响合同其他条款的效力。

法律、行政法规规定应当办理批准、登记等手续生效的，依照其规定。

（2）附条件和期限合同的生效时间

当事人可以对合同生效约定附条件或者约定附期限。

1）附条件的合同，包括附生效条件的合同和附解除条件的合同两类。附生效条件的合同，自条件成就时生效；附解除条件的合同，自条件成就时失效。当事人为了自己的利益不正当阻止条件成就的，视为条件已经成就；不正当促成条件成就的，视为条件不成就。

2）附生效期限的合同，自期限界至时生效；附终止期限合同，自期限届满时失效。

附条件合同的成立与生效不是同一时间，合同成立后虽然并未开始履行，但任何一方，不得撤销要约和承诺，否则应承担缔约过失责任，赔偿对方因此而受到的损失；合同生效以后，当事人双方必须忠实履行合同约定的义务，如果不履行或未正确履行义务，应按违约责任条款的约定追究责任。一方不正当地阻止条件成就，视为合同已生效，同样要追究其违约责任。

3. 合同效力与仲裁条款

合同成立后，合同中的仲裁条款是独立存在的，合同的无效、变更、解除、终止，不影响仲裁协议的效力。如果当事人在施工合同中约定通过仲裁解决争议，不能认为合同无效将导致仲裁条款无效。

4. 效力待定合同

（1）效力待定合同的概念

效力待定合同，是指合同已经成立，但因其不完全符合有关合同生效要件的规定，其法律效力能否发生，尚未确定，一般须经权利人表示承认后方能生效的合同。

（2）效力待定合同的法律规定

1）限制民事行为能力人订立的合同。限制民事行为能力人订立的合同，经法定代理人追认后，该合同有效，但纯获利益的合同或者与其年龄、智力、精神健康状况相适应而订立的合同，不必经法定代理人追认。

相对人可以催告法定代理人在 1 个月内予以追认。法定代理人未作表示的，视为拒绝追认。合同被追认之前，善意相对人有撤销的权利。撤销应当以通知的方式作出。

限制民事行为能力人订立的合同在以下三种情况下是有效的：①经过法定代理人追认；②纯获利益的合同，如赠与合同；③与其年龄、智力、精神健康状况相适应而订立的合同。此外，还应当注意相对人依法行使催告权和撤销权的规定。

2）无权代理的行为人代订的合同。无权代理行为，是指行为人没有代理权、超越代理权限范围代理或者代理权终止后仍以被代理人的名义订立的合同，属于效力待定的合同。

无权代理人代订的合同对被代理人不发生效力。未经被代理人追认，对被代理人不发生效力，由行为人承担责任。

无权代理人代订合同行为有效的规定。行为人没有代理权、超越代理权或者代理权终止后以被代理人名义订立合同，相对人有正当理由相信行为人有代理权的，该代理行为有效。

3）法人或者其他组织的法定代表人、负责人越权订立的合同。法定代表人、负责人依法享有相应的权利订立的合同是有效的；只有在相对人知道或者应当知道法定代表人、负责人超越权限时，才属无效。

4）表见代理人订立的合同。

5）无处分权人处分他人财产订立的合同。当事人订立合同处分财产时，应当享有财产处分权，否则合同无效。但是，法律规定，无处分权人处分他人的财产，经权利人追认或者无处分权人通过订立合同取得处分权的，该合同有效。

如某施工企业承担某房地产项目的施工任务，施工企业对房地产不具有处分权，如果该施工企业将施工的商品房出售给他人，则该买卖合同无效；如果该房地产项目的开发商追认该买卖行为，则买卖合同有效；或该房地产项目的施工企业与开发商达成将该商品房充抵工程款，该买卖合同也有效。

（二）合同无效的认定与处理

1. 合同无效的概念

合同无效，是指虽经合同当事人协商订立，但因其不具备或违反了法定条件，法律规定不承认其效力的合同，不给予法律保护的合同。无效合同从订立之时起就没有法律效力，不论合同履行到什么阶段，合同被确认无效后，这种无效的确认要溯及到合同订立时。

2. 合同无效的法律规定

《合同法》第52条规定：有下列情形之一的，合同无效：

（1）一方以欺诈、胁迫的手段订立，损害国家利益的合同；

（2）恶意串通，损害国家、集体或第三人利益的合同；

（3）以合法形式掩盖非法目的的合同；

（4）损害社会公共利益；

（5）违反法律、行政法规的强制性规定的合同。

3. 合同中免责条款无效的法律规定

（1）合同中免责条款，是指当事人在合同中约定免除或者限制其未来责任的合同条款。免责条款无效，是指没有法律约束力的免责条款。

（2）《合同法》第53条规定：合同中的下列免责条款无效：①造成对方人身伤害的；②因故意或者重大过失造成对方财产损失的。

法律之所以规定上述两种情况的免责条款无效，原因有二：一是这两种行为具有一定的社会危害性和法律的谴责性；二是这两种行为都可能构成侵权行为责任，如果当事人约定这种侵权行为可以免责，就等于以合同的方式剥夺了当事人合同以外的合法权利。

4. 无效合同的确认

无效合同的确认权归人民法院或者仲裁机构，合同当事人或其他任何机构均无权认定合同无效。

5. 无效合同的法律效力

（1）无效的合同自始没有法律约束力，即自订立时起就不具备法律效力。

（2）合同部分无效，不影响其他部分效力的，其他部分仍有效。

（3）合同无效，不影响独立的解决争议条款。

6. 无效合同的法律后果

合同被确认无效后，合同规定的权利义务无效。履行中的合同应当终止履行，尚未履行的不得继续履行。对因履行无效合同而产生的财产后果应当依法进行处理。

（1）返还财产

由于无效合同自始没有法律约束力，因此，返还财产是处理无效合同的主要方式。合同被确认无效后，当事人依据该合同所取得的财产，应当返还给对方；不能返还的，应当作价补偿。建设工程合同如果无效一般都无法返还财产，因为无论是勘察设计成果还是工程施工，承包人的付出都是无法返还的，因此，应当采用作价补偿的方法处理。

（2）赔偿损失

合同被确认无效后，有过错的一方应赔偿对方因此而受到的损失。如果双方都有过错，应当根据过错的大小各自承担相应的责任。

（3）追缴财产，收归国有

双方恶意串通，损害国家或者第三人利益的，国家采取强制性措施将双方取得的财产收归国库或者返还第三人。无效合同不影响善意第三人取得合法权益。

（三）合同的变更或撤销

1. 可变更合同或可撤销合同的概念

当事人依法请求变更或撤销的合同，是指合同当事人订立的合同欠缺生效条件时，一方当事人可以依照自己的意思，请求人民法院或仲裁机构作出裁定，从而使合同的内容变更或者使合同的效力归于消灭的合同。

只有人民法院或者仲裁机构才有权变更或者撤销合同。同时，当事人提出请求是合同被变更、撤销的前提，人民法院或者仲裁机构不得主动变更或者撤销合同。当事人如果只要求变更，人民法院或者仲裁机构不得撤销其合同。

2. 可撤销或可变更的合同的法律规定

下列合同，当事人一方有权请求人民法院或者仲裁机构变更或者撤销：

（1）因重大误解订立的。这里的重大误解必须是当事人在订立合同时已经发生的误解，如果是合同订立后发生的事实，且一方当事人订立合同时由于自己的原因而没有预见到的，则不属于重大误解。

（2）在订立合同时显失公平的。一方当事人利用优势或者利用对方没有经验，致使双方的权利与义务明显违反公平原则的，可以认定为显失公平。

（3）以欺诈、胁迫的手段或者乘人之危，使对方在违背真实意思的情况下订立的合同。受损害方有权请求人民法院或者仲裁机构变更或者撤销。

3. 合同撤销权的消灭

因为可撤销的合同只涉及当事人意思表示不真实的问题，所以法律对撤销权的行使有一定的限制。有下列情形之一的，撤销权消灭。

（1）撤销权人自知道或者应当知道撤销事由之日起一年内未向人民法院或仲裁机构申请行使撤销权。

（2）撤销权人知道撤销事由后明确表示或以其行为表示放弃。

4. 被撤销合同的法律效力

（1）被撤销的合同自始没有法律约束力，即自订立时起就不具备法律效力。

（2）合同被撤销或终止，不影响独立的解决争议条款。

5. 合同被撤销后的法律后果

合同被撤销后的法律后果与合同无效的法律后果相同，也是返还财产，赔偿损失，追缴财产、收归国有三种。

（四）当事人名称或者法定代表人变更不对合同效力产生影响

当事人名称或者法定代表人变更不会对合同的效力产生影响。因此，合同生效后，当事人不得因姓名、名称的变更或者法定代表人、负责人、承办人的变动而不履行合同义务。有些单位，因为名称或者法定代表人变更而拒绝承担合同义务，是没有法律依据的。

（五）当事人合并或分立后对合同效力的影响

在现实的市场经济活动中，经常由于资产的优化或重组而产生法人的合并或分立，但不应影响合同的效力。按照《合同法》的规定，订立合同后当事人与其他法人或组织合并，合同的权利和义务由合并后的新法人或组织继承，合同仍然有效。

订立合同后分立的，分立的当事人应及时通知对方，并告知合同权利和义务的继承人，双方可以重新协商合同的履行方式。如果分立方没有告知或分立方的该合同责任归属通过协商对方当事人仍不同意，则合同的权利义务由分立后的法人或组织连带负责，即享有连带债权，承担连带债务。

四、合同的履行、变更和转让

（一）合同的履行

合同履行，是指合同各方当事人按照合同的约定，全面履行各自的义务，实现各自的权利，使各方的目的得以实现的行为。合同的履行以有效的合同为前提和依据，因为无效的合同自订立之时起就不存在法律效力，不存在履行的问题。

1. 合同履行的原则

（1）全面履行的原则。当事人应当按照约定全面履行自己的义务。即按合同约定的标的、价款、数量、质量、地点、期限、方式等全面履行各自的义务。按照约定履行自己的义务，既包括全面履行义务，也包括正确适当履行合同义务。建设工程合同订立后，双方应当严格履行各自的义务，不按期支付预付款、工程款，不按照约定时间开工、竣工，都是违约行为。

合同生效后，当事人就质量、价款或者报酬、履行地点等内容没有约定或者约定不明确的，可以协议补充，该协议是对原合同内容的补充，因而成为原合同的组成部分；不能达成补充协议的，按照合同有关条款或者交易习惯确定，如当事人就有关合同内容约定不明确，不能达成补充协议的，依照下列规定：

1）质量要求不明确的，按照国家标准、行业标准履行；没有国家标准、行业标准的，按照通常标准或者符合合同目的的特定标准履行。

2）价款或者报酬不明确的，按照订立合同时履行地市场价格履行；依法应当执行政府定价或者政府指导价的，按照规定履行。

3）履行地点不明确的，给付货币的，在接受货币一方所在地履行；交付不动产的，在不动产所在地履行；其他标的，在履行义务一方所在地履行。

4）履行期限不明确的，债务人可以随时履行，债权人也可以随时要求履行，但应给对方必要的准备时间。

5）履行方式不明确的，按照有利于实现合同目的的方式履行。

6）履行费用的负担不明确的，由履行义务一方负担。

合同中规定执行政府定价或政府指导价的法律规定："执行政府定价或者政府指导价的，在合同约定的交付期限内政府价格调整时，按照交付时的价格计价。逾期交付标的物的，遇价格上涨时，按照原价格执行；价格下降时，按照新价格执行。逾期提取标的物或者逾期付款的，遇价格上涨时，按照新价格执行；价格下降时，按照原价格执行。"

（2）诚实信用原则

诚实信用原则贯穿于合同的订立、履行、变更、终止等全过程。因此，当事人在订立与履行合同时，要讲诚实，要守信用，要善意，当事人双方要互相协作，合同才能圆满地履行。

当事人首先要保证自己全面履行合同约定的义务，并为对方履行义务创造必要的条件。当事人双方应关心合同履行情况，发现问题应及时协商解决。

2. 合同履行中的抗辩权

抗辩权，是指在双务合同中，当事人一方有依法对抗对方要求或否认对方权利主张的权利。《合同法》规定了同时履行抗辩权和异时履行抗辩权。

（1）同时履行抗辩权

同时履行抗辩权的概念与满足的条件如图5-6所示。

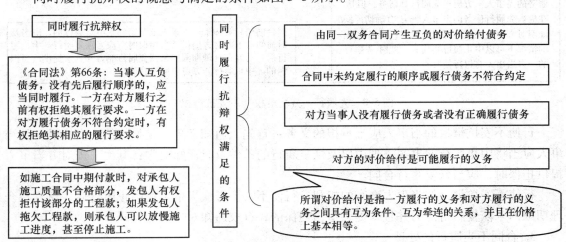

图5-6　同时履行抗辩权

（2）异时履行抗辩权

异时履行抗辩权，包括后履行一方的抗辩权和先履行一方的抗辩权。

1）后履行一方抗辩权。后履行一方抗辩权的概念与满足的条件如图 5-7 所示。

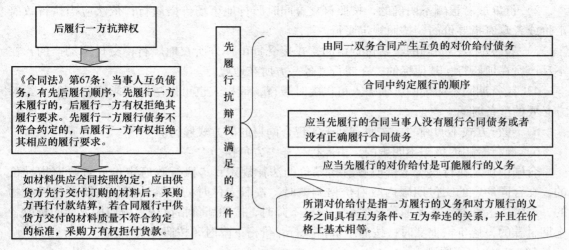

图 5-7 后履行一方抗辩权

2）先履行一方抗辩权（不安抗辩权）。先履行一方抗辩权的概念与满足的条件如图 5-8 所示。

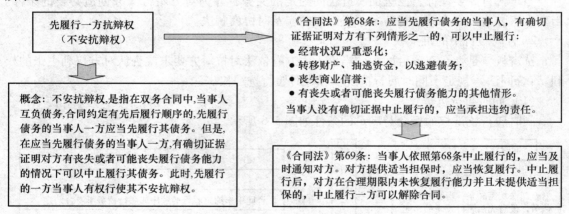

图 5-8 先履行一方抗辩权（不安抗辩权）

行使不安抗辩权的当事人应当承担的义务：首先，通知义务，是指行使不安抗辩权的当事人应当将中止履行的事实、理由以及恢复履行的条件及时通知对方；其次，当对方当事人提供担保时，应当恢复履行合同。

行使不安抗辩权的当事人享有的权利：行使不安抗辩权当事人在中止履行后，对方在合理期限内未恢复履行能力并且未提供适当担保的，有权通知对方解除合同。

3. 合同不当履行的处理

（1）因债权人致使债务人履行困难的处理

合同生效后，当事人不得因姓名、名称的变更或法定代表人、负责人、承办人的变动而不履行合同义务。债权人分立、合并或者变更住所应当通知债务人。如果没有通知债务人，会使债务人不知向谁履行债务或者不知在何地履行债务，致使履行债务发生困难。出现这些情况，债务人可以中止履行或者将标的物提存。

提存是指由于债权人的原因致使债务人无法向其交付标的物，债务人可以将标的物交给有关机关保存以致消灭合同的制度。

（2）提前或者部分履行的处理

提前履行是指债务人在合同规定的履行期限到来之前就开始履行自己的义务。部分履行是指债务人没有按照合同约定履行全部义务而只履行了自己的一部分义务。提前或者部分履行会给债权人承受权利带来困难或者增加费用。

债权人可以拒绝债务人提前或部分履行债务，由此增加的费用由债务人承担。但不损害债权人利益且债权人同意的情况除外。

（3）合同不当履行中的保全措施

保全措施是指为防止因债务人的财产不当减少而给债权人的债权带来危害时，允许债权人为确保其债权的实现而采取的法律措施。这些措施包括代位权和撤销权两种。

1）代位权。债权人为了保障其债权不受损害，而以自己的名义代替债务人（向第三人）行使债权的权利。

因债务人怠于行使到期债权，对债权人造成损害的，债权人可以向人民法院请求以自己的名义代位行使债务人的债权，但该债权专属于债务人自身的除外。

代位权的行使范围以债权人的债权为限。债权人行使代位权的必要费用，由债务人负担。

2）撤销权。指债权人对于债务人放弃其到期债权或者无偿转让财产危害其债权实现的不当行为，债权人可以请求人民法院撤销债务人的行为。

《合同法》第74条：因债务人放弃其到期债权或者无偿转让财产，对债权人造成损害的，债权人可以请求人民法院撤销债务人的行为。债务人以明显不合理的低价转让财产，对债权人造成损害，并且受让人知道该情形的，债权人也可以请求人民法院撤销债务人的行为。撤销权的行使范围以债权人的债权为限。债权人行使撤销权的必要费用，由债务人负担。

《合同法》第75条：撤销权自债权人知道或者应当知道撤销事由之日起一年内行使。自债务人的行为发生之日起五年内没有行使撤销权的，该撤销权消灭。

（二）合同的变更

合同变更是指当事人对已经发生法律效力，但尚未履行或者尚未完全履行的合同，进行修改或补充所达成的协议。《合同法》规定，当事人协商一致可以变更合同。

合同变更必须针对有效的合同，协商一致是合同变更的必要条件，任何一方都不得擅自变更合同。

有效的合同变更必须要有明确的合同内容的变更。如果当事人对合同的变更约定不明确，视为没有变更。

合同变更后原合同债消灭，产生新的合同债。因此，合同变更后，当事人不得再按原合同履行，而须按变更后的合同履行。

合同的变更一般不涉及已履行的内容。

法律、行政法规规定变更合同应当办理批准、登记等手续的，依照其规定。

因重大误解、显失公平、欺诈、胁迫或乘人之危而订立的合同，受损害一方有权请求人民法院或者仲裁机构变更或撤销。

（三）合同履行中的债权转让和债务转移

合同内可以约定，履行过程中由债务人向第三人履行债务或由第三人向债权人履行债务，但合同当事人之间的债权和债务关系并不因此而改变。

1. 债务人向第三人履行债务

合同内可以约定由债务人向第三人履行部分义务。这种情况的法律关系特点表现为：

（1）债权的转让在合同内有约定，但不改变当事人之间的权利义务关系；

（2）在合同履行期限内，第三人可以向债务人请求履行，债务人不得拒绝；

（3）对第三人履行债务原则上不能增加履行的难度和履行费用，否则增加费用部分应由合同当事人的债权人给予补偿；

（4）债务人未向第三人履行债务或履行债务不符合约定，应向合同当事人的债权人承担违约责任，即仍由合同当事人依据合同追究对方的责任，第三人没有此项权利，他只能将违约的事实和证据提交给合同的债权人。

2. 由第三人向债权人履行债务

合同内可以约定由第三人向债权人履行部分义务，如施工合同的分包。这种情况的法律关系特点表现为：

（1）部分义务由第三人履行属于合同内的约定，但当事人之间的权利义务关系并不因此而改变；

（2）在合同履行期限内，债权人可以要求第三人履行债务，但不能强迫第三人履行债务；

（3）第三人不履行债务或履行债务不符合约定，仍由合同当事人的债务方承担违约责任，即债权人不能直接追究第三人的违约责任。

（四）合同的转让

合同转让是指合同一方将合同的权利、义务全部或部分转让给第三人的法律行为。合同权利、义务的转让，除另有约定外，原合同的当事人之间以及转让人和受让人之间应采用书面合同形式。转让合同权利、义务约定不明确的，视为未转让。

合同的权利义务转让给第三人后，该第三人取代原当事人在合同中的法律地位（注意与合同履行中的债权转让和债务转移不同）。合同的转让包括债权转让和债务承担两种情况，当事人也可将权利义务一并转让。

1. 债权转让

债权人可以将合同的权利全部或者部分转让给第三人。法律、行政法规规定转让权利应当办理批准、登记手续的，应当办理批准、登记手续。但下列情形债权不可以转让：

（1）根据合同性质不得转让；

（2）根据当事人约定不得转让；

（3）依照法律规定不得转让。

债权人转让权利的，应当通知债务人。未经通知的，该转让对债务人不发生效力。且转让权利的通知不得撤销，除经受让人同意。债权人转让权利的，受让人取得与债权有关的从权利，但该从权利专属于债权人自身的除外。债务人对债权人的抗辩同样可以针对受让人。

债务人接到债权转让通知时，债务人对让与人享有债权，并且债务人的债权先于转让的债权到期或者同时到期的，债务人可以向受让人主张抵消。

2. 债务承担

债务承担是指债务人将合同的义务全部或者部分转移给第三人的情况。债务人将合同的义务全部或部分转移给第三人的，应当经债权人同意，否则，这种转移不发生法律效力。法律、行政法规规定转移义务应当办理批准、登记手续的，应当办理批准、登记手续。

债务人转移义务的，新债务人可以主张原债务人对债权人的抗辩。债务人转移义务的，新债务人应当承担与主债务有关的从债务，但该从债务专属于原债务人自身的除外。

3. 权利和义务同时转让

当事人一方经对方同意，可以将自己在合同中的权利和义务一并转让给第三人。

当事人订立合同后合并的，其债权债务也随之合并，由合并后的法人或者其他组织行使合同权利，履行合同义务。

当事人订立合同后分立的，除债权人和债务人另有约定外，由分离的法人或其他组织对合同的权利和义务享有连带债权，承担连带债务。

五、合同的终止

（一）概述

1. 合同终止

合同终止又称合同权利义务的终止，指当事人之间根据合同确定的权利义务在客观上不复存在，据此合同不再对双方具有约束力。

合同终止是随着一定法律事实发生而发生的，与合同中止不同之处在于，合同中止只是在法定的特殊情况下，当事人暂时停止履行合同，当这种特殊情况消失以后，当事人仍然承担继续履行的义务；而合同终止是合同关系的消灭，不可能恢复。

2. 合同终止的条件

按照《合同法》的规定，有下列情形之一的，合同的权利义务终止：

（1）债务已经按照约定履行；

（2）合同解除；

（3）债务相互抵消；

（4）债务人依法将标的物提存；

（5）债权人免除债务；

（6）债权债务同归于一人；

（7）法律规定或者当事人约定终止的其他情形。

3. 合同终止后延续有效的条款——结算清理条款

依照法律规定，合同终止，是合同债权债务关系的消灭，此种债权债务关系的消灭不影响合同当事人关于经济往来的结算以及合同终止后如何处理合同中遗留问题的效力。

（二）债务已按照约定履行

债务已按照约定履行，即债的清偿，是按照合同约定实现债权目的的行为。清偿是合同的权利义务终止的最主要和最常见的原因。当事人按照合同约定，各自完成自己的义务，实现了自己的权利，就是清偿。清偿一般由债务人为之，但不以债务人为限，也可以由债务人的代理人或者第三人进行合同的清偿。清偿的标的物一般是合同规定的标的物，如果经债权人同意，也可以用合同规定的标的物以外的物品来清偿债务。

清偿与履行的区别在于：清偿侧重于合同静态的实现结果，而履行侧重于合同的动态过程。

（三）合同解除

1. 合同解除的概念

合同解除，是指合同当事人依法行使解除权或者双方协商，使已经发生法律效力、但尚未履行或尚未完全履行的合同，提前归于消灭（即债权债务关系的消灭）的行为。合同解除可分为约定解除和法定解除两类。

2. 约定解除

约定解除是当事人通过行使约定的解除权或者双方协商决定而进行的合同解除。

当事人协商一致可以解除合同，即合同的协商解除，协商解除一般是合同已经开始履行后进行的约定，且必然导致合同的解除。当事人也可以约定一方解除合同的条件，解除合同条件成就时，解除权人可以解除合同，即合同约定解除权的解除，导致解除权的约定是在合同履行前进行的。它不一定导致合同的真正解除，因为解除合同的条件不一定成就。

3. 法定解除

法定解除是解除条件直接由法律规定的合同解除。当法律规定的解除条件具备时，当事人可以解除合同。

《合同法》第94条规定：下列情形可解除合同：

（1）因不可抗力致使不能实现合同目的；

（2）履行期届满前，当事人一方明确或以其行为表明不履行合同主要债务；

（3）当事人一方迟延履行主要债务，经催告后在合理期限仍未履行；

（4）当事人一方迟延履行债务或有其他违约行为致使不能实现合同目的；

（5）法律规定其他情形。

当事人一方依照法定解除的规定主张解除合同的，应当通知对方。合同自通知到达对方时解除。对方如有异议的，可以请求人民法院或仲裁机构确认解除合同的效力。法律、行政法规规定解除合同应当办理批准、登记手续的，则应当在办理完相应手续后解除。

4. 解除权行使期限

《合同法》第95条：法律规定或者当事人约定解除权行使期限，期限届满当事人不行使的，该权利消灭。法律没有规定或者当事人没有约定解除权行使期限，经对方催告后在合理期限内不行使的，该权利消灭。

5. 解除权行使方式

《合同法》第96条：当事人一方主张解除合同，应当通知对方，合同自通知到达对方时解除。对方有异议的，可以请求法院或仲裁机构确认解除合同的效力。法律、行政法规规定解除合同应当办理批准、登记等手续的，从其规定。

6. 由责任方承担合同解除的法律后果

合同解除的法律后果有三种方式：恢复原状，如返还财产；补救措施，如金钱补偿、更换物品；进一步赔偿。

《合同法》第 97 条规定：合同解除后，尚未履行的，终止履行；已经履行的，根据履行情况和合同性质，当事人可以要求恢复原状，采取其他补救措施，并有权要求赔偿损失。合同的权利、义务终止，不影响合同中结算和清理条款的效力。

（四）债务相互抵消

债务相互抵消是指两个人彼此互负债务，各以其债权充当债务的清偿，使双方的债务在等额范围内归于消灭。债务抵消可以分为约定债务抵消和法定债务抵消两类。

1. 约定债务抵消

约定债务抵消是指当事人经协商一致而发生的抵消。约定债务抵消的债务要求不高，标的物的种类、品质可以不相同，但要求当事人必须协商一致。

2. 法定债务抵消

法定债务抵消是指当事人互负到期债务，该债务标的物的种类、品质相同的，任何一方可以将自己的债务与对方的债务抵消。法定债务抵消的条件是比较严格的，要求必须是互负到期债务，且债务标的物的种类、品质相同。符合这些条件的互负债务，除了法律规定或者合同性质决定不能抵消的以外，当事人都可以互相抵消。

当事人主张抵消的，应当通知对方。通知自到达对方时生效。抵消不得附条件或者附期限。

六、违约责任

违约责任，是指当事人任何一方不履行合同义务或者履行合同义务不符合约定而应当承担的法律责任。

当事人承担违约责任的前提，必须是违反了有效的合同或合同条款的有效部分，如部分无效合同中的有效条款。

违约行为的表现形式包括不履行和不适当履行合同义务。不履行是指当事人不能履行或者拒绝履行合同义务。不能履行合同的当事人一般也应承担违约责任。不适当履行则包括不履行以外的其他所有违约情况。当事人一方不履行合同义务，或履行合同义务不符合约定的，应当承担违约责任。当事人双方都违反合同的，应各自承担相应的责任。

对于违约产生的后果，并非一定要等到合同义务全部履行后才追究违约方的责任，按照合同法的规定对于"预期违约"的，当事人也应当承担违约责任。所谓"预期违约"，是指在履行期届满前，当事人一方明确表示或以自己的行为表明不履行合同义务，对方可以在履行期届满前要求其承担违约责任。

（一）承担违约责任的条件和原则

1. 承担违约责任的条件

当事人承担违约责任的条件，是指当事人承担违约责任应当具备的要件。承担违约责任的条件采用严格责任原则。

（1）当事人的主观过错

无论是故意或过失行为，只要当事人有违约行为，即当事人不履行合同或者履行合同不符合约定的条件，就应当承担违约责任。

（2）因第三人责任造成违约

严格责任原则还包括，当事人一方因第三人的原因造成违约时，应当向对方承担违约责任。承担违约责任后，与第三人之间的纠纷再按照法律或当事人与第三人之间的约定解决。

2. 承担违约责任的原则

《合同法》规定的承担违约责任是以补偿性为原则的。补偿性是指违约责任旨在弥补或者补偿因违约行为造成的损失。

对于财产损失的赔偿范围，《合同法》规定，赔偿损失额应当相当于因违约行为所造成的损失，包括合同履行后可获得的利益。但是，违约责任在有些情况下也具有惩罚性。如：合同约定了违约金，违约行为没有造成损失或者损失小于约定的违约金；约定了定金，违约行为没有造成损失或者损失小于约定的定金等。

（二）承担违约责任的方式

1. 继续履行

继续履行是指违反合同的当事人不论是否承担了赔偿金或者其他形式的违约责任，都必须根据对方的要求，在自己能够履行的条件下，对合同未履行的部分继续履行。

当事人一方不履行非金钱债务或者履行非金钱债务不符合约定的，对方也可以要求继续履行。但有下列情形之一的除外：

（1）法律上或者事实上不能履行；

（2）债务的标的不适于强制履行或者履行费用过高；

（3）债权人在合理期限内未要求履行。

2. 采取补救措施

所谓的补救措施主要是指我国《民法通则》和《合同法》中所确定的，在当事人违反合同的事实发生后，为防止损失发生或者扩大，而由违反合同一方依照法律规定或者约定采取的修理、更换、重新制作、退货、减少价格或者报酬等措施，以给权利人弥补或者挽回损失的责任形式。

3. 赔偿损失

这种方式是承担违约的主要方式。损失赔偿额以实际损害为赔偿原则。

（1）赔偿额相当于违约造成的损失。

（2）损失包括实际损失和合同履行后可以获得的利益。

（3）赔偿额不得超过违反合同一方订立合同时预见或应当预见的因违反合同可能造成的损失，赔偿不超过合同约定的最高限额。

（4）守约方没采取适当措施防止损害扩大部分不予赔偿。当事人一方违约后，对方应当采取适当措施防止损失的扩大，没有采取措施致使损失扩大的，不得就扩大的损失请求赔偿；当事人因防止扩大而支出的合理费用，由违约方承担。

当事人一方不履行合同义务或履行合同义务不符合约定的，在履行义务或采取补救措施后，对方还有其他损失的，应承担赔偿责任。

4. 支付违约金

（1）合同内约定违约金的计算方法。当事人可以约定一方违约时应当根据违约情况向对方支付一定数额的违约金，也可以约定因违约产生的损失额的赔偿办法。

（2）违约金与实际损失不相等的规定。约定违约金低于造成损失的，当事人可以请求人民法院或仲裁机构予以增加；约定违约金过分高于造成损失的，当事人可以请求人民法院或仲裁机构予以适当减少。

当事人就迟延履行约定违约金的，支付违约金后，还应履行债务。违约金与赔偿损失不能同时采用。如果当事人约定了违约金，则应当按照支付违约金承担违约责任。

5. 定金罚则

当事人可以约定一方向对方给付定金作为债权的担保。债务人履行债务后定金应当抵作价款或收回。给付定金的一方不履行约定债务的，无权要求返还定金；收受定金的一方不履行约定债务的，应当双倍返还定金。

当事人既约定违约金，又约定定金的，一方违约时，对方可以选择适用违约金或定金条款。但是，这两种违约责任不能合并使用。

（三）因不可抗力无法履约的责任承担

不可抗力是指不能预见、不能避免并不能克服的客观情况。

1. 因不可抗力无法履约不属于违约行为，但要承担风险责任。

2. 不可抗力与免责。因不可抗力不能履行合同的，根据不可抗力的影响，部分或者全部免除责任，但法律另有规定的除外。延迟履行期间的不可抗力不免责。

3. 通知和证明义务。当事人一方因不可抗力不能履行合同的，应当及时通知对方，以减轻可能给对方造成的损失，并应当在合理期限内提供证明。

七、合同争议的解决

（一）合同争议及其解决方式

合同争议也称合同纠纷，是指合同当事人对合同规定的权利和义务产生了不同的理解。合同争议及其解决的一般过程如图 5-9 所示。

合同争议的解决方式主要有和解、调解、仲裁、诉讼四种。如图 5-10 所示。在这种解决争议的方式中，和解和调解的结果没有强制执行的法律效力，要靠当事人的自觉履行。

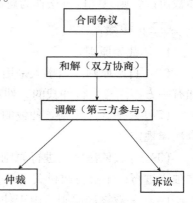

图 5-9　合同争议解决的过程

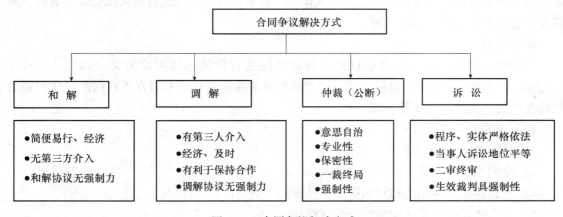

图 5-10　合同争议解决方式

311

1. 和解

和解，是指合同纠纷当事人在自愿友好的基础上，互相沟通、互相谅解，从而解决纠纷的一种方式。

2. 调解

调解，是指合同当事人对合同所约定的权利、义务发生争议，不能达成和解协议时，在经济合同管理机关或有关机关、团体等的主持下，通过对当事人进行说服教育，促使双方互相做出适当的让步，平息争端，自愿达成协议，以求解决经济合同纠纷的方法。

3. 仲裁

仲裁、亦称"公断"，是指当事人双方在争议发生前或争议发生后达成协议，自愿将争议交给第三者作出裁决，并负有自动履行义务的一种履行争议的方式。这种争议解决方式必须是自愿的，因此，必须有仲裁协议。如果当事人之间有仲裁协议，争议发生后又无法通过和解和调解解决，则应及时将争议提交仲裁机构仲裁。

4. 诉讼

诉讼是指合同当事人依法请求人民法院行使审判权，审理双方之间发生的合同争议，作出有国家强制保证实现其合法权益、从而解决纠纷的审判活动。合同双方当事人如果未约定仲裁协议，则只能以诉讼作为解决争议的最终方式。

（二）仲裁

1. 仲裁的原则

（1）自愿原则。当事人采用仲裁方式解决纠纷，应遵循双方自愿原则，达成仲裁协议，如有一方不同意进行仲裁的，仲裁机构就无权受理合同纠纷。

（2）公平合理原则。仲裁的公平合理，是仲裁生命力所在。仲裁应该根据事实并应符合法律规定。

（3）仲裁依法独立进行原则。仲裁机构是独立的组织，相互间也无隶属关系。仲裁依法独立进行，不受行政机关、社会团体和个人的干涉。

（4）一裁终局原则。由于仲裁是当事人基于对仲裁机构的信任作出的选择，因此，其裁决是立即生效的。裁决作出后，当事人就同一纠纷再申请仲裁或者向人民法院起诉的，仲裁委员会或者人民法院不予受理。

2. 仲裁协议

仲裁协议是当事人自愿将争议提交仲裁机构进行仲裁达成协议的文书或协议。我国《仲裁法》规定，仲裁协议包括合同中订立的仲裁条款和以其他书面方式在纠纷发生前或者纠纷发生后达成请求仲裁的协议。

（1）仲裁协议的作用

仲裁协议的作用体现在：

1）合同当事人均受仲裁协议的约束；

2）仲裁协议是仲裁机构对纠纷进行仲裁的先决条件；

3）仲裁协议排除了法院对纠纷的管辖权；

4）仲裁机构应按照仲裁协议进行仲裁。

（2）仲裁协议的内容

仲裁协议的内容包括：请求仲裁的意思表示、仲裁事项、选定的仲裁委员会。

（3）仲裁协议的无效

仲裁协议是合同的组成部分，是合同的内容之一。有下列情况的，仲裁协议无效：

1）约定的事项超出法律规定的仲裁范围的；

2）无民事行为能力人或者限制民事行为能力人订立的仲裁协议；

3）一方采取胁迫手段，迫使对方订立仲裁协议的；

4）在仲裁协议中，当事人对仲裁事项或者仲裁委员会没有约定或者约定不明确，当事人又达不成补充协议的，仲裁协议无效。

（4）与仲裁协议有关的其他应注意的问题

1）仲裁协议独立存在，合同的变更、解除、终止或者无效，不影响仲裁协议的效力。

2）仲裁庭有权确认合同的效力。当事人对仲裁协议的效力有异议，应在仲裁庭首次开庭前提出。

3）当事人对仲裁协议的效力有异议的，可以请求仲裁委员会作出决定或者请求人民法院作出裁定。一方请求仲裁委员会作出决定，另一方请求人民法院作出裁定的，由人民法院裁定。

当事人对仲裁协议的效力有异议，应当在仲裁庭首次开庭前提出。

3. 申请仲裁的条件

申请仲裁的具体条件为：有仲裁协议；有具体的仲裁请求、事实和理由；属于仲裁委员会受理范围。

4. 仲裁裁决作出与撤销

（1）仲裁裁决作出

裁决应当按照多数仲裁员的意见作出，少数仲裁员的不同意见可以记入笔录。仲裁庭不能形成多数意见时，裁决应当按照首席仲裁员的意见作出。

仲裁庭仲裁纠纷时，其中一部分事实已经清楚，可以就该部分先行裁决。

对裁决书中文字、计算错误或者仲裁庭已经裁决但在裁决书中遗漏的事项仲裁庭应当补正。当事人收到裁决书之日起30天内，可以请求仲裁补正。

裁决书自作出之日起发生法律效力。

（2）申请撤销裁决

当事人提出证据证明有下列情形之一的，可以向仲裁委员会所在地的中级人民法院申请撤销仲裁。

1）没有仲裁协议的；

2）裁决事项不属于仲裁协议的范围或者仲裁委员会无权仲裁的；

3）仲裁庭的组成或者仲裁程序违反法定程序的；

4）裁决根据的证据是伪造的；

5）对方当事人隐瞒了足以影响公正裁决的证据的；

6）仲裁员在仲裁该案时有索贿受贿，徇私舞弊，枉法裁定的行为。

人民法院受理撤销裁决的申请后，认为可由仲裁庭重新仲裁的，通知仲裁庭在一定期限内重新仲裁，并裁定中止撤销程序。仲裁庭拒绝重新仲裁的，人民法院应当裁定恢复撤销程序。

（3）仲裁裁决的效力与执行

1）仲裁裁决的效力

当事人一旦选择了仲裁解决争议，仲裁委员会所作出的裁决对双方都有约束力，双方都要认真履行，否则，权利人可以向法院申请强制执行。

2）仲裁裁决的执行。仲裁委员会的裁决作出后，当事人应当自觉履行。同时，国家建立了裁决的执行制度，在当事人不履行裁决时，强制当事人履行。

由于仲裁委员会本身并无强制执行的权力，因此，当一方当事人不履行仲裁裁决时，另一方当事人可以依据《民事诉讼法》的有关规定向有管辖权的人民法院执行庭申请执行。接受申请的人民法院应当执行。

当被申请人提出证据证明仲裁裁决不符合法律规定时，经人民法院合议庭审查核实，可作出裁定不予执行。

（三）诉讼

如果当事人没有在合同中约定通过仲裁解决争议，则只能通过诉讼作为解决争议的最终方式。人民法院审理民事案件，依照法律规定实行合议、回避、公开审判和二审终审制度。

1. 建设工程纠纷诉讼解决有以下特点：

（1）程序和实体判决严格依法。与其他解决纠纷的方式相比，诉讼的程序和实体判决都应当严格依法进行。

（2）当事人在诉讼中对抗的平等性。诉讼当事人在实体和程序上的地位平等。原告起诉，被告可以反诉；原告提出诉讼请求，被告可以反驳诉讼请求。

（3）二审终审制。建设工程纠纷当事人如果不服第一审人民法院判决，可以上诉至第二审人民法院。建设工程纠纷经过两级人民法院审理，即告终结。

（4）执行的强制性。诉讼判决具有强制执行的法律效力，当事人可以向人民法院申请强制执行。

2. 建设工程合同纠纷的诉讼管辖

诉讼管辖是指在人民法院系统中，各级人民法院系统中，各级人民法院之间以及同级人民法院之间受理第一审案件的权限分工。诉讼管辖分为级别管辖、地域管辖、移送管辖和指定管辖。

建设工程合同纠纷的管辖，既涉及级别管辖，也涉及地域管辖。

（1）级别管辖

级别管辖，是指划分上下级人民法院之间受理第一审民事案件的分工和权限。我国人民法院设四级：即基层人民法院、中级人民法院、高级人民法院、最高人民法院。

在建设工程合同纠纷中，判断是否在本辖区有重大影响的依据主要是合同争议的标的额。由于建设工程合同标的额往往较大，因此往往由中级人民法院受理一审诉讼，有时甚至由高级人民法院受理一审诉讼。

（2）地域管辖

地域管辖，是指确定同级人民法院在各自的辖区内管辖第一审民事案件的分工和权限。《民事诉讼法》规定，因合同纠纷提起的诉讼，由被告住所地或者合同履行地人民法院管辖。

对于建设工程合同纠纷一般由工程所在地的人民法院管辖。

3. 诉讼程序

（1）起诉和受理

1）起诉

起诉是指原告向人民法院提起诉讼，请求司法保护的诉讼行为。

如果当事人没有在合同中约定通过仲裁解决纠纷，则只能通过诉讼作为解决纠纷的最终方式。纠纷发生后，如需要通过诉讼解决纠纷，则首先应当向人民法院起诉。

2）人民法院受理案件

人民法院对符合规定的起诉，必须受理。

3）被告答辩

答辩是针对原告的起诉状而对其予以承认、辩驳、拒绝的诉讼行为。人民法院应当在立案之日起 5 日内将起诉状副本发送被告，被告在收到之日起 15 日内提出答辩状。被告提出答辩状的，人民法院应当在收到之日起 5 日内将答辩状副本发送原告。被告不提出答辩状的，不影响人民法院审理。

答辩形式包括书面形式和口头形式。答辩状的内容指针对原告、上诉人诉状中的主张和理由进行辩解，并阐明自己对案件的主张和理由。

（2）第一审开庭审理

人民法院审理民事案件，除涉及国家秘密、个人隐私或者法律另有规定的以外，应当公开进行。离婚案件，涉及商业秘密的案件，当事人申请不公开审理的，可以不公开审理。

1）法庭调查。法庭调查按照下列顺序进行：第一，当事人陈述；第二，告知证人的权利义务，证人作证，宣读未到庭的证人证言；第三，出示书证、物证和视听资料；第四，宣读鉴定结论；第五，宣读勘验笔录。

当事人在法庭上可以提出新的证据。当事人经法庭许可，可以向证人、鉴定人、勘验人发问。当事人要求重新进行调查、鉴定或者勘验的，是否准许，由人民法院决定。

2）法庭辩论。法庭辩论按照下列顺序进行：第一，原告及其诉讼代理人发言；第二，被告及其诉讼代理人答辩；第三，第三人及其诉讼代理人发言或者答辩；第四，互相辩论。

法庭辩论终结，由审判长按照原告、被告、第三人的先后顺序征询各方最后意见。法庭辩论终结，应当依法作出判决。判决前能够调解的，还可以进行调解，调解不成的，应当及时判决。

3）当事人拒不到庭或者未经许可中途退庭的处理。原告经传票传唤，无正当理由拒不到庭的，或者未经法庭许可中途退庭的，可以按撤诉处理；被告反诉的，可以缺席判决。被告经传票传唤，无正当理由拒不到庭的，或者未经法庭许可中途退庭的，可以缺席判决。

4）审限要求。人民法院适用普通程序审理的案件，应当在立案之日起 6 个月内审结。有特殊情况需要延长的，由本院院长批准，可以延长 6 个月；还需要延长的，报请上级人民法院批准。

（3）第二审程序

1）当事人提起上诉。当事人不服地方人民法院第一审判决的，有权在判决书送达之日起 15 日内向上一级人民法院提起上诉。第二审人民法院应当对上诉请求的有关事实和适用法律进行审查。

2）第二审审理要求。第二审人民法院对上诉案件，应当组成合议庭，开庭审理。经过阅卷和调查，询问当事人，在事实核对清楚后，合议庭认为不需要开庭审理的，也可以进行判决、裁定。第二审人民法院审理上诉案件，可以在本院进行，也可以到案件发生地或者原审人民法院所在地进行。

3）第二审的处理。第二审人民法院对上诉案件，经过审理，按照下列情形，分别处理：

①判决认定事实清楚，适用法律正确的，判决驳回上诉，维持原判决；

②判决适用法律错误的，依法改判；

③原判决认定事实错误，或者原判决认定事实不清，证据不足，裁定撤销原判决，发回原审人民法院重审，或者查清事实后改判；

④原判决违反法定程序，可能影响案件正确判决的，裁定撤销原判决，发回原审人民法院重审。当事人对重审案件的判决、裁定，可以上诉。

人民法院审理对原审判决的上诉案件，应当在第二审立案之日起 3 个月内审结。第二审人民法院的判决、裁定，是终审的判决、裁定。

（4）审判监督程序

审判监督程序，是指为了保障法院裁判的公正，使已经发生法律效力但有错误的判决裁定、调解协议得以改正而特设的一种程序。它并不是每个案件必经的程序。

各级人民法院院长对本院已经发生法律效力的判决、裁定，发现确有错误，认为需要再审的，应当提交审判委员会讨论决定。最高人民法院对地方各级人民法院已经发生法律效力的判决、裁定，上级人民法院对下级人民法院已经发生法律效力的判决、裁定，发现确有错误的，有权提审或者指令下级人民法院再审。当事人对已经发生法律效力的判决、裁定，认为有错误的，可以向原审人民法院或者上一级人民法院申请再审，但不停止判决、裁定的执行。

4. 证据的种类、保全和应用

（1）证据的种类包括：书证、物证、视听资料、证人证言、当事人的陈述、鉴定结论和勘验笔录。

（2）证据保全

证据保全，是指法院在起诉前或在对证据进行调查前，依据申请人、当事人的请求，或依职权对可能灭失或今后难以取得的证据，予以调查收集和固定保存的行为。可能灭失或今后难以取得的证据，具体是指：证人生命垂危；具有民事诉讼证据作用的物品极易腐败变质；易于灭失的痕迹等。出现上述情况，诉讼参加人可以向人民法院申请保全证据，人民法院也可以主动采取保全措施。向人民法院申请保全证据，不得迟于举证期限届满前七日。人民法院采取证据保全的方法主要有三种：

1）向证人进行询问调查，记录证人证言；

2）对文书、物品等进行录像、拍照、抄写或者用其他方法加以复制；

3）对证据进行鉴定或者勘验。获取的证据材料，由人民法院存卷保管。

（3）证据的应用

1）证据的提供或者收集

当事人对自己提出的主张，有责任提供证据。当事人及其诉讼代理人因客观原因不能自行收集的证据，或者人民法院、仲裁机构认为审理案件需要的证据，人民法院或者仲裁机构应当调查收集。人民法院或者仲裁机构应当按照法定程序，全面地、客观地审查核实证据。

2）开庭质证

证据应当在开庭时出示，并由当事人互相质证。经过法定程序公证证明的法律行为、法律事实和文书，人民法院或者仲裁机构应当作为认定事实的根据。但有相反证据足以推翻公证证明的除外。书证应当提交原件，物证应当提交原物。提交原件或者原物确有困难的，可以提交复制品、照片、副本、节录本。提交外文书证，必须附有中文译本。

3）专门性问题的鉴定

人民法院或者仲裁机构对专门性问题认为需要鉴定的，应当交由法定鉴定部门鉴定；没有法定鉴定部门的，由人民法院或者仲裁机构指定的鉴定部门鉴定。鉴定部门及其指定的鉴定人有权了解进行鉴定所需要的案件材料，必要时可以询问当事人、证人。鉴定部门和鉴定人应当提出书面鉴定结论，在鉴定书上签名或者盖章。建设工程纠纷往往涉及工程质量、工程造价等专门性的问题，在诉讼中一般需要进行鉴定。因此，在建设工程纠纷中，鉴定是常用的举证手段。

当事人申请鉴定，应当在举证期限内提出。对需要鉴定的事项负有举证责任的当事人，在人民法院指定的期限内无正当理由不提出鉴定申请或者不预交鉴定费用或者拒不提供相关材料，致使对案件纠纷的事实无法通过鉴定结论予以认定的，应当对该事实承担举证不能的法律后果。

4）重新鉴定

当事人对人民法院委托的鉴定部门作出的鉴定结论有异议，申请重新鉴定提出证据证明存在下列情形之一的人民法院应予准许：

①鉴定机构或者鉴定人员不具备相关的鉴定资格的；

②鉴定程序严重违法的；

③鉴定结论明显依据不足的；

④经过质证认定不能作为证据使用的其他情形。

对有缺陷的鉴定结论，可以通过补充鉴定、重新质证或者补充质证等方法解决的，不予重新鉴定。一方当事人自行委托有关部门作出的鉴定结论，另一方当事人有证据足以反驳并申请重新鉴定的，人民法院应予准许。

5. 执行程序

（1）执行程序的概念

执行程序，是指人民法院的执行机构运用国家强制力，强制义务人履行生效的法律文书所确定的义务的程序。

（2）执行程序的一般规定

执行程序的一般规定，包括执行的根据、执行管辖、执行的申请和移送等内容。

1）执行的根据。执行的根据是指人民法院据以执行的法律文书、发生法律效力的民事判决及裁定、发生法律效力并且具有财产内容的刑事判决或裁定以及法律规定由人民法院执行的其他法律文书，如先予执行的民事裁定书；仲裁机构制作的发生法律效力的裁决书、调解书；公证机关制作的依法赋予强制执行效力的债权文书。

2）执行管辖。执行管辖是指各人民法院之间划分对生效法律文书的执行权限。人民法院执行管辖因法律文书的种类不同而有区别。

人民法院作出生效的法律文书，由第一审人民法院执行。也即无论生效的裁判是第一审人民法院作出的，还是第二审人民法院作出的生效的法律文书，均由第一审人民法院开始执行程序。

（3）执行的申请和移送

申请执行是根据生效的法律文书，享有权利的一方当事人，在义务人拒绝履行义务时，在申请执行的期限内请求人民法院依法强制执行，从而引起执行程序的发生。移送执行程序是指人民法院的判决、裁定或者调解协议发生法律效力后，由审理该案的审判组织决定，将案件直接交付执行人员执行，从而引起执行程序的开始。

调解书和其他应当由人民法院执行的法律文书，当事人必须履行。一方拒绝履行的，对方当事人可以向人民法院申请执行。

法律还规定，对依法设立的仲裁机构的裁决，一方当事人不履行的，对方当事人可以向有管辖权的人民法院申请执行。受申请的人民法院应当执行。

被申请人提出证据证明仲裁裁决中有违反相关法律规定的，经人民法院组成合议庭审查核实，裁定不予执行。仲裁裁决被人民法院裁定不予执行的当事人可以根据双方达成的书面仲裁协议重新仲裁，也可以向人民法院起诉。

（4）执行措施的法律规定

1）向银行、信用合作社和其他有储蓄业务的单位，查询被执行人的存款情况，冻结、划拨被执行人应当履行义务部分的收入；

2）查封、扣押、冻结并依照规定拍卖变卖被执行人应当履行义务部分的财产；

3）对隐瞒财产的被执行人及其住所或者财产隐匿地进行搜查；

4）被执行人加倍支付迟延还债期间的债务利息；

5）强制交付法律文书指定交付的财物或者票证；

6）强制迁出房屋或退出土地；

7）强制执行法律文书指定的行为；

8）划拨或转交企业、事业单位、机关、团体的存款等。

（5）执行中止和终结

1）中止执行的法律规定

法律规定，有下列情形之一的，人民法院应当裁定中止执行：申请人表示可以延期执行；案外人对执行标的提出确有理由的异议的；作为一方当事人的公民死亡，需要等待继承人继承权利或者承担义务的；作为一方当事人的法人或者其他组织终止的，尚未确定权利义务承受人的；人民法院认为应当中止执行的其他情形。中止的情形消失后，恢复执行。

2）终结执行的法律规定

法律规定，有下列情形之一的，人民法院裁定终结执行：申请人撤销申请的；据以执行的法律文书被撤销的；作为被执行人的公民死亡，无遗产可供执行，又无义务承担人的；只追索赡养费、抚养费、抚育费案件的权利人死亡的；作为被执行人的公民因生活困难无力偿还借款，无收入来源，又丧失劳动能力的；人民法院认为应当终结执行的其他情形。

中止和终结执行的裁定，送达当事人后立即生效。

八、合同的公证和鉴证

(一) 合同的公证

1. 合同公证的概念和原则

合同公证，是指国家公证机关根据当事人双方的申请，依法对合同的真实性与合法性进行审查并予以确认的一种法律制度。合同公证一般实行自愿公证原则。公证机关进行公证的依据是当事人的申请，这是自愿原则的主要体现。

在建设工程领域，除了证明合同本身的合法性与真实性外，在合同的履行过程中有时也需要进行公证。如承包人已经进场，但在开工前发包人违约而导致合同解除，承包人撤场前如果双方无法对赔偿达成一致，则可以对承包人已经进场的材料设备数量进行公证，即进行证据保全，为以后纠纷解决留下证据。

2. 合同的公证程序

(1) 当事人申请公证。

(2) 公证员应当对合同进行全面审查，既要审查合同的真实性和合法性，也要审查当事人的身份和行使权利、履行义务的能力。

(3) 公证员对申请公证的合同，经过审查认为符合公证原则后，应当制作公证书发给当事人。对于追偿债款、物品的债权文书，经公证处公证后，该文书具有强制执行的效力。一方当事人不按文书规定履行时，对方当事人可以向有管辖权的基层人民法院申请执行。

(二) 合同的鉴证

1. 合同鉴证的概念和原则

合同鉴证是指合同管理机关根据当事人双方的申请对其所签订的合同进行审查以证明其真实性和合法性，并督促当事人双方认真履行的法律制度。我国的合同鉴证实行的是自愿原则，合同鉴证根据双方当事人的申请办理。

2. 合同鉴证的作用

(1) 经过鉴证审查，可以使合同的内容符合国家的法律、行政法规的规定，有利于纠正违法合同；

(2) 经过鉴证审查，可以使合同的内容更加完备，预防和减少合同纠纷；

(3) 经过鉴证审查，便于合同管理机关了解情况，督促当事人认真履行合同，提高履约率。

(三) 合同公证与鉴证的相同点与区别

1. 合同公证与鉴证的相同点表现在：合同公证与鉴证除另有规定外都实行自愿申请原则；合同公证与鉴证的内容和范围相同；合同鉴证与公证的目的都是为了证明合同的合法性与真实性。

2. 合同公证与鉴证的区别

合同公证与鉴证的区别表现在：两者的性质不同，合同鉴证是工商行政管理机关作出的行政管理行为，而合同公证则是司法行政管理机关作出的司法行政行为；两者的效力不同，经过公证的合同，其法律效力高于经过鉴证的合同，如经过法定程序公证证明的法律行为、法律事实和文书，人民法院应当作为认定事实的根据，但有相反证据足以推翻公证证明的除外。对于追偿债款、物品的债权文书，经过公证后，该文书具有强制执行的效力，而经过鉴定的合同则没有这样的效力，在诉讼中仍需要对合同进行质证，人民法院应当辨别真伪，审查确定其效力；两者的适用范围不同，公证作为司法行政行为，按照国际惯例，在我国域内和域外都有法律效力。而鉴证作为行政管理行为，其效力只能限于我国国内。

九、合同担保的方式及工程应用

担保，是指合同当事人根据法律规定或者双方约定，为促使债务人履行债务、实现债权人的权利而采取的一种具有法律效力的保护措施。担保是保证实现债权人权利的法律制度。

担保通常由当事人双方订立担保合同。担保合同是被担保合同的从合同，被担保合同是主合同，主合同无效，从合同也无效。但担保合同另有约定的按照约定。担保活动应遵循自愿、公平、诚实信用的原则。我国《担保法》规定的担保方式有五种，即保证、抵押、质押、留置和定金。

（一）保证

保证是指保证人和债权人约定，当债务人不履行债务时，保证人按照约定履行债务或者承担责任的行为。保证法律关系至少有三方参加，即保证人、被保证人（债务人）和债权人。

主合同（保证担保的合同）双方当事人为：债权人和债务人（被保证人）。从合同（保证合同）双方当事人为：债权人和保证人。从合同中的被保证人即主合同中的债务人。

保证人必须是具有代为清偿债务能力的人，既可以是法人，也可以是其他组织或公民。下列单位不能做保证人：国家机关不得做保证人，但经国务院批准为使用外国政府或国际经济组织贷款而进行的转贷除外；学校、幼儿园、医院等以公益为目的的事业单位、社会团体不得做保证人；企业法人的分支机构、职能部门不得做保证人，但有法人书面授权的，可在授权范围内提供保证。

1. 保证合同的内容

保证人与债权人应当以书面形式订立保证合同。保证合同应包括以下内容：

（1）被保证的主债权种类、数额；（2）债务人履行债务的期限；（3）保证的方式；（4）保证担保的范围；（5）保证的期间；（6）双方认为需要约定的其他事项。

2. 保证的方式

保证的方式有两种，即一般保证和连带责任保证。

（1）一般保证，是指当事人在保证合同中约定，债务人不能履行债务时，由保证人承担责任的保证。一般保证的保证人在主合同纠纷未经审判或者仲裁，并就债务人财产依法强制执行仍不能履行债务前，对债权人可以拒绝承担担保责任。

（2）连带责任保证，是指当事人在保证合同中约定保证人与债务人对债务承担连带责任的保证。连带责任保证的债务人在主合同规定债务履行期届满没有履行债务的，债权人可以要求债务人履行债务，也可以要求保证人在其保证范围内承担保证责任。

当事人（从合同）对保证方式没有约定或者约定不明确的，按照连带保证承担保证责任。

3. 保证期间的主合同债权债务转让和变更的规定

（1）保证期间，债权人依法将主债权转让给第三人的，保证人在原保证担保的范围内继续担保保证责任。保证合同另有约定的，按照约定执行。

（2）保证期间，债权人许可债务人转让债务的，应当取得保证人书面同意，保证人对未经其同意转让的债务，不再承担债务。

（3）债权人与债务人协议变更主合同的，应当取得保证人书面同意，未经保证人书面同意的，保证人不再承担保证责任。保证合同另有约定的，按照约定执行。

保证合同生效后，保证人就应当在保证合同规定的保证范围和保证期间承担保证责任。保证责任范围，包括主债权及利息、违约金、损害赔偿和实现债权的费用。保证合同另有约定的，按照约定。当事人对保证责任范围无约定或约定不明确的，保证人应对全部债务承担责任。一般保证的保证人未约定保证期限的，保证期间至主债务履行期届满后 6 个月。

（二）抵押、抵押物、能够构成抵押物的财产应具备的条件

抵押是指债务人或者第三人向债权人以不转移占有的方式提供一定的财产（主要是但不局限于不动产）作为抵押物，用以担保债务履行的担保方式。

抵押法律关系参加人有抵押人、债务人和债权人（抵押权人），其中抵押人有可能就是债务人，因此，抵押法律关系至少有两方参加。

主合同（抵押担保的合同）双方当事人为：债权人（即从合同中的抵押权人）和债务人。从合同（抵押合同）双方当事人为：抵押人（可以是主合同的债务人也可以是第三人）和抵押权人（即主合同中的债权人）。抵押人是提供一定的财产作为抵押物的债务人或者第三人。债务人或者第三人提供抵押的财产称抵押物。债权人称为抵押权人，享有抵押权利。

1. 成为抵押物的财产必须具备的条件

由于抵押物是不转移占有的，因此能够成为抵押物的财产必须具备一定的条件。

（1）下列财产可以作为抵押物：抵押人所有的房屋和其他地上定着物；抵押人所有的机器、交通运输工具和其他财产；抵押人依法有权处分的国有土地使用权、房屋和其他地上定着物；抵押人依法有权处置的国有机器、交通运输工具和其他财产；抵押人依法承包并经发包人同意抵押的荒山、荒沟、荒丘、荒滩等荒地的土地使用权；依法可以抵押的其他财产。

（2）下列财产禁止作为抵押物：土地所有权；耕地、宅基地、自留地、自留山等集体所有的土地使用权（抵押人依法承包并经发包方同意抵押的荒山、荒沟、荒丘、荒滩等荒地的土地使用权以及乡镇村企业厂房等建筑抵押的除外）；学校、幼儿园、医院等以公益为目的的事业单位、社会团体的教育设施、医疗设施和其他社会公益设施；所有权、使用权不明确或有争议的财产；依法被查封、扣押、监管的财产；依法不得抵押的其他财产。

2. 抵押合同的内容

抵押人和抵押权人应当以书面形式订立抵押合同。抵押合同应当包括以下内容：被担保的主债权种类、数额；债务人履行债务的期限；抵押物的名称、数量、质量、状况、所在地、所有权权属或者使用权权属；抵押担保的范围；当事人认为需要约定的其他事项。

3. 关于抵押合同应注意的问题

当事人以土地使用权、城市房地产、林木、航空器、船舶、车辆等财产抵押的，应当办理抵押物登记，抵押合同自登记之日起生效；当事人以其他财产抵押的，可以自愿办理抵押

物登记，抵押合同自签订之日起生效。办理抵押物登记，应当向登记部门提供主合同、抵押合同、抵押物的所有权或者使用权证书。

抵押担保的范围包括主债权及利息、违约金、损害赔偿金和实现抵押权的费用。抵押合同另有约定的，按照约定。

抵押人有义务妥善保管抵押物并保证其价值。抵押期间，抵押人转让已办理登记的抵押物的，应当通知抵押权人并告知受让人转让物已经抵押的情况；否则，转让行为无效。转让抵押物的价款明显低于其价值的，抵押权人可以要求抵押人提供相应的担保；抵押人不提供的，不得转让抵押物。

抵押人转让抵押物所得的价款，应当向抵押权人提前清偿所担保的债权或者向与抵押权人约定的第三人提存。超过债权数额的部分，归抵押人所有，不足部分由债务人清偿。

关于抵押权的实现的规定：当债务履行期届满而抵押权人未受清偿的，债权人可以与抵押人协议以抵押物折价或者以拍卖、变卖该抵押物所得的价款优先受偿。协议不成的，抵押权人可以向人民法院提起诉讼。

抵押物折价或者拍卖、变卖后，其价款超过债权数额的部分归抵押人所有，不足部分由债务人清偿。

法律规定，为债务人抵押担保的第三人，在抵押权人实现抵押权后，有权向债务人追偿。此外，抵押权因抵押物灭失而消灭。因灭失所得的赔偿金，应当作为抵押财产。

同一抵押物向两个以上的债权人抵押的，拍卖、变卖该抵押物所得的价款或因灭失所得的赔偿金按照以下规定清偿。

（1）抵押合同以登记生效的，按照抵押物登记的先后顺序清偿；登记顺序相同的，按照债权比例清偿。

（2）抵押合同自签订之日起生效的，如果抵押合同没登记，按照抵押合同生效的先后顺序清偿；登记顺序相同的，按照债权比例清偿。抵押已登记的优先于未登记的受偿。

最高额抵押，是指抵押人与抵押权人协议，在最高债权额限度内，以抵押物对一定期间内连续发生的债权作担保。借款合同可以附最高额抵押合同。此外，债权人与债务人就某项商品在一定期间内连续发生交易而签订的合同，可以附最高额抵押合同。最高额抵押的主合同债权不得转让。

（三）质押

质押是指债务人或第三人将其动产或权利转移债权人占有，用以担保债权的实现，当债务人不能履行债务时，债权人依法有权就该动产或权利优先得到清偿的担保法律行为。

质押法律关系参加人有：质权人（债权人）、债务人和出质人。其中出质人有可能就是债务人，因此，质押法律关系至少有两方参加。

主合同（质押担保的合同）双方当事人为：债权人（从合同中的质权人）和债务人。从合同（质押合同）双方当事人为：出质人（可以是主合同的债务人也可以是第三人）和质权人（主合同中的债权人）。债务人或者第三人提供质押的财产称为质物。提供质物的债务人或第三人称为出质人。债权人称为质权人，享有质押权利。质押可分为动产质押和权利质押。

1. 动产质押

动产质押是指债务人或者第三人将其动产移交债权人占有，将该动产作为债权的担保，债务人不履行债务时,债权人有权依照法律规定以该动产折价或者以拍卖、变卖该动产的价款优先受偿的法律行为。能够用作质押的动产没有限制。

动产质押合同出质人和质权人应当以书面形式订立动产质押合同。质押合同自质物移交于质权人占有时生效。质押合同的内容应符合法律规定,当合同不具备法律规定的内容的,可以补正。出质人和质权人在合同中不得约定在债务履行期限届满质权人未受清偿时,质物的所有权转移为质权人所有。

质押担保包括主债权及利息、违约金、损害赔偿金、质物保管费用和实现质权的费用。质押合同另有约定的,按照约定执行。质权人有权收取质物所生的孳息。

2. 权利质押

权利质押是指出质人将其法定的可以质押的权利凭证交付质权人,以担保质权人的债权得以实现的法津行为。

出质人与质权人应当依法订立书面权利质押合同。以汇票、支票、本票、债券、存款单、仓单、提单出质的,应当在合同约定的期限内将权利凭证交付质权人,质押合同自权利凭证交付之日起生效;以依法可以转让的股票出质的,出质人与质权人应当订立书面合同,并向证券登记机构办理出质登记,质押合同自登记之日起生效。以依法可以转让的商标专用权,专利权、著作权中的财产权出质的,出质人与质权人应当订立书面合同,并向其管理部门办理出质登记,质押合同自登记之日起生效。

可以质押的权利包括以下内容:汇票、支票、本票、债券、存款单、仓单、提单;依法可以转让的股份、股票;依法可以转让的商标专用权、专利权、著作权中的财产权;依法可以质押的其他权利。

(四)留置

留置,是指债权人按照合同约定占有对方(债务人)的财产,当债务人不能按照合同约定期限履行债务时,债权人有权依照法律规定留置该财产并享有处置该财产得到优先受偿的权利。

留置权以债权人合法占有对方财产为前提;并且债务人的债务已经到了履行期。

由于留置是一种比较强烈的担保方式,必须依法行使,不能通过合同约定产生留置权。依据《担保法》规定,能够留置的财产仅限于动产。因保管合同、仓储保管、运输合同、加工承揽合同发生的债权,债务人不履行债务的,债权人才有可能实施。法律规定可以留置的其他合同,债权人也享有留置权。

留置合同的当事人双方为调整债权、债务关系应签订留置合同,以保障债权人和债务人的合法权益。债权人为留置权人,债务人为留置人。

留置担保的范围包括主债权及利息、违约金、损害赔偿金,留置物保管费用和为实现留置权的费用。

(五)定金

定金是指当事人双方为了保证债务的履行,约定由当事人一方先行支付给对方一定数额的货币作为担保。定金的数额由当事人约定,但不得超过主合同标的额的20%。

当事人采用定金方式作担保时,应签订书面合同。定金合同从实际交付定金之日起生效。

债务人履行债务后,定金应当抵作价款或者收回。

给付定金的一方不履行约定的债务的，无权要求返还定金；收受定金的一方不履行约定的债务的，应当双倍返还定金。

（六）担保在工程建设中的应用

在工程建设的过程中，保证是最为常用的一种担保方式。保证这种担保方式必须由第三人作为保证人，由于对保证人的信誉要求比较高，建设工程中的保证人往往是银行，也可能是信用较高的其他担保人。在建设工程中习惯把银行出具的保证称为保函，而把其他保证人出具的书面保证称为保证书。

1. 投标保证

施工项目的投标担保应当在投标时提供，担保方式可以是由投标人提供一定数额的保证金；也可以提供第三人的信用担保（保证），一般是由银行或者担保公司向招标人出具投标保函或者投标保证书。在下列情况下可以没收投标保证金或要求承保的担保公司或银行支付投标保证金：①投标人在投标有效期内撤销投标书；②投标人在业主已正式通知他的投标已被接受中标后，在投标有效期内未能或拒绝按"投标人须知"规定，签订合同协议或递交履约保函。

投标保证的有效期一般是从投标截止日起到确定中标人止。投标保函或投标保证书在评标结束并签订了施工合同之后退还给投标人，退还的情况一般有两种：

（1）中标人在签订合同前，先向业主提交履约保函，招标人即可退回投标保函或投标保证书；

（2）施工合同签订后向未中标的投标人退回投标保函或投标保证书。若由于评标时间过长，而使保证到期，招标人应通知投标人延长保函或者保证书的有效期。

2. 施工合同的履约保证

施工合同的履约保证，是为了保证施工合同的顺利履行而要求承包人提供的担保。《招标投标法》第46条规定："招标文件要求中标人提交履约保证金的，中标人应当提交。"在建设项目施工招标中，履约担保的方式可以是提交一定数额的履约保证金；也可以使用第三人的信用担保，一般是由银行或者担保公司向招标人出具履约保函或履约保证书。

履约保函或者保证书是承包人通过银行或者担保公司向发包人开具的保证，在合同执行期间按合同规定履行其义务的经济担保书。保证金额一般为合同总额的5%～10%。履约保证的担保责任，主要是担保投标人中标后，按照合同规定，按期限保质保量履行义务。

如果发生施工合同中约定的可以没收保函的情况，发包人有权凭履约保证向银行或担保公司索取赔偿。如施工过程中，承包人中途毁约，或任意中断工程，或不按规定施工或承包人破产，倒闭。

履约保证的有效期从提交履约保证起，到项目竣工并验收合格止。如果工程拖期，不论何种原因，承包人都应与发包人协商，并通知保证人延长保证有效期，防止发包人借故提款。

3. 施工预付款保证

发包人一般应向承包人支付预付款，帮助承包人解决前期施工资金周转的困难。预付款担保，是承包人提交的、为保证返还预付款的担保。预付款担保都是采用由银行出具保函的方式提供。

预付款保证的有效期从预付款支付之日起至发包人向承包人全部收回预付款之日止。担保金额应当与预付款金额相同，预付款在工程的进展过程中每次结算工程款（中间支付）分次返还时，经发包人出具相应文件担保金额也应当随之减少。

第三节　建设工程招标与投标管理

一、项目招标与投标制度

（一）招标与投标的基本概念

1. 招标与投标。招标与投标是市场经济的一种竞争方式，是一种特殊的买卖行为，是工程建设项目发包与承包、大宗货物买卖以及服务项目的采购与提供所采用的一种交易方式。这种交易方式的特点是，单一的买方设定包括功能、质量、期限、价格为主的标的，邀请若干卖方通过投标进行竞争，买方从众多卖方中择优胜者并与其达成交易合同，随后按合同实现标的。招标与投标制度也是国际上承包工程以及设计咨询等普遍采用的交易行为。

2. 招标。招标是一种特定的采购方法，是由工程建设单位（称买方或发包方）公开提出交易条件，将建设项目的内容和要求以文件形式标明，招引项目拟承建单位（称卖方或承包商）来投标，经比较，选择理想承建单位并达成协议的活动。

对于业主来说，招标的目标就是择优。对于土木工程施工招标来说，由于工程的性质和业主的评价标准不同，择优可能有不同的侧重面，但一般包含如下四个主要方面：较低的报价、先进的技术、优良的质量、较短的工期。

3. 投标。投标是对招标的响应，是卖方（潜在的承包商）向买方（建设单位）发出的要约。以便买方选择贸易成交的行为。换言之，投标是指潜在的承包商向招标单位提出承包该工程项目的价格和条件，供招标单位选择以获得承包权的活动。

对于承包商来说，参加投标就是一场竞争。因为，它关系到企业的兴衰存亡。这场竞争不仅比报价的高低，而且比技术、管理、经验、实力和信誉。

4. 标。标指发标单位标明的项目的内容、条件、工程量、质量、工期、标准等的要求，以及开标前不公开的工程价格，即标底。

5. 标底。标底是标底价格的简称，是建设项目造价的表现形式之一。是由招标单位或具有编制标底价格资格和能力的中介机构根据设计图样和有关规定，按照社会平均水平计算出来的招标工程的预期价格，标底是招标者对招标工程所需费用的期望值，也是评标定标的参考。

6. 报价。报价是指投标单位根据招标文件及有关计算工程造价的资料，按一定的计算程序计算的工程造价或服务费用，在此基础上，考虑投标策略以及各种影响工程造价或服务费用的因素，然后提出投标报价。

招标单位又叫发标单位，中标单位又叫承包单位。

（二）招标与投标制度的特点

招标与投标是市场经济的一种竞争方式，是一种特殊的买卖行为，与其他贸易方式相比，招标投标有其自身的特点。

1. 招投标制度的公开性特点

招标的目的是为项目业主在更广泛的范围征寻合适的工程承包方，以便少花钱多办事。因此，招标方要通过各种方法和广告宣传招标项目，说明交易的规则和条件，使之成为真正开放的采购活动，以使有兴趣、有实力投标的众多潜在承包商来参加竞争。

2. 招投标制度的公平性特点

公平性是市场竞争的特点，只有公平竞争，排除保护壁垒，才能真正做到优胜劣汰。公平性具体体现在，招标方在发出招标广告后，不得以政治或经济背景歧视任何投标者，不得随意撤销招标文件中的一些规定，不得将本国或本地区的投标者与外国或外地区的投标者区别对待。

3. 招投标制度的组织性特点

招标投标制度是有组织有计划的交易活动。工程招标方应有固定的招标组织人员负责招标的全部过程；招标方应有固定的招标地点，以开展投标咨询、递交标书、公开评标工作；招标的时间进程固定，招标的规则和条件固定等。以上这几个方面将保证招标投标工作在严密的组织下按招标规程进行。

（三）招标与投标制度的作用

招标与投标制度作为承包工程以及设计咨询等普遍采用的交易行为，有以下几个方面的积极作用：

1. 促进工程业主单位做好工程前期工作

招标制度中，招标单位始终处于主导地位，但是招标方必须做好前期的准备工作，才能进行施工招标工作。这就保证了工程前期必须严格地按照科学化程序办事，从而使建设项目指标化，按照承包合同顺利地进行工程施工建造。

2. 有利于降低工程造价

招投标过程中，为了竞争中标，参加投标的承包商都会主动降低报价，以报价的优惠条件争取中标，在施工过程中，承包商积极采用先进的工程成本控制措施，提高生产效率和加强工程管理，有利于降低工程造价。

3. 有利于保证工程质量

招标文件和工程承包合同中，对规范和技术标准有明确的规定，如承包商的工程质量保证体系、工程监理组织。动态监督承包商的施工，并进行检查试验和审批。因此，可以说实行招投标和监理的建设项目，可大大提高工程质量的优良率。

4. 有利于缩短建设工期

招投标过程中，承包商的竞争既包括技术力量的竞争，也包括管理的竞争。承包商要想在竞争中取胜，就必须在施工管理上下工夫，运用网络计划技术及其他先进的管理手段进行进度控制，达到缩短建设工期的目的。

5. 有利于使工程建设纳入法制化的管理体系，提高工程承包合同的履约率

实行公开招投标制度的工程，要求参加工程的发承包双方签订工程承包合同，一旦任何一方违约，都要受到经济或法律的制裁。这有利于提高工程承包合同的履约率。

（四）政府主管部门对招标投标的管理

1. 必须招标的范围

《招标投标法》规定，任何单位和个人不得将依法必须进行招标的项目化整为零或者以其他任何方式规避招标。《招标投标法》要求，下列工程建设项目的勘察、设计、施工、监理以及与工程建设有关的重要设备、材料等的采购，必须进行招标：

（1）大型基础设施、公用事业等关系社会公共利益、公众安全的项目；

（2）全部或者部分使用国有资金投资或者国家融资的项目；

（3）使用国际组织或者外国政府贷款、援助资金的项目。

前款所列项目的具体范围和规模标准，由国务院有关部门制订，报国务院批准。

《工程建设项目招标范围和规模标准规定》，对必须招标的范围进一步细化规定。要求各类工程项目的建设活动，达到下列标准之一者，必须进行招标：

（1）房屋建筑和市政基础设施工程（以下简称工程）的施工单项合同估算价在200万元人民币以上。

（2）重要设备、材料等货物的采购，单项合同估算价在100万元人民币以上；

（3）勘察、设计、监理等服务的采购，单项合同估算价在50万元人民币以上。

为了防止将应该招标的工程项目化整为零规避招标，即使单项合同估算价低于上述第（1）、（2）、（3）项规定的标准，但项目总投资在3000万元人民币以上的勘察、设计、施工、监理以及与建设工程有关的重要设备、材料等的采购，也必须采用招标方式委托工作。

2. 对招标有关文件的核查备案

（1）对投标人资格审查文件的核查，核查的内容如下：

1）不得以不合理条件限制或排斥潜在投标人；

2）不得对潜在投标人实行歧视待遇；

3）不得强制投标人组成联合体投标。

（2）对招标文件的核查，核查的内容如下：

1）招标文件的组成是否包括招标项目的所有实质性要求和条件，以及拟签订合同的主要条款，以便投标人能明确承包工作范围和责任，并能够合理预见风险并编制投标文件。

2）招标项目需要划分标段时，承包工作范围的合同界限是否合理。

3）招标文件是否有限制公平竞争的条件。在文件中不得要求或标明特定的生产供应者以及含有倾向或排斥潜在投标人的其他内容。主要核查是否有针对外地区或外系统设立的不公正评标条件。

此外，政府主管部门对招标投标的管理还包括：对招标人前期准备应满足的要求核查备案，对招标人的招标能力要求核查备案，招标代理机构的资质条件核查备案，对投标活动的监督，查处招标投标活动中的违法行为。

（五）招标方式

国际通用的建设工程招标方式和程序，已由FIDIC（国际咨询工程师联合会）推荐，并受到世界银行和世界各国的认可。建设项目招标方式主要有公开招标、邀请招标和协商议标三种。

我国《招标投标法》规定，招标分为公开招标和邀请招标两种。

1. 公开招标

公开招标，是指招标人以招标公告的方式邀请不特定的法人或者其他组织投标。

公开招标又称为无限竞争招标，是由招标人通过报刊、电台、电视等信息媒介或委托招标管理机构发布招标信息，公开邀请不特定的潜在投标单位参加投标竞争，凡具备相应资质符合招标单位规定条件的法人或者其他组织不受地域和行业限制均可在规定时间内向招标单位申请投标。

公开招标，由于申请投标人较多，一般要设置资格预审程序。"资格预审"，是指在投标前对潜在投标人进行的资格审查。进行资格预审的，一般不再进行资格后审（"资格后审"，是指在开标后对投标人进行的资格审查）。一般在资格预审文件中载明资格预审的条件、标准和方法，招标人也可以发布资格预审公告。

公开招标有助于开展竞争，打破垄断，促使投标单位努力提高工程质量和服务质量水平，缩短工期和降低成本。但是，评标的工作量也较大，所需招标时间长、费用高。

公开招标时招标单位必须做好下面的准备工作：

（1）发布招标信息；

（2）受理投标申请；

投标单位在规定期限内向招标单位申请参加投标，招标单位向申请投标单位分发资格审查表格，以表示须经资格预审后才能决定是否同意对方参加投标。

（3）确定投标单位名单；

申请投标单位按规定填写《投标申请书》及资格审查表，并提供相关资料，接受招标单位的资格预审。

（4）发出招标文件。

招标单位向选定的投标单位发函通知，领取或购买招标文件。对那些分发给投标申请书而未被选定参加投标的单位，招标单位也应该及时通知。

2. 邀请招标

邀请招标，是指招标人以投标邀请书的方式邀请特定的法人或者其他组织投标。

邀请招标又称为有限竞争性招标。这种方式不发布广告，招标人根据自己的经验和所掌握的各种信息资料，向预先选择具备相应资质、符合招标条件的法人或者其他组织发出投标邀请书，请他们参加投标竞争。收到邀请书的单位才有资格参加投标。邀请对象的数目以5～7家为宜，但不应少于3家。

邀请招标，不需发布招标公告和设置资格预审程序，评标的工作量也较小，所需招标时间短、费用低。招标人应当在招标文件中载明对投标人资格要求的条件、标准和方法。同时，需要投标人在投标书内报送证明投标人资质能力的有关证明材料，作为评标时的评审内容之一（通常称为资格后审）。

3. 协商议标

对于涉及国家安全的工程或军事保密的工程，或紧急抢险救灾工程，或专业性、技术性要求较高的特殊工程，不适合采用公开招标和邀请招标的建设项目，经招投标管理机构审查同意，可以进行协商议标。

议标仍属于招标范畴，同样需要通过投标企业的竞争，由招标单位选择中标者。议标过程较为简单，但必须符合以下条件：

（1）建设项目具备招标条件；

（2）建设项目具备标底。对于技术特殊或内容复杂的项目也要有一个相当于标底的投资限额；

（3）至少有2个投标单位；

（4）议标的结果必须由所签合同来体现。

（六）招标程序

建设项目的招标投标是一个连续完整的过程，它涉及的单位较多，协作关系较复杂，所以要按一定的程序进行。公开招标程序如图5-11所示，邀请招标可以参考实行。按照招标人和投标人参与程度，可将招标过程划分为招标准备阶段、招标投标阶段和决标成交阶段。

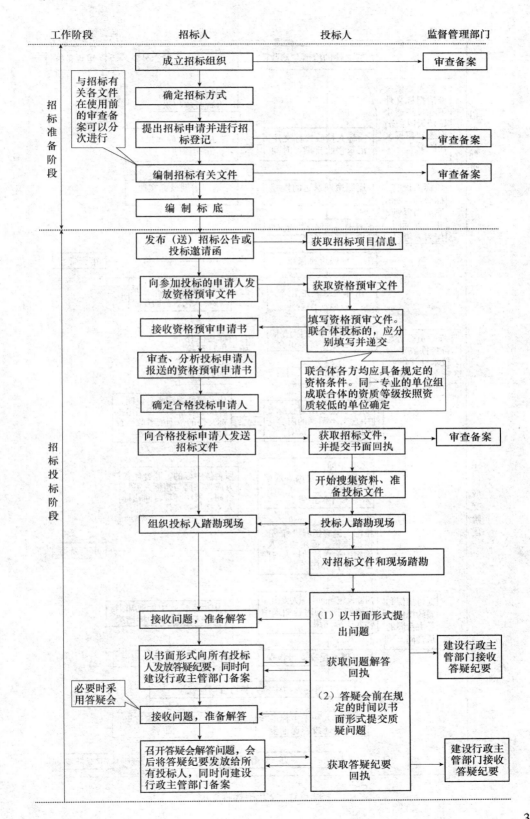

工作阶段	招标人	投标人	监督管理部门

招标准备阶段

成立招标组织 → 审查备案

与招标有关各文件在使用前的审查备案可以分次进行

确定招标方式

提出招标申请并进行招标登记 → 审查备案

编制招标有关文件 → 审查备案

编制标底

招标投标阶段

发布（送）招标公告或投标邀请函 → 获取招标项目信息

向参加投标的申请人发放资格预审文件 → 获取资格预审文件

接收资格预审申请书 ← 填写资格预审文件。联合体投标的，应分别填写并递交

审查、分析投标申请人报送的资格预审申请书

联合体各方均应具备规定的资格条件。同一专业的单位组成联合体的资质等级按照资质较低的单位确定

确定合格投标申请人

向合格投标申请人发送招标文件 → 获取招标文件，并提交书面回执 → 审查备案

开始搜集资料、准备投标文件

组织投标人踏勘现场 → 投标人踏勘现场

对招标文件和现场踏勘

接收问题，准备解答 ← （1）以书面形式提出问题 → 建设行政主管部门接收答疑纪要

以书面形式向所有投标人发放答疑纪要，同时向建设行政主管部门备案 → 获取问题解答回执

必要时采用答疑会

接收问题，准备解答 ← （2）答疑会前在规定的时间以书面形式提交质疑问题

召开答疑会解答问题，会后将答疑纪要发放给所有投标人，同时向建设行政主管部门备案 → 获取答疑纪要回执 → 建设行政主管部门接收答疑纪要

329

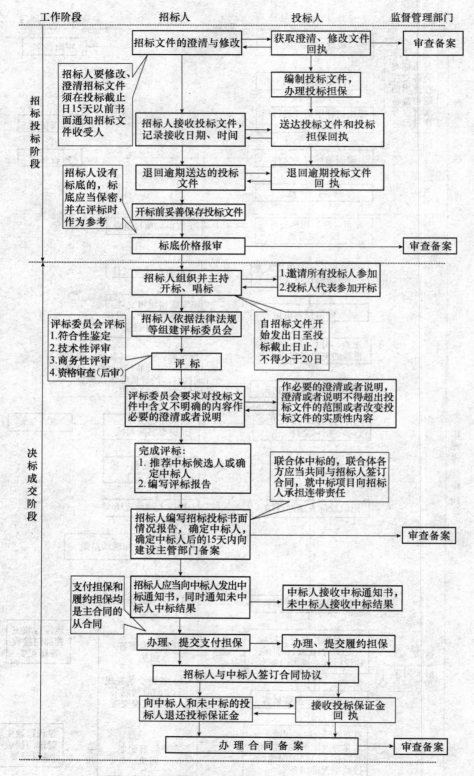

图 5-11　公开招标程序

330

1. 招标准备阶段主要工作

（1）成立招标组织

招标组织应经招标投标管理机构审查批准后才可开展工作。招标人具有编制招标文件和组织评标能力的，可以自行办理招标事宜，也可委托招标代理机构办理招标事宜。招标组织的主要工作包括：各项招标条件的落实；招标文件的编制及向有关部门报批；组织或委托编制标底并报有关单位报批；发布招标公告或邀请书，审查投标企业资质；向投标单位发放招标文件、设计图纸和有关技术资料；组织投标单位勘察现场并对有关问题进行解释；确定评标办法；发出中标或失标通知书；组织中标单位签订合同等。

招标代理机构是依法设立、从事招标代理业务并提供相关服务的社会中介组织，与行政机关和其他国家机关没有隶属关系。为了保证圆满地完成代理业务，招标代理机构必须取得建设行政主管部门的资质认定。

招标代理机构应当具备下列条件：

1）有从事招标代理业务的营业场所和相应资金。

2）有能够编制招标文件和组织评标的相应专业能力。

3）有可以作为评标委员会成员人选的技术、经济等方面的"专家库"。

（2）选择招标方式

1）根据工程特点和招标人的管理能力确定发包范围。

2）依据工程建设总进度计划确定项目建设过程中的招标次数和每次招标的工作内容。

3）按照每次招标前准备工作的完成情况，选择合同的计价方式。

4）依据法律法规以及工程项目的特点、招标前准备工作的完成情况、合同类型等因素的影响程度，最终确定招标方式。

（3）提出招标申请并进行招标登记

由建设单位向招标投标管理机构提出申请，获得确认后才可以开展招标工作。申请的主要内容有：招标建设项目具备的条件（前期工作），准备采用的招标方式，对投标单位的资质要求或准备选择的投标企业，自行招标还是委托招标。经招投标管理机构审查批准后，进行招标登记，领取有关招投标用表。

（4）编制招标有关文件

编制好招标过程中可能涉及的有关文件，如招标广告、资格预审文件、招标文件、合同协议书、资格预审和评标办法及标准等。

招标文件可以由建设单位自己编制，也可委托其他机构代办。招标文件是投标单位编制投标书的主要依据。主要内容有：建设项目概况与综合说明，设计图纸和技术说明书，工程量清单，投标须知，评标标准和方法，投标文件格式，合同主要条款，技术规范和其他有关内容。

（5）编制标底

标底是建设项目的预期价格，通常由建设单位或其委托设计单位或建设监理咨询单位制订。如果是由设计单位或其他监理咨询单位编制，建设监理单位在招标前还要对其进行审核。但标底不等同于合同价，合同价是建设单位与中标单位经过谈判协商后，在合同书中正式确定下来的价格。

2. 招标阶段的主要工作

（1）发布（送）招标公告或招标邀请函

1）建设单位根据招标方式的不同，发布招标公告或投标邀请函。

2）采用公开招标的建设项目，由建设单位通过报刊等新闻媒介发布公告。

3）采用邀请招标和议标的工程，由建设单位向有承包能力的投标单位发出投标邀请函。

招标人在发布招标公告、发出投标邀请书后或者售出招标文件或资格预审文件后不得擅自终止招标。

（2）投标单位资格预审

1）资格预审的方法

在收到投标单位的资格预审申请后即开始评审工作。一般先检查申请书的内容是否完整，在此基础上拟定评审方法。比较常用的评审方法是"定项评分法"，而且常采用比较简便的百分制计分。

2）资格评审的主要内容

资格评审的主要内容包括：法人地位，信誉，财务状况，技术资格，项目实施经验等。

3）资格预审的目的。一是保证参与投标的法人或组织在资质和能力等方面能够满足完成招标工作的要求；二是通过评审优选出综合实力较强的一批申请投标人，再请他们参加投标竞争，以减小评标的工作量。

4）资格预审程序

①招标人依据项目特点编写预审文件。预审文件分为资格预审须知和资格预审表两大部分。

②资格预审表是以应答方式给出的调查文件。所有申请参加投标竞争的潜在投标人都可以购买资格预审文件，由其按要求填报后作为投标人的资格预审文件。

③招标人依据工程项目特点和发包工作性质划分评审的几大方面，如资质条件、人员能力、设备和技术能力、财务状况、工程经验、企业信誉等，并分别给予不同权重。

④资格预审合格的条件。首先，投标人必需满足资格预审文件规定的必要合格条件和附加合格条件；其次，评定分必须在预先确定的最低分数线以上。

5）投标人必须满足的基本资格条件

资格预审须知中明确列出投标人必需满足的最基本条件，可分为必要合格条件和附加合格条件两类。

①必要合格条件通常包括法人地位、资质等级、财务状况、企业信誉、分包计划等具体要求，是潜在投标人应满足的最低标准。

②附加合格条件视招标项目是否对潜在投标人有特殊要求决定有无。附加合格条件是为了保证承包工作能够保质、保量、按期完成，按照项目特点设定而不是针对外地区或以外系统投标人，因此不违背《招标投标法》的有关规定。招标人可以针对工程所需的特别措施或工艺的专长，专业工程施工资质，环境保护方针和保证体系，同类工程施工经历，项目经理资质要求，安全文明施工要求等方面设立附加合格条件。

（3）发售招标文件

招标单位向经过资格审查合格的投标单位分发招标文件、设计图纸和有关技术资料。招标文件或者资格预审文件的收费应当合理，不得以营利为目的。对于所附的设计文件，招标人可以向投标人酌收押金；对于开标后投标人退还设计文件的，招标人应当向投标人退还押金。

（4）组织现场踏勘、交底及答疑

招标文件发出后，招标单位应按规定的日程安排，组织投标单位踏勘项目现场，介绍项目情况。在对项目交底的同时，解答投标单位对招标文件、设计图纸等提出的问题，并作为招标文件的补充形式通知所有的投标单位。

设置此程序的目的，一方面让投标人了解工程项目的现场情况、自然条件、施工条件以及周围环境条件，以便于编制投标书；另一方面也是要求投标人通过自己的实地考察确定投标的原则和策略，避免合同履行过程中投标人以不了解现场情况为理由推卸应承担的合同责任。

招标人对任何一位投标人所提问题的回答，必须发送给每一位投标人，保证招标的公开和公平，但不必说明问题的来源。回答函件作为招标文件的组成部分，如果书面解答的问题与招标文件中的规定不一致，以函件的解答为准。

3. 决标成交阶段的主要工作内容

（1）开标

开标应当在招标文件确定的提交投标文件截止时间的同一时间公开进行；开标地点应当为招标文件中预先确定的地点。

开标由招标人主持，邀请所有投标人参加。

开标时，由投标人或者其推选的代表检查投标文件的密封情况，也可以由招标人委托的公证机构检查并公证；经确认无误后，由工作人员当众拆封，宣读投标人名称、投标价格和投标文件的其他主要内容。

招标人在招标文件要求提交投标文件的截止时间前收到的所有投标文件，开标时都应当众予以拆封、宣读。开标过程应当记录，并存档备查。如果有标底也应公布。

在开标时，如果发现投标文件出现下列情形之一，应当作为无效投标文件，不再进入评标：

1）投标文件未按照招标文件的要求予以密封；

2）投标文件中的投标函未加盖投标人的企业及企业法定代表人印章，或者企业法定代表人委托代理人没有合法、有效的委托书（原件）及委托代理人印章；

3）投标文件的关键内容字迹模糊、无法辨认；

4）投标人未按照招标文件的要求提供投标保证金或者投标保函；

5）组成联合体投标的，投标文件未附联合体各方共同投标协议。

（2）评标

评标由招标人依法组建的评标委员会负责。

1）评标委员会

依法必须进行招标的项目，其评标委员会由招标人的代表和有关技术、经济等方面的专家组成，成员人数为5人以上单数，其中技术、经济等方面的专家不得少于成员总数的三分之二。评标委员会成员名单在中标结果确定前应当保密。向招标人提交书面评标报告后，评标委员会即告解散。

2）评标工作程序

大型工程项目的评标通常分成初评和详评两个阶段进行。

①初评。评标委员会以招标文件为依据，审查各投标书是否为响应性投标，确定投标书的有效性。

投标文件对招标文件实质性要求和条件响应的偏差分为重大偏差和细微偏差两类。下列情况为重大偏差：

    a. 没有按照招标文件要求提供投标担保或者所提供的投标担保有瑕疵；

    b. 没有按照招标文件要求由投标人授权代表签字并加盖公章；

    c. 明显不符合技术规格、技术标准的要求；

    d. 投标文件记载的招标项目完成期限超过招标文件规定的完成期限；

    e. 投标附有招标人不能接受的条件；

    f. 投标文件记载的货物包装方式、检验标准和方法等不符合招标文件的要求；

    g. 不符合招标文件中规定的其他实质性要求。

投标文件有上述情形之一的，为未能对招标文件作出实质性响应，作废标处理。招标文件对重大偏差另有规定的，从其规定。所有存在重大偏差的投标文件都属于初评阶段应该淘汰的投标书。

对于存在细微偏差的投标文件，指投标文件基本上符合招标文件要求，但在个别地方存在漏项或者提供了不完整的技术信息和数据等情况，并且补正这些遗漏或者不完整不会对其他投标人造成不公平的结果。对招标文件的响应存在细微偏差的投标文件仍属于有效投标书。属于存在细微偏差的投标书，可以书面要求投标人在评标结束前予以澄清、说明或者补正，但不得超出投标文件的范围或者改变投标文件的实质性内容。

投标文件中的大写金额和小写金额不一致的，以大写金额为准；总价金额与单价金额不一致的，以单价金额为准，但单价金额小数点有明显错误的除外；对不同文字文本投标文件的解释发生异议的，以中文文本为准。

②详评。评标委员会应当根据招标文件确定的评标标准和方法，对其技术部分和商务部分作进一步评审、比较。

评审时不应再采用招标文件中要求投标人考虑因素以外的任何条件作为标准。设有标底的，评标时应参考标底。

《招投标法》规定：中标人的投标应当符合下列条件之一：

综合评分法：能够最大限度地满足招标文件中规定的各项综合评价标准（高者优）；

评标价法：能够满足招标文件的实质性要求，并且经评审的投标价格最低；但是投标价格低于成本的除外（低者优）。关于评标过程中"低于成本报价竞标"的处理：评标委员会发现投标人的报价明显低于其他投标报价或者在设有标底时明显低于标底，使得其投标报价可能低于其个别成本的，应当要求该投标人作出书面说明并提供相关证明材料。投标人不能合理说明或者不能提供相关证明材料的，由评标委员会认定该投标人以低于成本报价竞标，其投标应作废标处理。

大型工程应采用"综合评分法"或"评标价法"对投标书进行科学的量化比较。

a. 综合评分法是指将评审内容分类后分别赋予不同权重，评标委员会依据评分标准对各类内容细分的小项进行相应的打分，最后计算的累计分值反映投标人的综合水平，以得分最高的投标书为最优。

b. 评标价法是指评审过程中以该标书的报价为基础，将报价之外需要评定的要素按预先规定的折算办法换算为货币价值，根据对招标人有利或不利的原则在投标报价上扣减或增加一定金额，最终构成评标价格。因此"评标价"既不是投标价也不是中标价，只是用价格指标作为评审标书优劣的衡量方法，评标价最低的投标书为最优。定标签订合同时，仍以报价作为中标的合同价。

经评审的最低投标价法一般适用于具有通用技术、性能标准或者招标人对其技术、性能没有特殊要求的招标项目。

（3）评标报告

评审报告是评标阶段的结论性报告，它为建设单位定标提供参考意见。评审报告包括招标过程简况，参加投标单位总数及被列为废标的投标单位名称，重点叙述有可能中标的几份标书。主要内容是：标价分析（标价的合理性，与标底的比较，高于或低于标底的百分比及其原因）；投标书与招标文件是否相符，有什么建议和保留意见，这些建议是否合理；对投标单位提出的工期和进度计划的评述；投标单位的资信及承担类似工程经验的简述；授标给某一投标单位的风险和可能遇到的问题等。评审报告要明确提出推荐的中标单位。

按规定否决不合格投标或者界定为废标后，因有效投标不足 3 个使得投标明显缺乏竞争的，评标委员会可以否决全部投标。

评标委员会经评审，认为所有投标都不符合招标文件要求的，可以否决所有投标。

投标人少于 3 个或者所有投标被否决的，招标人应当依法重新招标。

评标报告由评标委员会全体成员签字。对评标结论持有异议的评标委员会成员可以书面方式阐述其不同意见和理由。评标委员会成员拒绝在评标报告上签字且不陈述其不同意见和理由的，视为同意评标结论。

（4）定标

1）定标程序

确定中标人前，招标人不得与投标人就投标价格、投标方案等实质性内容进行谈判。招标人应该根据评标委员会提出的评标报告和推荐的中标候选人确定中标人，也可以授权评标委员会直接确定中标人。

中标人确定后，招标人应当向中标人发出中标通知书，同时通知未中标人中标结果，并准备与中标人签订合同。

中标通知书对招标人和中标人具有法律约束力。中标通知书发出后，招标人改变中标结果或者中标人放弃中标的，应当承担法律责任，即违反者承担缔约过失责任。

依法必须进行招标的项目，招标人应当自确定中标人之日起 15 日内，向有关行政监督部门提交招标投标情况的书面报告。

根据招标文件的规定，允许投标人投备选标的，评标委员会可以对中标人所投的备选标进行评审，以决定是否采纳备选标。不符合中标条件的投标人的备选标不予考虑。

2）定标原则

《招投标法》规定，中标人的投标应当符合下列条件：

a. 能够最大限度地满足招标文件中规定的各项综合评价标准（高者优）；

b. 能够满足招标文件的实质性要求，并且经评审的投标价格最低；但是投标价格低于成本的除外（低者优）。

以评审报告为依据，建设单位选出两到三家投标单位就建设项目有关问题和价格问题进行谈判，然后选择决标。确定了中标单位后即可发授中标通知书，中标单位应在规定时间内和建设单位签订建设项目实施合同。

（5）签订合同

中标人确定后，招标人应与中标人在 30 个工作日（中标通知书发出）之内依据招标文件和投标文件签订书面合同，不得对招标文件和投标文件作实质性修改。招标文件要求中标人提交履约保证的，中标人应当提交。

合同不能签订的，责任方应当承担缔约过失责任。

招标人与中标人签订合同后 5 个工作日内，应当向中标人和未中标的投标人退还投标保证金。

招标人应当与中标人按照招标文件和中标人的投标文件订立书面合同。招标人与中标人不得再行订立背离合同实质性内容的其他协议。

中标人应当按照合同约定履行义务，完成中标项目。中标人不得向他人转让中标项目，也不得将中标项目肢解后分别向他人转让。

中标人按照合同约定或者经招标人同意，可以将中标项目的部分非主体、非关键性工作分包给他人完成。接受分包的人应当具备相应的资格条件，并不得再次分包。中标人应当就分包项目向招标人负责，接受分包的人就分包项目承担连带责任。

二、勘察设计招标投标管理

（一）勘察招标概述

招标人委托勘察任务的目的是为科学研究、建设项目的立项、选址或为设计工作提供地质资料依据。

1. 委托工作内容

因为建设项目单一性、多样性与固定性，以及委托的目的不同，导致委托勘察的内容也不尽相同，一般委托工作包括下列内容：①自然条件观测，②地形图测绘，③资源探测，④岩土工程勘察，⑤地震安全性评价，⑥工程水文地质勘察，⑦环境评价和环境基底观测，⑧模型试验和科研。

2. 勘察招标的特点

勘察任务可以单独发包给具有相应资质的勘察单位实施，也可以将其包括在设计招标任务中。由于勘察成果是设计的依据，勘察成果又必须满足设计的需要，因此，可将勘察任务包括在设计招标的范围内，总承包给具有相应能力与资质的勘察设计单位完成。勘察设计总承包与分别承包相比，既减少了项目业主的合同数量方便了合同管理，又可以摆脱勘察与设计在勘察成果的精度、内容和进度上可能与设计工作的冲突。

（二）设计招标概述

设计的优劣对工程项目建设的成败有着至关重要的影响。设计的质量决定着项目建设的质量、投资、进度与效益。

1. 招标发包的工作范围

一般工程项目的设计分为扩大的初步设计和施工图设计两个阶段进行，对技术复杂而又缺乏经验的项目，在必要时还要增加技术设计阶段。为了保证设计指导思想连续地贯彻于设计的各个阶段，一般多采用技术设计招标或施工图设计招标，不单独进行初步设计招标，由中标的设计单位承担初步设计任务。

2. 设计招标方式

设计招标与其他招标在程序上的主要区别表现为如下几个方面：

（1）招标文件的内容不同

设计招标文件中仅提出设计依据、工程项目应达到的技术指标、项目限定的工作范围、项目所在地的基本资料、要求完成的时间等内容，而无具体的工作量。

（2）对投标书的编制要求不同

投标人的投标报价不是按规定的工程量清单填报单价后算出总价，而是首先提出设计构思和初步方案，并论述该方案的优点和实施计划，在此基础上进一步提出报价。

（3）开标形式不同

开标时不是由招标单位的主持人宣读投标书并按报价高低排定标价次序，而是由各投标人自己说明投标方案的基本构思和意图，以及其他实质性内容，而且不按报价高低排定标价次序。

（4）评标原则不同

评标时不过分追求投标价的高低，评标委员更多关注于所提供方案的技术先进性、所达到的技术指标、方案的合理性以及对工程项目投资效益的影响。

（三）招标文件中"设计要求文件"的内容

招标文件中"设计要求文件"的内容包括：（1）设计文件编制的依据；（2）国家有关行政主管部门对规划方面的要求；（3）技术经济指标要求；（4）平面布局要求；（5）结构形式方面的要求；（6）结构设计方面的要求；（7）设备设计方面的要求；（8）特殊工程方面的要求；（9）其他有关方面的要求，如环保、消防等。

（四）设计投标书的评审

设计投标书评审的内容包括：（1）设计方案的优劣；（2）投入、产出经济效益比较；（3）设计进度快慢；（4）设计资历和社会信誉；（5）报价的合理性。

（五）对投标人的资格审查

无论是资格预审，还是资格后审，对投标人的审查内容基本相同。

1. 资格审查。包括证书的种类审查、证书级别审查和证书载明的允许承接的任务范围审查。

2. 能力审查。审查并判定投标人是否具备承担发包任务的能力，主要体现在对投标人技术人员和拥有的技术装备的审查。

3. 经验审查。通过对投标人最近几年完成工程项目的情况（如涉及项目的规模与性质等）考察，判定其设计能力与设计水平。

三、建设工程监理招标投标管理

（一）建设监理招标概述

1. 监理招标的特点

监理招标的特点主要表现为：

（1）监理招标的宗旨是对监理单位能力的选择。监理服务是监理单位的高智能投入，服务工作完成的好坏不仅依赖于执行监理业务是否遵循了规范化的管理程序和方法，更多地取决于参与监理工作人员的业务专长、经验、判断能力、创新能力以及风险意识。因此招标选择监理单位时，鼓励的是能力竞争，而不是价格竞争。如果对监理单位的资质和能力不给予足够重视，只依据报价高低确定中标人，就忽视了高质量服务，报价最低的投标人不一定就是最能胜任工作者。

（2）监理招标中的投标报价在评标中居于次要地位。工程项目的施工、物资供应招标选择中标人的原则是，在技术上达到要求标准的前提下，主要考虑价格的竞争性。而监理招标对能力的选择放在第一位，因为当价格过低时监理单位很难把招标人的利益放在第一位，为了维护自己的经济利益采取减少监理人员数量或多派业务水平低、工资低的人员，其后果必然导致对工程项目的损害。另外，监理单位提供高质量的服务，往往能使招标人获得节约工程投资和提前投产的实际效益，因此，过多考虑报价因素得不偿失。但从另一个角度来看，服务质量与价格之间应有相应的平衡关系，所以招标人应在能力相当的投标人之间再进行价格比较。

（3）监理招标邀请的投标人数量较少。选择监理单位一般采用邀请招标，且邀请数量以三至五家为宜。因为监理招标是对知识、技能和经验等方面综合能力的选择，每一份标书内都会提出具有独特见解或创造性的实施建议，但又各有长处和短处。如果邀请过多投标人参与竞争，不仅要增大评标工作量，而且定标后还要给予未中标人以一定补偿费，与在众多投标人中好中求好的目的比较，往往产生事倍功半的效果。

2. 委托监理工作的范围

划分合同承包的工作范围时，通常考虑的因素包括：（1）工程规模的大小；（2）工程项目的专业特点及复杂程度；（3）被监理合同的难易程度。

（二）评标

1. 监理招标的评标方法

监理招标的评标方法有四种：基于质量和费用的评标方法、基于质量的评标方法、最低费用选择方法、基于咨询单位资历的选择方法。

上述评标方法各自适用范围如下。

（1）基于质量和费用的评标方法，在咨询服务招标实践中最为常用，适用于需要同时权衡质量和费用来选择中标单位的咨询服务。

（2）基于质量的评标方法，适用于：①复杂的或专业性很强的任务；②对后续工作影响大，要请最好的专家来完成的任务；③可用不同方法执行、费用不可比的任务。

（3）最低费用选择方法，适用于具有标准或常规性质、一般有公认的惯例和标准、合同金额也不大的咨询任务。

（4）基于咨询单位资历的选择方法，适用于很小的任务。

监理服务招标的评标方法多采用"双信封制"，即咨询公司投标时，将"技术建议书"和"财务建议书"分别包装密封。评审时，先打开技术建议书进行评价，按评价结果排出咨询公司的名次，排除技术不合格的投标人，然后打开财务建议书进行评价，计算综合得分，并据此选择中标人进行谈判。

2. 对投标文件的评审

评标委员会对各投标书进行审查评阅，主要考查以下几方面的合理性：

（1）投标人的资质：包括资质等级、批准的监理业务范围、主管部门或股东单位、人员综合情况等；

（2）监理大纲；

（3）拟派项目的主要监理人员（重点审查总监理工程师和主要专业监理工程师）；

（4）人员派驻计划和监理人员的素质（通过人员的学历证书、职称证书和上岗证书反映）；

（5）监理单位提供用于工程的检测设备和仪器，或委托有关单位检测的协议；

（6）近几年监理单位的业绩及奖惩情况；

（7）监理费报价和费用组成；

（8）招标文件要求的其他情况。

3. 对投标文件的比较

监理评标的量化比较通常采用综合评分法对各投标人的综合能力进行对比。依据招标项目的特点设置评分内容和分值的权重。招标文件中说明的评标原则和预先确定的记分标准开标后不得更改，作为评标委员的打分依据。

四、施工招标投标管理

施工招标的特点是发包的工作内容明确、具体，各投标人针对拟建工程进行技术、经济、管理等综合能力的竞争，评标时对各投标人编制的投标书进行横向对比。

（一）招标准备工作

1. 合同数量的划分

依据工程特点和现场条件划分合同包的工作范围时，主要应考虑以下因素的影响：

（1）施工内容的专业要求。一般将土建施工和设备安装施工分别招标。土建施工宜采用公开招标，以便选择技术水平高、管理能力强且报价较低的投标人。设备安装施工由于专业技术要求较高，一般采用邀请招标的方式确定中标人。

（2）施工现场条件。划分施工合同时，应该避免几个独立承包人同时进行现场施工可能发生的交叉干扰，以利于监理工程师对合同的协调管理；同时还要考虑，各合同中施工内容在空间和时间上的衔接关系，避免不同合同交界面的工作责任的推诿或扯皮；当关键线路上的工作内容划分在不同的合同中时，应采取有效措施确保总进度计划目标的实现。

（3）对工程总投资影响。根据项目的特点具体分析合同数量划分的多少对工程造价的影响。当整个工程的施工仅采用一个合同时，便于承包对人工、施工机械和临时设施得到统一使用，有利于降低施工成本，但是，有能力参与竞争的投标人较少，会导致中标的合同价较高；划分合同数量较多时，各投标书中均要分别考虑预备费、施工机械闲置费、施工干扰风险费等，总施工成本可能较高，但是，由于投标的门槛较低，便于招标单位在更大的范围内进行择优，有利于降低工程投资。

（4）其他因素影响，如建设资金的筹措计划与实际到位情况、施工图设计的计划进度与实际进展情况等。

2. 编制招标文件

为了便于投标人充分了解招标项目和展开投标竞争，同时，考虑到招标文件中的许多内容将作为未来合同文件的有效组成部分，因此，招标文件力求详细、完整。施工招标范本中推荐的招标文件组成内容包括：

第一卷　投标须知、合同条件及合同
　　　　　格式
　第一章　投标须知
　第二章　合同通用条件
　第三章　合同专用条件
　第四章　合同格式
第二卷　技术规范
　第五章　技术规范

第三卷　投标文件
　第六章　投标书及投标书附录
　第七章　工程量清单与报价单
　第八章　辅助资料表
　第九章　资格审查表（有资格预审的
　　　　　不再采用）
第四卷　图纸
　第十章　图纸

（二）资格预审

资格预审是招标阶段对申请投标人的第一次筛选，主要审查申请投标人是否有能力承包招标工程。

1. 资格预审的内容

资格预审的内容应根据招标项目对投标人的要求来确定，中小型常规工程对申请投标人能力的审查可适当简单，大型复杂工程则要对申请投标人的能力进行全面的审查。大型复杂工程资格预审的主要内容包括：法人资格与组织机构、财务报表、人员报表、施工机械设备情况、分包计划、近5年完成同类工程项目的调查、在建工程项目调查、近2年涉及的诉讼案件调查以及其他资格证明等。

2. 资格预审方法

（1）必须满足的条件。必须满足的条件包括必要合格条件和附加合格条件。

1）必要合格条件包括：

①营业执照，即招标工程在营业执照允许承接的工作范围内；

②资质等级，即资质等级满足招标项目的要求标准；

③财务状况，财务状况一般通过开户银行的资信证明来体现；

④流动资金，流动资金一般不少于预计合同价的某一百分比；

⑤分包计划，主体工程、关键部位不能分包；

⑥履约状况，不存在毁约被驱逐的历史。

2）附加合格条件包括：

附加合格条件是根据招标工程的特点设定的具体要求，该项条件不一定与招标工程的实施内容完全相同，只要与本项工程的施工技术和管理能力在同一水平即可。附加合格条件并不是每个招标项目都必须设置的条件。比如，有特殊专业技术要求的施工招标，通常在资格预审阶段审查申请投标人是否具有同类工程的施工经验与能力。

（2）加权打分量化审查。对满足上述条件的资格预审文件，采用加权打分量化审查，权重的分配依据、招标工程的特点和对投标人的要求确定。

（三）评标

施工招标的评标方法主要有综合评分法和评标价法。

1. 综合评分法

评标是对各承包商实施工程综合能力的比较，综合评分法可以较全面地反映投标人的素质。大型复杂工程的评分标准最好设置几级评分目标，以利于评委控制打分标准，减小随意性。评分的指标体系及权重应根据招标工程项目特点设定。报价部分的评分又分为用标底衡量、用复合标底衡量和无标底比较三大类。

（1）以标底衡量报价的综合评分法。首先，以预先确定的允许报价浮动范围确定入围的有效投标；然后，按照评标规则依据报价与标底的偏离程度计算报价项得分；最后，以各项累计得分比较投标书的优劣。应予注意，若某投标书的总分不低，但其中某一项得分低于该项及格分时，也应充分考虑授标给此投标人可能存在的风险。

（2）以复合标底衡量报价的综合评分法。以标底作为报价评定标准时，有可能因编制的标底没有反映出较为先进的施工技术水平和管理水平，导致报价分的评定不合理。为了弥补这一缺陷，采用标底的修正值作为衡量标准。具体步骤为：

①计算各投标书报价的算术平均值；

②将标书平均值与标底再作算术平均；

③以②算出的值为中心，按预先确定的允许浮动范围确定入围的有效投标书；

④计算入围有效标书的报价算术平均值；

⑤将标底和④计算的值进行平均，作为确定报价得分的衡量标准。此步计算可以是简单的算术平均，也可以采用加权平均（如标底的权重为0.6，报价的平均值权重为0.4）；

⑥依据评标规则确定的计算方法，按报价与标准的偏离度计算各投标书的该项得分。

（3）无标底的综合评分法。

为了鼓励投标人的报价竞争，可以不预先制定标底，用反映投标人报价平均水平某一值作为衡量基准评定各投标书的报价部分得分。此种方法在招标文件中应说明比较的标准值和报价与标准值偏差的计分方法，视报价与其偏离度的大小确定分值高低。采用较多的方法包括：

1）以最低报价为标准值。

在所有投标书的报价中以报价最低者为标准（该项满分），其他投标人的报价按预先确定的偏离百分比计算相应得分。但应注意，最低的投标报价比次低投标人的报价如果相差悬殊（如20%以上），则应首先考查最低报价者是否有低于其企业成本的竞标，若报价的费用组成合理，才可以作为标准值。这种规则适用于工作内容简单，一般承包人采用常规方法都可以完成的施工内容，因此评标时更重视报价的高低。

2）以平均报价为标准值。

开标后，首先计算各主要报价项的标准值。可以采用简单的算术平均值或平均值下浮某一预先规定的百分比作为标准值。标准值确定后，再按预先确定的规则，视各投标书的报价与标准值的偏离程度，计算各投标书的该项得分。对于某些较为复杂的工作任务，不同的施工组织和施工方法可能产生不同效果的情况，不应过分追求报价，因此，采用投标人的报价平均水平作为衡量标准。

2. 评标价法

评标委员会首先通过对各投标书的审查淘汰技术方案不满足基本要求的投标书，然后对基本合格的标书按预定的方法将某些评审要素按一定规则折算为评审价格，加到该标书的报价上形成评标价。以评标价最低的标书为最优（不是投标报价最低）。评标价仅作为衡量投标人能力高低的量化比较方法，与中标人签订合同时仍以投标价格为准。可以折算成价格的评审要素一般包括：

1）实施过程中必然发生而标书又属明显漏项部分，给予相应的补项，增加到报价上去；

2）投标书承诺的工期提前给项目可能带来的超前收益，以月为单位按预定计算规则折算为相应的货币值，从该投标人的报价内扣减此值；

3）投标书内提出的优惠条件可能给招标人带来的好处，以开标日为准，按一定的方法折算后，作为评审价格因素之一；

4）技术建议可能带来的实际经济效益，按预定的比例折算后，在投标价内减去该值；

5）对其他可以折算为价格的要素，按照对招标人有利或不利的原则，增加或减少到投标报价上去。

第四节 建设工程委托监理合同管理

一、建设工程委托监理合同概述

建设工程委托监理合同是指委托人与监理人就委托的工程项目管理内容签订的明确双方权利、义务的协议。

委托监理合同具有以下特点：

（1）委托监理合同的双方当事人应当是具有民事权力能力和民事行为能力、法人资格和相应资质等级的单位。

（2）委托监理合同的工作内容必须符合工程项目建设程序，遵守有关法律、行政法规。

（3）委托监理合同的标的是服务，不同于勘察设计合同、施工承包合同、物资采购合同、加工承揽合同等其他合同，其他合同的标的物是产生新的物质成果或信息成果，而委托监理合同的标的是服务，即监理工程师凭据自己的知识、经验、技能受业主委托为其所签订其他合同的履行实施监督和管理。

（一）建设工程委托监理合同文件

对委托人和监理人有约束力的建设工程委托监理合同文件，包括：双方签署的委托监理合同协议书，委托监理函或中标函，建设工程委托监理合同标准条件，建设工程委托监理合同专用条件，在实施过程中双方共同签署的补充与修正文件。

1. 双方签署的委托监理合同协议书

委托监理合同协议书明确了监理工程的工程名称、地点、工程规模、总投资等，委托人向监理人支付监理酬金的期限、方式，委托监理合同签订、生效、计划完成的时间，以及双方协商约定的其他内容。

2. 建设工程委托监理合同标准条件

建设工程委托监理合同标准条件的内容涵盖了合同中所用词语定义，适用范围和法规，委托人与监理人的责任，权利和义务，合同生效变更与终止，监理报酬，争议的解决，以及其他一些情况，它是委托监理合同的通用文件，适用于各类建设工程项目监理。

3. 建设工程委托监理合同的专用条件

由于标准条件适用于各种行业和专业项目的建设工程监理，因此，其中的某些条款规定得比较笼统，需要在签订具体工程项目委托监理合同时，结合地域特点、专业特点和委托监理项目的工程特点，对标准条件中的某些条款进行补充、修正。

（1）补充

在标准条件条款确定的原则下，专用条件的相同序号条款进一步明确具体内容，使两个条件中相同序号的条款共同组成一条内容完备的条款。

（2）修改

对标准条件中某条款的内容，如果双方认为不合适，可以在专用条件的相同序号条款中协议修改。比如标准条件规定"委托人对监理人提交的支付通知书中的酬金或部分酬金项目提出异议，应在收到支付通知书24小时内向监理工程师发出异议的通知。"如果委托人认为这个时间太短，在与监理人协商达成一致意见后，可在专用条件的相同序号条款内另行写明具体约定的时间，比如72小时。

（二）合同有效期与订立委托监理合同时约定的履行期限、地点和方式

1. 合同有效期

委托监理合同有效期，即监理人的责任期，不是以合同约定的日历天数为准，而是以监理人完成包括正常的、附加的和额外的工作义务来判断。

因此，委托监理合同标准条件规定，合同自签字之日起生效，至监理人向委托人办理完竣工验收或工程移交手续或工程接收手续，承包人和发包人已签订工程质量保修责任书，监理人收到监理报酬尾款，委托监理合同才终止。

如果保修期间仍需监理人执行相应的监理工作，双方应在专用条件中另行约定。

2. 订立委托监理合同时约定的履行期限、地点和方式

订立委托监理合同时约定的履行期限、地点和方式是指合同中规定的当事人履行自己的义务，完成工作的时间、地点以及结算酬金的方式。

在签订《建设工程委托监理合同》时双方必须商定和估算监理期限，标明何时开始，何时完成。合同约定的监理酬金是根据估算监理期限计算的。如果委托人根据工程实际情况，需要延长合同期限，双方可以通过协商，另行签订补充协议。

监理酬金支付方式也必须明确：首期支付多少，是每月等额支付还是根据工程形象进度支付，支付货币的币种等。

二、监理人应完成的监理工作

委托监理合同要求监理人必须完成的工作包括三类。

（一）正常监理工作

正常监理工作是委托监理合同专用条件内载明的委托监理工作，正常监理工作大致包括以下几个方面：

（1）工程技术咨询服务；

（2）协助委托人选择承包人，组织设计、施工、设备采购招标等；

（3）技术监督和检查；

（4）施工管理。

（二）附加工作

附加工作是指与完成正常工作相关的，在委托正常监理工作范围以外监理人应完成的工作。可能包括：

（1）由于委托人、第三方原因，致使监理工作受到阻碍或延期，以致增加了工作量或持续时间；当此类情况发生时，监理工程师应将可能发生的影响及时通知委托人，完成监理业务的时间相应延长。

（2）增加监理工作的范围和内容等。如委托人要求监理人就施工中新工艺施工部分单独编制质量检测合格标准就属于附加监理工作。此时，可能引起委托监理合同的变更，特别是当出现需要改变服务范围和费用问题时，监理企业应该坚持签署书面修改合同，如正式文件、信函协议或委托单等，如果变动范围太大，也可重新签订一个合同取代原有合同。

（三）额外工作

额外工作指正常监理工作和附加工作以外的工作，即非监理人的原因而暂停或终止监理业务，其善后工作及恢复监理业务前不超过42天的准备工作时间。

由于附加工作和额外工作是委托正常工作之外要求监理人必须履行的义务，因此委托人在其完成工作后应另行支付附加监理工作酬金和额外监理工作酬金，但酬金的计算办法应在专用条件内予以约定。

三、委托监理合同双方的权利

（一）委托人的权利

1. 授予监理人权限的权利

在委托人授权范围内，监理人可自主地采取措施进行监督、管理和协调，如果超越权限时，应首先征得委托人同意后方可发布有关指令。委托人授予监理人权限的大小，要根据委托人的管理能力、工程建设项目的特点及需要等因素考虑。委托监理合同内授予监理人的权限，在执行过程中可随时通过书面附加协议予以调整。

2. 对其他合同承包人的选定权

委托人是建设资金的持有者和工程项目的所有人。因此，对设计合同、施工合同、加工制造合同等的承包单位有选定权和订立合同的签字权。监理人在选定其他合同承包人的过程中仅有建议权而无决定权。但是，监理人对设计或施工总包单位选定的分包单位拥有批准权和否决权。

344

3. 委托监理工程重大事项的决定权

委托人有对工程规模、规划设计、生产工艺设计、设计标准和使用功能等要求的认定权，工程设计变更审批权。

4. 对监理人履行合同的监督控制权

委托人对监理人履行合同的监督控制权体现在以下三个方面：

（1）对委托监理合同转让和分包的监督。除了支付款的转让外，监理人不得将所涉及的利益或规定义务转让给第三方。监理人所选择的监理工作分包单位必须事先征得委托人的认可。在没有取得委托人的书面同意前，监理人不得开始实施、更改或终止全部或部分服务的任何分包合同。

（2）对监理人员的控制监督。合同专用条件或监理人的投标书内，应明确总监理工程师人选，监理机构派驻人员计划。合同开始履行时，监理人应向委托人报送委派的总监理工程师及其监理机构主要成员名单，委托人对总监理工程师具有认可权，当监理人调换总监理工程师时，须经委托人同意。

（3）对委托监理合同履行的监督权。监理人有义务按期提交月、季、年度的监理报告，委托人也可以随时要求其对重大问题提交专项报告，这些内容应在专用条件中明确约定。委托人按照合同约定检查监理工作的执行情况，如果发现监理人员不按委托监理合同履行职责或与承包方串通，给委托人或工程造成损失时，有权要求监理人更换监理人员，直至终止合同，并承担相应赔偿责任。

（二）监理人的权利

委托监理合同中涉及监理人权利的条款可分为两大类：一类是监理人在委托合同中应享有的权利，即委托监理合同中赋予监理人的权利；另一类是监理人履行监理义务时可行使的权利。

1. 相对于发包人的权利

该权利是监理人从委托监理合同中得到的权利，包括：

（1）完成监理任务后获得酬金的权利。监理人不仅可获得完成合同内规定的正常监理任务酬金，如果合同履行过程中因主、客观条件的变化，完成附加工作和额外工作后，也有权按照专用条件中约定的计算方法，得到额外工作的酬金。监理人在工作过程中作出了显著成绩，如由于监理人提出的合理化建议，使委托人获得实际经济利益，则应按照合同中规定的奖励办法，得到委托人给予的适当物质奖励。奖励办法通常参照国家颁布的合理化建议奖励办法，在专用条件相应的条款内写明。

（2）终止合同的权利。如果由于委托人违约严重拖欠应付监理人的酬金，或由于非监理人责任而使监理暂停的期限超过半年以上，监理人可按照终止合同规定程序，单方面提出终止合同，以保护自己的合法权益。

2. 监理人执行监理业务可以行使的权利

（1）工程建设有关事项和工程设计的建议权，工程建设有关事项包括工程规模、设计标准、规划设计，生产工艺设计和使用功能要求。

（2）对实施项目的质量、工期和费用的监督控制权。

主要表现为：对承包商报的工程施工组织设计和技术方案，按照保质量、保工期和降低成本要求，自主进行审批和向承包商提出建议；征得委托人同意，发布开工令、停工令、复工令；对工程上使用的材料和施工质量进行检验；对施工进度进行检查、监督，未经监理工程师签字，建筑材料、建筑构配件和设备不得在工地上使用，施工单位不得进行下一道工序的施工；工程实际竣工日期提前或延误期限的鉴定；在工程承包合同约定的工程范围内，工程款支付的审核和签认权，以及结算工程款的复核确认与否定权。未经监理人签字确认，委托人不支付工程款，不进行竣工验收。

（3）与工程建设有关协作单位组织协调的主持权，监理人应将重要事项报告委托人。

（4）紧急情况下，为了工程和人身安全，尽管变更指令已超越了委托人授权而又不能事先得到批准时，也有权发布变更指令，但应尽快通知委托人。

（5）审核承包商索赔的权利。

（6）选择总承包人建议权，对分包人的认可权。

四、委托监理合同双方的责任、义务

（一）委托人的责任、义务

（1）委托人在监理人开展工作前支付预付款。

（2）委托人应负责建设工程的所有外部关系的协调工作，满足开展监理工作所需提供的外部条件。

（3）委托人与监理人作好协调工作。委托人要授权一位熟悉建设工程情况，能迅速做出决定的常驻代表，负责与监理人联系。更换此人，要提前通知监理人。

（4）为了不耽搁服务，委托人应在合理的时间内就监理人以书面形式提交并要求做出决定的一切事宜做出书面决定。

（5）为监理人顺利履行合同义务，作好协助工作。协助工作包括以下几方面内容：

1）将授予监理人的监理权利，以及监理机构主要成员的职能分工、监理权限及时书面通知已选定的第三方，并在第三方签订的合同中予以明确。

2）为监理人进驻工地监理机构开展正常工作提供协助服务。服务内容包括信息服务（工程资料）、物质服务（办公用房、通讯设施、其他）和人员服务（如有需要，合同中约定）。

（6）非监理方原因使监理方因业务工作受损失，委托人应予补偿。

（二）监理人的责任、义务

（1）监理人应按委托监理合同约定组成监理机构并派出监理人员，并向委托人报告监理组织机构人员名单和监理规划，按合同约定完成监理任务，并定期向委托人报告监理工作。

（2）委托监理合同履行过程中如果需要调换总监理工程师，必须首先经过委托人同意，并派出具有相应资质和能力的人员。

（3）监理人在履行合同的义务期间，应运用合理的技能认真勤奋地进行监督管理，公正地维护有关方面的合法权益。当委托人发现监理人员不按委托监理合同履行监理职责，或与承包人串通给委托人或工程造成损失时，委托人有权要求监理人更换监理人员，直到终止合同并要求监理人承担相应的赔偿责任或连带赔偿责任。

（4）在合同期内或合同终止后，未征得有关方同意，不得泄露与本工程、合同业务有关的保密资料。

（5）任何由委托人提供的供监理人使用的设施和物品都属于委托人的财产，监理工作完成或中止时，应及时将设施和剩余物品归还委托人。

（6）为了保证监理行为的公正性，非经委托人书面同意，监理人及其职员不应接受委托监理合同约定以外的与监理工程有关的报酬。

（7）监理人不得参与可能与委托人利益相冲突的任何活动。

（8）负责合同的协调管理工作。

五、违约责任

（一）违约赔偿

1. 在合同责任期内，如果监理人未按合同中要求的职责勤恳认真地服务；或委托人违背了他对监理人的责任时，均应向对方承担赔偿责任。监理人的责任期即委托监理合同有效期。

2. 任何一方对另一方负有责任时的赔偿原则是：

（1）委托人违约应承担违约责任，赔偿监理人的经济损失。

（2）因监理人过失造成经济损失，应向委托人进行赔偿，累计赔偿额不应超出监理酬金总额（除去税金）。

（3）当一方向另一方的索赔要求不成立时，提出索赔的一方应补偿由此所导致的对方各种费用支出。

（二）监理人的责任限度

1. 监理人承担责任的情形。监理人在责任期内，如果因过失而造成经济损失，要负监理失职的责任；

2. 监理人不承担责任的情形。第一，监理人不对责任期以外发生的任何事情所引起的损失或损害负责；第二，监理人不对承包人违反合同规定质量及完工时限承担责任；第三，因不可抗力造成委托监理合同不能执行的，监理人不承担责任。

六、合同的暂停或终止及合同争议的解决

（一）合同的暂停或终止

1. 监理人向委托人办理完竣工验收或工程移交手续，承包商和委托人已签订工程保修合同，监理人收到监理酬金尾款结清监理酬金后，本合同即告终止。

2. 当事人一方要求变更或解除合同时，应当在42日前通知对方，因变更或解除合同使一方遭受损失的，除依法可免除责任者外，应由责任方负责赔偿。

3. 变更或解除合同的通知或协议必须采取书面形式，协议未达成之前，原合同仍然有效。

4. 如果委托人认为监理人无正当理由而又未履行监理义务时，可向监理人发出指明其未履行义务的通知。若委托人在21天内没收到答复，可在第一个通知发出后35日内发出终止委托监理合同的通知，合同即行终止。

5. 监理人在应当获得监理酬金之日起 30 日内仍未收到支付单据，而委托人又未对监理人提出任何书面解释，或暂停监理业务期限已超过半年时，监理人可向委托人发出终止合同通知。如果 14 日内未得到委托人答复，可进一步发出终止合同的通知。如果第二份通知发出后 42 日内仍未得到委托人答复，监理人可终止合同，也可自行暂停履行部分或全部监理业务。

（二）合同争议的解决

因违反或终止合同而引起的对损失或损害的赔偿，委托人与监理人应该协商解决。如协商不能达成一致，可提交主管部门协调。仍不能达成一致的，根据合同约定可提交仲裁机构仲裁或向人民法院起诉。

七、委托监理合同的价款

参见本书第一章。

第五节　建设工程勘察设计合同管理

一、勘察设计合同概述

建设工程勘察合同是发包人与勘察人就查明、分析、评价建设场地的地质特征和岩土工程条件，编制建设工程勘察文件，明确双方权利和义务的协议。

建设工程设计合同是以对建设工程所需的技术、经济、资源、环境等条件进行综合分析、论证，编制建设工程设计文件为内容，明确双方权利和义务的协议。为了保证工程项目的建设质量达到预期的投资目的，实施过程必须遵循项目建设的内在规律，即坚持先勘察、后设计、再施工的程序。

（一）勘察合同示范文本

按照委托勘察任务的不同，勘察合同范本分为两个版本。

1. 建设工程勘察合同（一）［GF-2000-0203］

该范本适用于为设计提供勘察工作的委托任务，包括岩土工程勘察、水文地质勘察（含凿井）、工程测量、工程物探等勘察。合同主要的条款包括：

（1）工程概况；　　　　　　　（2）发包人应提供的资料；
（3）勘察成果的提交；　　　　（4）勘察费用的支付；
（5）发包人、勘察人责任；　　（6）违约责任；
（7）未尽事宜的约定；　　　　（8）其他约定事项；
（9）合同争议的解决；　　　　（10）合同生效。

2. 建设工程勘察合同（二）［GF-2002-0204］

该范本的委托工作内容仅涉及岩土工程，具体包括取得岩土工程的勘察资料、对项目的岩土工程进行设计、治理和监测工作。

（二）设计合同示范文本

1. 建设工程设计合同（一）［GF-2000-0209］

该范本适用于民用建设工程设计的合同，合同主要的条款包括：

（1）订立合同的依据文件；　　　　（2）委托设计任务的范围和内容；

（3）发包人应提供的有关资料和文件；（4）设计人应交付的资料和文件；

（5）设计费的支付；　　　　　　　（6）双方责任；

（7）违约责任；　　　　　　　　　（8）其他。

2. 建设工程设计合同（二）〔GF-2000-0210〕

该合同范本适用于委托专业工程的设计。除了上述设计合同应包括的条款内容外，还增加有设计依据，合同文件的组成和优先次序，项目的投资要求、设计阶段和设计内容，保密等方面的条款约定。

二、勘察合同的订立与履行

（一）勘察合同的订立

承发包双方签订勘察合同时，根据工程特点，应明确以下内容。

1. 发包人应为勘察人提供的勘察依据文件和资料

（1）提供工程批准文件（如建设工程规划许可证等复印件）、建设用地批准文件（建设用地规划许可证等复印件）、勘察许可批准证件等（复印件）；

（2）提供工程勘察任务委托书、技术要求和建筑总平面布置图；

（3）提供工作范围的地形图、已有的技术资料、场地坐标与标高等资料；

（4）提供勘察场地范围地下已有埋藏物（包括地下建筑物与构筑物）的位置分布资料。

2. 勘察合同委托的工作范围

（1）工程勘察任务（内容）。可能包括：自然条件观测，地形图测绘，资源探测，岩土工程勘察，地震安全性评价，工程水文地质勘察，环境评价，模型试验等。

（2）技术要求。

（3）预计的勘察工作量。

（4）勘察成果资料提交的份数。

3. 合同工期

合同工期即合同约定的勘察工作开始与终止时间。

4. 勘察费用

勘察费用包括：

（1）勘察费用的预算金额；

（2）勘察费用的支付程序和每次支付的百分比。

5. 发包人应为勘察人提供的现场工作条件

（1）落实土地征用、青苗树木赔偿；

（2）拆除地上、地下障碍物；

（3）处理施工扰民和影响施工正常进行的有关问题；

（4）平整施工现场；

（5）修好通行道路、接通电源水源、挖好排水沟渠以及水上作业用船等。

6. 违约责任

（1）承担违约责任的条件；

（2）违约金的计算方法。

（二）勘察合同的履行

1. 发包人的责任

（1）在勘察现场范围内，不属于委托勘察任务而又没有资料、图纸的地区（段），发包人应负责查清地下埋藏物。若因未提供上述资料、图纸，或提供的资料图纸不可靠、地下埋藏物不清，致使勘察人在勘察工作过程中发生人身伤害或造成经济损失时，由发包人承担民事责任。

（2）若勘察现场需要看守，特别是在有毒、有害等危险现场作业时，发包人应派人负责安全保卫工作，按国家有关规定，对从事危险作业的现场人员进行保健防护，并承担费用。

（3）工程勘察前，属于发包人负责提供的材料，应根据勘察人提出的工程用料计划，按时提供各种材料及其产品合格证明，并承担费用和运到现场，派人与勘察的人员一起验收。

（4）勘察过程中的任何变更，经办理正式变更手续后，发包人应按实际发生的工作量支付勘察费。

（5）为勘察人的工作人员提供必要的生产、生活条件，并承担费用；如不能提供时，应一次性付给勘察人临时设施费。

（6）发包人若要求在合同规定时间内提前完工（或提交勘察成果资料）时，发包人应按每提前一天向勘察人支付计算的加班费。

（7）发包人应保护勘察人的投标书、勘察方案、报告书、文件、资料图纸、数据、特殊工艺（方法）、专利技术和合理化建议。

2. 勘察人的责任

（1）勘察人应按国家技术规范、标准、规程和发包人的任务委托书及技术要求进行工程勘察，按合同规定的时间提交质量合格的勘察成果资料，并对其负责。

（2）由于勘察人提供的勘察成果资料质量不合格，勘察人应负责无偿给予补充完善使其达到质量合格。因勘察质量导致重大经济损失或工程事故的，勘察人应负法律责任、免收受损失部分的勘察费并向发包人赔偿损失。

（3）勘察过程中，根据工程的岩土工程条件（或工作现场地形地貌、地质和水文地质条件）及技术规范要求，向发包人提出增减工作量或修改勘察工作的意见，并办理正式变更手续。

三、设计合同的订立与履行

（一）设计合同的订立

承发包双方签订设计合同时，根据工程特点，应明确以下内容。

1. 发包人订立设计合同应提供的资料

发包人应提供文件、资料的名称和时间，作为设计人完成设计任务的基础，通常包括本项目的设计依据文件和设计要求文件两部分。

（1）设计依据文件和资料

设计依据文件是发包人订立设计合同前已完成工作所获得的批准文件和数据资料，包括：①前期获得的行政批准文件、经批准的项目可行性研究报告或项目建议书；②城市规划许可文件；③工程勘察资料等。

（2）设计要求文件和资料

设计要求文件则是设计人完成委托任务的应满足的具体要求，包括：①工程的范围和规模；②限额设计的要求；③设计依据的标准；④法律、法规规定应满足的其他条件。

2. 设计合同委托工作范围

由于具体工程项目的条件和特点各异，应针对委托设计的项目明确说明。通常涉及：

（1）设计范围，合同内应明确建设规模，详细列出工程分项的名称、层数和建筑面积；

（2）建筑物的设计合理使用年限要求；

（3）委托的设计阶段和内容。可能包括方案设计、初步设计和施工图设计的全过程，也可以是其中的某几个阶段；

（4）设计深度要求；设计标准不得低于国家规定的强制性规定，发包人不得要求设计人违反国家有关标准进行设计。方案设计文件应当满足编制初步设计文件和控制概算的需求；初步设计文件应当满足编制施工招标文件、主要设备材料订货和编制施工图设计文件的需要；施工图设计文件应当满足设备材料采购、非标准设备制作和施工的需要，并注明建设工程合理使用年限。

（5）设计人配合施工工作的要求等方面的约定。例如设计交底，处理施工过程中的有关设计问题，参加重要隐蔽工程部位验收和竣工验收等事项。

3. 设计人交付设计文件的时间

4. 设计费用。合同双方不得违反国家有关最低收费标准的规定。

5. 发包人应为设计人提供的现场服务

6. 违约责任。包括承担违约责任的条件和违约金的计算方法。

7. 合同争议的解决方式

（二）设计合同的履行

设计合同确定双方义务的原则是，设计人按照发包人的项目建设意图保质、保量、按期完成委托项目的设计任务，并协助实现设计的预期目的，所有与设计有关的外部配合、协调工作属于发包人的义务。因此，双方的义务分别体现为以下几个方面。

1. 发包人的责任

（1）提供设计依据资料。发包人应当按照合同内约定时间，一次性或陆续向设计人提交设计的依据文件和相关资料以保证设计工作的顺利进行，并对所提交基础资料及文件的完整性、正确性及时限负责。

（2）提供必要的现场工作条件。发包人有义务为设计人在现场工作期间提供必要的工作、生活方便条件。

（3）外部协调工作。包括设计的阶段成果（初步设计、技术设计、施工图设计）完成后，应由发包人组织鉴定和验收，并负责向发包人的上级或有管理资质的设计审批部门完成报批手续；施工图设计完成后，发包人应将施工图报送建设行政主管部门，由建设行政主管部门委托的审查机构进行结构安全和强制性标准、规范执行情况等内容的审查。

（4）其他相关工作。发包人委托设计人配合引进项目的设计任务，从询价、对外谈判、国内外技术考察直至建成投产的各个阶段，应吸收承担有关设计任务的设计人参加。出国费用，除制装费外，其他费用由发包人支付。如果发包人委托设计人承担合同约定委托范围之外的服务工作，需另行支付费用。

（5）保护设计人的知识产权。

（6）遵循合理设计周期的规律。发包人不应严重背离合理设计周期的规律，强迫设计人不合理地缩短设计周期的时间。若双方经过协商达成一致并签订提前交付设计文件的协议后，发包人应支付相应的赶工费。

2. 设计人的责任

（1）保证设计质量

1）设计人应依据批准的可行性研究报告、勘察资料，在满足国家规定的设计规范、规程、技术标准的基础上，按合同规定的标准完成各阶段的设计任务，并对提交的设计文件质量负责。

2）在投资限额内，鼓励设计人采用先进的设计思想和方案。但若设计文件中采用的新技术、新材料可能影响工程的质量或安全，而又没有国家标准时，应当由国家认可的检测机构进行试验、论证，并经国务院有关部门或省、直辖市、自治区有关部门组织的建设工程技术专家委员会审定后方可使用。

3）负责设计的建（构）筑物需注明设计的合理使用年限。设计文件中选用的材料、构配件、设备等，应当注明规格、型号、性能等技术指标，其质量要求必须符合国家规定的标准。

4）各设计阶段设计文件在审查会提出修改意见后，设计人应负责修正和完善。

设计人交付设计资料及文件后，需按规定参加有关的设计审查，并根据审查结论负责对不超出原定范围的内容做必要调整补充。

（2）各设计阶段的工作任务

1）初步设计阶段。总体设计、方案设计编制初步设计文件。

2）技术设计阶段。提出技术设计计划、编制技术设计文件。

3）施工图设计阶段。编制成套施工图设计文件。

（3）对外商的设计资料进行审查

如果发包人提供的设计资料中存在外商提供的设计，设计人应该负责对外方设计资料进行审查。

（4）配合施工的义务

1）设计交底；

2）解决施工中出现的设计问题，如完成设计变更或解决与设计有关的技术问题等；

3）参加工程验收工作，包括重要部位的隐蔽工程验收、试车验收和竣工验收。

（5）保护发包人的知识产权

3. 设计合同履行过程中的违约行为及违约责任

（1）发包人的违约责任。

1）发包人延误支付。发包人应按合同规定的金额和时间向设计人支付设计费，每逾期支付一天，应承担支付金额2‰的逾期违约金，且设计人提交设计文件的时间顺延。逾期超过30天以上时，设计人有权暂停履行下阶段工作，并书面通知发包人。

2）审批工作的延误。发包人的上级或设计审批部门对设计文件不审批或合同项目停缓建，均视为发包人应承担的风险。设计人提交合同约定的设计文件和相关资料后，按照设计人已完成全部设计任务对待，发包人应按合同规定结清全部设计费。

3）发包人原因要求解除合同，按照设计人完成设计工作的进展情况按以下原则处理：

①设计人未开始设计工作的，不退还发包人已付的定金；

②已开始设计工作但实际完成的工作量不足一半时，按该阶段设计费的一半支付；

③设计工作未全部完成但实际工作量超过一半时，支付该阶段全部设计费。

（2）设计人的违约责任。

1）设计错误

①设计人对设计资料及文件中出现的遗漏或错误负责修改或补充；

②由于设计人员错误造成工程质量事故损失，设计人除负责采取补救措施外，应免收直接受损失部分的设计费；

③由于设计错误导致工程实际受到严重损失时，应根据损失的程度、设计人责任大小、合同约定的百分比承担损害赔偿责任。

2）延误完成设计任务。由于设计人自身原因，延误了按合同规定交付的设计资料及设计文件的时间，每延误一天，应减收该项目应收设计费的2‰。

3）设计人原因要求解除合同，应双倍返还定金。

（3）不可抗力事件的影响。

由于不可抗力因素致使合同无法履行时，双方应及时协商解决。

4. 设计合同的生效与终止（设计合同的主要事件如图5-12所示）

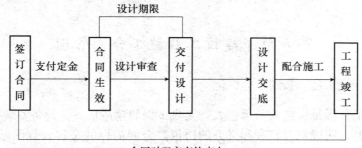

图5-12 设计合同的主要事件

（1）设计合同生效

设计合同采用合同总价20%的定金担保。经双方当事人签字盖章并在发包人向设计人支付定金后，设计合同生效。支付定金时间为合同签字后3日内。

（2）设计合同终止

工程施工完成竣工验收工作，或完成施工安装验收工作，设计合同即可终止。

（3）设计期限

设计期限，是判定设计人是否按期履行合同义务的标准，它是合同内约定的交付设计文件的时间与非设计人应承担的风险发生并通过双方协商确定的顺延时间之和。

5. 设计合同的变更及其发生的原因

设计合同的变更，通常指设计人承接工作范围和内容的改变。按照发生原因的不同，一般可能涉及以下几个方面的原因。

（1）设计人的工作。设计人交付设计资料及文件后，按规定参加有关的设计审查，并根据审查结论负责对不超出原定范围的内容做必要的调整补充。

（2）委托任务范围内的设计变更。为了维护设计文件的严肃性，经过批准的设计文件不应随意变更。发包人、施工承包人、监理人均不得修改建设工程勘察、设计文件。如果发包人根据工程的实际需要确需修改建设工程勘察、设计文件时，应当首先报经原审批机关批准，然后由原建设工程勘察、设计单位修改。经过修改的设计文件仍需按设计管理程序经有关部门审批后使用。

（3）委托其他设计单位完成的变更。在某些特殊情况下，发包人需要委托其他设计单位完成设计变更工作，如变更增加的设计内容专业性特点较强；超过了设计人资质条件允许承接的工作范围；或施工期间发生的设计变更，设计人由于资源能力所限，不能在要求的时间内完成等原因。在此特殊情况下，发包人需要委托其他设计单位完成设计变更工作，发包人经原建设工程设计人书面同意后，可以委托其他具有相应资质的建设工程勘察、设计单位修改。修改单位对修改的勘察、设计文件承担相应责任，设计人不再对修改的部分负责。

（4）发包人原因对设计依据的变更应补充协议或重签合同。发包人变更委托设计项目、规模、条件或因提交的资料错误，或所提交资料作较大修改，以致造成设计人设计需返工时，双方除需另行协商签订补充协议（或另订合同）、重新明确有关条款外，发包人应按设计人所耗工作量向设计人增付设计费。

在未签订合同前发包人已同意，设计人为发包人所作的各项工作，应按收费标准，相应支付设计费。

第六节　建设工程施工合同管理

一、建设工程施工合同概述

建设工程施工合同是发包人与承包人就完成工程的建造任务、设备安装、设备调试、工程保修等工作内容，明确双方权利和义务的协议。合同的标的是将设计图纸变为满足功能、质量、进度、投资等发包人预期目的的建筑产品。

（一）建设工程施工合同的特点

建设工程施工合同具有以下特点：

1. 合同订立依据的严格性

建设工程施工合同的订立，应具备以下要求：

（1）项目设计概算和设计文件经过批准且项目已列入年度建设计划。

（2）项目资金已经落实，征地拆迁工作已经完成。

（3）工程建设实施计划概要已经完成。

2. 合同法律关系主体的严格性

发包人，必须具备法人资格，同时发包人必须具备与拟建工程规模相适应的管理与组织能力。承包人，必须有主管部门核发的与承建工程相应的资质证书和施工资格证书。

3. 合同标的特殊性

建设工程施工合同的标的是建筑产品。建筑产品及其生产过程具有单件性、固定性、生产的流动性且其生产为露天生产，受外界环境影响较大。

4. 合同履行期限的长期性

建筑产品结构复杂、体积大、投资大、工程量大，因此，生产周期较长。

5. 合同内容的复杂性

虽然施工合同的直接当事人只有承发包双方，但是，施工合同履行中涉及的主体却很多，因此，施工合同的约定还需与其他相关合同（如设计合同、供货合同等）协调。

（二）建设工程施工合同示范文本

鉴于施工合同的复杂性，为了避免施工合同的使用者遗漏某些方面的重要条款，或条款约定责任不明，导致合同纠纷，国家有关部门编制并印发了建设工程施工合同示范文本。

示范文本中的条款属于推荐使用，应结合具体工程的特点加以补充、修正，最终形成责任明确、操作性强的合同。

1.《建设工程施工合同（示范文本）》［GF-1999-0201］

《建设工程施工合同（示范文本）》主要用于房屋建筑工程，也可供公路工程参考使用。该示范文本主要内容如下：

建设工程施工合同（示范文本）

第一部分　协议书

第二部分　通用条款

一、词语定义及合同文件　　　　　七、材料设备供应

二、双方一般权利和义务　　　　　八、工程变更

三、施工组织设计和工期　　　　　九、竣工验收与结算

四、质量与检验　　　　　　　　　十、违约、索赔和争议

五、安全施工　　　　　　　　　　十一、其他

六、合同价款与支付

第三部分　专用条款

一、词语定义及合同文件　　　　　七、材料设备供应

二、双方一般权利和义务　　　　　八、工程变更

三、施工组织设计和工期　　　　　九、竣工验收与结算

四、质量与检验　　　　　　　　　十、违约、索赔和争议

五、安全施工　　　　　　　　　　十一、其他

六、合同价款与支付

附件1：承包人承揽工程项目一览表（内容略）

附件2：发包人供应材料设备一览表（内容略）

附件3：工程质量保修书（内容略）

（1）协议书。合同协议书是施工合同的总纲性法律文件，经过双方当事人签字盖章后，合同即成立。标准化的协议书格式文字量不大，需要结合承包工程特点填写的主要内容包括：工程概况、工程承包范围、合同工期、质量标准、合同价款、合同生效时间，并明确对

双方有约束力的合同文件组成。

（2）通用条款。通用条款是根据法律、行政法规及建设工程施工的需要订立，通用于建设工程施工的条款。

"通用"的含义是，所列条款的约定不区分具体工程的行业、地域、规模等特点，只要属于建筑安装工程均可适用。通用条款是在广泛总结国内工程实施中成功经验和失败教训基础上，参考 FIDIC《土木工程施工合同条件》相关内容的规定，编制的规范发承包双方履行合同义务的标准化条款。通用条款在使用时不作任何改动，原文照搬。

（3）专用条款。专用条款是发包人与承包人根据法律、行政法规规定，结合具体工程实际，经协商达成一致意见的条款，是对通用条款的具体化、补充或修改。

由于具体实施工程项目的工作内容各不相同，施工现场和外部环境条件各异，因此还必须有反映招标工程具体特点和要求的专用条款的约定。合同范本中的"专用条款"部分只为当事人提供了编制具体合同时应包括内容的指南，具体内容由当事人根据发包工程的实际要求细化。

具体工程项目编制专用条款的原则是，结合项目特点，针对通用条款的内容进行补充或修正，达到相同序号的通用条款和专用条款共同组成对某一方面问题内容完备的约定。通用条件已构成完善的部分不需重复抄录，只需对通用条款部分需要补充、细化甚至弃用的条款做相应说明后，按照通用条款对该问题的编号顺序排列即可。

（4）附件。范本中为使用者提供了"承包人承揽工程项目一览表"、"发包人供应材料设备一览表"和"工程质量保修书"三个标准化附件，如果具体项目的实施为包工包料承包，则可以不使用发包人供应材料设备表。

2.《公路工程国内招标文件范本》

公路工程施工承包合同范本，主要包括合同条件、技术规范、图纸、工程量清单和协议书等。

交通部印发的《公路工程国内招标文件范本》共包括五卷，内容如下：

第一卷　合同；　　　　　　　　　　第四卷　图纸；

第二卷　技术规范；　　　　　　　　第五卷　参考资料。

第三卷　标书格式、资料表、工程量
　　　　　清单；

《建设工程施工合同（示范文本）》与《公路工程国内招标文件范本》的基本构思规划原理类似，因此，本节以《建设工程施工合同（示范文本）》为例，介绍国内施工合同示范文本的内容。

（三）合同管理涉及的有关各方

1. 合同当事人

（1）发包人：指在协议书中约定，具有工程发包主体资格和支付工程价款能力的当事人以及取得该当事人资格的合法继承人。

（2）承包人：指在协议书中约定，被发包人接受的具有工程施工承包主体资格的当事人以及取得该当事人资格的合法继承人。

从以上两个定义可以看出，施工合同签订后，当事人任何一方均不允许转让合同。所谓合法继承人是指因资产重组后，合并或分立后的法人或组织可以作为合同的当事人。

2. 工程师

《建设工程施工合同（示范文本）》中定义的工程师，指本工程监理单位委派的总监理工程师或发包人指定的履行本合同的代表，其具体身份和职权由发包人、承包人在专用条款中约定。

（1）发包人委托的监理

发包人可以委托监理单位，全部或者部分负责合同的履行管理职能。监理单位委派的总监理工程师在施工合同中称为工程师。

（2）发包人派驻代表

对于国家未规定实施强制监理的工程施工，发包人也可以派驻代表自行管理。发包人派驻施工场地履行合同的代表在施工合同中也称工程师，但职责不得与监理单位委派的总监理工程师职责相互交叉。双方职责发生交叉或不明确时，由发包人明确双方职责，并以书面形式通知承包人。

如需更换工程师，发包人应至少提前7天以书面形式通知承包人，后任继续行使合同文件约定的前任的职权，履行前任的义务。

3. 建设行政主管部门

建设行政主管部门对施工活动的监督管理主要体现在以下几个方面：

（1）颁布规章，规范建筑市场行为。

（2）批准项目建设，对项目建设进行管理。

（3）对建设活动实施监督，进行宏观管理。

4. 建设工程质量监督机构

质量监督机构是接受政府委托对质量进行较为宏观管理的中介组织，对施工活动的主要监督作用如下：（有关质量监督机构具体内容参见建设工程质量管理部分）

（1）对工程参建各主体质量行为的监督。包括对建设单位质量行为的监督，对监理单位质量行为的监督，对施工单位质量行为的监督。

（2）对工程实体质量的监督。对工程实体质量的监督以抽查方式为主，并辅以科学的检测手段。地基基础必须经监督检查合格后方可进行主体结构施工，主体结构质量必须经监督检查合格后方可进行后续工程施工。

（3）对工程竣工验收的监督。建设工程质量监督机构在工程竣工验收时，重点对工程竣工验收形式、验收程序、执行验收规范情况等实行监督。

5. 金融机构

金融机构在工程施工活动中的主要职能是贷款、支付及结算的监督管理。

二、建设工程施工合同的订立

依据《建设工程施工合同（示范文本）》订立施工合同时，合同当事人双方应注意根据通用条款的通用规则和专用条款的个例说明，在合同协议书中明确合同的核心内容。

（一）合同价款与支付

合同协议书内应明确约定合同价款。

1. 合同价款。合同价款是发包人和承包人都接受的合同价款，是指发包人承包人在协议书中约定，发包人用以支付承包人按照合同约定完成承包范围内全部工程并承担质量保修责任的款项。

招标工程的合同价款是中标通知书中的中标价格（来源于投标书的中标价）在协议书内的约定。非招标工程的合同价款由发包人、承包人依据工程预算书在协议书内约定。合同价款在协议书内约定后，任何一方不得擅自改变。

2. 追加合同价款。追加合同价款是指在合同履行中发生需要增加合同价款的情况，经发包人确认后按计算合同价款的方法增加的合同价款。

3. 合同计价方式

合同价款的确定方式有三种，即固定价格合同、可调价格合同和成本加酬金合同，双方可在专用条款内约定采用的具体合同计价方式。

4. 工程款的支付

（1）工程预付款

施工合同的支付程序中是否有工程预付款，预付款支付的条件，取决于发包人根据工程性质在招标文件中的规定。

实行工程预付款的，在通用条款规定基础上，双方还应当在专用条款内约定发包人向承包人预付工程款的时间和数额，以及开工后扣回工程预付款的时间和比例。

（2）工程款进度款支付

工程款进度款支付，在通用条款规定基础上，双方应在专用条款中约定工程款（进度款）支付的方式和时间。

工程款的支付具体内容参见本书建设工程投资部分。

（二）工期

1. 开工日期，是指发包人承包人在协议书中约定，承包人开始施工的绝对或相对的日期。

2. 竣工日期，是指发包人承包人在协议书约定，承包人完成承包范围内工程的绝对或相对的日期。

3. 合同协议书约定的工期。合同协议书约定的工期是指发包人承包人在协议书中约定，按总日历天数（包括法定节假日）计算的承包天数。

合同协议书约定的工期也就是协议书总日历天数，如果是招标选择的承包人，工期总日历天数应为投标书内承包人承诺的天数，不一定是招标文件要求的天数，招标文件中通常规定招标工程最长允许的完工时间，而承包人为了竞争，投标书内载明的工期一般短于招标文件限定的最长工期。工期是评标比较的一项重要内容，因此，合同协议书内注明的工期是发包人同意的投标工期。

4. 合同工期。合同工期的总时间为签合同内注明的完成全部工程的时间，加上合同履行过程中因非承包商应负责原因导致变更和索赔事件发生后，经工程师批准顺延工期之和。合同工期是判定承包商提前或延误竣工的标准。

合同内如果有发包人要求分阶段移交的单位工程或部分工程时，专用条款内需要明确约定中间交工工程的范围和竣工时间。此项约定也是判定承包人是否按照合同履行了义务的标准。

358

（三）对双方有约束力的合同文件

1. 组成合同的文件包括：

第一部分　订立合同时已形成的文件　（共 9 项）

（1）本合同协议书　　　　　　　（6）标准、规范及有关技术文件

（2）中标通知书　　　　　　　　（7）图纸

（3）投标书及其附件　　　　　　（8）工程量清单

（4）本合同专用条款　　　　　　（9）工程报价单或预算书

（5）本合同通用条款

第二部分，合同履行过程中形成的文件。

合同履行过程中，双方有关工程的洽商、变更等书面协议或文件也构成对双方有约束力的合同文件，将其视为本合同协议书的组成部分。

2. 合同文件及解释顺序

合同文件应能相互解释，互为说明。除专用条款另有约定外，组成本合同的文件及优先解释顺序如下：

（1）本合同协议书　　　　　　　（6）标准、规范及有关技术文件

（2）中标通知书　　　　　　　　（7）图纸

（3）投标书及其附件　　　　　　（8）工程量清单

（4）本合同专用条款　　　　　　（9）工程报价单或预算书

（5）本合同通用条款

合同履行过程中的洽商、变更等书面协议或文件也构成对双方有约束力的合同文件，将其视为本合同协议书的组成部分。这些文件发生时间在后，且经过双方当事人签署，因此，作为协议书的组成部分，排序在第一位。

当合同文件内容含糊不清或不相一致时，在不影响工程正常进行的情况下，由发包人承包人协商解决。双方也可以提请监理工程师作出解释。双方协商不成或不同意监理工程师的解释时，按合同约定的争议解决方式处理。

（四）发包人和承包人的工作

1. 发包人的工作

通用条款规定发包人按专用条款约定的内容和时间完成以下工作：

（1）办理土地征用、拆迁补偿、平整施工场地等工作，使施工场地具备施工条件，在开工后继续负责解决以上事项遗留问题；

（2）将施工所需水、电、电讯线路从施工场地外部接至专用条款约定地点，保证施工期间的需要；

（3）开通施工场地与城乡公共道路的通道，以及专用条款约定的施工场地内的主要道路，满足施工运输的需要，保证施工期间的畅通；

（4）向承包人提供施工场地的工程地质和地下管线资料，对资料的准确性负责；

（5）办理施工许可证及其他施工所需证件、批件和临时用地、停水、停电、中断道路交通、爆破作业等的申请批准手续（证明承包人自身资质的证件除外）；

（6）确定水准点与坐标控制点，以书面形式交给承包人，进行现场交验；

（7）组织承包人和设计单位进行图纸会审和设计交底；

（8）协调处理施工场地周围地下管线和邻近建筑物、构筑物（包括文物保护建筑）、古树名木的保护工作、承担有关费用；

（9）发包人应做的其他工作，双方在专用条款内约定。

发包人可以将部分工作委托承包人办理，双方在专用条款内约定，其费用由发包人承担。发包人未能履行各项义务，导致工期延误或给承包人造成损失的，发包人赔偿承包人的有关损失，顺延拖延的工期。

2. 承包人的工作

通用条款规定承包人按专用条款约定的内容和时间完成以下工作：

（1）根据发包人委托，在其设计资质等级和业务允许的范围内，完成施工图设计或与工程配套的设计，经工程师确认后使用，发包人承担由此发生的费用；

（2）向工程师提供年、季、月度工程进度计划及相应进度统计报表；

（3）根据工程需要，提供和维修夜间施工使用的照明、围栏设施，并负责安全保卫；

（4）按专用条款约定的数量和要求，向发包人提供施工场地办公和生活的房屋及设施，发包人承担由此发生的费用；

（5）遵守政府有关主管部门对施工场地交通、施工噪音以及环境保护和安全生产等的管理规定，按规定办理有关手续，并以书面形式通知发包人，发包人承担由此发生的费用，因承包人责任造成的罚款除外；

（6）已竣工工程未交付发包人之前，承包人按专用条款约定负责已完工程的保护工作，保护期间发生损坏，承包人自费予以修复；发包人要求承包人采取特殊措施保护的工程部位和相应的追加合同价款，双方在专用条款内约定；

（7）按专用条款约定做好施工场地地下管线和邻近建筑物、构筑物（包括文物保护建筑）、古树名木的保护工作；

（8）保证施工场地清洁符合环境卫生管理的有关规定，交工前清理现场达到专用条款约定的要求，承担因自身原因违反有关规定造成的损失和罚款；

（9）承包人应做的其他工作，双方在专用条款内约定。

承包人未能履行各项义务，造成发包人损失的，承包人赔偿发包人有关损失。

（五）保险

工程保险是转移工程风险的重要手段，通用条款的处理方式如下：

1. 工程开工前，发包人为建设工程和施工场内的自有人员及第三人人员生命财产办理保险，支付保险费用。

2. 运至施工场地内用于工程的材料和待安装设备，由发包人办理保险，并支付保险费用。

3. 发包人可以将有关保险事项委托承包人办理，费用由发包人承担。

4. 承包人必须为从事危险作业的职工办理意外伤害保险，并为施工场地内自有人员生命财产和施工机械设备办理保险，支付保险费用。

5. 保险事故发生时，发包人、承包人有责任尽力采取必要的措施，防止或者减少损失。

6. 具体投保内容和相关责任，发包人承包人在专用条款中约定。

（六）工程担保

履约担保和预付款担保不是合同成立的必要条件，通用条款的处理方式如下：

1. 发包人、承包人为了全面履行合同，应互相提供以下担保：

（1）发包人向承包人提供履约担保，按合同约定履行支付工程价款及合同约定的其他义务。

（2）承包人向发包人提供履约担保，按合同约定履行自己的各项义务。

2. 一方违约后，另一方可要求提供担保的第三人承担相应责任。

3. 发包人、承包人除在专用条款中约定提供担保的内容、方式和相关责任外，被担保方与担保方还应签订担保合同，作为合同附件。

（七）索赔

索赔的内容可参见本书第五章建设合同管理中第七节建设工程施工索赔管理。

（八）合同争议的解决

关于合同争议的解决，通用条款规定的内容如下：

1. 发包人、承包人在履行合同时发生争议，可以和解或者要求有关主管部门调解。

当事人不愿和解、调解或者和解、调解不成的，双方可以在专用条款内约定以下一种方式解决争议：

（1）双方达成仲裁协议的，向约定的仲裁委员会申请仲裁；

（2）向有管辖权的人民法院起诉。

2. 发生争议后，除非出现下列情况的，双方都应继续履行合同，保持施工连续，保护好已完工程：

（1）单方违约导致合同确已无法履行，双方协议停止施工；

（2）调解要求停止施工，且为双方接受；

（3）仲裁机构要求停止施工；

（4）法院要求停止施工。

（九）图纸

1. 发包人提供的图纸

目前，我国工程建设项目图纸，一般是发包人委托设计人负责，施工图设计文件经过审图机构审查。施工图纸经过工程师审核签认后，在合同约定的日期前发放给承包人。施工图纸可以一次提供，也可以分阶段提供，只要符合专用条款的规定，不影响承包人按时开工为限。

发包人应按专用条款约定的日期和套数，向承包人提供图纸。承包人需要增加图纸套数的，发包人应代为复制，复制费用由承包人承担。发包人对工程有保密要求的，应在专用条款中提出保密要求，保密措施费用由发包人承担，承包人在约定保密期限内履行保密义务。

承包人未经发包人同意，不得将本工程图纸转给第三人。工程质量保修期满后，除承包人存档需要的图纸外，应将全部图纸退还给发包人。

承包人应在施工现场保留一套完整图纸，供工程师及有关人员进行工程检查时使用。

2. 承包人负责提供的图纸

承包人享有专利技术的施工工艺，若其具有相应的设计资质与能力，发包人可以委托承包人完成部分设计图纸。由承包人设计的图纸，应在合同约定的时间内按规定的审查程序批准的设计文件提交工程师审核，经过工程师签认后方可使用。

应该指出：无论是发包人提供的图纸，还是承包人负责提供的图纸，工程师对设计图纸的签认，均不能免除设计人的设计责任。

（十）合同解除条款

1. 发包人、承包人协商一致，可以解除合同。

2. 发包人不按合同约定支付工程款（进度款），双方又未达成延期付款协议，导致施工无法进行，承包人可停止施工，停止施工超过 56 天，发包人仍不支付工程款（进度款），承包人有权解除合同。由发包人承担违约责任。

3. 承包人不得将其承包的全部工程转包给他人，也不得将其承包的全部工程肢解以后以分包的名义分别转包给他人。否则，发包人有权解除合同。

4. 有下列情形之一的，发包人、承包人可以解除合同：

（1）因不可抗力致使合同无法履行；

（2）因一方违约（包括因发包人原因造成工程停建或缓建）致使合同无法履行。

5. 一方依据以上约定要求解除合同的，应以书面形式向对方发出解除合同的通知，并在发出通知前 7 天告知对方，通知到达对方时合同解除。对解除合同有争议的，按关于争议的约定处理。

6. 合同解除后，承包人应妥善做好已完工程和已购材料、设备的保护和移交工作，按发包人要求将自有机械设备和人员撤出施工场地。发包人应为承包人撤出提供必要条件，支付以上所发生的费用，并按合同约定支付已完工程价款。已经订货的材料、设备由订货方负责退货或解除订货合同，不能退还的货款和因退货、解除订货合同发生的费用，由发包人承担，因未及时退货造成的损失由责任方承担。除此之外，有过错的一方应当赔偿因合同解除给对方造成的损失。

7. 合同解除后，不影响双方在合同中约定的结算和清理条款的效力。

（十一）合同生效与终止条款

1. 双方可在协议书中约定合同生效方式。

2. 除质量保修外，发包人承包人履行合同全部义务，竣工结算价款支付完毕，承包人向发包人交付竣工工程后，合同即告终止。

3. 合同的权利义务终止后，发包人承包人应当遵循诚实信用原则，履行通知、协助、保密等义务。

三、建设工程施工合同的履行

《建设工程施工合同（示范文本）》规定的合同履行过程中工程事件的处理方式。

（一）工程的分包管理

发包人通过复杂的招标程序选择了综合能力最强的投标人，要求其来完成工程的施工。因此，合同管理过程中对工程分包要进行严格控制。

1. 对工程分包的许可

承包人可以将专用条款中发包人同意分包的工程进行分包，非经发包人同意，承包人不

362

得将承包工程的任何部分分包。承包人选择的分包人需要提请监理工程师批准，工程师主要审查分包人是否具备实施分包工程的资质和能力。未经工程师同意的分包人不得进入现场参与施工。

承包人不得将其承包的全部工程转包给他人，也不得将其承包的全部工程肢解以后以分包的名义分别转包给他人。

承包人出于自身能力考虑，可能将部分自己没有实施资质的特殊专业工程分包，也可将部分较简单的工作内容分包。包括在承包人投标书内的分包计划，发包人通过接受投标书已表示了认可，如果施工合同履行过程中承包人又提出分包要求，则需要经过发包人的书面同意。发包人控制工程分包的基本原则是，主体工程的施工任务不允许分包，主要工程量必须由承包人完成。

2. 工程分包后的各方的责任

工程分包不能免除承包人对发包人应承担在该工程部位施工的合同义务。承包人应在分包场地派驻相应管理人员，保证合同的履行。分包单位的任何违约行为或疏忽导致工程损害或给发包人造成其他损失，承包人承担连带责任。为了保证分包合同的顺利履行，分包工程价款由承包人与分包单位结算。发包人未经承包人同意不得以任何形式向分包单位支付工程款项。

（二）施工进度管理

工程对施工进度计划控制的目的是确保工程进度处于受控状态，满足施工合同对工期的约定。工程师对施工进度进行控制包括以下方面：

1. 进度计划的提交与认可

工程开工前。承包人应当在专用条款约定的日期，将进度计划提交工程师。分阶段进行施工的单项工程，承包人则应按照发包人提供图纸及有关资料的时间，按单项工程编制进度计划，分别向工程师提交。

工程师接到承包人提交的进度计划后，应当在专用条款中约定的时间期限内予以确认或者提出修改意见。如果工程师逾期不确认也不提出书面意见，则视为同意。

认可的计划对承包人具有约束力。工程师对进度计划和施工进度的认可，不免除承包人对施工组织设计和工程进度计划本身的缺陷所应承担的责任。进度计划经工程师予以认可的主要目的，是发包人和工程师依据进度计划进行协调和施工进度控制。

2. 开工

承包人应在专用条款约定的时间按时开工，以保证在合理工期内竣工。在特殊情况下不能准时开工的，则应按合同的约定区分延期开工的责任。

（1）承包人要求的延期开工

承包人不能按时开工，应在不迟于协议书约定的开工日期前7天，以书面形式向工程师提出延期开工的理由和要求。工程师在接到延期开工申请后的48小时内未予答复，视为同意承包人的要求，工期相应顺延。如果工程师不同意延期要求，工期不予顺延。如果承包人未在规定时间内提出延期开工要求，工期也不予顺延。

（2）发包人原因的延期开工

发包人原因导致承包人不能按照协议书约定的日期开工的，工程师应以书面形式通知承包人，推迟开工日期。发包人赔偿承包人因延期开工造成的损失，并相应顺延工期。

3. 进度计划的执行

（1）按进度计划施工

工程开工后，合同履行即进入施工阶段，直至工程竣工。这一阶段工程师进行进度管理的主要任务是控制施工工作按进度计划执行，确保施工任务在规定的合同工期内完成。

承包人应按照工程师确认的进度计划组织施工，接受工程师对进度的检查、监督。一般情况下，工程师应每月检查一次承包人进度计划的执行情况，由承包人提交一份上月进度计划执行情况和本月施工进度计划及其保证措施。同时，工程师还应进行必要的现场实地检查。

（2）进度计划的调整与修改

实际施工过程中，由于外界环境条件、人为条件、现场情况等与承包人开工前编制施工进度计划时预计的施工条件不同，导致实际施工进度与计划进度不符。此时，工程师有权通知承包人修改进度计划，以便更好地进行后续施工的协调管理。承包人应当按照工程师的要求修改进度计划并提出相应措施，经工程师确认后执行。

因承包人自身的原因造成工程实际进度滞后于计划进度，所有的后果都应由承包人自行承担。工程师不对他确认后的改进措施所导致的进度滞后负责，工程师的确认并不是他对工程延期的批准，而仅仅是要求承包人必须在合理的状态下施工。因此，如果调整和修改后的进度计划不能按期完工，由承包人承担相应的违约责任。

4. 暂停施工

（1）工程师指示的暂停施工

1）暂停施工的原因

可引起暂停施工的原因包括：

①外部条件的变化。如后续法规政策的变化导致工程停建、缓建；地方法规要求在某一时段内不允许施工等；

②发包人应承担责任的原因。如由发包人订购的材料或者设备不能按时到货，承包人不得已的停工；

③协调管理的原因。如同时在工程现场作业的几个独立承包人之间施工的交叉干扰；

④承包人的原因，如工程质量不合格。

2）暂停施工的管理程序

工程师认为确有必要暂停施工时，应当以书面形式要求承包人暂停施工，并在提出要求后48h内提出书面处理意见。承包人应当按工程师要求停止施工，并妥善保护已完工程。

承包人实施工程师作出的处理意见后，可以书面形式提出复工申请，工程师应当在48h内给予答复。工程师未能在规定时间内提出处理意见，或收到承包人复工要求后48h内未予答复，承包人可自行复工。

因发包人原因造成停工的，由发包人承担所发生的追加合同价款，赔偿承包人由此造成的损失，相应顺延工期；因承包人原因造成停工的，由承包人承担发生的费用，工期不予顺延。

（2）发包人不能按时支付工程款的暂停施工

施工合同范本通用条款中对以下两种情况，给予了承包人暂时停工的权利：

1）延误支付预付款。

预付时间应不迟于约定的开工日期前 7 天。发包人不按约定预付，承包人在约定预付时间 7 天后向发包人发出要求预付的通知，发包人收到通知后仍不能按要求预付，承包人可在发出通知后 7 天停止施工，发包人应从约定应付之日起向承包人支付应付款的贷款利息，并承担违约责任。

2）拖欠工程进度款。

发包人不按合同约定支付工程款（进度款），双方又未达成延期付款协议，导致施工无法进行，承包人可停止施工，由发包人承担违约责任。

5. 工期延期

（1）可以顺延工期的条件

按照施工合同范本通用条件的规定，以下原因造成的工期拖延，经工程师确认后工期相应顺延：

1）发包人不能按专用条款的约定提供开工条件；

2）发包人不能按约定日期支付工程预付款、进度款，致使工程不能正常进行；

3）工程师未按合同约定提供所需指令、批准等，致使施工不能正常进行；

4）设计变更和工程量增加；

5）一周内非承包人原因停水、停电、停气造成停工累计超过 8h；

6）不可抗力；

7）专用条款中约定或工程师同意工期顺延的其他情况。

（2）工期顺延的确认程序

承包人在上述情况之一发生后 14 天内，就延误的工期以书面形式向工程师提出报告。工程师在收到报告后 14 天内予以确认，逾期不予确认也不提出修改意见，视为同意顺延工期。

工程师确认工期是否应予顺延。首先，应该根据施工合同确定延误的工作，并根据工期定额计算延误事件造成的工作时间损失；其次，根据施工进度计划、施工控制网络图计算延误工作的总时差。只有工作的损失时间大于工作总时差的部分，才能被工程师确认为顺延的工期并纳入合同工期，作为合同工期的一部分。

6. 工程竣工与进度控制

（1）承包人必须按照协议书约定的竣工日期或工程师同意顺延的工期竣工。

（2）因承包人原因不能按照协议书约定的竣工日期或工程师同意顺延的工期竣工的，承包人承担违约责任。

（3）发包人要求提前竣工

发包人如需提前竣工，应与承包人协商，双方协商一致后应签订提前竣工协议，作为合同文件组成部分。提前竣工协议应包括：

1）提前竣工的时间；

2）承包人为保证工程质量和安全采取的措施；

3）发包人为提前竣工提供的条件；

4）提前竣工所需的追加合同价款。

承包人根据提前竣工协议修订进度计划并制定相应的保证措施，修订进度计划并制定相应的保证措施经工程师同意后执行。

（三）建造过程的质量管理

1. 对材料和设备的质量管理

（1）材料设备的到货检验

1）发包人供应的材料设备

实行发包人供应材料设备的，双方应当约定发包人供应材料设备的一览表作为专用条款内容。发包人应当按照材料设备的一览表，按时、按量、按质将供应材料设备运抵双方约定地点（一般为施工现场）。

①发包人供应材料设备的接收。发包人向承包人提供产品合格证明，对其质量负责。发包人在到货前 24h，以书面形式通知承包人，由承包人派人与发包人共同清点。

②材料设备接收后移交承包人保管。发包人供应的材料设备经双方共同清点接收后，由承包人妥善保管，发包人支付相应的保管费用。因承包人原因发生损坏丢失，由承包人负责赔偿。发包人不按规定通知承包人清点，发生的损坏丢失由发包人负责。

③发包人供应的材料设备与一览表不符时，发包人承担有关责任。发包人应承担责任的具体内容，双方根据下列情况在专用条款内约定：

a. 材料设备单价与一览表不符，由发包人承担所有价差；

b. 材料设备的品种、规格、型号、质量等级与一览表不符，承包人可拒绝接收保管，由发包人运出施工场地并重新采购；

c. 发包人供应的材料规格、型号与一览表不符，经发包人同意，承包人可代为调剂串换，由发包人承担相应费用；

d. 到货地点与一览表不符，由发包人负责运至一览表指定地点；

e. 供应数量少于一览表约定的数量时，由发包人补齐，多于一览表约定数量时，发包人负责将多出部分运出施工场地；

f. 到货时间早于一览表约定时间，由发包人承担因此发生的保管费用；到货时间迟于一览表约定的供应时间，发包人赔偿由此造成的承包人损失，造成工期延误的，相应顺延工期。

发包人供应的材料的总结：发包人供应的材料，发包人与承包人应共同清点，承包人负保管责任，保管费用由发包人承担。但是发包人未通知的，承包人不负保管责任。

2）承包人采购的材料设备

①承包人负责采购材料设备的，应按照专用条款约定及设计和有关标准要求采购，并提供产品合格证明，对材料设备质量负责。承包人在材料设备到货前 24h 通知工程师清点。

②承包人采购的材料设备与设计标准要求不符时，承包人应按工程师要求的时间运出施工场地，重新采购符合要求的产品，承担由此发生的费用，由此延误的工期不予顺延。

对承包人采购的材料的总结：承包人与工程师共同清点，不合格材料由承包人运出现场。

（2）材料和设备使用前的检验

1）发包人供应材料设备

发包人供应的材料设备使用前，由承包人负责检验或试验，不合格的不得使用，检验或试验费用由发包人承担。

此次检查试验通过后，仍不能解除发包人供应材料设备存在的质量缺陷责任。

2）承包人负责采购的材料和设备

①采购的材料设备在使用前，承包人应按工程师的要求进行检验或试验，不合格的不得

使用，检验或试验费用由承包人承担。

②工程师发现承包人采购并使用不符合设计和标准要求的材料设备时，应要求承包人负责修复、拆除或重新采购，并承担发生的费用，由此延误的工期不予顺延。

③承包人需要使用代用材料时，应经工程师认可后才能使用，由此增减的合同价款双方以书面形式议定。

④由承包人采购的材料设备，发包人不得指定生产厂或供应商。

对材料使用前检验的总结：检验工作由承包人负责，检验费用由采购方负责，质量责任不因检验而解除采购方责任。

2. 对施工质量的监督管理

工程师在施工过程中采用巡视、旁站和平行检查等方式监督检查承包人的施工工艺和产品质量。

（1）工程师对质量标准的控制

承包人施工的工程质量应当达到合同约定的标准。发包人对部分或者全部工程质量有特殊要求的，应支付由此增加的追加合同价款，对工期有影响的应给予相应顺延。

（2）不符合质量要求的处理

工程师一经发现质量达不到约定标准的工程部分，均可要求承包人返工，直到符合约定标准。因承包人的原因达不到约定标准，由承包人承担返工费用，工期不予顺延。因发包人的原因达不到约定标准，由发包人承担返工的追加合同价款，工期相应顺延。因双方的原因达不到约定标准，由双方根据其责任分别承担。

双方对工程质量有争议，由双方同意的工程质量检测机构鉴定，所需费用及因此造成的损失，由责任方承担。双方均有责任，由双方根据其责任分别承担。

（3）施工过程中的检查和返工

承包人应认真按照标准、规范和设计图纸要求以及工程师依据合同发出的指令施工，随时接受工程师的检查检验，为检查检验提供便利条件。

工程质量达不到约定标准的部分，工程师一经发现，可要求承包人拆除和重新施工，承包人应按工程师及其委派人员的要求拆除和重新施工，承担由于自身原因导致拆除和重新施工的费用，工期不予顺延。

经过工程师检查检验合格后，又发现因承包人原因出现的质量问题，仍由承包人承担责任。

工程师的检查检验不应影响施工正常进行。如影响施工正常进行，检查检验不合格时，影响正常施工的费用由承包人承担。除此之外影响正常施工的追加合同价款由发包人承担，相应顺延工期。

因工程师指令失误或其他非承包人原因发生的追加合同价款，由发包人承担。

（4）专利技术及特殊工艺的使用

发包人要求使用专利技术或特殊工艺，应负责办理相应的申报手续，承担申报、试验、使用等费用；

承包人提出使用专利技术或特殊工艺，应取得工程师认可，承包人负责办理申报手续并承担有关费用。

总之，使用专利技术及特殊工艺施工，由要求使用方办理申报手续并承担相应费用。

擅自使用专利技术侵犯他人专利权的，责任者依法承担相应责任。

3. 隐蔽工程的检验和重新检验

由于隐蔽工程在施工中一旦完成隐蔽，将很难再对其进行质量检查（这种检查往往成本很大）。因此，必须在隐蔽前进行检查验收。对于中间验收，应按专用条款中的约定，对需要进行中间验收的单项工程和部位及时进行检查、试验，不应影响后续工程的施工。承包人应为检验和试验提供便利条件。

（1）承包人自检。工程具备隐蔽条件或达到专用条款约定的中间验收部位，承包人进行自检，并在隐蔽或中间验收前48h以书面形式通知工程师验收。通知包括隐蔽和中间验收的内容、验收时间和地点。承包人准备验收记录。

（2）共同检验。工程师接到承包人的请求验收通知后，应在通知约定的时间与承包人共同进行检查或试验。检测结果表明质量验收合格，经工程师在验收记录上签字后，承包人可进行工程隐蔽和继续施工。验收不合格，承包人应在工程师限定的时间内修改后重新验收。

如果工程师不能按时进行验收，应在承包人通知的验收时间前24h，以书面形式向承包人提出延期验收要求，但延期不能超过48h。

若工程师未能按以上时间提出延期要求，又未按时参加验收，承包人可自行组织验收。承包人经过验收的检查、试验程序后，将检查、试验记录送交工程师。本次检验视为工程师在场情况下进行的验收，工程师应承认验收记录的正确性。

经工程师验收，工程质量符合标准、规范和设计图纸等要求，验收24h后，工程师不在验收记录上签字，视为工程师已经认可验收记录，承包人可进行隐蔽或继续施工。

（3）重新检验。无论工程师是否参加了验收，当其对某部分的工程质量有怀疑，均可要求承包人对已经隐蔽的工程进行重新检验。承包人接到通知后，应按要求进行剥离或开孔，并在检验后重新覆盖或修复。工程师要求的重新检验，按质量的检验结果判定责任。即重新检验表明质量合格，发包人承担由此发生的全部追加合同价款，赔偿承包人损失，并相应顺延工期；检验不合格，承包人承担发生的全部费用，工期不予顺延。

（四）工程款的支付

工程款的支付包括：工程预付款支付、工程款（进度款）支付和竣工结算款的支付。以上内容参见本书第四章工程投资管理部分。

（五）设计变更

《建设工程施工合同（示范文本）》将工程变更分为工程设计变更和其他变更两类。

1. 工程设计变更

（1）发包人提出的工程设计变更

施工中发包人需对原工程设计变更，应提前14天以书面形式向承包人发出变更通知。变更超过原设计标准或批准的建设规模时，发包人应报规划管理部门和其他有关部门重新审查批准，并由原设计单位或委托其他具有相应资质的设计单位提供变更图纸和说明。承包人按照工程师发出的变更通知及有关要求，进行下列需要的变更：

1）更改工程有关部分的标高、基线、位置和尺寸；

2）增减合同中约定的工程量；

3）改变有关工程的施工时间和顺序；

4）其他有关工程变更需要的附加工作。

因变更导致合同价款的增减及造成的承包人损失，由发包人承担，延误的工期相应顺延。

（2）承包人要求的变更

1）施工中承包人不得对原工程设计进行变更。因承包人擅自变更设计发生的费用和由此导致发包人的直接损失，由承包人承担，延误的工期不予顺延。

2）承包人在施工中提出的合理化建议涉及对设计图纸或施工组织设计的更改及对材料、设备的换用，须经工程师同意。未经同意擅自更改或换用时，承包人承担由此发生的费用，并赔偿发包人的有关损失，延误的工期不予顺延。

工程师同意采用承包人合理化建议，所发生的费用和获得的收益，发包人承包人另行约定分担或分享。

2. 其他变更

合同履行中发包人要求变更工程质量标准及发生其他实质性变更，由双方协商解决。

3. 变更价款的确定

（1）确定工程变更价款的程序

1）承包人在工程变更确定后14天内，提出变更工程价款的报告，经工程师确认后调整合同价款。承包人在双方确定变更后14天内不向工程师提出变更工程价款报告时，视为该项变更不涉及合同价款的变更。

2）工程师应在收到变更工程价款报告之日起14天内予以确认或其他答复，工程师无正当理由不确认或其他答复时，自变更工程价款报告送达之日起14天后视为变更工程价款报告已被确认。

3）工程师不同意承包人提出的变更价款，按合同约定的争议处理条款解决。

工程师确认增加的工程变更价款作为追加合同价款，与工程款同期支付。

因承包人自身原因导致的工程变更，承包人无权要求追加合同价款。如由于承包人原因导致实际施工进度滞后于计划进度，造成工程某施工部位的施工与其他承包人的正常计划施工冲突，工程师发布指示改变了它的施工时间和施工顺序导致施工成本的增加或效率降低，承包人无权要求补偿。

确定工程变更价款的程序中蕴涵的思想：①承包人未提出变更价款报告视为不涉及合同价款的调整；②工程师未对变更报告作出答复视为承包人的要求已被确认。

（2）确定变更价款的原则

确定变更价款时，应维持承包人投标报价单内的竞争性水平。详细内容参见本书投资部分。

1）合同中已有适用于变更工程的价格，按合同已有的价格变更合同价款。

2）合同中只有类似于变更工程的价格，可以参照类似价格变更合同价款。

3）合同中没有适用或类似于变更工程的价格，由承包人提出适当的变更价格，经工程师确认后执行。

（六）不可抗力

《建设工程施工合同（示范文本）》定义的不可抗力是指不能预见、不能避免并不能克服的客观情况。包括因战争、动乱、空中飞行物体坠落或其他非发包人承包人责任造成的爆炸、火灾，以及专用条款约定的风雨、雪、洪、震等自然灾害。

为了避免以后可能因为对不可抗力范围的理解不同造成的合同纠纷，对于自然灾害等形成的不可抗力，应在合同专用条款内约定构成不可抗力的风、雨、雪、洪、震等自然灾害的强度等级。

1. 不可抗力事件发生后的合同管理

不可抗力事件发生后，承包人应立即通知工程师，在力所能及的条件下迅速采取措施，尽力减少损失，发包人应协助承包人采取措施。不可抗力事件结束后 48h 内承包人向工程师通报受害情况和损失情况，及预计清理和修复的费用。

不可抗事件持续发生，承包人应每隔 7 天向工程师报告一次受害情况。

不可抗力事件结束后 14 天内，承包人向工程师提交清理和修复费用的正式报告及有关资料。

2. 不可抗力事件的合同责任

（1）合同工期内发生的不可抗力

因不可抗力事件导致的费用及延误的工期由双方按以下方法分别承担：

①工程本身的损害、因工程损害导致第三人人员伤亡和财产损失以及运至施工场地用于施工的材料和待安装的设备的损害，由发包人承担；

②发包人承包人人员伤亡损失由其所在单位负责，并承担相应费用；

③承包人机械设备损坏及停工损失，由承包人承担；

④停工期间，承包人按照工程师的要求留在施工场地的必要的管理人员及保卫人员的费用由发包人承担；

⑤工程所需清理、修复费用，由发包人承担；

⑥延误的工期相应顺延。

（2）迟延履行合同期间发生的不可抗力

按照《合同法》规定的基本原则，因合同一方迟延履行合同后发生不可抗力，不能免除迟延履行方的相应责任。

四、竣工阶段的合同管理

《建设工程施工合同（示范文本）》规定竣工阶段工程师应做好以下工作：

（1）工程试车。工程试车是设备安装工作完成后，对设备运行性能进行的检验。

（2）竣工验收。工程验收是合同履行中的一个重要工作阶段，工程未经竣工验收或竣工验收未通过的，发包人不得使用。发包人强行使用时，由此发生的质量问题及其他问题，由发包人承担责任。竣工验收分为分项工程竣工验收和整体工程竣工验收两大类，视施工合同约定的工作范围而定。

（3）工程保修。承包人应当在工程竣工验收之前，与发包人签订质量保修书，作为合同附件。工程师也应当做好工程保修中的监理工作。

（4）竣工结算。工程师在竣工结算中也需要履行合同规定的义务。

（一）工程试车

包括设备安装工程的施工合同，设备安装工作完成后，要对设备运行的性能进行检验。

370

1. 竣工前的试车

（1）单机无负荷试车。由于单机无负荷试车所需的环境条件在承包人的设备现场范围内，因此，安装工程具备试车条件时，由承包人组织试车。试车合格，工程师应在试车记录上签字，工程师不参加试车，但应承认试车记录。

（2）联动无负荷试车。进行联动无负荷试车时，由于需要外部的配合条件，因此，具备联动无负荷试车条件时，由发包人组织试车。试车合格，工程师应在试车记录上签字，工程师不参加试车，应承认试车记录。

2. 试车中双方的责任

（1）由于设计原因试车达不到验收要求，发包人应要求设计单位修改设计，承包人按修改后的设计重新安装。发包人承担修改设计、拆除及重新安装的全部费用和追加合同价款，工期相应顺延。

（2）由于设备制造原因试车达不到验收要求，由该设备采购一方负责重新购置或修理，承包人负责拆除和重新安装。设备由承包人采购的，由承包人承担修理或重新购置、拆除及重新安装的费用，工期不予顺延；设备由发包人采购的，发包人承担上述各项追加合同价款，工期相应顺延。

（3）由于承包人施工原因试车达不到要求，承包人按工程师要求重新安装和试车，并承担重新安装和试车的费用，工期不予顺延。

（4）试车费用除已包括在合同价款之内或专用条款另有约定外，均由发包人承担。

（5）工程师在试车合格后不在试车记录上签字，试车结束 24h 后，视为工程师已经认可试车记录，承包人可继续施工或办理竣工手续。

3. 竣工后的试车

投料试车应在工程竣工验收后由发包人负责，如果发包人要求在工程竣工验收前进行或需要承包人在试车时予以配合，应征得承包人同意，另行签订补充协议。试车组织和试车工作由发包人负责。

（二）竣工验收

1. 竣工验收需满足的条件

（1）完成工程设计和合同约定的各项内容；

（2）施工单位在工程完工后对工程质量进行了检查，确认工程质量符合有关工程建设强制性标准，符合设计文件及合同要求，并提出工程竣工报告；

（3）对于委托监理的工程项目，监理单位对工程进行了质量评价，具有完整的监理资料，并提出工程质量评价报告；

（4）勘察、设计单位对勘察、设计文件及施工过程中由设计单位签署的设计变更通知书进行了确认；

（5）有完整的技术档案和施工管理资料；

（6）有工程使用的主要建筑材料、建筑构配件和设备合格证及必要的进场试验报告；

（7）有施工单位签署的工程质量保修书；

（8）有公安消防、环保等部门出具的认可文件或准许使用文件；

（9）建设行政主管部门及其委托的工程质量监督机构等有关部门责令整改的问题全部

整改完毕。

2. 竣工验收程序

竣工验收由承包人提出验收申请，发包人组织验收。

验收步骤：

（1）发包人、承包人、勘察、设计、监理单位分别向验收组汇报工程合同履约情况和在工程建设各个环节执行法律、法规和建设工程强制性标准的情况；

（2）验收组审阅建设、勘察、设计、施工、监理单位提供的工程档案资料；

（3）查验工程实体质量；

（4）验收组通过查验后，对工程施工、设备安装质量和各管理环节等方面作出总体评价，形成工程竣工验收意见（包括基本合格及对不符合规定部分的整改意见）。

验收后的管理：

（1）竣工验收合格的工程移交给发包人运行使用，承包人不再承担工程保管责任。需要修改缺陷的部分，承包人应按要求进行修改，并承担由自身原因造成修改的费用；

（2）发包人收到承包人送交的竣工验收报告后28天内不组织验收，或验收后14天内不提出修改意见，视为竣工验收报告已被认可；

（3）因特殊原因，发包人要求部分单位工程或工程部位甩项竣工的，双方另行签订甩项竣工协议，明确双方责任和工程价款的支付方法。

3. 竣工时间的确定

工程竣工验收通过，承包人送交竣工验收报告的日期为实际竣工日期。工程按发包人要求修改后通过竣工验收的，实际竣工日期为承包人修改后提请发包人验收的日期。这个日期的重要作用是用于计算承包人的实际施工期限，与合同约定的工期比较是提前竣工还是延误竣工。

承包人的实际施工期限，从开工日起到上述确认为竣工日期之间的日历天数。开工日正常情况下为专用条款内约定的日期，也可能是由于发包人或承包人要求延期开工，经工程师确认的日期。

（三）工程保修

承包人应在工程竣工验收之前，与发包人签订质量保修书，作为合同附件3。质量保修书主要包括以下四项内容：质量保修项目内容及范围、质量保修期、质量保修责任和质量保修金的支付方法。

1. 工程质量保修范围和内容

双方按照工程的性质和特点，具体约定保修的相关内容。

2. 质量保修期

保修期从竣工验收合格之日起计算。当事人双方应针对不同的工程部位，在保修证书内约定具体的保修年限。当事人协商约定的保修期限，不得低于法规规定的标准。国务院颁布的《建设工程质量管理条例》明确规定，在正常使用条件下的最低保修期限为：

（1）基础设施工程、房屋建筑的地基基础工程和主体工程，为设计文件规定的该工程的合理使用年限；

（2）屋面防水工程、有防水要求的卫生间和外墙面的防渗漏，为5年；

（3）供热与供冷系统，为2个采暖期、供冷期；

（4）电气管线、给排水管道、设备安装和装修工程，为 2 年。

3. 质量保修责任

（1）属于保修范围、内容的项目，承包人应在接到发包人的保修通知起 7 天内派人保修。承包人不在约定期限内派人保修，发包人可以委托其他人修理；

（2）发生紧急抢修事故时，承包人接到通知后应当立即到达事故现场抢修；

（3）涉及结构安全的质量问题，应当按照《房屋建筑工程质量保修办法》的规定，立即向当地建设行政主管部门报告，采取相应的安全防范措施。由原设计单位或具有相应资质等级的设计单位提出保修方案，承包人实施保修；

（4）质量保修完成后，由发包人组织验收。

4. 保修费用

《质量管理条例》颁布后，由于保修期限较长，为了维护承包人的合法利益，竣工结算时不再扣留质量保修金。保修费用由造成质量缺陷的责任方承担，详细内容参见本书质量管理部分。

（四）竣工结算

监理工程师对竣工结算的管理包括：竣工结算程序的管理与竣工结算的违约责任管理。详细内容参见本书第四章工程投资管理部分。

第七节　建设工程施工索赔管理

一、施工索赔的概念与特征

（一）施工索赔的概念

索赔，是指在工程承包合同履行中，当事人一方因非己原因遭受损失时，根据合同约定要求合同对方给予补偿损失的权利。

由于施工现场条件、气候条件的变化，施工进度的变化以及合同条款、规范、标准文件和施工图纸的变更、差异等因素的影响，使得索赔成为工程承包中随处可见的正常现象。因此，索赔的控制是建设工程施工阶段合同管理的重要内容。

（二）施工索赔的特征

1. 索赔是双向的，不仅承包商可以向发包人索赔，发包人同样也可以向承包商索赔。由于实践中发包人向承包人索赔发生的频率相对较低，而且在索赔处理中发包人始终处于主动和有利地位。因此，在工程实践中，大量发生的、处理比较困难的是承包人向发包人的索赔，也是工程师进行合同管理的重点内容之一。

2. 只有发生了实际经济损失或权利损害，一方才能向对方索赔。经济损失是指因对方风险因素造成合同外的支出。权利损害是指虽然没有经济上的损失，但造成了一方权利上的损害，如由于对方风险的恶劣气候条件对工程进度的不利影响，承包人有权要求工期延长等。发生实际的经济损失或权利损害，是提出索赔的一个基本前提条件。

3. 索赔是一种未经对方确认的单方行为。索赔与我们通常所说的工程签证不同。施工过程中签证是承发包双方就额外费用补偿或工期延长等达成一致的书面证明材料和补充协议，签证可以直接作为工程款结算或最终增减工程造价的依据。而索赔则是单方面行为，对对方尚未形成约束力，索赔要求能否得到最终实现，必须要通过确认（如双方协商、谈判、调解或仲裁、诉讼）后才能实现。

索赔是一种正当的权利或要求，是合情、合理、合法的行为，它是在正确履行合同的基础上争取合理地偿付，不是无中生有、无理争利。索赔同守约、合作并不矛盾，索赔本身就是市场经济中合作的一部分，只要是符合有关规定的、合法的或者符合有关惯例的，就应该理直气壮地、主动地向对方索赔。

二、施工索赔分类

（一）按索赔的合同依据分类

1. 合同中明示的索赔

合同中明示的索赔是指承包人所提出的索赔要求，在该项目合同文件中有文字依据，承包人可以据此提出索赔要求，并取得经济补偿。这些在合同文件中有文字规定的合同条款，称为明示条款。

2. 合同中默示的索赔

合同中默示的索赔，即承包人的该项索赔要求，虽然在项目合同文件条款中没有专门的文字叙述，但可以根据该合同的某些条款的含义，推论出承包人有索赔权。这种索赔要求，同样有法律效力，有权得到相应的经济补偿。这种有经济补偿含义的条款，在合同管理工作中被称为"默示条款"或称为"隐含条款"。

默示条款是一个广泛的合同概念，它包含合同明示条款中没有写入、但符合双方签订合同时设想的愿望和当时环境条件的一切条款。这些默示条款，或者从明示条款所表述的设想愿望中引申出来、或者从合同双方在法律上的合同关系引申出来，经合同双方协商一致、或被法律和法规所指明，都成为合同文件的有效条款，要求合同双方遵照执行。

（二）按索赔的内容分类

1. 工期索赔

由于非承包人责任的原因而导致施工进程延期，要求批准顺延合同工期的索赔，称之为工期索赔。工期索赔形式上是对权利的要求，以避免在原定合同竣工日不能完工时，被发包人追究拖期违约责任。一旦获得批准合同工期顺延后，承包人不仅免除了承担拖期违约赔偿费的严重风险，而且因可能提前工期得到奖励，最终仍反映在经济收益上。

2. 费用索赔

费用索赔的目的是要求经济补偿。当施工的客观条件改变导致承包人增加开支，要求对超出计划成本的附加开支给予补偿，以挽回不应由他承担的经济损失。

三、施工索赔的起因

引起工程索赔的原因非常多和复杂，主要有以下方面：

（一）工程项目的特殊性

现代工程规模大、技术性强、投资额大、工期长、材料设备价格变化快。工程项目的差异性大、综合性强、风险大，使得工程项目在实施过程中存在许多不确定变化因素，而合同则必须在工程开始前签订，它不可能对工程项目所有的问题都能做出合理的预见和规定，而且发包人在实施过程中还会有许多新的决策，这一切使得合同变更极为频繁，而合同变更必然会导致项目工期和成本的变化。

（二）工程项目内外部环境的复杂性和多变性

工程项目的技术环境、经济环境、社会环境、法律环境的变化，诸如地质条件变化、材料价格上涨、货币贬值、国家政策、法规的变化等，在工程实施过程中经常发生，使得工程的计划实施过程与实际情况不一致，这些因素同样会导致工程工期和费用的变化。

（三）参与工程建设主体的多元性

由于工程参与单位多，一个工程项目往往会有发包人、总包人、工程师、分包人、指定分包人、材料设备供应商等众多参加单位。各方面的技术、经济关系错综复杂，相互联系又相互影响，只要一方失误，不仅会造成自己的损失，而且会影响其他合作者，造成他人损失，从而导致索赔。

（四）工程合同的复杂性及易出错性

建设工程合同文件多且复杂，时常会出现措辞不当、缺陷、图纸错误，以及合同文件前后自相矛盾或者可作不同解释等问题，容易造成合同双方对合同文件理解不一致，从而出现索赔。

以上这些问题会随着工程的逐步开展而不断暴露出来，必然使工程项目受到影响，导致工程项目成本和工期的变化，这就是索赔形成的根源。因此，索赔的发生，不仅是一个索赔意识或合同观念的问题，从本质上讲，索赔也是一种客观存在。

四、施工索赔的内容

（一）承包商向雇主的索赔

1. 不利的自然条件与人为障碍引起的索赔

不利的自然条件与人为障碍是指施工中遭遇到的实际自然条件比招标文件中所描述的更为困难和恶劣，是一个有经验的承包商在投标时无法预测，而导致了承包商必须花费更多的时间和费用。在这种情况下承包商可以向雇主提出索赔要求。

（1）地质条件变化引起的索赔。

一般来说，由雇主提供工程勘察所取得的水文及地表以下的资料，雇主对资料的准确性负责；合同条件中经常还有另外一条：在工程施工过程中，承包商如果遇到了现场气候条件以外的外界障碍或条件，在承包商看来这些障碍和条件是一个有经验的承包商也无法预见到的，则承包商应就此向监理工程师提供有关索赔通知，并将一份副本呈交雇主。监理工程师收到此类通知后，如果认为这类障碍或条件是一个有经验的承包商无法合理预见到的，在与雇主和承包商适当协商以后，应给予承包商延长工期和费用补偿的权利，但不包括利润；合同中往往写明承包商在提交投标书之前，已对现场和周围环境及与之有关的可用资料进行了考察和检查，包括地表以下条件及水文和气候条件，承包商应对他自己对上述资料的解释负责。

以上条文并存的合同文件，往往是承包商同雇主及监理工程师各执一端导致争议的缘由所在。

例如：某承包商投标获得一项铺设管道工程。根据标书中介绍的情况算标。7月工程开工后，当挖掘深 7.5m 的坑时，遇到了严重的地下渗水，不得不安装抽水系统，并开动了长达 65 天之久，承包商对不可预见的额外成本要求索赔。但监理工程师根据承包商投标时已承认考察过现场并了解现场情况，包括地表、地下条件和水文条件等，认为安装抽水机是承包商自己的事，拒绝补偿任何费用。承包商则认为这是雇主提供的地质资料不实造成的。监理工程师则解释为，地质资料是真实的，钻探是在5月中旬进行，这意味着是在旱季季尾，而承包商的挖掘工程是在雨季中期进行。承包商应预先考虑到会有一较高的水位，这种风险不是不可预见的，因此拒绝索赔。

（2）工程中人为障碍引起的索赔。

在施工过程中，如果承包商遇到了地下构筑物或文物，比如地下电缆、管道和各种装置等，只要是图纸上并未说明的，承包商应立即通知监理工程师，并共同讨论处理方案。如果导致工程费用增加（如原计划是机械挖土，现在不得不改为人工挖土），承包商即可提出索赔。这种索赔发生争议较少。由于地下构筑物和文物等确属是有经验的承包商难以合理预见的人为障碍。如果要减少突然发生的障碍的影响，监理工程师应要求承包商详细编制其工作计划，以便在必须停止一部分工作时，仍有其他工作可做，将损失降到最低。

2. 工程变更引起的索赔

在工程施工过程中，由于工地上不可预见的情况、环境的改变或为了节约成本等，在监理工程师认为必要时，可以对工程或其任何部分的外形、质量或数量做出变更。任何此类变更，承包商均不应以任何方式使合同作废或无效。但如果监理工程师确定的工程变更单价或价格不合理，或缺乏说服承包商的依据，则承包商有权就此向雇主进行索赔。

3. 工期延期的费用索赔

工期延期的索赔通常包括两个方面：一是承包商要求延长工期；二是承包商要求偿付由于非承包商原因导致工程延期而造成的损失。一般这两方面的索赔报告要求分别编制。因为工期和费用索赔并不一定同时成立。例如：由于特殊恶劣气候等原因承包商可以要求延长工期，但不一定能得到费用赔偿；也有些延误时间并不影响关键程序线的施工，承包商可能得不到延长工期的承诺。但是，如果承包商能提出证据说明其延期造成的损失，就有可能有权获得这些损失的赔偿，有时两种索赔可能混在一起，既可以要求延长工期，又可以获得对其损失的赔偿。

（1）工期索赔。

承包商提出工期索赔，通常可能是由于下述原因：

1）合同文件的内容出错或互相矛盾；

2）监理工程师在合理的时间内未曾发出承包商要求的图纸和指示；

3）雇主负责的有关放线的资料不准；

4）不利的自然条件；

5）在现场发现化石、钱币、有价值的物品或文物；

6）额外的样本与试验；

7）雇主和监理工程师命令暂停工程，且停工原因与承包商无关；

8）雇主未能按合同约定提供现场；

9）雇主违约；

10）雇主风险；

11）不可抗力。

以上这些原因要求延长工期，只要承包商能提出合理的证据，一般可获得监理工程师及雇主的同意，有的还可索赔损失。

376

（2）延期产生的费用索赔。

以上提出的工期索赔中，凡属于客观原因造成的延期，属于雇主也无法预见到的情况，如特殊反常天气等，承包商可得到延长工期，但可能得不到费用补偿。凡纯属雇主方面的原因造成拖期，不仅应给承包商延长工期，还应给予费用补偿。

4. 加速施工费用的索赔

一项工程可能遇到各种意外（属雇主的风险的意外）或由于工程变更而必须延长工期。但由于雇主的原因（例如：该工程已经出售给买主，需按议定时间移交给买主）坚持不给延期，迫使承包商加班赶工来完成工程，从而导致工程成本增加。

5. 雇主不正当地终止工程而引起的索赔

由于雇主不正当地终止工程，承包商有权要求补偿损失，其数额是承包商在被终止工程中的人工、材料、机械设备的全部支出以及各项管理费用、保险费、贷款利息、保函费用的支出（减去已结算的工程款），并有权要求赔偿其盈利损失。

6. 物价上涨引起的索赔

物价上涨是各国市场的普遍现象，尤其在一些发展中国家。由于物价上涨，使人工费和材料费不断增长，引起了工程成本的增加。如何处理物价上涨引起的合同价格调整问题，常用的办法有以下三种：

（1）对固定总价合同不予调整。这适用于工期短、规模小的工程。

（2）用调价公式（见本书第四章投资控制，动态调价公式）调整合同价。在每月结算工程进度款时，利用合同文件中约定的调价公式计算人工、材料等的调整数。

（3）按价差调整合同价。在工程结算时，对人工费及材料费的价差（即现行价格与基础价格的差值），由雇主向承包商补偿。即：

1）材料价调整数 =（现行价 - 基础价）×材料数量　　　　　　　　　　(5-1)

2）人工费调整数 =（现时工资 - 基础工资）×（实际工作小时数 + 加班工作小时数 × 加班工资增加率）　　　　　　　　　　　　　　　　　　　　　　　　(5-2)

3）对管理费及利润不进行调整。

7. 法律、货币及汇率变化引起的索赔

（1）法律改变引起的索赔。如果在基准日期（投标截止日期前的第 28 天）以后，由于雇主、国家或地方的任何法规、法令、政令或其他法律或规章发生了变更，导致了承包商成本增加。对承包商由此增加的开支，雇主应予补偿。

（2）货币及汇率变化引起的索赔。如果在基准日期以后，施工工程所在国政府或其授权机构对支付合同价格的一种或几种货币实行货币限制或货币汇兑限制，则雇主应补偿承包商因此而受到的损失。

如果合同规定将全部或部分款额以一种或几种外币支付给承包商，则这项支付不应受上述指定的一种或几种外币与工程施工所在国货币之间的汇率变化的影响。

8. 拖延支付工程款的索赔

如果雇主在规定的应付款时间内未能按工程师的任何证书向承包商支付应支付的款额，承包商可在提前通知雇主的情况下，暂停工作或减缓工作速度，并有权获得任何误期的补偿和其他额外费用的补偿（如利息）。FIDIC 合同规定：利息以高出支付货币所在国中央银行的贴现率加三个百分点的年利率进行计算。

9. 雇主的风险

（1）FIDIC 合同条件对雇主风险的定义

雇主的风险主要有下列几种情况：

1）战争、敌对行动（不论宣战与否）、入侵、外敌行动；

2）工程所在国国内的叛乱、恐怖主义、革命、暴动、军事政变或篡夺政权、内战；

3）非承包商人员及承包商和分包商的其他雇员以外的人员在工程所在国国内的暴乱、骚动或混乱；

4）工程所在国国内的战争军火、爆炸物资、电离辐射或放射性引起的污染，但因承包商使用此类军火、炸药、辐射或放射性引起的除外；

5）由音速或超音速飞行的飞机或飞行装置所产生的压力波；

6）除合同规定以外雇主使用或占有的永久工程的任何部分；

7）由雇主人员或雇主对其负责的其他人员所做的工程任何部分的设计；

8）不可预见的或不能合理预期一个有经验的承包商已采取适宜预防措施的任何自然力的作用。

（2）雇主风险的后果

如果上述雇主风险列举的任何风险达到对工程、货物及承包商造成损失或损害的程度，承包商应立即通知工程师，并应按照工程师的要求，修正此类损失或损害。

如果因修正此类损失或损害使承包商工期受延误和（或）招致增加费用，承包商应进一步通知工程师，并根据"承包商的索赔"的规定，有权要求：

1）根据"竣工时间的延长"的规定，如果竣工已经或将受到延误，对任何此类延误给予延长工期；

2）任何此类费用应计入合同价格，给予支付。如有"雇主的风险"的6）和7）的情况，还应包括合理的利润。

10. 不可抗力

（1）FIDIC 合同条件对不可抗力的定义

不可抗力指某种异常事件或情况，主要分为以下几种：

1）一方无法控制的；

2）该方在签订合同前，不能对之进行合理准备的；

3）发生后，该方不能合理避免或克服的；

4）不能主要归因他方的（或该事件本质上不是合同另一方引起的）。

只要满足上述"1）"和"2）"的条件，不可抗力可以包括但不限于下列各种异常事件或情况：

1）战争、敌对行动（不论宣战与否）、入侵、外敌行动（同业主的风险）；

2）叛乱、恐怖主义、革命、暴动、军事政变或篡夺政权、内战；

3）承包商人员和承包商及其他雇员以外的人员的骚动、喧闹、混乱、罢工或停工；

4）战争军火、爆炸物资、电离辐射或放射性引起的污染，但可能因承包商使用此类军火、炸药、辐射或放射性引起的除外；

5）自然灾害，例如：地震、飓风、台风或火山活动等。

（2）不可抗力的后果

如果承包商因不可抗力，妨碍其履行合同规定的任何义务，使其遭受延误和（或）招致增加费用，承包商有权根据"承包商的索赔"的规定要求：

1）根据"竣工时间的延长"的规定，如果竣工已经或将受到延误，对任何此类延误给予延长期；

2）如果是"不可抗力的定义"中第1）至4）所述的事件或情况，并且2）至4）所述事件或情况发生在工程所在国时，对任何此类费用给予支付。

FIDIC《施工合同条件》1999年第一版中承包商可引用的索赔条款如表5-1所示。

表5-1　FIDIC《施工合同条件》1999年第一版中承包商可引用的索赔条款

序号	合同条款	条款主要内容	索赔内容
1	1.3	通信交流	$T+C+P$
2	1.5	文件的优先次序	$T+C+P$
3	1.8	文件有缺陷或技术性错误	$T+C+P$
4	1.9	延误的图纸或指示	$T+C+P$
5	1.13	遵守法律	$T+C+P$
6	2.1	雇主未能提供现场	$T+C+P$
7	2.3	雇主人员引起的延误、妨碍	$T+C$
8	3.3	工程师的指示	$T+C+P$
9	4.7	因工程师数据差错，放线错误	$T+C+P$
10	4.10	雇主应提供现场数据	$T+C+P$
11	4.12	不可预见的物质条件	$T+C$
12	4.20	雇主设备和免费供应的材料	$T+C$
13	4.24	发现化石、硬币或有价值的文物	$T+C$
14	5.2	指定分包商	$T+C+P$
15	7.4	工程师改变规定试验细节或附加试验	$T+C+P$
16	8.3	进度计划	$T+C+P$
17	8.4	竣工时间的延长	$T(+C+P)$
18	8.5	当局造成的延长	T
19	8.9	暂停施工	$T+C$
20	10.2	雇主接受或使用部分工程	$C+P$
21	10.3	工程师对竣工试验干扰	$T+C+P$
22	11.8	工程师指令承包商调查	$C+P$
23	12.3	工作测出的数量超过工程量表的10%	$T+C+P$
24	12.4	删减	C
25	13	工程变更	$T+C+P$
26	13.7	法规改变	$T+C$
27	13.8	成本的增减	C
28	14.8	延误的付款	$T+C+P$
29	15.5	雇主终止合同	$C+P$
30	16.1	承包商暂停工作的权利	$T+C+P$
31	16.4	终止时的付款	$T+C+P$
32	17.4	雇主的风险	$T+C(+P)$
33	18.1	当雇主为应投保方而未投保时	C
34	19.4	不可抗力	$T+C$
35	20.1	承包商的索赔	$T+C+P$

注：T—工期；C—成本；P—利润。

（二）雇主向承包商的索赔

由于承包商不履行或不完全履行约定的义务，或者由于承包商的行为使雇主受到损失时，雇主可向承包商提出索赔。

1. 工期延误索赔

在工程项目的施工过程中，由于多方面的原因，往往使竣工日期拖后，影响到雇主对该工程的利用，给雇主带来经济损失。按惯例，雇主有权对承包商进行索赔，即由承包商支付误期损害赔偿费。承包商支付误期损害赔偿费的前提是：这一工期延误的责任属于承包商方面。施工合同中的误期损害赔偿费，通常是由雇主在招标文件中确定的。

雇主在确定误期损害赔偿费的费率时，一般要考虑以下因素：

（1）雇主盈利损失；

（2）由于工程拖期而引起的贷款利息增加；

（3）工程拖期带来的附加监理费；

（4）由于工程拖期不能使用，继续租用原建筑物或租用其他建筑物的租赁费。

至于误期损害赔偿费的计算方法，在每个合同文件中均有具体规定。一般按每延误一天赔偿一定的款额计算，累计赔偿额一般不超过合同总金额的 5%～10%。

2. 质量不满足合同要求索赔

当承包商的施工质量不符合合同的要求，或使用的设备和材料不符合合同规定，或在缺陷责任期未满以前未完成应该负责修补的工程时，雇主有权向承包商追究责任，要求补偿所遭受的经济损失。如果承包商在规定的期限内未完成缺陷修补工作，雇主有权雇用他人来完成工作，发生的成本和利润由承包商负担。如果承包商自费修复，则雇主可索赔重新检验费。

3. 承包商不履行保险费用的索赔

如果承包商未能按照合同条款指定的项目投保并保证保险有效，雇主可以投保并保证保险有效，雇主所支付的必要的保险费可在应付给承包商的款项中扣回。

4. 对超额利润的索赔

如果工程量增加很多，使承包商预期的收入增大，因工程量增加承包商并不增加任何固定成本，合同价应由双方讨论调整，收回部分超额利润。由于法规的变化导致承包商在工程实施中降低了成本，产生了超额利润，应重新调整合同价格，收回部分超额利润。

5. 对指定分包商的付款索赔

在承包商未能提供已向指定分包商付款的合理证明时，雇主可以直接按照监理工程师的证明书，将承包商未付给指定分包商的所有款项（扣除保留金）付给这个分包商，并从应付给承包商的任何款项中如数扣回。

6. 雇主合理终止合同或承包商不正当地放弃工程的索赔

如果雇主合理地终止承包商的承包，或者承包商不合理地放弃工程，则雇主有权从承包商手中收回由新的承包商完成工程所需的工程款与原合同未付部分的差额。

五、索赔程序

（一）处理工程索赔的一般程序

工程索赔处理的程序一般按以下 6 个步骤进行：提出索赔要求，报送索赔报告，工程师审核索赔报告，会议协商解决，邀请中间人调解，提出仲裁或诉讼。工程索赔工作程序见图 5-13。

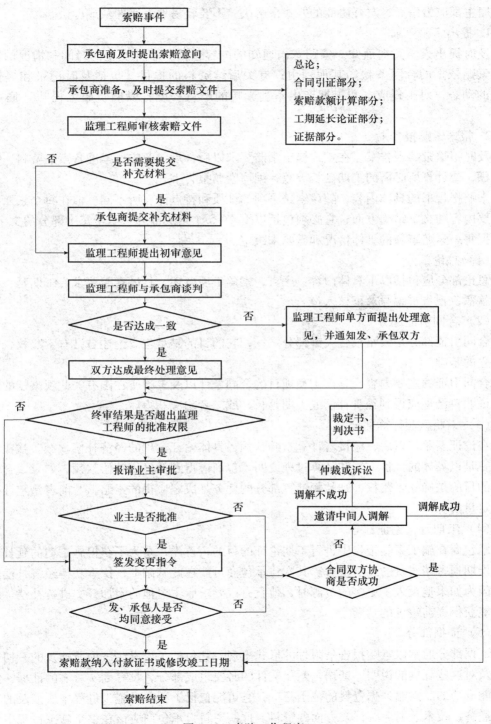

图 5-13　索赔工作程序

上述 6 个工作步骤，可归纳为两个阶段，即：友好协商解决和诉诸仲裁或诉讼。友好协商解决阶段，包括从提出索赔要求到邀请中间人调解四个过程。对于每一项索赔工作，承包商和雇主都应力争通过友好协商的方式来解决，不要轻易地诉诸仲裁或诉讼。

1. 提出索赔要求

及时提出索赔意向通知。索赔意向通知的内容包括：事件发生的时间和情况的简单描述；索赔依据的合同条款和其他理由；有关后续资料的提供，包括及时记录和提供事件发展的动态；对工程成本和工期产生不利影响的严重程度，以期引起工程师（雇主）的注意。

2. 报送索赔报告书

及时报送索赔报告书。在正式提出索赔要求以后，承包商应抓紧准备索赔资料，计算索赔款额，或计算所必需的工期延长天数，编写索赔报告书。

索赔报告书的具体内容，随该索赔事项的性质和特点而有所不同。但在每个索赔报告书的必要内容和文字结构方面，它必须包括以下 4~5 个组成部分。至于每个部分的文字长短，则根据每一索赔事项的具体情况和需要来决定。

（1）总论部分

总论部分应包括以下具体内容：序言，索赔事项概述，具体索赔要求，工期延长天数或索赔款额，报告书编写及审核人员。

（2）合同引证部分

合同引证部分是索赔报告关键部分之一，它的目的是承包商论述自己有索赔权，这是索赔成立的基础。

合同引证的主要内容，是该工程项目的合同条件以及工程所在国有关此项索赔的法律规定，说明自己理应得到经济补偿或工期延长，或二者均应获得。

（3）索赔款额计算部分

在论证索赔权以后，应接着计算索赔款额，具体论证合理的经济补偿款额。款额计算的目的，是以具体的计价方法和计算过程说明承包商应得到的经济补偿款额。如果说合同引证部分的目的是确立索赔权，则款额计算部分的任务是决定应得的索赔款。前者是定性的，后者是定量的。

（4）工期延长论证部分

承包商在施工索赔报告中进行工期论证的目的，首先，是为了获得施工期的延长，以免承担误期损害赔偿费的经济损失。其次，承包商可能在此基础上，探索获得经济补偿的可能性。因为如果他投入了更多的资源时，他就有权要求雇主对他的附加开支进行补偿。同时也有可能获得提前竣工的"奖金"。

（5）证据部分

证据部分通常以索赔报告书附件的形式出现，它包括了该索赔事项所涉及的一切有关证据以及对这些证据的说明。证据是索赔文件的必要组成部分，没有翔实可靠的证据，索赔是不可能成功的。索赔证据资料的范围甚广，它可能包括工程项目施工过程中所涉及的有关政治、经济、技术、财务等许多方面的资料。这些资料，承包商应该在整个施工过程中持续不断地搜集整理、分类储存。

3. 工程师审核索赔报告

（1）工程师审核承包人的索赔申请

接到正式索赔报告以后，工程师应认真研究承包人报送的索赔资料。首先，在不确认责任归属的情况下，客观分析事件发生的原因，重温合同的有关条款，研究承包人的索赔证据，并检查他的同期记录；其次，通过对事件的分析，工程师再依据合同条款划清责任界限，如果必要时还可以要求承包人进一步提供补充资料。尤其是对承包人与发包人或工程师都负有一定责任的事件，更应划出各方应该承担合同责任的比例；最后，再审查承包人提出的索赔补偿要求，剔除其中的不合理部分，拟定自己计算的合理索赔款额和工期顺延天数。

（2）判定索赔成立的原则

工程师判定承包人索赔成立的条件为：

1）与合同相对照，事件已造成了承包人施工成本的额外支出，或总工期拖延；

2）造成费用增加或工期拖延的原因，按合同约定不属于承包人应承担的责任，包括行为责任或风险责任；

3）承包人按合同约定的程序提交了索赔意向通知和索赔报告。

上述三个条件没有先后主次之分，应当同时具备。只有工程师认定索赔成立后，才处理应给予承包人费用与时间的补偿额。

（3）对索赔报告的审查

1）事态调查。通过对合同实施的跟踪、分析了解事件经过、前因后果，掌握事件详细情况。

2）损害事件原因分析。即分析索赔事件是由何种原因引起，责任应由谁来承担，当损害事件是由多方面原因造成的，必须进行责任分解，划分责任原因。

3）分析索赔理由。只有符合合同约定的索赔要求才有合法性、才能成立。如某合同约定，在合同价5%范围内的工程变更属于承包人承担的风险，则发包人指令增加的工程量在此范围内，承包人不能提出索赔。

4）实际损失分析。即为索赔事件的影响分析，主要表现为工期的延长和费用的增加。如果索赔事件不造成损失，则无索赔而言。损失调查的重点是分析对比实际与计划的施工进度、工程成本和费用方面的资料，在此基础上核算索赔值。

5）证据资料分析。主要分析证据资料的有效性、合理性、正确性，这也是索赔要求有效的前提条件。如果工程师认为承包人提出的证据不足以说明其要求的合理性时，可以要求承包人进一步提交索赔的证据资料。如果索赔报告中提不出证明其索赔的理由、索赔事件的影响、索赔值计算等方面的详细资料，索赔要求是不能成立的。

（4）确定合理的补偿额

当工程师确定的索赔额超过其权限范围时，必须报请发包人批准。

承包人接受最终的索赔处理决定，索赔事件的处理即告结束。如果承包人不同意，就会导致合同争议。通过协商双方达到互谅互让的解决方案，是处理争议的最理想方式。如达不成谅解，承包人有权提交仲裁或诉讼解决。

4. 会议协商解决

当某项工程索赔要求不能在每月的结算付款过程中得到解决，而需要采取合同双方面对面地讨论决定时，应将未解决的索赔问题列为会议协商的专题，提交会议协商解决。

5. 邀请中间人调解

当争议双方直接谈判无法取得一致的解决意见时，为了争取通过友好协商的方式解决索赔争端，根据工程索赔的经验，可由争议双方协商邀请中间人进行调停，亦能比较满意地解决索赔争端。

6. 提出仲裁或诉讼

在工程索赔的实践中，许多国家都提倡通过仲裁解决索赔争端，而不主张通过法院诉讼的途径。在 FIDIC 合同条件和 ICE 条件中，均列有仲裁条款，没有把诉讼列为合同争端的最终解决办法。这一方面是为了减轻法院系统民事诉讼案件数量的压力，更主要的原因是，施工合同争端经常涉及许多工程技术专业问题，案情审理过程甚久。

（二）1999 版 FIDIC《施工合同条件》中的索赔

1. 1999 版 FIDIC《施工合同条件》中的承包商的索赔

（1）承包商必须在注意到或应该注意到索赔事件之后 28 天内向工程师发出索赔通知，并提交合同要求的其他通知（如果合同要求）和详细证明报告。否则，将丧失索赔权利。

（2）保持同期记录

承包商应在现场或工程师可接受的地点保持用以证明索赔事件的同期记录。工程师在收到索赔通知后，在不必事先承认雇主责任（不批准索赔成立）的情况下，监督此类记录的进行，并（或）可指示承包商保持进一步的同期记录。承包商应允许工程师审查所有此类记录，并应向工程师提供复印件（如果工程师指示的话）。

（3）索赔报告

承包商应在注意到或应该注意到索赔事件发生后的 42 天内（或由承包商提议经工程师批准的其他时间段内），应向工程师提交详细的索赔报告，说明承包商索赔的依据、要求索赔的工期和金额，并附以完整的证明报告。

如果引起索赔的事件有连续影响，承包商应：在提交第一份索赔报告之后按月陆续提交进一步的期中索赔报告，说明索赔的累计工期和累计金额；在索赔事件产生的影响结束后 28 天（或在由承包商建议并经工程师批准的时间段）内，提交一份最终索赔报告。

（4）工程师的反应

收到承包商的索赔报告及其证明报告后的 42 天（或在由工程师建议且经承包商批准的时间段）内，工程师应做出批准或不批准的决定，也可要求承包商提交进一步的详细报告，不批准时要给予详细的评价。但一定要在这段时间内就处理索赔的原则做出反应。

（5）索赔的支付

在工程师核实了承包商的索赔报告、同期记录和其他有关资料之后，应根据合同规定决定承包商有权获得的延期和附加金额。

经证实的索赔款额应在期中支付证书中给予支付。如果承包商提供的报告不足以证实全部索赔，则已经证实的部分应被支付，不应将索赔款额全部拖到工程结束后再支付。如果承包商未遵守合同中有关索赔的各项规定，则在决定给予承包商延长竣工时间和额外付款时，要考虑其行为影响索赔调查的程度。

2. 雇主的索赔

雇主的索赔主要限于施工质量缺陷和拖延工期等承包商违约行为导致的雇主损失。

FIDIC 1999 合同条件内规定雇主可以索赔的条款见表5-2。

表5-2　FIDIC1999《施工合同条件》雇主的索赔条款

序号	条款号	内容	序号	条款号	内容
1	4.2	履约保证	7	9.4	未能通过竣工检验
2	4.21	进度报告	8	11.3	缺陷通知期的延长
3	7.5	拒收	9	11.4	未能补救缺陷
4	7.6	补救工作	10	15.4	终止后的支付
5	8.6	进展速度	11	18.2	工程和承包商的设备的保险
6	8.7	误期损害赔偿费			

（三）《建设工程施工合同（示范文本）》规定的索赔

当（施工合同）一方向另一方提出索赔时，要有正当的索赔理由，且有索赔事件发生时的有效证据。

1. 承包人向发包人索赔

发包人未能按合同约定履行自己的各项义务或发生错误以及应由发包人承担责任的其他情况，造成工期延误和（或）承包人不能及时得到合同价款及承包人的其他经济损失，承包人可按下列程序以书面形式向发包人索赔：

（1）索赔事件发生后28天内，向工程师发出索赔意向通知；

（2）发出索赔意向通知后28天内，向工程师提出延长工期和（或）补偿经济损失的索赔报告及有关资料；

（3）工程师在收到承包人送交的索赔报告和有关资料后，于28天内给予答复，或要求承包人进一步补充索赔理由和证据；

（4）工程师在收到承包人送交的索赔报告和有关资料后28天内未予答复或未对承包人作进一步要求，视为该项索赔已经认可；

（5）当该索赔事件持续进行时，承包人应当阶段性（合同约定的时间段或监理工程师指定的时间段）向工程师发出索赔意向。在索赔事件终了后28天内，向工程师送交索赔的有关资料和最终索赔报告。索赔答复程序与（3）、（4）规定相同。

2. 发包人向承包人索赔

承包人未能按合同约定履行自己的各项义务或发生错误，给发包人造成经济损失，发包人可按第1款（承包人向发包人索赔）确定的时限向承包人提出索赔。

六、监理工程师的索赔管理

（一）工程师对工程索赔的影响

在发包人与承包人之间的索赔事件的处理和解决过程中，工程师是个核心。在整个合同的形成和实施过程中，工程师对工程索赔有如下影响：

1. 工程师受发包人委托进行工程项目管理

如果工程师在工作中出现问题、失误或行使施工合同赋予的权力造成承包人的损失，发包人必须承担合同规定的相应赔偿责任。承包人索赔有相当一部分原因是由工程师引起的。

2. 工程师有处理索赔问题的权力

（1）在承包人提出索赔意向通知以后，工程师有权检查承包人的现场同期记录。

（2）对承包人的索赔报告进行审查分析，反驳承包人不合理的索赔要求，或索赔要求中不合理的部分。可指令承包人做出进一步解释，或进一步补充资料，提出审查意见。

（3）在工程师与承包人共同协商确定给承包人的工期和费用的补偿量达不成一致时，工程师有权单方面做出处理决定（但工程师的决定不是终局性的）。

（4）对合理的索赔要求，工程师有权将它纳入工程进度付款中，签发付款证书，发包人应在合同规定的期限内支付。

3. 在争议的仲裁和诉讼过程中作为见证人

如果合同一方或双方对工程师的处理不满意，都可以按合同规定提交仲裁，也可以按法律程序提出诉讼。在仲裁或诉讼过程中，工程师作为工程全过程的参与者和管理者，可以作为见证人提供证据。

（二）工程师的索赔管理任务

索赔管理是工程师进行工程项目管理的主要任务之一，工程师的索赔管理任务包括：

1. 预测和分析导致索赔的原因和可能性

在施工合同的形成和实施过程中，工程师为发包人承担了大量具体的技术、组织和管理工作。如果在这些工作中出现疏漏，对承包人施工造成干扰，则产生索赔。承包人的合同管理人员常常在寻找着这些疏漏，寻找索赔机会。所以工程师在工作中应尽量做到完备、周密，并应能预测到自己的行为后果，堵塞漏洞。

2. 通过有效的合同管理减少索赔事件发生

工程师应以积极的态度和主动的精神管理好工程，通常合同实施越顺利，双方合作得越好，索赔事件越少，越易于解决。工程师应对合同实施进行有力地控制，这是他的主要工作。通过对合同的监督和跟踪，不仅可以及早发现干扰事件，也可以及早采取措施降低干扰事件的影响，减少双方损失，还可以及早了解情况，为合理地解决索赔提供条件。

3. 公平合理地处理和解决索赔

合理解决发包人和承包人之间的索赔纠纷，不仅符合工程师的工作目标，使承包人按合同得到支付，而且符合工程总目标。索赔的合理解决，是指承包人得到按合同规定的合理补偿，而又不使发包人投资失控，合同双方都心悦诚服，对解决结果满意，继续保持友好的合作关系。

（三）工程师索赔管理的原则

要使索赔得到公平合理的解决，工程师在工作中必须注意以下原则：

1. 公平合理地处理索赔

工程师作为施工合同的管理核心，必须公平地行事。由于施工合同双方的利益和立场存在不一致，常常会出现矛盾、甚至冲突，这时工程师起着缓冲、协调作用。工程师处理索赔原则有如下几个方面：

（1）从工程整体效益、工程总目标的角度出发做出判断或采取行动；

（2）按照合同约定行事。合同是施工过程中的最高行为准则，作为工程师更应该按合同办事，准确理解、正确执行合同。在索赔的解决和处理过程中应贯穿合同精神；

（3）从事实出发，实事求是。按照合同的实际实施过程、干扰事件的实情、承包人的实际损失和所提供的证据做出判断。

2. 及时做出决定和处理索赔

在工程施工中，工程师必须及时地行使权力做出决定、下达通知、指令、表示认可等。因为工程师及时做出决定具有以下作用：

（1）可以减少承包人的索赔几率。因为如果工程师不能迅速及时地行事，造成承包人的损失，必须给予工期或费用的补偿；

（2）防止干扰事件影响的扩大。若不及时行事会造成承包人停工处理指令，或承包人继续施工可能造成更大范围的影响和损失；

（3）在收到承包人的索赔意向通知后应迅速做出反应，认真研究、密切注意干扰事件的发展。既能及时采取措施降低损失，又能掌握干扰事件的第一手资料。

（4）不及时地解决索赔问题将会加深双方的不理解、不一致和矛盾，从而导致承包商对工程师和发包人的不信任及发包人对承包人不及时履约的抱怨。

（5）不及时行事会造成索赔解决的困难，导致问题和处理过程复杂化。

3. 尽可能通过协商达成一致

在处理和解决索赔问题时，工程师应及时地与发包人和承包人沟通，保持经常性的联系。在做出决定特别是做出调整价格、决定工期和费用补偿决定前应充分地与合同双方协商，最好达成一致、取得共识。工程师应充分认识到，如果他的协调不成功使索赔争议升级，对合同双方都是损失，将会严重影响工程项目的整体效益。在工程中，工程师切不可武断行事，滥用权力，特别是对承包人不能随便以合同处罚相威胁或盛气凌人。

4. 诚实信用

工程师有很大的工程管理权力，对工程的整体效益有关键性的作用。发包人出于信任，将工程管理的任务交给他；承包人希望他公平行事。

七、工程师对索赔的审查

（一）审查索赔证据

工程师审查索赔报告时，首先判断承包人的索赔要求是否有理、有据。有理，是指索赔要求与合同条款或有关法规一致。有据，是指提供的证明索赔要求的证据成立。承包人可以提供的索赔证据包括：

（1）合同文件中的条款约定；
（2）经工程师认可的施工进度计划；
（3）合同履行过程中的来往函件；
（4）施工现场记录；
（5）施工会议记录；
（6）工程照片；
（7）工程师发布的各种书面指令；
（8）中期支付工程进度款的单证；
（9）检查和试验记录；
（10）汇率变化表；
（11）各类财务凭证；
（12）其他有关资料。

（二）审查工期顺延要求

1. 针对索赔报告中要求顺延的工期，在审核中应注意以下几点：

（1）划清施工进度拖延的责任。只有承包人不承担任何责任的工期拖延才可能获得工期顺延。

（2）被拖延的工作是否处于施工进度计划关键线路上。如果是，则应顺延工期；如果不是，则应计算拖延的工作在施工进度计划中的总时差并与拖延的时间做比较，若拖延的时间大于总时差，则应顺延工期。

（3）无权要求承包人缩短合同工期。工程师有审核、批准承包人顺延工期的权力，但他不可以扣减合同工期。也就是说工程师有权指示承包人删减掉某些合同内规定的工作内容，但不能要求他相应缩短合同工期。如果要求提前竣工的话，这项工作属于合同的变更。

2. 审查工期索赔计算

工期索赔的计算主要有网络图分析法。网络图分析法是利用进度计划的网络图，分析其关键线路。如果拖延的工作为关键工作，则总拖延的时间为批准的顺延工期；如果拖延的工作为非关键工作，当该工作由于拖延超过总时差限制而成为关键工作时，批准拖延时间与工作总时差的差值为批准的顺延工期；若该工作拖延后仍为非关键工作，则不存在工期索赔问题。

当多个工作被拖延，一般来说需要重新进行网络计算确定计算工期并与原计划工期比较，进而确定可批准的顺延时间，切不可进行简单的时间累加。

（三）审查费用索赔要求

工程师在审查索赔的过程中，除了划清合同责任以外，还应注意索赔计算的取费合理性和计算的正确性。

1. 承包人可索赔的费用

索赔费用的主要组成部分，同工程款的计价内容相似。

原则上，承包商有索赔权的工程成本增加，都是可以索赔的费用。这些费用都是承包商为了完成额外的施工任务而增加的开支。但是对于不同原因引起的索赔，承包商可索赔的具体费用内容是不完全一样的。现将可索赔费用概述如下：

（1）人工费。人工费索赔部分，是指完成合同之外的额外工作所花费的人工费用；由于非承包商责任的工效降低所增加的人工费用；超过法定工作时间加班劳动费用；法定人工费增长以及非承包商责任工程延期导致的人员窝工费和工资上涨费等。

（2）材料费。索赔费用中的材料费包括：

1）由于索赔事项，材料实际用量超过计划用量而增加的材料费；

2）由于客观原因，材料价格大幅度上涨而增加的材料费；

3）由于非承包商责任，工程延期导致的材料价格上涨和超期储存费用。

材料费中应包括运输费、仓储费以及合理的损耗费用。如果由于承包商管理不善，造成材料损坏失效，则不能列入索赔计价。

（3）施工机械使用费。施工机械使用费的索赔包括：

1）由于完成额外工作增加的机械使用费；

2）非承包商责任工效降低增加的机械使用费；

3）由于雇主或工程师原因导致机械停工的窝工费。

窝工费的计算：如果是租赁设备，一般按实际租金和调进调出费分摊计算；如果是承包商自有设备，一般按台班折旧费计算而不能按台班费计算，因台班费中包括了设备使用费。

（4）分包费用。分包费用索赔指的是分包商的索赔费，一般也包括人工、材料、机械使用费的索赔。分包商的索赔应如数列入总承包商的索赔款总额内。

（5）工地/现场管理费。索赔款中的工地管理费是指承包商完成额外工程、索赔事项工作以及工期延长期间的工地管理费，包括管理人员工资、办公费、交通费等。但如果对部分工人窝工损失索赔时，因其他工程仍然进行，可能不予计算工地管理费索赔。

（6）利息。在索赔款额的计算中，经常包括利息。利息的索赔通常包括：

1）拖期付款的利息；

2）由于工程变更和工程延期增加投资的利息；

3）索赔款的利息；

4）错误扣款的利息。

至于这些利息的具体利率应是多少，在实践中可采用不同的标准，主要有下列几种：

1）按当时的银行贷款利率；

2）按当时的银行透支利率；

3）按合同双方协议的利率；

4）按中央银行贴现率加三个百分点。

（7）总部管理费

索赔款中的总部管理费主要指的是工程延误期间所增加的管理费。这项索赔款的计算，目前没有统一的方法。在国际工程施工索赔中总部管理费的计算有以下几种：

1）按照投标书中总部管理费的比例（3%~8%）计算：

总部管理费 = 合同中总部管理费比率（%）×（直接费索赔款额 + 工地管理费索赔款额等）
$$\hspace{10cm} (5-3)$$

2）按照公司总部统一规定的管理费比率计算：

总部管理费 = 公司管理费比率（%）×（直接费索赔款额 + 工地管理费索赔款额等）
$$\hspace{10cm} (5-4)$$

3）以工程延期的总天数为基础，计算总部管理费的索赔额，计算步骤如下：

对某一工程提取的管理费 = 同期内公司的总管理费×该工程的合同额/同期内公司的总合同额
$$\hspace{10cm} (5-5)$$

该工程的每日管理费 = 该工程向总部上缴的管理费/合同实施天数 $\hspace{2cm} (5-6)$

索赔的总部管理费 = 该工程的每日管理费×工程延期的天数 $\hspace{2cm} (5-7)$

（8）利润

一般来说，由于工程范围的变更、文件有缺陷或技术性错误、雇主未能提供现场等引起的索赔，承包商可以列入利润。但对于工程暂停的索赔，由于利润通常是包括在每项实施的工程内容的价格之内的，而延误工期并未影响削减某些项目的实施，而导致利润减少。所以，一般监理工程师很难同意在工程暂停的费用索赔中列入利润损失。

索赔利润的款额计算通常是与原报价单中的利润百分率保持一致。即在成本的基础上，增加原报价单中的利润率，作为该项索赔款的利润。

2. 索赔费用的计算方法

（1）实际费用法

实际费用法是工程索赔计算时最常用的一种方法。这种方法的计算原则是：以承包商为某项索赔工作所支付的实际开支为根据，向雇主要求费用补偿。

用实际费用法计算时，在直接费的额外费用部分的基础上，再加上应得的间接费和利润，即是承包商应得的索赔金额。由于实际费用法所依据的是实际发生的成本记录或单据，所以，在施工过程中，系统而准确地积累记录资料是非常重要的。

（2）总费用法

总费用法即总成本法，就是当发生多次索赔事件以后，重新计算该工程的实际总费用，实际总费用减去投标报价时的估算总费用，即为索赔金额，其计算公式为：

$$索赔金额 = 实际总费用 - 投标报价估算总费用 \qquad (5-8)$$

不少人对采用该方法计算索赔费用持批评态度，因为实际发生的总费用中可能包括了承包商，比如施工组织不善而增加的费用，同时投标报价估算的总费用却因为想中标而过低，所以这种方法只有在难以采用实际费用法时才应用。

（3）修正的总费用法

修正的总费用法是对总费用法的改进，即在总费用计算的原则上，去掉一些不合理的因素，使其更合理。修正的内容如下：

1）将计算索赔款的时段局限于受到外界影响的时间，而不是整个施工期；

2）只计算受影响时段内的某项工作所受影响的损失，而不是计算该时段内所有施工工作所受的损失；

3）与该项工作无关的费用不列入总费用中；

4）对投标报价费用重新进行核算：按受影响时段内该项工作的实际单价进行核算乘以实际完成的该项工作的工程量，得出调整后的报价费用。

按修正后的总费用计算索赔金额的公式如下：

$$索赔金额 = 某项工作调整后的实际总费用 - 该项工作的报价费用 \qquad (5-9)$$

修正的总费用法与总费用法相比，有了实质性的改进，它的准确程度已接近于实际费用法。

3. 审核索赔取费的合理性

费用索赔涉及的款项较多、内容庞杂。承包人都是从维护自身利益的角度解释合同条款，进而申请索赔额。工程师应公平地审核索赔报告申请，挑出不合理的取费项目或费率。

4. 审核索赔计算的正确性

（1）所采用的费率是否合理、适度。主要注意的问题包括：

1）工程量表中的综合单价涉及的内容，在索赔计算中不应有重复取费。

2）停工损失中，不应以计日工费计算。不应计算闲置人员在此期间的奖金、福利等，通常采取人工单价乘以折减系数计算；停使的机械费补偿，应按机械折旧费或设备租赁费计算，不应包括运转操作费用。

（2）正确区分停工损失与因监理工程师临时改变工作内容或作业方法的功效降低损失的区别。凡可以改作其他工作的，不应按停工损失计算，但可以适当补偿降效损失。

八、工程师对索赔的预防和减少

索赔虽然不可能完全避免，但通过努力可以减少。

（一）正确理解合同规定

合同是规定当事人双方权利义务关系的文件。正确理解合同规定，是双方协调一致地合理、完全履行合同的前提条件。由于施工合同通常比较复杂，因而"理解合同规定"就有一定的困难。双方站在各自立场上对合同规定的理解往往不可能完全一致，总会或多或少地存在某些分歧。这种分歧经常是产生索赔的重要原因之一，所以发包人、工程师和承包人都应该认真研究合同文件，以便尽可能在诚信的基础上正确、一致地理解合同的规定，减少索赔的发生。

（二）做好日常监理工作，随时与承包人保持协调

做好日常监理工作是减少索赔的重要手段。工程师应善于预见、发现和解决问题，能够在某些问题对工程产生额外成本或其他不良影响以前，就把它们纠正过来，就可以避免发生与此有关的索赔。工程师应该尽可能在日常工作中与承包人随时保持协调，每天或每周对当天或本周的情况进行会签、取得一致意见，这样就比较容易取得一致意见，可以避免不必要的分歧。

（三）尽量为承包人提供力所能及的帮助

承包人在施工过程中肯定会遇到各种各样的困难。虽然从合同上讲，工程师没有义务向其提供帮助，但从共同努力建设好工程这一点来讲，还是应该尽可能地提供一些帮助。这样，不仅可以免遭或少遭损失，从而避免或减少索赔。而且承包人对某些似是而非、模棱两可的索赔机会，还可能基于友好考虑而主动放弃。

（四）建立和维护工程师处理合同事务的威信

工程师自身必须有公正的立场、良好的合作精神和处理问题的能力，这是建立和维护其威信的基础；发包人应该积极支持工程师独立、公平地处理合同事务，不予无理干涉；承包人应该充分尊重工程师，主动接受工程师的协调和监督，与工程师保持良好的关系。如果承包人认为工程师明显偏袒发包人或处理问题能力较差甚至是非不分，他就会更多地提出索赔，而不管是否有足够的依据，以求"以量取胜"或"蒙混过关"。如果工程师处理合同事务立场公正，有丰富的经验知识、有较高的威信，就会促使承包人在提出索赔前认真做好准备工作，只提出那些有充足依据的索赔"以质取胜"，从而减少提出索赔的数量。发包人、工程师和承包人应该从一开始就努力建立和维持相互关系的良性循环，这对合同的顺利实施是非常重要的。

九、工程师对索赔的反驳

工程师对索赔的反驳仅指反驳承包人不合理的索赔或者索赔中不合理的部分，而绝对不是把承包人当作对立面偏袒发包人，设法不给予或尽量少给予承包人补偿。反驳索赔措施是指工程师针对一些可能发生索赔的领域，为了今后有充分证据反驳承包人的不合理要求而采取的监督管理措施。反驳索赔措施包括在工程师的日常监理工作中的，能否有力地反驳索

赔，是衡量工程师工作成效的重要尺度。

对承包人的施工活动进行日常现场检查是工程师执行监理工作的基础。检查人员应该善于发现问题，随时独立保持有关情况记录，绝对不能简单照抄承包人的记录。必要时应对某些施工情况摄取工程照片；每天下班前还必须把一天的施工情况和自己的观察结果简明扼要地写成"工程监理日志"，其中特别要指出承包人在哪些方面没有达到合同或计划要求。这种日志应该逐级加以汇总分析，最后由工程师或其他授权代表把承包人施工中存在的问题连同处理建议书面通知承包人，为今后反驳索赔提供依据。

合同中通常都会规定承包人应该在多长时间内或什么时间以前向工程师提交什么资料供工程师批准、同意或参考。工程师最好是事先就编制一份"承包人应提交的资料清单"，其内容包括资料名称、合同依据、时间要求、格式要求及工程师处理时间要求等，以便随时核对。如果到时承包人没有提交或提交资料的格式等不符合要求，则应该及时记录在案，并通知承包人。承包人的这种问题，可能是今后用来说明某项索赔或索赔中的某部分应由承包人自己负责的重要依据。

工程师要了解承包人施工材料和设备的到货情况，包括材料质量、数量和存储方式以及设备种类、型号和数量。如果承包人的到货情况不符合合同要求或双方同意的计划要求，工程师应该及时记录在案，并通知承包人。这些也可能是今后反驳索赔的重要依据。

对工程师来说，做好资料档案管理工作也非常重要，工程师必须保存好与工程有关的全部文件资料，特别是应该有自己独立采集的工程监理资料。如果自己的资料档案不全，索赔处理终究会处于被动。即便是明知某些要求不合理，也无法予以反驳。

工程师通常可以对承包人的索赔提出质疑的情况有：

（1）索赔事项不属于发包人或工程师的责任，而是与承包人有关的其他第三方的责任；

（2）发包人和承包人共同负有责任，承包人必须划分和证明双方责任大小；

（3）事实依据不足；

（4）合同依据不足；

（5）承包人未遵守意向通知要求；

（6）承包人以前已经放弃（明示或暗示）了索赔要求；

（7）承包人没有采取适当措施避免或减少损失；

（8）承包人必须提供进一步的证据；

（9）损失计算夸大等。

思考题

1. 合同法律关系由哪些要素构成？
2. 代理的特征有哪些？种类有哪些？
3. 担保的方式有哪些？理解保证在工程建设中的应用。
4. 承担缔约过失责任的情形有哪些？
5. 承担违约责任的方式有哪些？
6. 公开招标程序包括哪些步骤？
7. 如何进行对投标人的资格审查？
8. 施工招标的评标有哪些方法？

9. 监理合同示范文本的标准条件与专用条件有何关系？

10. 监理合同要求监理人必须完成的工作包括哪几类？

11. 监理人执行监理业务过程中，发生哪些情况不应由他承担责任？

12. 设计合同履行过程中哪些属于违约行为？当事人双方各应如何承担违约责任？

13. 施工进度计划有何作用？工程师如何对施工进度进行控制？

14. 工程师如何处理设计变更？

15. 如何理解施工索赔的概念？施工索赔有哪些分类？索赔程序有哪些步骤？

16. 工程师处理索赔应遵循哪些原则？工程师审查索赔应注意哪些问题？工程师如何预防和减少索赔？

第六章 FIDIC 合同条件的施工管理

◇ 了解内容
1. 施工合同条件中合同文件的组成
2. 施工合同条件中有关合同价格、指定分包商和合同担保的要点
3. 施工合同条件中解决合同争议的方式
◇ 熟悉内容
1. 施工合同条件中合同履行中涉及的若干期限的概念
2. 施工合同条件中工程变更的内容、程序与估价
3. 分包合同条件的订立、履行、变更、索赔管理
◇ 掌握内容
1. 施工合同条件中风险责任的划分
2. 施工合同条件中工程师对施工进度的管理
3. 施工合同条件中施工质量管理的相关内容
4. 施工合同条件中工程进度款支付的管理
5. 施工合同条件中竣工验收阶段的合同管理
6. 施工合同条件中缺陷通知期的合同管理

第一节 概 述

一、FIDIC 基本情况

FIDIC（中译"菲迪克"）是国际咨询工程师联合会的法文首字母缩写。

菲迪克（FIDIC）是由欧洲三个国家（比利时、法国、瑞士）的咨询工程师协会于1913年成立的，总部设在瑞士洛桑。组建联合会的目的是共同促进成员协会的职业利益，以及向其成员协会会员传播有益信息。

今天，菲迪克（FIDIC）已有来自全球各地 60 多个国家的成员协会，代表着世界上大多数私人执业的咨询工程师。中国工程咨询协会于 1996 年正式加入菲迪克组织。FIDIC 是国际工程咨询业的权威性行业组织，是工程咨询行业的重要指导性文件。

FIDIC 有两个下属的地区成员协会：FIDIC 亚洲及太平洋地区成员协会（ASPAC）和FIDIC 非洲成员协会集团（CAMA）。FIDIC 下设五个永久性专业委员会：雇主与咨询工程师关系委员会（CCRC）、合同委员会（CC）、风险管理委员会（RMC）、质量管理委员会（QMC）和环境委员会（ENVC）。

菲迪克（FIDIC）举办各类研讨会、会议及其他活动，以促进其目标：维护高的道德和职业标准，交流观点和信息，讨论成员协会和国际金融机构代表共同关心的问题，以及发展中国家工程咨询业的发展。

菲迪克（FIDIC）的出版物包括：各类会议和研讨会的文件，为咨询工程师、项目雇主和国际开发机构提供的信息，资格预审标准格式，合同文件以及客户与工程咨询单位协议书。其出版物不仅被世界银行等国际金融组织作为招标文件样本，还被许多国家和国际工程项目采用。这些资料可以从设在瑞士的菲迪克（FIDIC）秘书处得到。

二、FIDIC1999 版合同标准格式

1. 施工合同条件（Conditions of Contract for Construction）

推荐用于由雇主或其代表工程师设计的建筑或工程项目（building or engineering works）。在这种合同形式下，承包商一般按照雇主提供的设计施工。但工程中的某些土木、机械、电力和/或构筑物的某些部分也可能由承包商设计。

2. 生产设备和设计——施工合同条件（Conditions of Contract for Plant and Design-Build）

推荐用于电力和/或机械设备供货和建筑或工程的设计和实施。在这种合同形式下，一般都是由承包商按照雇主的要求，设计和提供生产设备和/或其他工程；可能包括土木、机械、电力和/或构筑物的任何组合。

3. 设计采购施工（EPC）/交钥匙工程合同条件（Conditions of Contract for EPC/Turnkey Projects）

适用于在交钥匙的基础上进行的工厂或其他类似设施的加工或能源设备的提供，或基础设施项目和其他类型的开发项目的实施。这种合同条件所适用的项目：①对最终价格和施工工期的确定性要求较高；②承包商完全负责项目的设计和施工，雇主基本不参与工作。在交钥匙项目中，一般情况下由承包商实施所有的设计、采购和施工工作。即在"交钥匙"时，提供一个配备完整、可以运行的设施。

4. 简明合同格式（Short Form of Contract）

推荐用于价值相对较低的建筑或工程项目。根据工程的类型和具体条件的不同，此格式也适用于价值较高的工程，特别是较简单的、或重复性的、或工期较短的工程。在这种合同形式下，一般都是由承包商按照雇主或其代表（如有时）提供的设计实施工程，但对于部分或完全由承包商设计的土木、机械、电力和/或构筑物的合同也同样适用。

三、FIDIC 编制的各类合同条件的特点

（一）国际性、通用性、权威性

FIDIC 合同条件是在总结各个地区、各个国家的雇主、咨询工程师和承包商各方的工程合同管理经验的基础上编制出来的，并且长期以来一直在根据各方意见加以修改完善，是国际上一个高水平的通用文件。既可用于国际工程，稍加修改后又可用于国内工程。我国有关部委编制的合同条件或协议书范本多以 FIDIC 合同条件作为重要的参考文本，一些国际金融组织的贷款项目及一些国家和地区的国际工程项目也常采用 FIDIC 合同条件。

（二）公正合理、职责分明

FIDIC 合同条件的各条规定体现了雇主和承包商的权利、义务和职责以及工程师的职责和权限。由于 FIDIC 大量地听取了各方的意见和建议，因而其合同条件中的各项规定也体现了在雇主和承包商之间风险合理分担的精神，并且在合同条件中倡导合同各方以坦诚合作的

精神去完成工程。合同条件中对有关各方的职责有明确的规定和要求，这对合同的实施是非常重要的。

（三）程序严谨，易于操作

合同条件中对处理各种问题的程序都有严谨的规定，特别强调要及时处理和解决问题，以避免由于任何一方拖延而产生新问题。另外，还特别强调各种书面文件及证据的重要性，这些规定使各方均有规可循，并使条款中的规定易于操作和实施。

（四）通用条件和专用条件的有机结合

FIDIC 合同条件一般都分为两个部分，第一部分是"通用条件"（General Conditions）；第二部分是"特殊应用条件"（Conditions of Particular Application），也可称为"专用条件"（Particular Conditions）。

通用条件对某一类工程都通用，如 FIDIC《施工合同条件》对于各种类型的土木工程（如工业和民用房屋建筑、公路、桥梁、水利、港口、铁路等）施工均适用。

专用条件则是针对一个具体的工程项目，考虑到国家和地区的法律法规不同，项目的特点和雇主对合同实施的不同要求，而对通用条件进行的具体化、修改和补充。FIDIC 编制的各类合同条件的专用条件中，有许多建议性的措词范例，雇主与他聘用的咨询工程师有权决定采用这些措词范例或另行编制自己认为合理的措词来对通用条件进行修改和补充。在合同条件中凡合同条件第二部分（专用条件）和第一部分（通用条件）不同之处均以第二部分（专用条件）为准，第二部分（专用条件）的条款号与第一部分（通用条件）相同，使得合同条件第一部分（通用条件）和第二部分（专用条件）共同构成一个完整的合同条件。本章知识点以通用条件为标准。

第二节　施工合同条件的主要内容

一、施工合同条件中的部分重要概念

（一）合同文件（Contract）

合同文件（或合同），指合同协议书、中标函、投标函、合同条件（通用条件和专用条件）、规范、图纸、资料表以及在合同协议书或中标函中列明的其他进一步的文件（如有时）。应注意，合同文件（或合同）是一个总称，不能将其与"合同条件"等合同文件的某一组成部分并列起来。

对雇主和承包商有约束力的合同文件包括以下内容：

1. 合同协议书（Contract Agreement）

合同协议书指承包商收到中标函的 28 天内，接到承包商提交的有效履约保证后，双方签署的法律性标准化格式文件。为了避免在履行合同过程中产生争议，专用条件中最好写入中标合同金额、基准日期和（或）开工日期。

承包商应在收到中标函后 28 天内将此履约保证提交给雇主，并向工程师提交一份副本。

除非双方另有协议，否则双方应在承包商收到中标函后的 28 天内签订合同协议书。合同协议书应以专用条件后所附的格式为基准。

2. 中标函（Letter of Acceptance）

中标函指雇主对投标文件签署的正式接受函，包括其所附的含有各方之间签署协议的任何备忘录。在没有此中标函的情况下，"中标函"一词就指合同协议书，颁发或接收中标函的日期就指双方签订合同协议书的日期。

3. 投标函（Letter of Tender）

投标函指承包商填写并签字的法律性投标函和投标函附录，包括工程报价和对招标文件及合同条款的确认文件。

应该注意，投标文件（Tender）指投标函和合同中规定的承包商应随投标函提交的其他所有文件。

4. 专用条件（Particular Conditions）

5. 通用条件（General Conditions）

6. 规范（Specification）

规范指合同中名称为规范的文件，及根据合同约定对规范的增加和修改。此文件具体描述了工程。规范是承包商履行合同义务期间应遵循的准则，也是工程师进行合同管理的依据，即合同管理中通常所称的技术条款。除了工程各主要部位施工应达到的技术标准和规范以外，还可以包括以下方面的内容：

（1）对承包商文件的要求；

（2）应由雇主获得的许可；

（3）对基础、结构、工程设备、通行手段的阶段性占有；

（4）承包商的设计；

（5）放线的基准点、基准线和参考标高；

（6）合同涉及的第三方；

（7）环境限制；

（8）电、水、气和其他现场供应的设施；

（9）雇主的设备和免费提供的材料；

（10）指定分包商；

（11）合同内规定承包商应为雇主提供的人员和设施；

（12）承包商负责采购材料和设备需提供的样本；

（13）制造和施工过程中的检验；

（14）竣工检验；

（15）暂列金额等。

7. 图纸（Drawings）

图纸指合同中规定的工程图纸，及由雇主（或其代表）根据合同颁发的对图纸的增加和修改。

8. 资料表（Schedules）以及其他构成合同一部分的文件

（1）资料表——由承包商填写并随投标函一起提交的文件，包括工程量表（Bill of Quantities）、数据、列表及费率和/或单价表等；

（2）其他构成合同一部分的文件——在合同协议书或中标函中列明范围的文件（包括合同履行过程中构成对双方有约束力的文件）。

应该注意：构成合同文件的各个文件应被视作互为说明的。为达到解释合同文件之目的，各文件的优先次序如下：

（a）合同协议书（如有时），（b）中标函，（c）投标函，（d）专用条件，（e）本通用条件，（f）规范，（g）图纸，（h）资料表以及其他构成合同一部分的文件。

如果在合同文件中发现任何含混或矛盾之处，工程师应颁发任何必要的澄清或指示。

（二）合同履行中涉及的几个期限的概念

1. 合同工期与竣工时间

合同工期是指所签合同内注明的完成全部工程（包括通过竣工检验）的时间，加上合同履行过程中因非承包商应负责原因导致变更和索赔事件发生后，经工程师批准顺延工期之和。

竣工时间是指在投标函附录中说明的，按照合同中对竣工时间的规定，由开工日期算起至工程或某一区段（视情况而定）完工的日期（包括按照合同得到的任何延期）。由此可见，竣工时间是合同工期在合同中的概念。

2. 施工期

施工期是指承包商的实际施工时间。从工程师按合同约定发布的"开工令"中注明的应开工日期起，至工程接收证书注明的竣工日期止的日历天数，称之为承包商的施工期。

关于开工日期，工程师应至少提前 7 天通知承包商开工的日期。除非专用条件中另有说明，开工日期应在承包商接到中标函后的 42 天内。承包商应在开工日期后合理可行的情况下尽快开始实施工程，随后应迅速且毫不拖延地进行施工。

通过合同工期（竣工时间）与施工期比较就可以判定承包商的施工是提前竣工，还是延误竣工。

3. 缺陷通知期（Defects Notification Period）

缺陷通知期即国内施工文本所指的工程缺陷通知期，自工程接收证书中注明的竣工日期开始，其持续时间一般在投标书附录中约定，同时还要考虑缺陷通知期的延长。

设置缺陷通知期的目的是为了考验工程在动态运行条件下是否达到了合同中技术规范的要求；而工程接收之前的竣工检验，仅证明承包商的施工工艺达到了合同约定的标准。

4. 合同有效期

合同有效期指合同条款约定的对雇主和承包商具有约束力的时间期限，自合同签字日起至承包商提交给雇主的"结清单"生效日止。

颁发履约证书只是表示承包商的施工义务终止，合同约定的权利义务并未完全结束，还剩有管理和结算等手续。结清单生效指雇主已按工程师签发的最终支付证书中的金额付款，并退还了承包商的履约保证。结清单一经生效，承包商在合同内享有的索赔权利也自行终止。

结清单（Discharge）是提交最终报表时，承包商应提交一份书面材料，以进一步证实最终报表的总额是根据合同应支付给他的全部款额和最终的结算额。

在收到最终报表及书面结清单后 28 天内，工程师应向雇主发出一份最终支付证书，说明：

（1）最终应支付的款额；

（2）在对雇主以前支付过的款额与雇主有权得到的全部金额加以核算后，雇主还应支付给承包商，或承包商还应支付给雇主（视情况而定）的余额（如有时）。

5. 基准日期（Base Date）

基准日期指提交投标文件截止日前第 28 天的当日。

因为汇率、材料单价等，甚至适用的法律都是随时间变动的，所以在合同中提及上述可变因素时都要声明对应的日期。一般就以基准日期的情形为标准。

FIDIC 施工合同条件中以上概念及典型事件期限见图 6-1。

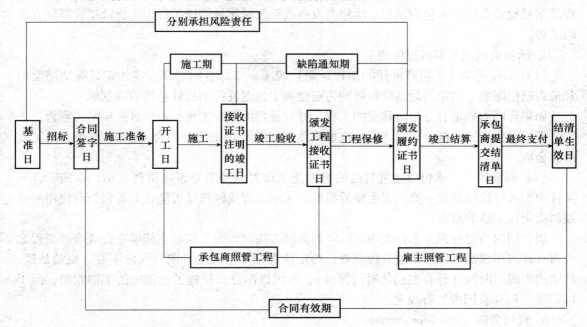

图 6-1　施工合同中典型事件与期限

（三）合同价格

通用条件中分别定义了"中标合同金额（Accepted Contract Amount）"和"合同价格（Contract Price）"的概念。

"中标合同金额"指雇主在"中标函"中对实施、完成和修复工程缺陷所接受的来源于承包商投标报价金额。

"合同价格"则指按照合同条款的约定，承包商完成建造和保修任务后，对所有合格工程有权获得的全部工程款。

由于以下原因，最终结算的合同价格可能与中标函中注明的"中标合同金额"不一定相等。

1. 合同类型特点

《施工合同条件》采用单价合同方式。单价合同的支付原则是，按承包商实际完成工程量乘以清单中相应单价结算工程款。

2. 可调价情况的出现

合同条款中约定了调价原则和调价费用的计算方法，而调价款没有包含在中标价格内，即调价款没有包含在合同价格内。

3. 发生应由雇主承担责任的事件

合同履行过程中，可能因雇主的行为或他应承担风险责任的事件发生后，导致承包商增加施工成本，合同相应条款都规定应对承包商受到的实际损害给予补偿。

4. 承包商的质量责任

合同履行过程中，如果承包商没有完全地或正确地履行合同义务，雇主可凭工程师出具的证明，从承包商应得工程款内扣减该部分给雇主带来损失的款额。比如：不合格材料和工程的重复检验费用由承包商承担，承包商没有改正忽视质量的错误行为，折价接收部分有缺陷工程。

5. 承包商延误工期或提前竣工

（1）工程延误（承包商责任的工程延期）竣工。签订合同时双方需约定日拖期赔偿额和最高赔偿限额。约定的最高赔偿限额为赔偿雇主延迟发挥工程效益的最高款额。

如果合同内规定有分阶段移交的工程，针对拖延的部分工程，折减日拖期赔偿额为：

折减日拖期赔偿额＝合同约定日拖期赔偿额×拖延竣工部分的合同金额/整个合同工程的总金额。

（2）提前竣工。承包商通过自己的努力使工程提前竣工是否应得到奖励，在施工合同条件中列入可选择条款一类。雇主要看提前竣工的工程或区段是否能让其得到提前使用的收益而决定该条款的取舍。

当合同内约定有部分工程的竣工时间和奖励办法时，为了使雇主能够在完成全部工程之前占有并启用该部分工程提前发挥效益，约定该部分工程完工日期应固定不变。也就是说，约定的应竣工时间（计算奖励的时间标准），不因该部分工程施工过程中的工期索赔，而予以调整（除非合同中另有规定）。

6. 暂列金额（Provisional Sums）

暂列金额是在招标文件中规定的作为雇主备用金的一笔固定金额。投标人必须在自己的投标报价中加上此笔金额。中标合同金额包含暂列金额。工程师可以发布指示，要求承包商或其他人完成暂列金额项内开支的工作，暂列金额只有在工程师（他有权全部使用、部分使用或完全不用）的指示下才能动用并加入合同价格。工程师可要求：

（1）承包商实施工作，按变更进行估价和支付；

（2）承包商从指定分包商或他人处购买工程设备、材料或服务，这时要支付给承包商其实际支出的款额加上管理费和利润。

因此，只有当承包商按工程师的指示完成暂列金额项内开支的工作任务后，才能从其中获得相应支付。当工程师要求时，承包商应出示报价单、发票、凭证以及账单或收据，以示证明。

（四）指定分包商（Nominated Subcontractors）

1. 指定分包商的概念

指定分包商，是指合同中（雇主）指明作为指定分包商的，或依据"变更和调整"（工程师）指示承包商将其作为一名分包商雇用的人员，该人员是完成某项特定工作内容并与承包商签订分包合同的特殊分包商。

合同条款规定，雇主有权将部分工程项目的施工任务或涉及提供材料、设备、服务等工作内容发包给指定分包商实施。

合同内规定有承担施工任务的指定分包商，大多因雇主在招标阶段划分合同任务时，考虑到某部分施工内容的专业技术要求较强，一般承包商不具备相应的能力，但如果以一个单独的合同对待，又增加现场施工或合同管理的复杂性，可能会导致工程师无法合理地进行协调管理，为避免各独立合同之间的干扰，将这部分工作发包给指定分包商实施。

由于指定分包商是与承包商签订分包合同，因而在合同关系和管理关系方面与一般分包商处于同等地位，对其施工过程中的监督、协调工作纳入承包商的管理之中。

2. 指定分包商的选择及承包商对指定的反对

（1）指定分包商的选择

指定分包商应拥有某方面的专业技术或专门的施工设备、独特的施工方法以满足特殊专项工作的实施要求。雇主和工程师根据所积累的资料、信息，通过议标方式选择指定分包商；若没有理想的合作者，也可以采用招标方式选择指定分包商，以实施承包商不擅长的工作内容。

某项工作将由指定分包商负责实施是招标文件规定，并已由承包商在投标时认可。因此，他不能反对该项工作由指定分包商完成，并由承包商负责协调管理工作。

（2）承包商对指定的反对

雇主必须保护承包商合法利益不受侵害是选择指定分包商的基本原则，因此，当承包商有合法理由时，承包商有权拒绝某一单位作为指定分包商。为了保证工程施工的顺利进行，雇主选择指定分包商应首先征求承包商的意见，不能强行要求承包商接受他有理由反对的指定分包商。

承包商没有义务雇用一名他已通知工程师并提交具体证明资料说明其有理由反对的指定分包商。如果因为（但不限于）下述任何事宜而反对，则该反对应被认为是合理的，除非雇主同意保障承包商免于承担下述事宜的后果：

1）有理由相信指定分包商没有足够的能力、资源或资金实力；

2）分包合同未规定指定分包商应保障承包商免于承担由指定分包商、其代理人、雇员的任何疏忽或对货物的错误操作的责任；

3）分包合同未规定指定分包商对所分包工程（包括设计，如有时），应该：

①为承包商承担该项义务和责任，能使承包商履行其合同规定的义务和责任；

②保障承包商免于按照合同或与合同有关的以及由于分包商未能履行这些义务或完成这些责任而导致的后果所具有的所有义务和责任。

3. 指定分包商的特点

虽然指定分包商与一般分包商处于相同的合同地位，但二者并不完全一致，主要差异体现在以下几个方面：

（1）选择分包商的单位不同。指定分包商由雇主或工程师选定，而一般分包商则由承包商选择。

（2）分包合同的工作内容不同。指定分包工作属于承包商无力完成，不是合同约定应由承包商必须完成的工作，即承包商投标报价时没有摊入间接费、管理费、利润、税金的工作。因此，不损害承包商的合法权益，而一般分包商的工作则为承包商工作范围的一部分。

（3）工程款的支付开支项目不同。为了不损害承包商的利益，给指定分包商的付款应从暂列金额内开支。而对一般分包商的付款，则从工程量清单中相应工作内容项内支付。承包商要与指定分包商签订分包合同，并需指派专职人员负责施工过程中的监督、协调、管理工作。因此，也应在分包合同内具体约定双方的权利和义务，明确收取分包管理费的标准与方法。如果施工中需要指定分包商，在招标文件中应给予详细说明，承包商在投标书中填写收取分包合同价的某一百分比作为协调管理费。该费用包括现场管理费、公司管理费和利润。

（4）雇主对分包商利益的保护不同。尽管指定分包商直接对承包商负责，但指定分包商是雇主选定的，而且其工程款的支付从暂列金额内开支。因此，在合同条件内有保护指定分包商的条款。

通用条件规定，承包商在每个月末报送工程进度款支付报表时，工程师有权要求他出示以前已按指定分包合同给指定分包商付款的证明。

如果承包商没有合法理由而扣押了指定分包商上个月应得工程款，雇主有权按工程师出具的证明从承包商本月应得款内扣除这笔金额直接付给指定分包商。对于一般分包商则无此类规定，雇主和工程师不介入一般分包合同履行的监督。

FIDIC 施工合同条件第 5.4 款【付款证据】规定：在颁发一份包括支付给指定分包商的款额的支付证书之前，工程师可以要求承包商提供合理的证据，证明按以前的支付证书已向指定分包商支付了所有应支付的款额（适当地扣除保留金或其他）。除非承包商：

（a）向工程师提交了合理的证据。

（b）（ⅰ）以书面材料使工程师同意他有权扣留或拒绝支付该项款额；

（ⅱ）向工程师提交了合理的证据表明他已将此权力通知了指定分包商。

否则，雇主应（自行决定）直接向指定分包商支付部分或全部已被证实应支付给他的（适当地扣除保留金），并且承包商不能按照上述（a）、（b）段所述提供证据的那一项款额。承包商应向雇主偿还这笔由雇主直接支付给指定分包商的款额。

（5）承包商对分包商违约行为承担责任的范围不同。承包商向指定分包商发布了错误的指示导致损失，承包商要承担责任。除此之外，承包商对指定分包商的任何违约行为给雇主或第三者造成损害不承担责任。一般分包商有违约行为，雇主将其视为承包商的违约行为，按照主合同的规定追究承包商的责任。

（五）解决合同争议的方式

1. 争端裁决委员会（Dispute Adjudication Board，以下用 DAB）简介

（1）DAB 委员的选聘和报酬

DAB 的委员一般是三人，对于小型工程也可是一人，下面以三人 DAB 为例介绍其委员的选聘。

1）DAB 委员的聘任。DAB 委员的聘任是由雇主方和承包商方在投标函附录规定的时间内各提名一位委员并经对方批准，然后由合同双方与这二位委员共同商定第三名成员作为 DAB 主席。

如果组成 DAB 有困难，如一方的提名对方不同意或合同中任一方未能在投标函附录规

定的日期内提出人选，则采用专用条件中指定的机构（如 FIDIC）或官方提名任命 DAB 成员，该任命是最终的和具有决定性的。为此提名所花的费用由合同双方各出一半。

一般结清单生效时，DAB 委员任期即告期满，在这之前，如果要终止对某一个委员的聘任必须经双方同意。

当委员与合同双方口头商定参与 DAB 的工作之后，即应签订一份"争端裁决协议书"（简称"协议书"），"协议书"主要包括争端裁决协议书的通用条件及对它的修改和补充，委员的酬金金额，DAB 委员应完成的义务，雇主和承包商共同承担支付的义务以及应遵守的法律。

2）DAB 委员的酬金与支付。DAB 委员的酬金包括月聘请费、日酬金、DAB 委员为履行职责导致的一切合理的费用（电话费、旅店费及补助。超过本条日酬金的百分之五的所有开支，均需要收据）和工程所在国对成员根据本款获得的款项合理征收的任何税费（工程所在国的国民或永久居民除外）。

月聘请费和日酬金应按争端裁决协议书的规定执行。除非另有规定，这些费用在开始的24 个日历月内应保持不变，其后应在争端裁决协议书生效日的每个周年，在雇主、承包商和成员同意后调整。

月聘请费用于委员在他的住址进行的与 DAB 有关工作的报酬，每日历月聘请费应自争端裁决协议书生效的日历月的最后一天开始支付，直至为颁发整个工程接收证书的日历月的最后一天为止。

从为整个工程颁发接收证书的那个日历月随后那个月的第一天开始，聘请费将减至原来的 50%。此类减少的聘请费应一直支付到成员辞职或争端裁决协议书由于其他原因终止的那个日历月的第一天。

日酬金包括旅行（最多两天）以及现场的每一工作日的酬金。一般三天的日酬金等于月聘请费。委员的酬金由雇主和承包商双方各出一半。

（2）争端裁决委员会的性质

争端裁决委员会的裁决属于非强制性但具有法律效力的行为，相当于我国法律中解决合同争议的调解，但其性质则属于个人委托。

（3）工作

由于裁决委员会的主要任务是解决合同争议，因此不同于工程师需要常驻工地。

（4）成员的义务

保证公正处理合同争议是其最基本义务，虽然当事人双方各提名一位成员，但他不能代表任何一方的单方利益，因此合同约定：

1）在雇主与承包商双方同意的任何时候，他们可以共同将事宜提交给争端裁决委员会，请他们提出意见。没有另一方的同意，任一方不得就任何事宜向争端裁决委员会征求建议。

2）裁决委员会或其中的任何成员不应从雇主、承包商或工程师处单方获得任何经济利益或其他利益。

3）不得在雇主、承包商或工程师处担任咨询顾问或其他职务。

4）合同争议提交仲裁时，不能被任命为仲裁人，只能作为证人向仲裁提供争端证据。

2. FIDIC 施工合同条件下解决合同争议的程序（见图 6-2）

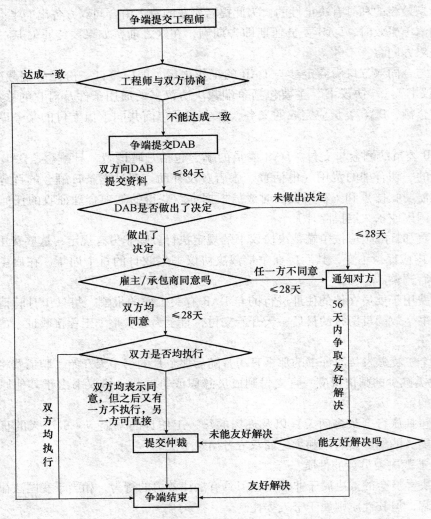

图 6-2　FIDIC 施工合同条件解决合同争议的程序

（1）提交工程师决定

FIDIC 施工合同条件的基本出发点之一，是合同履行过程中建立以工程师为核心的项目管理模式，因此，不论是承包商的索赔还是雇主的索赔均应首先提交给工程师。任何一方要求工程师作出决定时，工程师应与双方协商尽力达成一致。如果未能达成一致，则应按照合同约定并适当考虑有关情况后作出公正的决定。

（2）提交争端裁决委员会决定

双方起因于合同的任何争端，包括对工程师签发的证书，作出的决定、指示、意见或估价不同意接受时，可将争议提交合同争端裁决委员会，并将副本送交对方和工程师，合同双方均应尽快向 DAB 提交自己的立场报告以及 DAB 可能要求的进一步的资料。裁决委员会在收到提交的争议文件后 84 天内（或经 DAB 建议，合同双方同意的时间内）就争端事宜作出书面的裁决。作出裁决后的 28 天内任何一方未提出不满意且均执行裁决时，则此裁决即为最终的决定。

（3）双方协商

任何一方对裁决委员会的裁决不满意，或裁决委员会在 84 天内没能作出裁决，在此期限后的 28 天内应将争议提交仲裁。仲裁机构在收到申请后的 56 天才开始审理，这一时间要求双方尽力以友好的方式解决合同争议。若双方对裁决委员会的裁决均表示同意，但之后又有一方不执行，另一方可直接将争议提交仲裁审理。

（4）仲裁

如果双方仍未能通过协商解决争议，则只能在合同约定的仲裁机构最终解决。除非另有规定，应采用国际商会的仲裁规则，在仲裁过程中，合同双方及工程师均可提交新的证据，DAB 的决定也可作为仲裁的证据。

（六）合同担保

1. 承包商提供的担保

合同条款规定，承包商签订合同时应提供履约担保，接受预付款前应提供预付款担保。在范本中给出了担保书的格式，分为企业法人提供的保证书和金融机构提供的保函两类格式。保函均为不需承包商确认违约的无条件担保形式。

（1）履约保证

承包商应在收到中标函后 28 天内自费取得保证其恰当履约的保证，即履约保证，并将履约保证提交给雇主，并向工程师提交一份副本。该保证应在雇主批准的实体和国家（或其他管辖区）管辖范围内颁发，并采用专用条件附件中规定的格式或雇主批准的其他格式。

1）保证期限。履约保证应担保承包商圆满完成施工和保修的义务，而非到工程师颁发工程接收证书为止。工程接收证书是对承包商圆满完成合同约定施工义务的证明（证明施工工艺达到了合同约定的标准），承包商还应承担保修义务。如果双方有约定的话，允许颁发整个工程的接收证书后，将履约保证的担保金额减少一定的百分比。一般缺陷通知期满后该保证失效，但雇主不愿将此写入合同。

在承包商完成工程竣工并修补任何缺陷之前，承包商应保证履约保证将持续有效。

2）雇主凭履约保证索赔。由于无条件履约保证对承包商的风险较大，因此，通用条件中明确规定了只有以下 4 种情况雇主可以凭履约保证索赔，这些情况包括：

①专用条款内约定的缺陷通知期满后仍未能解除承包商的保修义务时，承包商应延长履约保证有效期而未延长，此时雇主可对履约保证的全部金额进行索赔（即没收）；

②按照承包商同意或依据雇主的索赔、争端和仲裁的决定后 42 天内，承包商未能向雇主支付应付的款额；

③缺陷通知期内，承包商接到雇主修补缺陷通知后 42 天内承包商未能及时修补缺陷；

④由于承包商的严重违约行为雇主终止合同，无论是否发出了终止通知。

除上述情况外，雇主不得随意没收履约保证，而应该按合同约定的违约责任条款对待。雇主应在接到履约证书副本后 21 天内将履约保证退还给承包商。

（2）预付款担保

2. 雇主提供的担保

大型工程建设资金的融资可能包括从某些国际援助机构、开发银行等筹集的款项，这些机构往往要求雇主保证履行给承包商付款的义务。因此，在专用条件范例中，增加了雇主应向承包商提交"支付保函"的可选条款，并附有保函格式。雇主提供的支付保函担保金额可以按总价或分项合同价的某一百分比计算，担保期限至缺陷通知期满后6个月，并且为无条件担保，使合同双方的担保义务对等。

通用条件的条款中未明确规定雇主必须向承包商提供支付保函，具体的工程合同内是否包括此条款，取决于雇主主动选用或融资机构的强制性规定。

二、风险责任的划分

任何一种风险都应由最适宜承担该风险或最有能力进行损失控制的一方承担。符合这一原则的风险责任划分是合理的，可以取得双赢或多赢的结果。

施工合同条件在雇主和承包商之间划分风险责任的基本原则：通用条件以"基准日"（投标截止日期前第28天的当日）作为划分雇主和承包商合同风险责任的时间分界点。具体来说，在基准日后发生的作为一个有经验承包商在投标阶段不可能合理预见的风险事件，而非承包商的投标失误或管理责任，通过工程投保也不能合理或全部转移的风险，应由雇主承担，按承包商受到的实际影响给予补偿；若雇主获得好处，承包商也应取得相应的利益。

对承包商的风险损害是否应给予补偿，工程师不是简单看承包商的报价内是否包括了对此事件的费用，而是以作为有经验的承包商在投标阶段能否合理预见作为判定准则。

（一）雇主的风险义务

1. 合同条件规定的雇主风险

①战争、敌对行动（不论宣战与否）、入侵、外敌行动；

②工程所在国内的叛乱、恐怖活动、革命、暴动、军事政变或篡夺政权，或内战；

③在工程所在国内的暴乱、骚乱或混乱，完全局限于承包商的人员以及承包商和分包商的其他雇用人员中间的事件除外；

④工程所在国的军火、爆炸性物质、离子辐射或放射性污染，由于承包商使用此类军火、爆炸性物质、辐射或放射性活动的情况除外；

⑤以音速或超音速飞行的飞机或其他飞行装置产生的压力波；

⑥雇主使用或占用永久工程的任何部分，合同中另有规定的除外；

⑦因工程任何部分设计不当而造成的，而此类设计是由雇主的人员提供的，或由雇主所负责的其他人员提供的；

⑧一个有经验的承包商不可预见且无法合理防范的自然力的作用。

前5种和⑧风险都是雇主或承包商无法预测、防范和控制而保险公司又不承保的事件，损害后果又很严重，雇主应对承包商受到的实际损失（不包括利润损失）给予补偿。⑥、⑦情况的补偿费用除上述费用还应加上合理的利润。

2. 不可预见的外界条件

（1）不可预见物质条件的范围

不可预见的外界条件，是指承包商在实施工程中遇见的外界自然条件、及人为的条件（人为干扰）和其他（招标文件和图纸均未说明或与提供资料不一致的）外界障碍和污染物，包括地表以下和水文条件，但不包括气候条件。

（2）不可预见的外界条件处理

如果承包商遇到了在他看来是无法预见的外界条件，则承包商应及时通知工程师。此通知应描述该外界条件以便工程师审查，并说明原因为什么承包商认为是不可预见的。承包商应继续实施工程，采用在此外界条件下合适的以及合理的措施，并且应该遵守工程师给予的任何指示。

（3）工程师与承包商进行协商并作出决定

工程师的判定原则是：

1）承包商在多大程度上对该外界条件不可预见。事件的原因可能属于雇主风险或有经验的承包商应该合理预见，也可能双方都应负有一定责任，工程师应合理划分责任或责任限度。

2）是否以及（如果是的话）在多大程度上该外界条件不可预见，并评定相应损害或损失的额度。

3）外界有利条件的影响。

商定或决定附加费用之前，工程师还应审查是否在工程类似部分（如有时）上其他外界条件比承包商在提交投标文件时合理预见的外界条件更为有利。如果在一定程度上承包商遇到了此类更为有利的条件，工程师应按照"决定"①的规定对因该条件而应支付费用的扣除作出商定或决定，并且加入合同价格和支付证书中（作为扣除部分）。

但由于工程类似部分遭受的所有外界条件所作的费用调整和所有这些扣除的净作用不应导致合同价格的净扣除。即如果承包商不依据"不可预见的物质条件"提出索赔时，不考虑类似情况下的有利条件承包商所得到的好处，对有利部分的扣减不应超过对不利补偿的金额。

工程师可以考虑承包商对提交投标文件时合理预见的外界条件提交的任何证据，但不受这些证据的约束。

3. 其他不能合理预见的风险

（1）汇率变化对外币支付部分的影响

当合同内约定给承包商的全部或部分付款为某种外币，或约定整个合同期内始终以基准日的投标汇率为不变汇率按约定百分比支付某种外币时，汇率的实际变化对支付外币的计算不产生影响。若合同内规定按支付日当天中央银行公布的汇率为标准，则支付时需随汇率的市场浮动进行换算。由于合同期内汇率的浮动变化是双方签约时无法预计的情况，不论采用何种方式，雇主均应承担汇率实际变化对工程总造价影响的风险，可能对其有利，也可能不利。

（2）法令、政策变化对工程成本的影响

如果基准日后由于法律、法令和政策变化引起承包商实际投入成本的增加，应由雇主给予补偿。若导致施工成本的减少，雇主也获得其中的好处，如施工期内国家或地方对税收的

注：①"决定"：每当合同条件要求工程师按照本款规定对某一事项作出商定或决定时，工程师应与合同双方协商并尽力达成一致。如果未能达成一致，工程师应按照合同约定在适当考虑到所有有关情况后作出公正的决定。工程师应将每一项协议或决定向每一方发出通知以及具体的证明资料。每一方均应遵守该协议或决定，除非和直到按索赔、争端和仲裁规定作出了修改。

调整等。

（二）承包商应承担的风险义务

在施工现场属于不包括在保险范围内的，由于承包商的施工、管理等失误或违约行为，导致工程、雇主人员的伤害及财产损失，应承担责任。依据合同通用条款的规定，承包商对雇主的全部责任不应超过专用条款约定的最高赔偿限额，若未约定，则不应超过中标的合同金额。但对于因欺骗、有意违约或轻率的不当行为造成的损失，赔偿的责任限度不受最高赔偿限额的限制。

三、施工阶段的合同管理

（一）施工进度管理

1. 进度计划

（1）承包商编制施工进度计划

除非专用条件中另有说明，开工日期应在承包商接到中标函后的 42 天内。工程师应至少提前 7 天通知承包商开工日期。承包商接到通知后 28 天内承包商应向工程师提交详细的进度计划。当原进度计划与实际进度或承包商的义务不符时，承包商还应提交一份修改的进度计划。

合同履行过程中，一个准确的进度计划对合同涉及的有关各方都有重要的作用，不仅要求承包商按计划施工，而且工程师也应按计划做好保证施工顺利进行的协调管理工作，经批准的进度计划是判定雇主是否准时移交施工现场、准时发放图纸以及提供的材料、设备的标准，成为确认影响施工进度责任方的依据。

（2）进度计划的内容

1）承包商计划实施工程的次序，包括设计（如有时）、承包商的文件、采购、生产设备的制造、运达现场、施工、安装和试验的各个阶段的预期时间；

2）每个指定分包商施工各阶段的安排；

3）合同中规定的检验和试验的次序和时间；

4）保证计划实施的说明文件，包括对承包商准备采用的方法和主要阶段的总体描述，以及承包商的人员和设备的数量的合理估算的详细说明。

（3）进度计划的确认

承包商有权按照他认为最合理的方法进行施工组织，工程师不应干预。工程师对承包商提交的施工计划的审查主要涉及以下几个方面：

1）计划实施工程的总工期和重要阶段的里程碑工期与合同的约定是否一致；

2）承包商各阶段准备投入的机械和人力资源计划能否保证计划的实现；

3）承包商拟采用的施工方案与同时实施的其他合同是否有冲突或干扰等。

2. 工程师对施工进度的监督

（1）月进度报告

为了便于工程师有效的监督和管理合同的履行以及协调各合同之间的配合，承包商每个月都应向工程师提交进度报告，说明前一阶段的进度情况和施工中存在的问题，以及下一阶段的实施计划和准备采取的相应措施。

（2）施工进度计划的修订

当工程师发现实际进度与计划进度严重偏离时，不论实际进度是超前还是滞后于计划进度，为了使进度计划有实际指导意义，工程师有权随时指示承包商编制改进的施工进度计划，并再次提交工程师，经工程师认可后的新进度计划将代替原来的计划。

工程师在施工进度管理中应注意两点：一是，不论因何方应承担责任的原因导致实际进度与计划进度不符，承包商都无权对修改进度计划的工作要求额外支付；二是，工程师对修改后进度计划的批准，并不意味承包商可以摆脱合同约定应承担的责任。比如，由于承包商原因导致实际进度滞后，承包商按照工程师的指示依据其实际能力修改了进度计划，如果修改后的进度计划迟于合同约定的日期。工程师考虑到修改后的计划已经包括了承包商所有可挖掘的潜力，于是批准了该进度计划，承包商仍要承担合同约定的延期违约赔偿责任。

3. 顺延合同工期

通用条件的条款中规定可以顺延合同工期的几种情况：

（1）延误发放图纸；

（2）延误移交施工现场；

（3）承包商依据工程师提供的错误数据导致放线错误；

（4）不可预见的外界条件；

（5）施工中遇到文物和古迹而对施工进度的干扰；

（6）非承包商原因检验导致施工的延误；

（7）发生变更或合同中实际工程量与计划工程量出现实质性变化；

（8）施工中遇到有经验的承包商不能合理预见的异常不利气候条件影响（为避免以后的合同纠纷，双方应在合同中约定判定异常不利气候的标准）；

（9）由于传染病或其他政府行为导致工期的延误；

（10）施工中受到雇主或其他承包商的干扰；

（11）施工涉及有关公共部门原因引起的延误；

（12）雇主提前占用工程导致对后续施工的延误；

（13）非承包商原因使竣工检验不能按计划正常进行；

（14）后续法规调整引起的延误；

（15）发生不可抗力事件的影响。

（二）施工质量管理

1. 承包商的质量体系

每一工作阶段开始实施之前，承包商应将所有工作程序的细节和执行文件提交工程师，供其参考。工程师有权审查质量体系的任何方面，包括月进度报告中包含的质量文件，对不完善之处可以提出改进要求。

保证工程质量是承包商的基本义务，因此，即使承包商遵守工程师认可的质量体系施工，也不能解除依据合同对工程质量应承担的责任。

2. 现场资料

承包商的投标书被认为他在投标阶段对招标文件中提供的图纸、资料和数据进行过认真审查和核对，并通过现场考察和质疑已取得了对工程可能产生影响的有关风险、意外事故及其他情况的全部必要资料。

雇主同样有义务向承包商提供基准日后得到的所有相关资料和数据。

不论是招标阶段提供的资料还是后续提供的资料，雇主应对资料和数据的真实性和正确性负责，但对承包商依据资料的理解、解释或推论导致的错误不承担责任。

3. 质量的检查和检验

为了保证工程的质量，工程师除了按合同约定进行正常的检验外，还可以在认为必要时依据变更程序指示承包商变更规定检验的位置或细节、进行附加检验或试验等。由于额外检查和试验是基准日前承包商无法合理预见的情况，则影响到的费用和工期，视检验结果是否合格划分责任归属。

4. 对承包商设备的控制

（1）承包商自有的施工设备

承包商自有的施工机械、设备、临时工程和材料，一经运抵施工现场后就被视为专门为本合同工程施工专用。除了运送承包商人员和物资的运输车辆以外，其他施工机具和设备虽然承包商拥有所有权或使用权，但未经过工程师批准，不能将其中的任何一部分运出施工现场。

（2）承包商租赁的施工设备

承包商从其他人处租赁施工设备时，应在租赁协议中规定在协议有效期内发生承包商违约解除合同时，设备所有人应以相同的条件将该施工设备转租给雇主或雇主邀请承包本合同的其他承包商。

（3）要求承包商增加或更换施工设备

若工程师发现承包商使用的施工设备影响了工程进度或施工质量时，有权要求承包商增加或更换施工设备，由此增加的费用和工期延误责任由承包商承担。

5. 环境保护

承包商的施工应遵守环境保护的有关法律和法规的规定，采取一切合理措施保护现场内外的环境，限制因施工作业引起的污染、噪声或其他对公众和财产造成损害和妨碍影响。施工产生的散发物、地面排水和排污不能超过环保规定的数值。

（三）工程变更管理

1. 工程变更权（或称工程变更的内容）

工程变更属于合同履行过程中的正常管理工作，工程师可以根据施工进展的实际情况，在认为必要时就以下几个方面发布变更指令：

（1）对合同中任何工作工程量的改变（但此种改变不一定构成变更）。

（2）任何工作质量或其他特性的变更。

（3）工程任何部分标高、位置和（或）尺寸的改变。

（4）删减任何合同约定的工作内容。省略的工作应是不再需要的工程，不允许用变更指令的方式将承包范围内的工作变更给其他承包商实施。

（5）进行永久工程所必需的任何附加工作、生产设备、材料供应或其他服务，包括任何联合竣工试验、钻孔和其他试验以及勘察工作。这种变更指令应是增加与合同工作范围性质一致的新增工作内容，而且不应以变更指令的形式要求承包商使用超过他目前正在使用或

410

计划使用的施工设备范围去完成新增工程。除非承包商同意此项工作按变更对待，否则，一般应将新增工程按一个单独的合同来对待。

（6）改变原定的施工顺序或时间安排。此类属于合同工期的变更，即可能是基于增加工程量、增加工作内容等情况，也可能源于工程师为了协调几个承包商施工的相互干扰而发布的变更指示。

除非工程师指示或批准了变更，承包商不得对永久工程作任何改变和（或）修改。

2. 变更程序

（1）工程师指示的变更

1）指示变更。指示的内容应包括详细的变更内容、变更工程量、变更项目的施工技术要求和有关部门文件图纸，以及变更处理的原则。

2）要求承包商递交建议书后再确定的变更。

如果工程师在发出变更指示前要求承包商提出一份建议书，承包商应尽快做出书面回应，或提出他不能照办的理由（如果情况如此），其程序为：

①工程师将计划变更事项通知承包商，并要求他递交实施变更的建议书。

②承包商应尽快予以答复。一种情况可能是通知工程师由于受到某些非自身原因的限制而无法执行此项变更，如无法得到变更所需的物资等，工程师应根据实际情况和工程的需要再次发出取消、确认或修改变更指示的通知。另一种情况是承包商依据工程师的指示递交实施此项变更的说明，内容包括：

a. 将要实施的工作的说明以及该工作实施的进度计划；

b. 根据进度计划和竣工时间的要求，承包商对进度计划做出必要修改的建议书，提出工期顺延要求；

c. 承包商对变更估价的建议书。

③工程师作出是否变更的决定，尽快通知承包商说明批准与否或提出意见。

承包商在等待答复期间，不应延误任何工作；工程师发出每一项实施变更的指示，应要求承包商记录支出的费用；承包商提出的变更建议书，只是作为工程师决定是否实施变更的参考。除了工程师作出指示或批准以总价方式支付的情况外，每一项变更应依据计量工程量进行估价和支付。

（2）承包商申请的变更

1）承包商提出变更建议。

承包商可以随时向工程师提交1份书面建议。承包商认为如果采纳其建议将可能：

①加速完工；

②降低雇主实施、维护或运行工程的费用；

③对雇主而言能提高竣工工程的效率或价值；

④为雇主带来其他利益。

2）承包商应自费编制此类建议书。

3）如果由工程师批准的承包商建议包括一项对部分永久工程的设计的改变，通用条件的条款规定如果双方没有其他协议，承包商应设计该部分工程。如果他不具备设计资质，也可以委托有资质单位进行分包。变更的设计工作应按合同约定的"承包商负责设计"的规定执行，包括：

①承包商应按照合同中说明的程序向工程师提交该部分工程的承包商的文件；

②承包商的文件必须符合规范和图纸的要求；

③承包商应对该部分工程负责，并且该部分工程完工后应适合于合同中规定的工程的预期目的；

④在开始竣工试验之前，承包商应按照规范规定向工程师提交竣工文件以及操作和维修手册。

4）接受变更建议的估价

①如果此改变造成该部分工程的合同的价值减少，工程师应与承包商商定或决定一笔费用，并将之加入合同价格。这笔费用应是以下金额差额的一半（50%）：

a. 合同价值的减少——由此改变造成的合同价值的减少，不包括依据后续法规变化做出的调整和因物价浮动调价所作的调整；

b. 变更对使用功能价值的影响——考虑到质量、预期寿命或运行效率的降低，对雇主而言已变更工作价值上的减少（如有时）。

②如果降低工程功能的价值 b 大于减少合同价格 a 对雇主的好处，则没有该笔奖励费用。

3. 工程变更的估价

（1）变更估价的原则

变更工程的价格或费率是合同双方协商的焦点。计算变更工程应采用的费率或价格包括以下三种情况：

1）变更工作在工程量表中有同种工作内容的单价，应以该费率计算变更工程费用。

2）工程量表中虽然列有同类工作的单价或价格，但对具体变更工作而言已不适用，则应在原单价和价格的基础上制定合理的新单价或价格。

3）变更工作的内容在工程量表中没有同类工作的费率和价格，应按照与合同单价水平相一致的原则确定新内容的费率或价格。任何一方不能以工程量表中没有此项价格为借口，将变更工作的单价定得过高或过低。

（2）可以调整合同工作单价的原则

在以下情况下，宜对有关工作内容采用新的费率或价格。

第一种情况：

1）如果此项工作实际测量的工程量比工程量表或其他报表中规定的工程量的变动大于10%；

2）工程量的变化与该项工作规定的费率的乘积超过了中标的合同金额的0.01%；

3）由此工程量的变化直接造成该项工作单位成本的变动超过1%；

4）这项工作不是合同中规定的"固定费率项目"。

第二种情况：

1）此工作是根据变更与调整的指示进行的；

2）合同没有规定此项工作的费率或价格；

3）由于该项工作与合同中的任何工作没有类似的性质或不在类似的条件下进行，故没有一个规定的费率或价格适用。

每种新的费率或价格应考虑以上描述的有关事项对合同中相关费率或价格加以合理调整

412

后得出。如果没有相关的费率或价格可供推算新的费率或价格，应根据实施该工作的合理成本和合理利润并考虑其他相关事项后得出。

工程师应在商定或确定适宜费率或价格前，确定用于期中付款证书的临时费率或价格。

（3）删减原定工作后对承包商的补偿

工程师发布删减工作的变更指示后，承包商不再实施部分工作，虽然合同价格中包括的直接费部分没有受到损害，但摊销在该部分的间接费、税金和利润则实际不能合理回收。因此，承包商可以就其损失向工程师发出通知并提供具体的证明资料，工程师与合同双方协商后确定一笔补偿金额加入到合同价格内。

（四）工程进度款的支付管理

1. 工程支付的范围与条件

（1）工程支付的范围

FIDIC 施工合同条件规定的工程支付范围主要包括两部分，如图 6-3 所示。

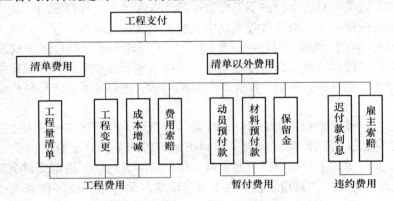

图 6-3　FIDIC 施工合同条件规定的工程支付范围

一部分费用是工程量清单中的费用，这部分费用是承包商在投标时，根据合同条件的有关规定提出的报价，并经雇主认可的费用。

另一部分费用是工程量清单以外的费用，这部分费用虽然在工程量清单中没有规定，但是在合同条件中却有明确的规定。因此，它也是工程支付的一部分。

（2）工程支付的条件

1）质量合格是工程支付的必要条件。支付以工程计量为基础，工程计量必须以工程合格为前提。所以，并不是对承包商已完的工程全部支付，而只支付其中质量合格的部分，质量不合格的部分一律不予支付。

2）符合合同条件。一切支付均须符合合同的约定，如动员预付款的支付款额要符合投标书附录中规定的数量，支付的条件应符合合同条件的约定，即承包商提供履约保函和动员预付款保函之后才予以支付。

3）变更项目必须有工程师的变更通知。没有工程师的指示承包商不得做任何变更，否则他无理由就此类变更的费用要求补偿（即支付）。

4）支付金额（扣除保留金及其他金额后的净额）必须大于期中支付证书规定的最小限额。如果扣除保留金及其他金额之后的净额少于投标书附录中规定的期中支付证书的最小限额时，工程师没有义务开具任何支付证书。不予支付的金额将按月结转，直到达到或超过最低限额时才予以支付。

5）承包商的工作使工程师满意。为了确保工程师在工程管理中的核心地位，并通过经济手段约束承包商履行合同中规定各项责任和义务，合同条件充分赋予了工程师有关支付方面的权力。对于承包商申请支付的项目，即使达到以上所述的支付条件，但承包商其他方面的工作未能使工程师满意，工程师可通过任何期中支付证书对他所签发过的任何原有的证书进行任何修正或更改，也有权在任何期中支付证书中删去或减少该工作的价值。

2. 工程支付的项目

（1）工程量清单项目

工程量清单项目分为一般项目、暂列金额和计日工作三种：

1）一般项目。一般项目是指工程量清单中除暂列金额和计日工作以外的全部项目。这类项目的支付是以经过监理工程师计量的工程数量为依据，乘以工程量清单中的单价，其单价一般是不变的。这类项目的支付占了工程费用的绝大部分，工程师应给予足够的重视。但这类支付的程序比较简单，一般通过签发期中支付证书支付进度款。

2）暂列金额。暂列金额是指包括在合同中，供工程任何部分的施工，或提供货物、材料、设备或服务，或提供不可预料事件之费用的一项金额。这项金额按照工程师的指示可能全部或部分使用，或根本不予动用。没有工程师的指示，承包商不能进行暂列金额项目的任何工作。

承包商按照工程师的指示完成的暂列金额项目的费用，若能按工程量表中开列的费率和价格估价则按此估价，否则承包商应向工程师出示与暂列金额开支有关的所有报价单、发票、凭证、账单或收据。工程师根据上述资料，按照合同的约定，确定支付金额。

3）计日工作。计日工作是指承包商在工程量清单的附件中，按工种或设备填报单价的日工劳务费和机械台班费，一般用于工程量清单中没有合适项目，且不能安排大批量的流水施工的零星附加工作。只有当工程师根据施工进展的实际情况，指示承包商实施以日工计价的工作时，承包商才有权获得用日工计价的付款。使用计日工费用的计算一般采用下述方法：

①按合同中的计日工作计划表所定项目和承包商在其投标书中所确定的费率和价格计算。

②对于清单中没有定价的项目，应按实际发生的费用加上合同中规定的费率计算有关的费用。承包商应向工程师提供可能需要的证实所付款额的收据或其他凭证，并且在订购材料之前，向工程师提交订货报价单供他批准。

（2）工程量清单以外项目

1）动员预付款。动员预付款是雇主为承包商开工时的动员工作提供的一笔无息贷款。预付款总额，分期预付的次数与时间（一次以上时），以及适用的货币与比例应符合投标函附录中的规定。

①动员预付款的支付

在工程师收到（期中支付证书的申请）报表，并且雇主收到了由承包商提交的履约保证，以及一份（金额和货币）与预付款相同的银行预付款保函后，工程师应为第一笔分期预付款颁发一份期中支付证书。

414

在预付款完全偿还之前，承包商应保证该银行预付款保函一直有效，但该银行预付款保函的总额应随承包商在期中支付证书中所偿还的数额逐步冲销而降低。如果该银行保函的条款中规定了截止日期，并且在此截止日期前 28 天预付款还未完全偿还，则承包商应该相应的延长银行保函的期限，直到预付款完全偿还。

②动员预付款的扣还

该预付款应在期中支付证书中按百分比扣减的方式偿还。

a. 起扣。自承包商获得工程进度款累计总额（不包括预付款扣减及保留金的付还）达到中标合同金额减去暂列金额后余额的 10% 的付款证书开始起扣。

b. 每次支付时的扣减额度。每次从支付证书中的数额（不包括预付款扣减及保留金的付还）中扣除 25%，直至还清全部预付款。

如果在颁发工程的接收证书前或雇主据合同约定提出终止或承包商提出暂停和终止或不可抗力（视情况而定）终止合同前，尚未偿清预付款，承包商应将届时未付债务的全部余额立即支付给雇主。

2) 用于永久工程的设备和材料预付款。材料、设备预付款一般是指运至工地尚未用于工程的材料、设备预付款。对承包商买进并运至工地的材料、设备，雇主应支付无息预付款，预付款按材料设备的某一比例（通常为发票价的 80%）支付。

①承包商申请支付材料预付款。专用条款中规定的工程材料到达工地并满足以下条件后，承包商向工程师提交预付材料款的支付清单：

a. 材料的质量和储存条件符合技术条款的要求；

b. 材料已到达工地并经承包商和工程师共同验点入库；

c. 承包商按要求提交了订货单、收据等价格证明文件（包括运至现场的费用）。

②工程师核查提交的证明材料。

③永久工程的设备和材料款预付。预付款金额为经工程师审核后实际材料价乘以合同约定的百分比，预付款金额包括在月进度付款签证中。

④预付材料款的扣还。当已预付款项的材料或设备用于永久工程，构成永久工程合同价格的一部分后，应在计量工程量的承包商应得款内扣除预付的款项，扣除金额与预付金额的计算方法相同。扣除次数和各次扣除金额随工程性质不同而异，一般要求在合同约定的完工日期前至少三个月扣清，最好是材料与设备一用完，该材料与设备的预付款即扣还完毕。

3) 保留金。保留金是为了确保在施工阶段，或在缺陷责任期间，由于承包商未能履行合同义务，由雇主（或工程师）指定他人完成应由承包商承担的工作所发生的费用。

①保留金的约定。承包商在投标书附录中按招标文件提供的信息和要求确认每次扣留保留金的百分比（一般为 5% ~ 10%）和保留金限额（一般为合同总价的 5%）。

②保留金的扣除。每次期中支付时扣除的保留金。从第一次付款证书开始，用该月承包商完成合格工程应得款（含工程变更）加上因后续法规政策变化的调整和市场价格浮动变化的调价款为基数，乘以合同约定保留金的百分比作为本次支付时应扣留的保留金。逐月累计扣留到合同约定的保留金最高限额为止。

③保留金的返还。扣留承包商的保留金分两次返还。

a. 颁发工程接收证书后的返还

第一种情况，颁发了整个工程的接收证书时，将保留金的前一半支付给承包商。

第二种情况，如果颁发的接收证书只是限于一个区段或工程的一部分，则：

返还金额 = 保留金总额 × 移交工程区段或部分结算的合同价值 / 估算的最终合价值 × 40%

$$\text{(6-1)}$$

b. 缺陷通知期满颁发履约证书后将剩余保留金返还

第一种情况，整个合同的缺陷通知期满，返还剩余的保留金。即待颁发履约证书后雇主返还剩余的（50%）保留金。

第二种情况，如果颁发的履约证书只限于一个区段，则在这个区段的缺陷通知期满后，并不全部返还该部分剩余的保留金，返还金额计算同式（6-1）。

由于缺陷责任，尚有工作仍需完成，工程师有权在此类工作完成之前扣发与完成工作所需费用相应的保留金余额的支付证书。当工程所有各区段的缺陷通知期都到期后，剩余的保留金应全部立即退还给承包商。

在计算上述的各项返还百分比时，不考虑根据法规变化引起的调整和费用变化引起的调整（动态调值公式）所进行的任何调整。

合同内以履约保函和保留金两种手段作为约束承包商忠实履行合同义务的措施，当承包商严重违约而使合同不能继续顺利履行时，雇主可以凭履约保函向银行获取损害赔偿；而因承包商的一般违约行为令雇主蒙受损失时，通常利用保留金补偿损失。履约保函和保留金的约束期均是承包商负有施工义务的责任期限（包括施工期和缺陷通知期）。

④保留金保函代换保留金。当保留金已累计扣留到保留金限额的60%时，为了使承包商有较充裕的流动资金用于工程施工，可以允许承包商提交保留金保函代换保留金。保函金额在颁发接收证书后不递减。

4）工程变更的费用。工程变更也是工程支付中的一个重要项目。工程变更费用的支付依据是工程变更令和工程师对变更项目所确定的变更费用，支付时间和支付方式也是列入期中支付证书予以支付。

5）索赔费用。索赔费用的支付依据是工程师批准的索赔审批书及其计算而得的款额；支付时间和支付方式也是列入期中支付证书予以支付。

6）价格调整费用。价格调整费用按照合同条件规定的计算方法计算调整的款额。包括因法律改变和成本改变的调整。

如基准日期后法规变化引起的价格调整。在投标截止日期前的第28天以后，国家的法律、行政法规或有关部门的规章，发生变化，导致施工所需工程费用发生的增减变化，工程师与当事人双方协商后可以调整合同金额。如果导致变化的费用包括在调价公式中，则不再予以考虑。较多的情况发生于工程承包方需缴纳的税费变化，这是当事人双方在签订合同时不可能合理预见的情况。因此，是可以调整的费用。

7）迟付款利息。如果承包商没有在按照合同约定的时间收到付款，承包商应有权就未付款额按月计算复利，收取延误期的融资费用。该延误期应认为从按照合同约定的支付日期算起，而不考虑颁发任何期中付款证书的日期。除非专用条件中另有规定，上述融资费用应以高出支付货币所在国中央银行的贴现率加三个百分点的年利率进行计算，并应用同种货币支付。承包商应有权得到上述付款，无须正式通知或证明，且不损害他的任何其他权利或补偿。

8）雇主索赔。雇主索赔主要包括拖延工期的误期损害赔偿费和缺陷工程损失等。这类费用可从承包商的保留金中扣除，也可从支付给承包商的款项中扣除。

3. 雇主的资金安排（Employer's Financial Arrangements）

为了保障承包商按时获得工程款的支付，通用条件规定，如果合同内没有约定支付表，当承包商提出要求时，雇主应提供资金安排计划。

（1）承包商根据施工计划向雇主提供不具约束力的各阶段资金需求计划。

1）接到工程开工通知的 28 天内，承包商应向工程师提交每一个总价承包项目的价格分解建议表；

2）第一份资金需求估价单应在开工日后 42 天之内提交；

3）根据施工的实际进展，承包商应按季度提交修正的估价单，直到工程的接收证书颁发为止。

（2）雇主应按照承包商的实施计划做好资金安排。通用条件规定：

1）接到承包商的请求后，雇主应在 28 天内提供合理的证据，表明他已做出了资金安排，并将一直坚持实施这种安排。此安排能够使雇主按照合同约定支付合同价格（按照当时的估算值）的款额。

2）如果雇主欲对其资金安排做出任何实质性变更，应向承包商发出通知并提供详细资料。

（3）雇主未能按照资金安排计划和支付的规定执行，承包商可在提前 21 天以上通知雇主，将要暂停工作或降低工作速度。

4. 期中支付证书的颁发（Issue of Interim Payment Certificates）

在雇主收到并批准了履约保证之后，工程师才能为任何付款开具支付证书。此后，在收到承包商的报表和证明文件后 28 天内，工程师应向雇主签发期中支付证书，列出他认为应支付承包商的金额，并提交详细证明资料。

但是，在颁发工程的接收证书之前，若被开具证书的净金额（在扣除保留金及其他应扣款额之后）少于投标函附录中规定的期中支付证书的最低限额（如有此规定时），则工程师没有义务为任何付款开具支付证书。在这种情况下，工程师应通知承包商。

除以下情况外，期中支付证书不得由于任何原因而被扣发：

（1）如果承包商所提供的物品或已完成的工作不符合合同要求，则可扣发修正或重置的费用，直至修正或重置工作完成；

（2）如果承包商未能按照合同约定，进行工作或履行义务，并且工程师已经通知承包商，则可扣留该工作或义务的价值，直至该工作或义务被履行为止。

工程师可在任何支付证书中对任何以前的证书给予恰当的改正或修正。支付证书不应被视为是工程师的接受、批准、同意或满意的意思表示。

5. 物价浮动对合同价格的调整

对于施工期较长的合同，为了合理分担市场价格浮动变化对施工成本影响的风险，在合同内要约定调价的方法。通用条件内采用公式法调价。

（1）调价公式

$$P_n = a + b \times \frac{L_n}{L_0} + c \times \frac{M_n}{M_0} + d \times \frac{E_n}{E_0} + \cdots \tag{6-2}$$

式中，P_n——是以相应货币所估算的第 n 期间内所完成的工作合同价值所采用的调整倍数，这个期间通常是一个月，除非投标函附录中另有规定；

a——是在相关数据调整表中规定的系数，代表合同支付中不调整的部分；

b、c、d——相关数据调整表中规定的系数，代表与实施工程有关的每项费用因素的估算比例，此表中显示的费用因素可能是指资源，如劳务、设备和材料；

L_n、M_n、E_n——是第 n 期间时使用的现行费用指数或参照价格，以相关的支付货币表示，而且按照该期间（具体的支付证书的相关期限）最后一日之前第 49 天当天对于相关表中的费用因素适用的费用指数或参照价格确定；

L_0、M_0、E_0——是基本费用指数或参照价格，以相应的支付货币表示，按照在基准日期时相关表中的费用因素的费用指数或参照价格确定。

（2）可调整的内容和基价

承包商在投标书内填写可调整的内容和基价，并在签订合同前谈判中确定并写入合同文件。

（3）延误竣工

1）非承包商应负责原因的延期。工程竣工前每一次支付时，调价公式继续有效。

2）承包商应负责原因的延误。在后续支付时，则应利用下列指数或价格对价格作出调整：（a）工程竣工时间期满前第 49 天当天适用的每项指数或价格，或（b）现行指数或价格，取其中对雇主有利者。

如果由于变更使得数据调整表中规定的每项费用系数的权重（系数）变得不合理、失衡或不适用时，则应对其进行调整。

6. 工程进度款的支付程序（如图 6-4 所示）

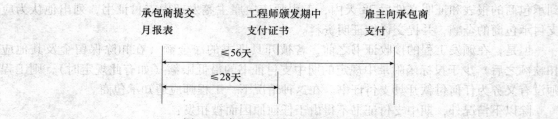

图 6-4　每月（或其他）期中支付过程

（1）工程量计量

工程量清单中所列的工程量仅是对工程的估算量，不能作为承包商完成合同约定施工义务的结算依据。每次支付工程月进度款前，均需通过测量来核实实际完成的工程量，以计量值作为支付依据。

采用单价合同的施工工作内容应以计量的数量作为支付进度款的依据，而总价合同或单价包干混合式合同中按总价承包的部分可以按图纸工程量作为支付依据，仅对符合合同约定调整的变更部分予以计量。

（2）承包商提出付款申请及提供报表

工程费用支付的一般程序是，每个月的月末，首先由承包商提出付款申请，填报一系列工程师指定格式的一式 6 份本月支付报表。说明承包商认为这个月他应得的有关款项。内容包括提出本月已完成合格工程的应付款要求和对应扣款的确认，具体包括以下几个方面：

1）截至当月末已实施的工程（量）及承包商文件的估算合同价值（包括各项变更，但

418

不包括以下2）至7）项所列项目）；

2）按照合同，由于立法和成本（指调价公式部分）变化应增加和减扣的任何款额；

3）作为保留金减扣的任何款额，保留金按投标函附录中标明的保留金百分率乘以上述款额的总额计算得出，减扣直至雇主保留的款额达到投标函附录中规定的保留金限额（如有时）为止；即：

$$保留金 = [1) + 2)] \times 保留金百分率 \tag{6-3}$$

4）为动员预付款的支付和偿还应增加和减扣的任何款额；

5）为生产设备和材料预支款应增加和减扣的款额；

6）根据合同或包括索赔、争端与仲裁等其他规定，应付的任何其他的增加和减扣的款额；

7）对所有以前的支付证书中证明的款额的扣除（对已付款支付证书的修正）。

（3）工程师审核，编制期中支付证书

工程师在28天内对承包商提交的付款申请进行全面审核，修正或删除不合理的部分，计算付款净金额。计算付款净金额时，应扣除该月应扣除的保留金、动员预付款、材料设备预支款、违约金等。若净金额小于合同约定的期中支付的最小限额时则工程师不需开具任何付款证书。

工程师可以不签发期中支付证书或扣减承包商报表中部分金额的情况包括：

1）合同内约定有工程师签证的最小金额时，本月应签发的金额小于签证的最小金额，工程师不出具月进度款的支付证书。本月应付款结转下月，超过最小签证金额后一并支付；

2）承包商提供的货物或施工的工程不符合合同要求，可扣发修正或重置相应的费用，直至修整或重置工作完成后再支付；

3）承包商未能按合同约定进行工作或履行义务，并且工程师已经通知了承包商，则可以扣留该工作或义务的价值，直至工作或义务履行为止。

（4）雇主支付

雇主的付款时间不应超过工程师收到承包商的月进度付款申请单（换言之，承包商递交月进度付款申请单。下同）后的56天。如果逾期支付将承担延期付款的违约责任，延期付款的利息按银行贷款利率加3%计算。

四、竣工验收阶段的合同管理

（一）竣工试验和接收工程

1. 竣工试验

承包商完成工程并准备好竣工报告所需报送的资料后，应提前21天将某一确定的日期通知工程师，说明此日后已准备好进行竣工试验。工程师应指示在该日期后14天内的某日进行竣工试验。此项规定同样适用于按合同约定分部移交的工程。

2. 颁发工程接收证书

工程通过竣工检验达到了合同约定的"基本竣工"要求后，承包商可在他认为工程将完工并准备移交前14天内，向工程师发出申请接收证书的通知。如果工程分为区段，则承包商应同样为每一区段申请接收证书。这样规定有助于准确判定承包商是否按合同约定的工期完成施工义务，也有利于雇主尽早使用或占有工程，及时发挥工程效益。

"基本竣工"是指工程已通过竣工检验，能够按照预定目的交给雇主占用或使用，而非完成了合同约定的包括扫尾、清理施工现场及不影响工程使用的某些次要部位缺陷修复工作后的最终竣工，剩余工作允许承包商在缺陷通知期内继续完成。

"工程师在收到承包商的申请后 28 天内，应（a）向承包商颁发接收证书，说明根据合同工程或区段竣工的日期，但某些不会实质影响工程或区段按其预定目的使用的少量扫尾工作以及缺陷（直到或当该工程已完成且已修补缺陷时）除外，或（b）驳回申请，提出理由并说明为使接收证书得以颁发承包商尚需完成的工作。随后承包商应在根据本款再一次发出申请通知前，完成此类工作。"

若在 28 天期限内工程师既未颁发接收证书也未驳回承包商的申请，而当工程或区段（视情况而定）基本符合合同要求时，应视为在上述期限内的最后一天已经颁发了接收证书。

工程接收证书颁发后，不仅表明承包商对该部分工程的施工义务已经完成，而且对工程保管的责任也转移给雇主。如果合同约定工程不同区段有不同竣工日期时，每完成一个区段均应按上述程序颁发部分工程的接收证书。承包商在收到接收证书之前或之后将地表恢复原状。

3. 特殊情况下工程接收证书的颁发程序

（1）雇主提前占用工程（先颁发工程接收证书，后完成竣工检验）

工程师应及时颁发工程接收证书，并确认雇主占用日为竣工日。但承包商对该部分工程的施工质量缺陷仍负有责任。工程师颁发接收证书后，应尽快采取必要措施使承包商尽快完成竣工检验。

（2）因非承包商原因导致不能进行规定的竣工检验（先颁发工程接收证书，后完成竣工检验）

有时施工已达到竣工条件，但由于非承包商原因不能进行竣工检验。如果等条件具备进行竣工试验与颁发接收证书，既会因推迟竣工时间而影响对承包商是否按期竣工的合理判定，也会产生在这段时间内对该部分工程的使用和照管责任不明。针对此种情况，工程师应以本该进行竣工检验日签发工程接收证书，将这部分工程移交给雇主照管和使用。工程虽已接收，仍应在缺陷通知期内进行补充检验。当竣工检验条件具备后，承包商应在接到工程师指示进行竣工检验通知的 14 天内完成检验工作。由于非承包商原因导致缺陷通知期内进行的补检，属于承包商在投标阶段不能合理预见到的情况，该项检验比正常检验多支出的费用应由雇主承担。

（二）未能通过竣工试验（Failure to Pass Tests on Completion）

1. 重新试验（Retesting）

如果工程或某区段未能通过竣工检验，承包商对缺陷进行修复和改正，在相同条件下重复进行此类未通过的试验和对任何相关工作的竣工检验。

2. 重复检验仍未能通过

当整个工程或某区段未能通过按重新检验条款规定所进行的重复竣工检验时，工程师应有权选择以下任何一种处理方法：

（1）指示再进行一次重复的竣工检验；

（2）如果由于该工程缺陷致使雇主基本上无法享用该工程或区段所带来的全部利益，拒收整个工程或区段（视情况而定）。在此情况下，雇主有权获得承包商的赔偿，包括：

1）雇主为整个工程或该部分工程（视情况而定）所支付的全部费用以及融资费用；

2）拆除工程、清理现场和将生产设备、材料退还给承包商所支付的费用。

（3）颁发一份接收证书（如果雇主同意的话），折价接收该部分工程。

（三）竣工报表（Statement at Completion）与竣工结算（期中支付）（程序如图6-4所示）

1. 承包商报送竣工报表

在收到工程的接收证书后84天内，承包商应向工程师提交按其批准的格式编制的竣工报表一式六份。报表内容包括：

（1）到工程的接收证书注明的日期为止，根据合同所完成的所有工作的价值；

（2）承包商认为应进一步支付给他的任何款项，如要求的索赔款、应退还的部分保留金等；

（3）承包商认为根据合同应支付给他的任何其他估算款额。所谓"估算总额"是这笔金额还未经过工程师审核同意。估算总额应在竣工结算报表中单独列出，以便工程师签发支付证书。

2. 竣工结算（期中支付）

FIDIC（14.10）明确说明竣工结算是期中支付，不是最终支付。因此，其结算程序仍如图6-4所示。

工程师接到竣工报表后，应对照竣工图进行工程量详细核算，对其他支付要求进行审查，然后再依据检查结果签署竣工结算的支付证书。此项签证工作，工程师也应在收到竣工报表后28天内完成。雇主依据工程师的签证予以支付。

五、缺陷通知期的合同管理

（一）工程缺陷责任

1. 承包商在缺陷通知期内应承担的义务

工程师在缺陷通知期内可就以下事项向承包商发布指示：

（1）将不符合合同约定的生产设备或材料从现场移走并替换；

（2）将不符合合同约定的工程拆除并重建；

（3）实施任何因保护工程安全而需进行的紧急工作。

2. 承包商的补救义务

承包商应在工程师指示的合理时间内完成上述工作。若承包商未能遵守指示，雇主有权雇用其他人实施并予以付款。如果属于承包商责任导致的工程缺陷，雇主有权按照雇主索赔的程序向承包商追偿。

（二）履约证书（Performance Certificate）

在最后一个区段缺陷通知期期满后28天内，承包商已提供了全部承包商的文件并完成和通过了所有工程的检验（包括修补了所有缺陷）后，达到了使工程师满意的程度，工程师应尽快向承包商颁发履约证书。还应向雇主提交一份履约证书的副本。

只有在工程师向承包商颁发了履约证书，才说明承包商已依据合同履行了施工义务（含缺陷通知期），才应被视为对工程的批准和接受（不同于接收）。因此，履约证书颁发后工程师就无权再指示承包商进行任何施工工作，承包商即可办理最终结算手续。但施工合同尚未终止，每一方仍应负责完成届时尚未完成的义务，剩余的双方合同义务仅限于财务和管理方面的内容。

雇主应在接到履约证书副本后21天内将履约保证退还给承包商（FIDIC4.2）。

缺陷通知期满时，如果工程师认为还存在影响工程运行或使用的较大缺陷，可以延长缺陷通知期并推迟颁发履约证书，但缺陷通知期的延长不应超过2年。

在接到履约证书后28天内，承包商应清理现场，从现场运走他的设备、剩余材料、残物、垃圾或临时工程。若在雇主接到履约证书副本（与履约证书颁发同步）后28天内上述物品还未被运走，则雇主可对留下的任何物品予以出售或另作处理。雇主有权获得为此类出售或处理及整理现场所发生的或有关的费用的支付。此类出售的所有余额应归还承包商。若出售所得少于雇主的费用支出，则承包商应向雇主支付不足部分的款项。

（三）最终结算、最终报表（Final Statement）与最终付款证书

1. 最终结算

最终支付程序如图6-5所示。最终结算是指颁发履约证书后，对承包商完成全部工作价值的详细结算，以及根据合同条件对应付给承包商的其他费用进行核实，确定合同的最终价格。

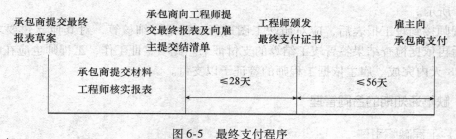

图6-5　最终支付程序

在颁发履约证书56天内，承包商应向工程师提交按其批准的格式编制的最终报表草案一式六份，以及工程师要求提交的有关资料。并附如下证明文件：

（1）根据合同所完成的所有工作的价值；

（2）承包商认为根据合同或其他规定还应支付给他的任何款项（如剩余的保留金，缺陷通知期内发生的索赔费用）。

如果工程师和承包商之间达成一致意见后，则承包商可向工程师提交正式的最终报表，承包商同时向雇主提交一分书面结清单，进一步证实最终报表中按照合同应支付给承包商的总金额。

如果工程师不同意或不能证实该最终报表草案中的某一部分，承包商应根据工程师的合理要求提交进一步的资料，并就双方所达成的一致意见对草案进行修改。随后，承包商应编制并向工程师提交双方同意的最终报表。在FIDIC施工合同条件中，该双方同意的报表被称为"最终报表"。

但是如果工程师和承包商讨论并对最终报表草案进行了双方同意的修改后，仍明显存在

争议，工程师应向雇主送交一份最终报表中双方协商一致的期中支付证书，同时将一副本送交承包商。争议待合同争议的程序解决，承包商随后应根据争议解决的结果编制一份最终报表提交给雇主，同时将一副本送交工程师。

2. 结清单（Discharge）

在提交最终报表（经双方同意的报表）时，承包商应提交一份书面结清单，进一步证实最终报表的总额是根据或参照合同应支付给他的所有款额和最终的结算额。该结清单可注明，只有当雇主按照最终支付证书的金额予以支付并退还履约保证后，结清单才生效，承包商的索赔权也即行终止。

3. 最终付款证书

在收到最终报表（经双方同意的报表）及书面结清单后 28 天内，工程师应向雇主签发一份最终支付证书，说明：

a. 雇主最终应支付给承包商的款额；

b. 雇主和承包商之间所有应支付的和应得到的款额的差额（如有时）。

如果承包商未根据【1. 申请最终支付证书】和【2. 结清单】申请最终支付证书，工程师应要求承包商提出申请。如果承包商未能在 28 天期限内提交此类申请，工程师应对其公正决定的应支付的此类款额颁发最终支付证书。

在最终支付证书送交雇主 56 天内，雇主应向承包商进行支付，否则，应按投标书附录中的规定支付利息。如果 56 天期满之后再超过 28 天不支付，就构成雇主违约。

（四）雇主支付与延误的支付

1. 雇主应向承包商支付

（1）首次分期预付款额时间是在中标函颁发之日起 42 天内，或在根据 FIDIC 施工合同条件第 4.2 款【履约保证】以及第 14.2 款【预付款】的规定收到相关的文件（即履约保函与预付款保函）之日起 21 天内，二者中取较晚者；

（2）期中支付证书中开具的款额支付时间是在工程师收到报表及证明文件之日起 56 天内；

（3）最终支付证书中开具的款额支付时间是在雇主收到该支付证书之日起 56 天内。

每种货币支付的款项应被转入承包商在合同中指定的对该种货币的付款国的指定银行账户。

2. 延误的支付

如果承包商没有收到上面"1."中应获得的任何款额，承包商应有权就未付款额按月所计复利收取延误期的融资费。延误期应认为是从"1."中规定的支付日期开始计算的，而不考虑（当（b）项的情况发生时）期中支付证书颁发的日期。

除非在专用条件中另有规定，此融资费应以支付货币所在国中央银行的年贴现率加上三个百分点进行计算，并用这种货币进行支付。

承包商有权得到此类付款而无须正式通知或证明，并且不损害他的任何其他权利或补偿。

第三节　分包合同条件的管理

FIDIC 编制的与《施工合同条件》配套使用的《土木工程施工分包合同条件》，可用于承包商与其选定的分包商，或与雇主选择的指定分包商签订的合同。

分包合同条件既要保持与主合同条件中分包工程部分规定的权利义务的一致，又要区分负责实施分包工作当事人改变后两个合同之间的差异。

本文介绍《土木工程施工分包合同条件》的通用条件的部分内容。

一、分包合同订立阶段的管理

（一）分包合同的特点

分包合同是承包商将主合同内对雇主承担的部分工作义务交给分包商实施，双方约定彼此权利义务的合同。分包工程既是主合同的一部分，又是承包商与分包商签订合同的标的物，在分包商完成这部分工作的过程中仅对承包商承担责任。由于分包工程同时存在于主从两个合同内的特点，承包商又居于两个合同当事人的特殊地位，因此，承包商会将主合同中对分包工程承担的风险合理地转移给分包商。

（二）分包合同的订立

承包商可采用邀请招标或议标的方式与分包商签订分包合同。

1. 分包工程的合同价格

承包商采用邀请招标或议标方式选择分包商时，通常要求对方就分包工程进行报价，然后与其协商而形成合同。分包合同的价格应为承包商发出"中标通知书"中接受的价格。由于承包商在分包合同履行过程中负有对分包商的施工进行监督、管理、协调责任，应收取相应的分包管理费，而非将主合同中该部分工程的价格都转付给分包商。因此，分包合同的价格一般不等于主合同中所约定的该部分工程的价格。

2. 分包商应充分了解主合同对分包工程规定的义务

为了能让分包商合理预计分包工程施工中可能承担的风险，为了保证分包工程的施工能够满足主合同要求，为此，签订分包合同过程中，应使分包商充分了解其在分包合同中应承担的义务。承包商除了提供分包工程范围内的合同条件、图纸、技术规范和工程量清单外，还应提供主合同的投标书附录、专用条件的副本及通用条件中任何不同于标准化范本条款规定的细节。承包商应允许分包商查阅主合同，或应分包商要求提供一份主合同副本，但以上允许查阅和提供的文件中，不包括主合同中的工程量清单及承包商的报价细节。因为在主合同中分包工程的价格是承包商合理预计风险后，在自己的施工组织方案基础上对雇主进行的报价，而分包商则应根据对分包合同的理解向承包商报价。

（三）划分分包合同责任的基本原则

为了保护分包合同当事人双方的合法权益，分包合同通用条件中明确规定了双方履行合同时应遵循的基本原则。

1. 保护承包商的合法权益不受损害

（1）分包商应承担并履行与分包工程有关的主合同约定承包商的所有义务和责任，保障承包商免于承担由于分包商的违约行为，雇主根据主合同要求承包商负责的损害赔偿或任何第三方的索赔。如果发生此类情况，承包商可以从应付给分包商的款项中扣除这笔金额，且不排除采用其他方法弥补所受到的损失。

（2）不论是承包商选择的分包商，还是雇主选定的指定分包商，均不允许与雇主有任何私下约定。

（3）为了约束分包商忠实履行合同义务，承包商可以要求分包商提供相应的履约保函。在工程师颁发缺陷责任证书后的 28 天内，将保函退还分包商。

（4）没有征得承包商同意，分包商不得将任何部分转让或分包出去。但分包合同条件也明确规定，属于提供劳务和按合同约定打分标准采购材料的分包行为，可以不经过承包商批准。

2. 保护分包商合法权益的规定

（1）任何不应由分包商承担责任的事件导致竣工期限延长、施工成本的增加和修复缺陷的费用，均应由承包商给予补偿。

（2）承包商应保障分包商免于承担非分包商责任引起的索赔、诉讼或损害赔偿，保障程度应与雇主按主合同保障承包商的程度相类似，但不超过此程度。

二、分包合同的履行管理

（一）分包合同的管理关系

1. 雇主对分包合同的管理

雇主不是分包合同的当事人，对分包合同权利义务如何约定也不参与意见，与分包商（即使是指定分包商）没有任何合同关系。但作为工程项目的投资方和施工合同的当事人，他对分包合同的管理主要表现为对分包工程的批准。

2. 工程师对分包合同的管理

工程师仅与承包商建立监理与被监理的关系，对分包商在现场的施工不承担协调管理义务。只是依据主合同对分包工作内容及分包商的资质进行审查，行使确认权或否定权；对分包商使用的材料、施工工艺、工程质量进行监督管理。为了准确区分合同责任，工程师就分包工程施工发布的任何指示均应发给承包商。分包合同内明确规定，分包商接到工程师的指示后不能立即执行，须得到承包商同意才可实施。

3. 承包商对分包合同的管理

承包商作为两个合同的当事人，不仅对雇主承担整个合同工程按预期目标实现的义务，而且对分包工程的实施负有全面管理责任。承包商需委派代表对分包商的施工进行监督、管理和协调，承担如同主合同履行过程中工程师的职责。承包商的管理工作主要通过发布一系列指示来实现。接到工程师就分包工程发布的指示后，承包商应将其要求列入自己的管理工作内容，并及时以书面确认的形式转发给分包商令他遵照执行，也可以根据现场的实际情况自主地发布有关的协调、管理指令。

（二）分包工程的支付管理

分包合同履行过程中的施工进度和质量管理的内容与施工合同管理基本一致，但支付管理由于涉及两个合同的管理，与施工合同不尽相同。无论是施工期内的阶段支付，还是竣工后的结算支付，承包商都要进行两个合同的支付管理。

1. 分包合同的支付程序

分包商在合同约定的日期向承包商报送该阶段施工的支付报表。承包商代表经过审核后，将其列入主合同的支付报表内一并提交工程师批准。承包商应在分包合同约定的时间内支付分包工程款，逾期支付要计算拖期利息。

2. 承包商代表对支付报表的审查

接到分包商的支付报表后，承包商代表首先依据分包合同工程量清单中的工作项目、单价或价格复核取费的合理性和计算的正确性，并依据分包合同的约定扣除预付款、保留金、对分包施工支付的实际应收款项、分包管理费等后，核准该阶段应付给分包商的金额。然后，再将分包工程完成工作的项目内容及工程量，按主合同工程量清单中的取费标准计算，填入到向工程师报送的支付报表内。

3. 承包商不承担逾期付款责任的情况

若属以下三种情况之一，且承包商代表在应付款日之前及时将扣发或缓发分包工程款的理由通知分包商，则不承担逾期付款责任。

（1）属于工程师不认可分包商报表中的某些款项；

（2）雇主拖延支付给承包商经过工程师签证后的应付款；

（3）承包商与分包商或与雇主之间因涉及工程量或报表中某些支付要求发生争议。

三、分包工程的变更管理

承包商接到工程师依据主合同发布的涉及分包工程变更指令后，以书面确认方式通知分包商，也有权根据工程的实际进展情况自主发布有关变更指令。

（一）工程师发出的变更指令

承包商执行了工程师发布的变更指令，进行变更工程量计量及对变更工程进行估价时应请分包商参加，以便合理确定分包商应获得的补偿款额和工期延长时间。

（二）承包商发出的变更指令

承包商依据分包合同单独发布的指令大多与主合同没有关系，通常属于增加或减少分包合同约定的部分工作内容，如为了整个合同工程的顺利实施，改变分包商原定的施工方法、作业次序或时间等。若变更指令的起因不属于分包商的责任，承包商应给分包商相应的费用补偿和分包合同工期的顺延。如果工期不能顺延，则要考虑赶工措施费用。进行变更工程估价时，应参考分包合同工程量表中相同或类似工作的费率来核定。如果没有可参考项目或表中的价格不适用于变更工程时应通过协商确定一个公平合理的费用加到分包合同价格内。

四、分包合同的索赔管理

分包合同履行过程中，当分包商认为自己的合法权益受到损害，不论事件起因于雇主或工程师的责任，还是承包商应承担的义务，他只能向承包商提出索赔要求，并保持影响事件发生后的现场同期记录。

1. 应由雇主承担责任的索赔事件

分包商向承包商提出索赔要求后，承包商应首先分析事件的起因和影响，并依据两个合同判明责任。如果认为分包商的索赔要求合理，且原因属于主合同约定应由雇主承担风险责任或行为责任的事件，要及时按照主合同约定的索赔程序，以承包商的名义就该事件向工程师递交索赔报告。承包商应定期将该阶段为此项索赔所采取的步骤和进展情况通报分包商。这类事件可能是：

（1）应由雇主承担风险的事件，如施工中遇到了不利的外界障碍、施工图纸有错误等；

（2）雇主的违约行为，如拖延支付工程款等；

（3）工程师的失职行为，如发布错误的指令、协调管理不力导致对分包工程施工的干扰等；

（4）执行工程师指令后对补偿不满意，如对变更工程的估价认为过少等。

当事件的影响仅使分包商受到损害时，承包商的行为属于代为索赔。若承包商就同一事件也受到了损害，分包商的索赔就作为承包商索赔要求的一部分。索赔获得批准顺延的工期加到分包合同工期上去，得到支付的索赔款按照公平合理的原则转交给分包商。

承包商处理这类分包商索赔时应注意两个基本原则：一是从雇主处获得批准的索赔款是承包商就该索赔对分包商承担责任的先决条件；二是分包商没有按规定的程序及时提出索赔，导致承包商不能按主合同约定的程序提出索赔不仅不承担责任，而且为了减小事件影响使承包商为分包商采取的任何补救措施费用由分包商承担。

2. 应由承包商承担责任的索赔事件

此类索赔产生于承包商与分包商之间，工程师不参与索赔的处理，双方通过协商解决。此类索赔原因往往是由于承包商的违约行为或分包商执行承包商代表指令导致。分包商按规定程序提出索赔后，承包商要客观地分析事件的起因和产生的实际损害，然后依据分包合同分清责任。

思考题

1. 理解《施工合同条件》合同履行中涉及的几个期限的概念。

2. 《施工合同条件》指定分包商的特点有哪些？

3. 《施工合同条件》中如何解决合同争议？

4. 《施工合同条件》中是如何进行风险责任划分的？

5. 《施工合同条件》中工程师如何对施工进度进行监督？

6. 《施工合同条件》中工程师如何对工程变更进行管理？

7. 《施工合同条件》中工程师如何进行工程进度款的支付管理？

8. 《施工合同条件》中工程师如何进行竣工验收阶段的合同管理？

9. 理解《施工合同条件》中工程接收证书与履约证书的工程含义。

10. 理解《施工合同条件》中竣工结算与最终结算的进行程序。

附录一　施工阶段监理工作的基本表式

建设工程监理在施工阶段的基本表式按照《建设工程监理规范》（GB 50319—2000）附录执行，该类表式可以一表多用，由于各行业各部门各地区已经各自形成一套表式，使得建设工程参建各方的信息行为不规范、不协调，因此，建立一套通用的，适合建设、监理、施工、供货各方，适合各个行业、各个专业的统一表式已显得非常必重，这可以大大提高我国建设工程信息的标准化、规范化。规范中基本表式有三类：

A 类表共 10 个表（A1—A10），为承包单位用表，是承包单位与监理单位之间的联系表，由承包单位填写，向监理单位提交申请或回复。

B 类表共 6 个表（B1—B6），为监理单位用表，是监理单位与承包单位之间的联系表，由监理单位填写，向承包单位发出的指令或批复。

C 类表共 2 个表（C1、C2），为各方通用表，是工程项目监理单位、承包单位、建设单位等各有关单位之间的联系表。

一、承包单位用表（A 类表）

本类表共 10 个，A1 ~ A10，主要用于施工阶段。使用时应注意以下内容：

1. 工程开工/复工报审表（A1）

工程开工/复工报审表（A1）

工程名称：　　　　　　　　　　　　　　　　　　　　　　　　　　　　编号：

致：　　　　　　　　　　　　　　　　　　　　　　　　　　　　（监理单位） 　　我方承担的_____工程，已完成了以下各项工作，具备了开工/复工条件，特此申请开工，请核查并签发开工/复工指令。 　　附：1. 开工报告 　　　　2.（证明文件）   　　　　　　　　　　　　　　　　　　　　　　　　承包单位（章）_____ 　　　　　　　　　　　　　　　　　　　　　　　　　　　项目经理_____ 　　　　　　　　　　　　　　　　　　　　　　　　　　　日　期_____
审查意见：   　　　　　　　　　　　　　　　　　　　　　　　　　　项目监理机构_____ 　　　　　　　　　　　　　　　　　　　　　　　　总监理工程师_____ 　　　　　　　　　　　　　　　　　　　　　　　　　　　日　期_____

施工阶段承包单位向监理单位报请开工和工程暂停后报请复工时填写，如整个项目一次开工，只填报一次，如工程项目中涉及多个单位工程且开工时间不同，则每个单位工程开工都应填报一次。申请开工时，承包单位认为已具备开工条件时向项目监理部申报《工程开工报审表》，监理工程师应从下列几个方面审核，认为具备开工条件时，由总监理工程师签署意见，报建设单位。具体条件为：

（1）工程所在地（所属部委）政府建设主管单位已签发施工许可证；

（2）征地拆迁工作已能满足工程进度的需要；

（3）施工组织设计已获总监理工程师批准；

（4）测量控制桩、线已查验合格；

（5）承包单位项目经理部现场管理人员已到位，机具、施工人员已进场，主要工程材料已落实；

（6）施工现场道路、水、电、通信等已满足开工要求。

由于建设单位或其他非承包单位的原因导致工程暂停，在施工暂停原因消失、具备恢复施工条件时，项目经理部应及时督促施工单位尽快报请复工；由于施工单位原因导致工程暂停，在具备恢复施工条件时，承包单位报请《工程复工报审表》并提交有关材料，总监理工程师应及时签署《工程复工报审表》，施工单位恢复正常施工。

2. 施工组织设计（方案）报审表（A2）

施工组织设计（方案）报审表（A2）

工程名称：   编号：

致：   （监理单位）
  我方已根据施工合同的有关规定完成了＿＿＿＿＿＿工程施工组织设计（方案）的编制，并经我单位上级技术负责人审查批准，请予以审查。
 	
附：施工组织设计（施工方案）
 	
            承包单位（章）＿＿＿＿＿＿
            项目经理＿＿＿＿＿＿
            日 期＿＿＿＿＿＿

专业监理工程师审查意见：
 	
            专业监理工程师＿＿＿＿＿＿
            日 期＿＿＿＿＿＿

总监理工程师审核意见：
 	
            项目监理机构＿＿＿＿＿＿
            总监理工程师＿＿＿＿＿＿
            日 期＿＿＿＿＿＿

施工单位在开工前向项目监理部报送施工组织设计（施工方案）的同时，填写施工组织设计（方案）报审表，施工过程中，如经批准的施工组织设计（方案）发生改变，工程项目监理部要求将变更的方案报送时，也采用此表。

施工方案应包括工程项目监理部要求报送的分部（分项）工程施工方案，季节性施工方案，重点部位及关键工序的施工工艺方案，采用新材料、新设备、新技术、新工艺的方案等。总监理工程师应组织审查并在约定的时间内核准，同时报送建设单位，需要修改时，应由总监理工程师签发书面意见退回承包单位修改后再报，重新审核。审核主要内容为：

（1）施工组织设计（方案）是否有承包单位负责人签字；

（2）施工组织设计（方案）是否符合施工合同要求；

（3）施工总平面图是否合理；

（4）施工部署是否合理，施工方法是否可行，质量保证措施是否可靠并具备针对性；

（5）工期安排是否能够满足施工合同要求，进度计划是否能保证施工的连续性和均衡性，施工所需人力、材料、设备与进度计划是否协调；

（6）承包单位项目经理部的质量管理体系、技术管理体系、质量保证体系是否健全；

（7）安全、环保、消防和文明施工措施是否符合有关规定；

（8）季节施工、专项施工方案是否可行、合理和先进。

3. 分包单位资格报审表（A3）

分包单位资格报审表（A3）

工程名称：　　　　　　　　　　　　　　　　　　　　　　　　　　　编号：

致：　　　　　　　　　　　　　　　　　　　　　　　　　　（监理单位）		

　　经考察，我方认为拟选择的＿＿＿＿＿＿（分包单位）具有承担下列工程的施工资质和施工能力，可以保证本工程项目按合同的规定进行施工。分包后，我方仍承担总包单位的全部责任。请予以审查和批准。

附：1. 分包单位资质材料

　　2. 分包单位业绩材料

分包工程名称（部位）	工程数量	拟分包工程合同额	分包工程占全部工程
合　计			

承包单位（章）＿＿＿＿＿＿＿

项目经理＿＿＿＿＿＿＿

日　期＿＿＿＿＿＿＿

专业监理工程师审查意见：
专业监理工程师_____ 日　　期_____
总监理工程师审核意见：
项目监理机构_____ 总监理工程师_____ 日　　期_____

由承包单位报送监理单位，专业监理工程师和总监理工程师分别签署意见，审查批准后，分包单位完成相应的施工任务。审核的主要内容有：

（1）分包单位资质（营业执照、资质等级）；

（2）分包单位业绩材料；

（3）拟分包工程内容、范围；

（4）专职管理人员和特种作业人员的资格证、上岗证。

4. _____报验申请表（A4）

_____报验申请表（A4）

工程名称：　　　　　　　　　　　　　　　　　　　　　　　　　　　　　　　编号：

致：　　　　　　　　　　　　　　　　　　　　　　　　　　　　（监理单位） 　　我单位已完成_____工作，现报上该工程报验申请表，请予以审查和验收。 附件： 承包单位（章）_____ 项目经理_____ 日　　期_____
审查意见： 项目监理机构_____ 总/专业监理工程师_____ 日　　期_____

本表主要用于承包单位向监理单位的工程质量检查验收申报。用于隐蔽工程的检查和验收时，承包单位必须完成自检并附有相应工序、部位的工程质量检查记录；用于施工放样报检时应附有承包单位的施工放样成果；用于分项、分部、单位工程质量验收时应附有相关符合质量验收标准的资料及规范规定的表格。

5. 工程款支付申请表（A5）

工程款支付申请表（A5）

工程名称：   编号：

致：   （监理单位）

    我方已完成_____工作，按施工合同规定，建设单位应在_____年_____月_____日前支付该项工程款共（大写）_____（小写：_____），现报上_____工程付款申请表，请予以审查并开具工程款支付证书。

    附：1. 工程量清单
         2. 计算方法

                                      承包单位（章）_____
                                              项目经理_____
                                                  日   期_____

    在分项、分部工程或按照施工合同付款的条款完成相应工程的质量已通过监理工程师认可后，承包单位要求建设单位支付合同内项目及合同外项目的工程款时，填写本表向工程项目监理部申报。附件有：

    （1）用于工程预付款支付申请时，施工合同中有关规定的说明；

    （2）用于申请工程进度款支付时，已经核准的工程量清单，监理工程师的审核报告、款额计算和其他有关的资料；

    （3）用于申请工程竣工结算款支付时，竣工结算资料、竣工结算协议书；

    （4）用于申请工程变更费用支付时，《工程变更单》（C2）及有关资料；

    （5）用于申请索赔费用支付时，《费用索赔审批表》（B6）及有关资料；

    （6）合同内项目及合同外项目其他应附的付款凭证。

    工程项目监理部的专业工程监理工程师对本表及其附件进行审批，提出审核记录及批复建议。同意付款时，应注明应付的款额及其计算方法，报总监理工程师审批，并将审批结果以《工程款支付证书》（B3）批复给施工单位并通知建设单位。不同意付款时应说明理由。

6. 监理工程师通知回复单（A6）

监理工程师通知回复单（A6）

工程名称：   编号：

致：   （监理单位）

    我方接到编号为_____的监理工程师通知后，已按要求完成了_____工作，现报上，请予以复查。

    详细内容：

                                        承包单位（章）_____
                                                  项目经理_____
                                                  日   期_____

复查意见：

项目监理机构_____

总/专业监理工程师_____

日　期_____

本表用于承包单位接到项目监理部的《监理工程师通知单》（B1），并已完成了《监理工程师通知单》上的工作后，报请项目监理部进行核查。表中应对监理工程师通知单中所提问题产生的原因、整改经过和今后预防同类问题准备采取的措施进行详细的说明，且要求承包单位对每一份监理工程师通知都要予以答复。本表一般可由专业工程监理工程师签认，重大问题由总监理工程师签认。

7. 工程临时延期申请表（A7）

工程临时延期申请表（A7）

工程名称：　　　　　　　　　　　　　　　　　　　　　　　　　　编号：

致：　　　　　　　　　　　　　　　　　　　　　　　　　　　　（监理单位）

根据施工合同条款_____条的规定，由于_____原因，我方申请工程延期，请予以批准。

附：1. 工程延期的依据及工期计算

合同竣工日期：

申请延长竣工日期：

2. 证明材料

承包单位（章）_____

项目经理_____

日　期_____

当发生工程延期事件并有持续性影响时，承包单位填报本表，向工程项目监理部申请工程临时延期；工程延期事件结束，承包单位向工程项目监理部最终申请确定工程延期的日历天数及延迟后的竣工日期。此时应将本表表头的"临时"两字改为"最终"。申报时应在本表中详细说明工程延期的依据、工期计算、申请延长竣工日期，并附有证明材料。工程项目监理部对本表所述情况进行审核评估，分别用《工程临时延期审批表》（B4）及《工程最终延期审批表》（B5）批复承包单位项目经理部。

8. 费用索赔申请表（A8）

费用索赔申请表（A8）

工程名称： 编号：

致： （监理单位）

根据施工合同条款＿＿＿＿＿＿＿＿＿条的规定，由于＿＿＿＿＿＿＿＿＿＿＿＿＿＿＿＿＿＿＿＿＿原因，我方要求索赔金额（大写）＿＿＿＿＿＿＿＿＿＿，请予以批准。

索赔的详细理由及经过：

索赔金额的计算：

附：证明材料

承包单位（章）＿＿＿＿＿＿＿

项目经理＿＿＿＿＿＿＿

日　期＿＿＿＿＿＿＿

本表用于费用索赔事件结束后，承包单位向项目监理部提出费用索赔时填报。在本表中详细说明索赔事件的经过、索赔理由、索赔金额的计算等，并附有必要的证明材料，经过承包单位项目经理签字。总监理工程师应组织监理工程师对本表所述情况及所提的要求进行审查与评估，并与建设单位协商后，在施工合同规定的期限内签署《费用索赔审批表》（B6）或要求承包单位进一步提交详细资料后重报申请，批复承包单位。

9. 工程材料/构配件/设备报审表（A9）

工程材料/构配件/设备报审表（A9）

工程名称： 编号：

致： （监理单位）

我方在＿＿＿＿年＿＿＿＿月＿＿＿＿日进场的工程材料/构件/设备数量如下（见附件）。现将质量证明文件及自检结果报上，拟用于下述部位：

＿＿＿＿＿＿＿＿＿＿＿＿＿＿＿＿＿＿＿＿＿＿＿＿＿＿＿＿＿＿＿＿＿＿＿＿＿，请予以审核。

附：1. 数量清单

2. 质量证明文件

3. 自检结果

承包单位（章）＿＿＿＿＿＿＿

项目经理＿＿＿＿＿＿＿

日　期＿＿＿＿＿＿＿

审查意见：

经检查上述工程材料/构件/设备，符合/不符合设计文件和规范的要求，准许/不准许进场，同意/不同意使用于拟定部位。

项目监理机构＿＿＿＿＿＿＿

总/专业监理工程师＿＿＿＿＿＿＿

日　期＿＿＿＿＿＿＿

本表用于承包单位将进入施工现场的工程材料/构配件经自检合格后，向工程项目监理部申请验收；对运到施工现场的设备，经检查包装无破损后，向项目监理部申请验收，并移交给设备安装单位。工程材料/构配件还应注明使用部位。随本表应同时报送材料/构配件/设备数量清单、质量证明文件（产品出厂合格证、材质化验单、厂家质量检验报告、厂家质量保证书、进口商品海关报检证书、商检证等）、自检结果文件（如复检、复试合格报告等）。项目监理部应对进入施工现场的工程材料/构配件进行检验（包括抽验、平行检验、见证取样送检等）；对进厂的大中型设备要会同设备安装单位共同开箱验收。检验合格，监理工程师在本表上签字，注明质量控制资料和材料试验合格的相关说明；检验不合格时，在本表上签批不同意验收，应清退出场，也可据情况批示同意进场但不得使用于原拟定部位。

10. 工程竣工报验单（A10）

工程竣工报验单（A10）

工程名称：　　　　　　　　　　　　　　　　　　　　　　　　　编号：

致：　　　　　　　　　　　　　　　　　　　　　（监理单位） 　　我单位已完成了＿＿＿＿＿＿＿＿＿＿＿＿＿＿＿＿＿＿＿＿＿＿工程，经自检合格，请予以检查和验收。 　　附件：   　　　　　　　　　　　　　　　　　　　　承包单位（章）＿＿＿＿＿＿ 　　　　　　　　　　　　　　　　　　　　项目经理＿＿＿＿＿＿ 　　　　　　　　　　　　　　　　　　　　日　期＿＿＿＿＿＿
审查意见： 　　经初步验收，该工程 　　1. 符合/不符合我国现行法律、法规要求； 　　2. 符合/不符合我国现行工程建设标准； 　　3. 符合/不符合设计文件要求； 　　4. 符合/不符合施工合同要求。 　　综上所述，该工程初步验收合格/不合格，可以/不可以组织正式验收。   　　　　　　　　　　　　　　　　　　　　项目监理机构＿＿＿＿＿＿ 　　　　　　　　　　　　　　　　　　　　总监理工程师＿＿＿＿＿＿ 　　　　　　　　　　　　　　　　　　　　日　期＿＿＿＿＿＿

　　在单位工程竣工，承包单位自检合格，各项竣工资料齐备后，承包单位填报本表向工程项目监理部申请竣工验收。表中附件是指可用于证明工程已按合同约定完成并符合竣工验收

要求的资料。总监理工程师收到本表及附件后，应组织各专业工程监理工程师对竣工资料及各专业工程的质量进行全面检查，对检查出的问题，应督促承包单位及时整改，合格后，总监理工程师签署本表，并向建设单位提出质量评估报告，完成竣工预验收。

二、监理单位用表（B 类表）

本类表共 6 个，B1～B6，主要用于施工阶段。使用时应注意以下内容：

1. 监理工程师通知单（B1）

监理工程师通知单（B1）

工程名称：　　　　　　　　　　　　　　　　　　　　　　　　　　编号：

致： 　事由： 　内容：   　　　　　　　　　　　　　　　　　　　　　　项目监理机构_____ 　　　　　　　　　　　　　　　　　　　总/专业监理工程师_____ 　　　　　　　　　　　　　　　　　　　　　　　日　期_____

本表为重要的监理用表，是工程项目监理部按照委托监理合同所授予的权限，针对承包单位出现的各种问题而发出的要求承包单位进行整改的指令性文件，工程项目监理部使用时要注意尺度，既不能不发通知，也不能滥发，以维护监理通知的权威性。监理工程师现场发出的口头指令及要求，也应采用此表，事后予以确认。承包单位应使用《监理工程通知回复单》（A6）回复。本表一般可由专业工程监理工程师签发，但发出前必须经过总监理工程师同意，重大问题应由总监理工程师签发。填写时，"事由"应填写通知内容的主题词，相当于标题，"内容"应写明发生问题的具体部位、具体内容，写明监理工程师的要求、依据。

2. 工程暂停令（B2）

工程暂停令（B2）

工程名称：　　　　　　　　　　　　　　　　　　　　　　　　　　编号：

致：　　　　　　　　　　　　　　　　　　　　　　　　　　（承包单位） 　由于_____ ____原因，现通知你方必须于_____年_____月_____日___时起，对本工程的_____部位（工序）实施暂停施工，并按下述要求做好各项工作：   　　　　　　　　　　　　　　　　　　　　　　项目监理机构_____ 　　　　　　　　　　　　　　　　　　　　　总监理工程师_____ 　　　　　　　　　　　　　　　　　　　　　　　日　期_____

在建设单位要求且工程需要暂停施工；出现工程质量问题，必须停工处理；出现质量或安全隐患，为避免造成工程质量损失或危及人身安全而需要暂停施工；承包单位未经许可擅自施工或拒绝项目监理部管理；发生了必须暂停施工的紧急事件时；发生上述五种情况中任何一种，总监理工程师应根据停工原因、影响范围，确定工程停工范围，签发工程暂停令，向承包单位下达工程暂停的指令。表内必须注明工程暂停的原因、范围、停工期间应进行的工作及责任人、复工条件等。签发本表要慎重，要考虑工程暂停后可能产生的各种后果，并应事前与建设单位协商，宜取得一致意见。

3. 工程款支付证书（B3）

工程款支付证书（B3）

工程名称：　　　　　　　　　　　　　　　　　　　　　　　　　　编号：

致： 　　　　　　　　　　　　　　　　　　　　　　　　　　（建设单位） 　　根据施工的规定，经审核承包单位的付款申请和报表，并扣除有关款项，同意本期支付工程款共（大写） ＿＿＿＿＿（小写：＿＿＿＿＿）。请按合同规定及时付款。   　　其中： 　　1. 承包单位申请款为： 　　2. 经审核承包单位应得款为： 　　3. 本期应扣款为： 　　4. 本期应付款为：   　　附件： 　　1. 承包单位的工程付款申请表及附件； 　　2. 项目监理机构审查记录。   　　　　　　　　　　　　　　　　　　　　　项目监理机构＿＿＿＿＿＿＿ 　　　　　　　　　　　　　　　　　　　　　总监理工程师＿＿＿＿＿＿＿ 　　　　　　　　　　　　　　　　　　　　　日　期＿＿＿＿＿＿＿

　　本表为项目监理部收到承包单位报送的《工程款支付申请表》（A5）后用于批复用表，由各专业工程监理工程师按照施工合同进行审核，及时抵扣工程预付款后，确认应该支付工程款的项目及款额，提出意见，经过总监理工程师审核签字后，报送建设单位，作为支付的证明，同时批复给承包单位，随本表应附承包单位报送的《工程款支付申请表》（A5）及其附件。

4. 工程临时延期审批表（B4）

工程临时延期审批表（B4）

工程名称：   编号：

致：   （承包单位）

　　根据施工合同条款_____条的规定，我方对你方提出的_____工程延期申请（第___号）要求延长工期_____日历天的要求，经过审核评估：

　　[ ] 暂时同意工期延长_____日历天。使竣工日期（包括已指令延长的工期）从原来的___年___月___日延迟到___年___月___日。请你方执行。

　　[ ] 不同意延长工期，请按约定竣工日期组织施工。

　　说明：

项目监理机构_____

总监理工程师_____

日　期_____

　　本表用于工程项目监理部接到承包单位报送的《工程临时延期申请表》（A7）后，对申报情况进行调查、审核与评估后，初步做出是否同意延期申请的批复。表中"说明"是指总监理工程师同意或不同意工程临时延期的理由和依据。如同意，应注明暂时同意工期延长的日数，延长后的竣工日期。同时应指令承包单位在工程延长期间，随延期时间的推移，应陆续补充的信息与资料。本表由总监理工程师签发，签发前应征得建设单位同意。

5. 工程最终延期审批表（B5）

工程最终延期审批表（B5）

工程名称：   编号：

致：   （承包单位）

　　根据施工合同条款_____条的规定，我方对你方提出的_____工程延期申请（第___号）要求延长工期_____日历天的要求，经过审核评估：

　　[ ] 最终同意工期延长_____日历天。使竣工日期（包括已指令延长的工期）从原来的___年___月___日延迟到___年___月___日。请你方执行。

　　[ ] 不同意延长工期，请按约定竣工日期组织施工。

　　说明：

项目监理机构_____

总监理工程师_____

日　期_____

本表用于工程延期事件结束后，工程项目监理部根据承包单位报送的《工程最终延期申请表》（A7）及延期事件发展期间陆续报送的有关资料，对申报情况进行调查、审核与评估后，向承包单位下达的最终是否同意工程延期日数的批复。表中"说明"是指总监理工程师同意或不同意工程最终延期的理由和依据，同时应注明最终同意工程延长的日数及竣工日期。本表由总监理工程师签发，签发前应征得建设单位同意。

6. 费用索赔审批表（B6）

费用索赔审批表（B6）

工程名称：   编号：

致：   （承包单位）

　　根据施工合同条款_____条的规定，我方对你方提出的_____费用索赔申请（第___号），索赔（大写）_____，经我方审核评估：

　　[ ] 不同意此项索赔。

　　[ ] 同意此项索赔，金额为（大写）_____。

　　同意/不同意索赔的理由：

　　索赔金额计算：

                                        项目监理机构_____
                                        总监理工程师_____
                                        日　　期_____

本表用于收到施工单位报送的《费用索赔申请表》（A8）后，工程项目监理部针对此项索赔事件，进行全面的调查了解、审核与评估后，做出的批复。本表中应详细说明同意或不同意此项索赔的理由，同意索赔时同意支付的索赔金额及其计算方法，并附有关的资料。本表由专业工程监理工程师审核后，报总监理工程师签批，签批前应与建设单位、承包单位协商确定批准的赔付金额。

三、各方通用表（C 类表）

1. 监理工作联系单（C1）

监理工作联系单（C1）

工程名称：   编号：

致：

　　事由：

　　内容：

                                        单　　位_____
                                        负责人_____
                                        日　　期_____

本表适用于参与建设工程的建设、施工、监理、勘察、设计和质监单位相互之间就有关事项的联系，发出单位有权签发的负责人应为：建设单位的现场代表（施工合同中规定的工程师）、承包单位的项目经理、监理单位的项目总监理工程师、设计单位的本工程设计负责人、政府质量监督部门的负责监督该建设工程的监督师，不能任何人随便签发，若用正式函件形式进行通知或联系，则不宜使用本表，改由发出单位的法人签发。该表的事由为联系内容的主题词。若用于混凝土浇筑申请时，可由工程项目经理部的技术负责人签发，工程项目监理部也用本表予以回复，本表可以由土建工程监理工程师签署。本表签署的份数根据内容及涉及范围而定。

2. 工程变更单（C2）

工程变更单 （C2）

工程名称：   编号：

致：
 	
  由于_____原因，兹提出_____
_____工程变更（内容见附件），请予以审批。
 	
  附件：
 	
                    提出单位_____
                    项目经理_____
                     日　期_____

一致意见： 建设单位代表   设计单位代表   项目监理机构 签字：   签字：   签字： 日期_____   日期_____   日期_____

本表适用于参与建设工程的建设、施工、勘察设计、监理各方使用，在任一方提出工程变更时都要先填该表。

在建设单位提出工程变更时，填写后由工程项目监理部签发，必要时建设单位应委托设计单位编制设计变更文件并签转项目监理部；承包单位提出工程变更时，填写本表后报送项目监理部，项目监理部同意后转呈建设单位，需要时由建设单位委托设计单位编制设计变更文件，并签转项目监理部，施工单位在收到项目监理部签署的《工程变更单》后，方可实施工程变更，工程分包单位的工程变更应通过承包单位办理。该表的附件应包括工程变更的详细内容，变更的依据，对工程造价及工期的影响程度，对工程项目功能、安全的影响分析及必要的图示。总监理工程师组织监理工程师收集资料，进行调研，并与有关单位磋商，如取得一致意见时，在本表中写明，并经相关的建设单位的现场代表、承包单位的项目经理、监理单位的项目总监理工程师、设计单位的本工程设计负责人等在本表上签字，此项工程变更才生效。本表由提出工程变更的单位填报，份数视内容而定。

附录二 建设工程安全生产管理条例

第一章 总 则

第一条 为了加强建设工程安全生产监督管理，保障人民群众生命和财产安全，根据《中华人民共和国建筑法》、《中华人民共和国安全生产法》，制定本条例。

第二条 在中华人民共和国境内从事建设工程的新建、扩建、改建和拆除等有关活动及实施对建设工程安全生产的监督管理，必须遵守本条例。

本条例所称建设工程，是指土木工程、建筑工程、线路管道和设备安装工程及装修工程。

第三条 建设工程安全生产管理，坚持安全第一、预防为主的方针。

第四条 建设单位、勘察单位、设计单位、施工单位、工程监理单位及其他与建设工程安全生产有关的单位，必须遵守安全生产法律、法规的规定，保证建设工程安全生产，依法承担建设工程安全生产责任。

第五条 国家鼓励建设工程安全生产的科学技术研究和先进技术的推广应用，推进建设工程安全生产的科学管理。

第二章 建设单位的安全责任

第六条 建设单位应当向施工单位提供施工现场及毗邻区域内供水、排水、供电、供气、供热、通信、广播电视等地下管线资料，气象和水文观测资料，相邻建筑物和构筑物、地下工程的有关资料，并保证资料的真实、准确、完整。

建设单位因建设工程需要，向有关部门或者单位查询前款规定的资料时，有关部门或者单位应当及时提供。

第七条 建设单位不得对勘察、设计、施工、工程监理等单位提出不符合建设工程安全生产法律、法规和强制性标准规定的要求，不得压缩合同约定的工期。

第八条 建设单位在编制工程概算时，应当确定建设工程安全作业环境及安全施工措施所需费用。

第九条 建设单位不得明示或者暗示施工单位购买、租赁、使用不符合安全施工要求的安全防护用具、机械设备、施工机具及配件、消防设施和器材。

第十条 建设单位在申请领取施工许可证时，应当提供建设工程有关安全施工措施的资料。

依法批准开工报告的建设工程，建设单位应当自开工报告批准之日起 15 日内，将保证安全施工的措施报送建设工程所在地的县级以上地方人民政府建设行政主管部门或者其他有关部门备案。

第十一条 建设单位应当将拆除工程发包给具有相应资质等级的施工单位。

441

建设单位应当在拆除工程施工 15 日前，将下列资料报送建设工程所在地的县级以上地方人民政府建设行政主管部门或者其他有关部门备案：

（一）施工单位资质等级证明；

（二）拟拆除建筑物、构筑物及可能危及毗邻建筑的说明；

（三）拆除施工组织方案；

（四）堆放、清除废弃物的措施。

实施爆破作业的，应当遵守国家有关民用爆炸物品管理的规定。

第三章　勘察、设计、工程监理及其他有关单位的安全责任

第十二条　勘察单位应当按照法律、法规和工程建设强制性标准进行勘察，提供的勘察文件应当真实、准确，满足建设工程安全生产的需要。

勘察单位在勘察作业时，应当严格执行操作规程，采取措施保证各类管线、设施和周边建筑物、构筑物的安全。

第十三条　设计单位应当按照法律、法规和工程建设强制性标准进行设计，防止因设计不合理导致生产安全事故的发生。

设计单位应当考虑施工安全操作和防护的需要，对涉及施工安全的重点部位和环节在设计文件中注明，并对防范生产安全事故提出指导意见。

采用新结构、新材料、新工艺的建设工程和特殊结构的建设工程，设计单位应当在设计中提出保障施工作业人员安全和预防生产安全事故的措施建议。

设计单位和注册建筑师等注册执业人员应当对其设计负责。

第十四条　工程监理单位应当审查施工组织设计中的安全技术措施或者专项施工方案是否符合工程建设强制性标准。

工程监理单位在实施监理过程中，发现存在安全事故隐患的，应当要求施工单位整改；情况严重的，应当要求施工单位暂时停止施工，并及时报告建设单位。施工单位拒不整改或者不停止施工的，工程监理单位应当及时向有关主管部门报告。

工程监理单位和监理工程师应当按照法律、法规和工程建设强制性标准实施监理，并对建设工程安全生产承担监理责任。

第十五条　为建设工程提供机械设备和配件的单位，应当按照安全施工的要求配备齐全有效的保险、限位等安全设施和装置。

第十六条　出租的机械设备和施工机具及配件，应当具有生产（制造）许可证、产品合格证。

出租单位应当对出租的机械设备和施工机具及配件的安全性能进行检测，在签订租赁协议时，应当出具检测合格证明。

禁止出租检测不合格的机械设备和施工机具及配件。

第十七条　在施工现场安装、拆卸施工起重机械和整体提升脚手架、模板等自升式架设设施，必须由具有相应资质的单位承担。

安装、拆卸施工起重机械和整体提升脚手架、模板等自升式架设设施，应当编制拆装方案、制定安全施工措施，并由专业技术人员现场监督。

施工起重机械和整体提升脚手架、模板等自升式架设设施安装完毕后，安装单位应当自

检，出具自检合格证明，并向施工单位进行安全使用说明，办理验收手续并签字。

第十八条 施工起重机械和整体提升脚手架、模板等自升式架设设施的使用达到国家规定的检验检测期限的，必须经具有专业资质的检验检测机构检测。经检测不合格的，不得继续使用。

第十九条 检验检测机构对检测合格的施工起重机械和整体提升脚手架、模板等自升式架设设施，应当出具安全合格证明文件，并对检测结果负责。

第四章　施工单位的安全责任

第二十条 施工单位从事建设工程的新建、扩建、改建和拆除等活动，应当具备国家规定的注册资本、专业技术人员、技术装备和安全生产等条件，依法取得相应等级的资质证书，并在其资质等级许可的范围内承揽工程。

第二十一条 施工单位主要负责人依法对本单位的安全生产工作全面负责。施工单位应当建立健全安全生产责任制度和安全生产教育培训制度，制定安全生产规章制度和操作规程，保证本单位安全生产条件所需资金的投入，对所承担的建设工程进行定期和专项安全检查，并做好安全检查记录。

施工单位的项目负责人应当由取得相应执业资格的人员担任，对建设工程项目的安全施工负责，落实安全生产责任制度、安全生产规章制度和操作规程，确保安全生产费用的有效使用，并根据工程的特点组织制定安全施工措施，消除安全事故隐患，及时、如实报告生产安全事故。

第二十二条 施工单位对列入建设工程概算的安全作业环境及安全施工措施所需费用，应当用于施工安全防护用具及设施的采购和更新、安全施工措施的落实、安全生产条件的改善，不得挪作他用。

第二十三条 施工单位应当设立安全生产管理机构，配备专职安全生产管理人员。

专职安全生产管理人员负责对安全生产进行现场监督检查。发现安全事故隐患，应当及时向项目负责人和安全生产管理机构报告；对违章指挥、违章操作的，应当立即制止。

专职安全生产管理人员的配备办法由国务院建设行政主管部门会同国务院其他有关部门制定。

第二十四条 建设工程实行施工总承包的，由总承包单位对施工现场的安全生产负总责。

总承包单位应当自行完成建设工程主体结构的施工。

总承包单位依法将建设工程分包给其他单位的，分包合同中应当明确各自的安全生产方面的权利、义务。总承包单位和分包单位对分包工程的安全生产承担连带责任。

分包单位应当服从总承包单位的安全生产管理，分包单位不服从管理导致生产安全事故的，由分包单位承担主要责任。

第二十五条 垂直运输机械作业人员、安装拆卸工、爆破作业人员、起重信号工、登高架设作业人员等特种作业人员，必须按照国家有关规定经过专门的安全作业培训，并取得特种作业操作资格证书后，方可上岗作业。

第二十六条 施工单位应当在施工组织设计中编制安全技术措施和施工现场临时用电方案，对下列达到一定规模的危险性较大的分部分项工程编制专项施工方案，并附具安全验算结果，经施工单位技术负责人、总监理工程师签字后实施，由专职安全生产管理人员进行现场监督：

（一）基坑支护与降水工程；

（二）土方开挖工程；

（三）模板工程；

（四）起重吊装工程；

（五）脚手架工程；

（六）拆除、爆破工程；

（七）国务院建设行政主管部门或者其他有关部门规定的其他危险性较大的工程。

对前款所列工程中涉及深基坑、地下暗挖工程、高大模板工程的专项施工方案，施工单位还应当组织专家进行论证、审查。

本条第一款规定的达到一定规模的危险性较大工程的标准，由国务院建设行政主管部门会同国务院其他有关部门制定。

第二十七条 建设工程施工前，施工单位负责项目管理的技术人员应当对有关安全施工的技术要求向施工作业班组、作业人员作出详细说明，并由双方签字确认。

第二十八条 施工单位应当在施工现场入口处、施工起重机械、临时用电设施、脚手架、出入通道口、楼梯口、电梯井口、孔洞口、桥梁口、隧道口、基坑边沿、爆破物及有害危险气体和液体存放处等危险部位，设置明显的安全警示标志。安全警示标志必须符合国家标准。

施工单位应当根据不同施工阶段和周围环境及季节、气候的变化，在施工现场采取相应的安全施工措施。施工现场暂时停止施工的，施工单位应当做好现场防护，所需费用由责任方承担，或者按照合同约定执行。

第二十九条 施工单位应当将施工现场的办公、生活区与作业区分开设置，并保持安全距离；办公、生活区的选址应当符合安全性要求。职工的膳食、饮水、休息场所等应当符合卫生标准。施工单位不得在尚未竣工的建筑物内设置员工集体宿舍。

施工现场临时搭建的建筑物应当符合安全使用要求。施工现场使用的装配式活动房屋应当具有产品合格证。

第三十条 施工单位对因建设工程施工可能造成损害的毗邻建筑物、构筑物和地下管线等，应当采取专项防护措施。

施工单位应当遵守有关环境保护法律、法规的规定，在施工现场采取措施，防止或者减少粉尘、废气、废水、固体废物、噪声、振动和施工照明对人和环境的危害和污染。

在城市市区内的建设工程，施工单位应当对施工现场实行封闭围挡。

第三十一条 施工单位应当在施工现场建立消防安全责任制度，确定消防安全责任人，制定用火、用电、使用易燃易爆材料等各项消防安全管理制度和操作规程，设置消防通道、消防水源，配备消防设施和灭火器材，并在施工现场入口处设置明显标志。

第三十二条 施工单位应当向作业人员提供安全防护用具和安全防护服装，并书面告知危险岗位的操作规程和违章操作的危害。

作业人员有权对施工现场的作业条件、作业程序和作业方式中存在的安全问题提出批评、检举和控告，有权拒绝违章指挥和强令冒险作业。

在施工中发生危及人身安全的紧急情况时，作业人员有权立即停止作业或者在采取必要的应急措施后撤离危险区域。

第三十三条　作业人员应当遵守安全施工的强制性标准、规章制度和操作规程，正确使用安全防护用具、机械设备等。

第三十四条　施工单位采购、租赁的安全防护用具、机械设备、施工机具及配件，应当具有生产（制造）许可证、产品合格证，并在进入施工现场前进行查验。

施工现场的安全防护用具、机械设备、施工机具及配件必须由专人管理，定期进行检查、维修和保养，建立相应的资料档案，并按照国家有关规定及时报废。

第三十五条　施工单位在使用施工起重机械和整体提升脚手架、模板等自升式架设设施前，应当组织有关单位进行验收，也可以委托具有相应资质的检验检测机构进行验收；使用承租的机械设备和施工机具及配件的，由施工总承包单位、分包单位、出租单位和安装单位共同进行验收。验收合格的方可使用。

《特种设备安全监察条例》规定的施工起重机械，在验收前应当经有相应资质的检验检测机构监督检验合格。

施工单位应当自施工起重机械和整体提升脚手架、模板等自升式架设设施验收合格之日起 30 日内，向建设行政主管部门或者其他有关部门登记。登记标志应当置于或者附着于该设备的显著位置。

第三十六条　施工单位的主要负责人、项目负责人、专职安全生产管理人员应当经建设行政主管部门或者其他有关部门考核合格后方可任职。

施工单位应当对管理人员和作业人员每年至少进行一次安全生产教育培训，其教育培训情况记入个人工作档案。安全生产教育培训考核不合格的人员，不得上岗。

第三十七条　作业人员进入新的岗位或者新的施工现场前，应当接受安全生产教育培训。未经教育培训或者教育培训考核不合格的人员，不得上岗作业。

施工单位在采用新技术、新工艺、新设备、新材料时，应当对作业人员进行相应的安全生产教育培训。

第三十八条　施工单位应当为施工现场从事危险作业的人员办理意外伤害保险。

意外伤害保险费由施工单位支付。实行施工总承包的，由总承包单位支付意外伤害保险费。意外伤害保险期限自建设工程开工之日起至竣工验收合格止。

第五章　监督管理

第三十九条　国务院负责安全生产监督管理的部门依照《中华人民共和国安全生产法》的规定，对全国建设工程安全生产工作实施综合监督管理。

县级以上地方人民政府负责安全生产监督管理的部门依照《中华人民共和国安全生产法》的规定，对本行政区域内建设工程安全生产工作实施综合监督管理。

第四十条　国务院建设行政主管部门对全国的建设工程安全生产实施监督管理。国务院铁路、交通、水利等有关部门按照国务院规定的职责分工，负责有关专业建设工程安全生产的监督管理。

县级以上地方人民政府建设行政主管部门对本行政区域内的建设工程安全生产实施监督管理。县级以上地方人民政府交通、水利等有关部门在各自的职责范围内，负责本行政区域内的专业建设工程安全生产的监督管理。

第四十一条 建设行政主管部门和其他有关部门应当将本条例第十条、第十一条规定的有关资料的主要内容抄送同级负责安全生产监督管理的部门。

第四十二条 建设行政主管部门在审核发放施工许可证时，应当对建设工程是否有安全施工措施进行审查，对没有安全施工措施的，不得颁发施工许可证。

建设行政主管部门或者其他有关部门对建设工程是否有安全施工措施进行审查时，不得收取费用。

第四十三条 县级以上人民政府负有建设工程安全生产监督管理职责的部门在各自的职责范围内履行安全监督检查职责时，有权采取下列措施：

（一）要求被检查单位提供有关建设工程安全生产的文件和资料；

（二）进入被检查单位施工现场进行检查；

（三）纠正施工中违反安全生产要求的行为；

（四）对检查中发现的安全事故隐患，责令立即排除；重大安全事故隐患排除前或者排除过程中无法保证安全的，责令从危险区域内撤出作业人员或者暂时停止施工。

第四十四条 建设行政主管部门或者其他有关部门可以将施工现场的监督检查委托给建设工程安全监督机构具体实施。

第四十五条 国家对严重危及施工安全的工艺、设备、材料实行淘汰制度。具体目录由国务院建设行政主管部门会同国务院其他有关部门制定并公布。

第四十六条 县级以上人民政府建设行政主管部门和其他有关部门应当及时受理对建设工程生产安全事故及安全事故隐患的检举、控告和投诉。

第六章 生产安全事故的应急救援和调查处理

第四十七条 县级以上地方人民政府建设行政主管部门应当根据本级人民政府的要求，制定本行政区域内建设工程特大生产安全事故应急救援预案。

第四十八条 施工单位应当制定本单位生产安全事故应急救援预案，建立应急救援组织或者配备应急救援人员，配备必要的应急救援器材、设备，并定期组织演练。

第四十九条 施工单位应当根据建设工程施工的特点、范围，对施工现场易发生重大事故的部位、环节进行监控，制定施工现场生产安全事故应急救援预案。实行施工总承包的，由总承包单位统一组织编制建设工程生产安全事故应急救援预案，工程总承包单位和分包单位按照应急救援预案，各自建立应急救援组织或者配备应急救援人员，配备救援器材、设备，并定期组织演练。

第五十条 施工单位发生生产安全事故，应当按照国家有关伤亡事故报告和调查处理的规定，及时、如实地向负责安全生产监督管理的部门、建设行政主管部门或者其他有关部门报告；特种设备发生事故的，还应当同时向特种设备安全监督管理部门报告。接到报告的部门应当按照国家有关规定，如实上报。

实行施工总承包的建设工程，由总承包单位负责上报事故。

第五十一条 发生生产安全事故后，施工单位应当采取措施防止事故扩大，保护事故现场。需要移动现场物品时，应当做出标记和书面记录，妥善保管有关证物。

第五十二条 建设工程生产安全事故的调查、对事故责任单位和责任人的处罚与处理，按照有关法律、法规的规定执行。

第七章　法律责任

第五十三条　违反本条例的规定，县级以上人民政府建设行政主管部门或者其他有关行政管理部门的工作人员，有下列行为之一的，给予降级或者撤职的行政处分；构成犯罪的，依照刑法有关规定追究刑事责任：

（一）对不具备安全生产条件的施工单位颁发资质证书的；

（二）对没有安全施工措施的建设工程颁发施工许可证的；

（三）发现违法行为不予查处的；

（四）不依法履行监督管理职责的其他行为。

第五十四条　违反本条例的规定，建设单位未提供建设工程安全生产作业环境及安全施工措施所需费用的，责令限期改正；逾期未改正的，责令该建设工程停止施工。

建设单位未将保证安全施工的措施或者拆除工程的有关资料报送有关部门备案的，责令限期改正，给予警告。

第五十五条　违反本条例的规定，建设单位有下列行为之一的，责令限期改正，处 20 万元以上 50 万元以下的罚款；造成重大安全事故，构成犯罪的，对直接责任人员，依照刑法有关规定追究刑事责任；造成损失的，依法承担赔偿责任：

（一）对勘察、设计、施工、工程监理等单位提出不符合安全生产法律、法规和强制性标准规定的要求的；

（二）要求施工单位压缩合同约定的工期的；

（三）将拆除工程发包给不具有相应资质等级的施工单位的。

第五十六条　违反本条例的规定，勘察单位、设计单位有下列行为之一的，责令限期改正，处 10 万元以上 30 万元以下的罚款；情节严重的，责令停业整顿，降低资质等级，直至吊销资质证书；造成重大安全事故，构成犯罪的，对直接责任人员，依照刑法有关规定追究刑事责任；造成损失的，依法承担赔偿责任：

（一）未按照法律、法规和工程建设强制性标准进行勘察、设计的；

（二）采用新结构、新材料、新工艺的建设工程和特殊结构的建设工程，设计单位未在设计中提出保障施工作业人员安全和预防生产安全事故的措施建议的。

第五十七条　违反本条例的规定，工程监理单位有下列行为之一的，责令限期改正；逾期未改正的，责令停业整顿，并处 10 万元以上 30 万元以下的罚款；情节严重的，降低资质等级，直至吊销资质证书；造成重大安全事故，构成犯罪的，对直接责任人员，依照刑法有关规定追究刑事责任；造成损失的，依法承担赔偿责任：

（一）未对施工组织设计中的安全技术措施或者专项施工方案进行审查的；

（二）发现安全事故隐患未及时要求施工单位整改或者暂时停止施工的；

（三）施工单位拒不整改或者不停止施工，未及时向有关主管部门报告的；

（四）未依照法律、法规和工程建设强制性标准实施监理的。

第五十八条　注册执业人员未执行法律、法规和工程建设强制性标准的，责令停止执业 3 个月以上 1 年以下；情节严重的，吊销执业资格证书，5 年内不予注册；造成重大安全事故的，终身不予注册；构成犯罪的，依照刑法有关规定追究刑事责任。

第五十九条　违反本条例的规定，为建设工程提供机械设备和配件的单位，未按照安全施工的要求配备齐全有效的保险、限位等安全设施和装置的，责令限期改正，处合同价款1倍以上3倍以下的罚款；造成损失的，依法承担赔偿责任。

第六十条　违反本条例的规定，出租单位出租未经安全性能检测或者经检测不合格的机械设备和施工机具及配件的，责令停业整顿，并处5万元以上10万元以下的罚款；造成损失的，依法承担赔偿责任。

第六十一条　违反本条例的规定，施工起重机械和整体提升脚手架、模板等自升式架设设施安装、拆卸单位有下列行为之一的，责令限期改正，处5万元以上10万元以下的罚款；情节严重的，责令停业整顿，降低资质等级，直至吊销资质证书；造成损失的，依法承担赔偿责任：

（一）未编制拆装方案、制定安全施工措施的；

（二）未由专业技术人员现场监督的；

（三）未出具自检合格证明或者出具虚假证明的；

（四）未向施工单位进行安全使用说明，办理移交手续的。

施工起重机械和整体提升脚手架、模板等自升式架设设施安装、拆卸单位有前款规定的第（一）项、第（三）项行为，经有关部门或者单位职工提出后，对事故隐患仍不采取措施，因而发生重大伤亡事故或者造成其他严重后果，构成犯罪的，对直接责任人员，依照刑法有关规定追究刑事责任。

第六十二条　违反本条例的规定，施工单位有下列行为之一的，责令限期改正；逾期未改正的，责令停业整顿，依照《中华人民共和国安全生产法》的有关规定处以罚款；造成重大安全事故，构成犯罪的，对直接责任人员，依照刑法有关规定追究刑事责任：

（一）未设立安全生产管理机构、配备专职安全生产管理人员或者分部分项工程施工时无专职安全生产管理人员现场监督的；

（二）施工单位的主要负责人、项目负责人、专职安全生产管理人员、作业人员或者特种作业人员，未经安全教育培训或者经考核不合格即从事相关工作的；

（三）未在施工现场的危险部位设置明显的安全警示标志，或者未按照国家有关规定在施工现场设置消防通道、消防水源、配备消防设施和灭火器材的；

（四）未向作业人员提供安全防护用具和安全防护服装的；

（五）未按照规定在施工起重机械和整体提升脚手架、模板等自升式架设设施验收合格后登记的；

（六）使用国家明令淘汰、禁止使用的危及施工安全的工艺、设备、材料的。

第六十三条　违反本条例的规定，施工单位挪用列入建设工程概算的安全生产作业环境及安全施工措施所需费用的，责令限期改正，处挪用费用20%以上50%以下的罚款；造成损失的，依法承担赔偿责任。

第六十四条　违反本条例的规定，施工单位有下列行为之一的，责令限期改正；逾期未改正的，责令停业整顿，并处5万元以上10万元以下的罚款；造成重大安全事故，构成犯罪的，对直接责任人员，依照刑法有关规定追究刑事责任：

（一）施工前未对有关安全施工的技术要求作出详细说明的；

（二）未根据不同施工阶段和周围环境及季节、气候的变化，在施工现场采取相应的安全施工措施，或者在城市市区内的建设工程的施工现场未实行封闭围挡的；

（三）在尚未竣工的建筑物内设置员工集体宿舍的；

（四）施工现场临时搭建的建筑物不符合安全使用要求的；

（五）未对因建设工程施工可能造成损害的毗邻建筑物、构筑物和地下管线等采取专项防护措施的。

施工单位有前款规定第（四）项、第（五）项行为，造成损失的，依法承担赔偿责任。

第六十五条 违反本条例的规定，施工单位有下列行为之一的，责令限期改正；逾期未改正的，责令停业整顿，并处 10 万元以上 30 万元以下的罚款；情节严重的，降低资质等级，直至吊销资质证书；造成重大安全事故，构成犯罪的，对直接责任人员，依照刑法有关规定追究刑事责任；造成损失的，依法承担赔偿责任：

（一）安全防护用具、机械设备、施工机具及配件在进入施工现场前未经查验或者查验不合格即投入使用的；

（二）使用未经验收或者验收不合格的施工起重机械和整体提升脚手架、模板等自升式架设设施的；

（三）委托不具有相应资质的单位承担施工现场安装、拆卸施工起重机械和整体提升脚手架、模板等自升式架设设施的；

（四）在施工组织设计中未编制安全技术措施、施工现场临时用电方案或者专项施工方案的。

第六十六条 违反本条例的规定，施工单位的主要负责人、项目负责人未履行安全生产管理职责的，责令限期改正；逾期未改正的，责令施工单位停业整顿；造成重大安全事故、重大伤亡事故或者其他严重后果，构成犯罪的，依照刑法有关规定追究刑事责任。

作业人员不服管理、违反规章制度和操作规程冒险作业造成重大伤亡事故或者其他严重后果，构成犯罪的，依照刑法有关规定追究刑事责任。

施工单位的主要负责人、项目负责人有前款违法行为，尚不够刑事处罚的，处 2 万元以上 20 万元以下的罚款或者按照管理权限给予撤职处分；自刑罚执行完毕或者受处分之日起，5 年内不得担任任何施工单位的主要负责人、项目负责人。

第六十七条 施工单位取得资质证书后，降低安全生产条件的，责令限期改正；经整改仍未达到与其资质等级相适应的安全生产条件的，责令停业整顿，降低其资质等级直至吊销资质证书。

第六十八条 本条例规定的行政处罚，由建设行政主管部门或者其他有关部门依照法定职权决定。

违反消防安全管理规定的行为，由公安消防机构依法处罚。

有关法律、行政法规对建设工程安全生产违法行为的行政处罚决定机关另有规定的，从其规定。

第八章 附 则

第六十九条 抢险救灾和农民自建低层住宅的安全生产管理，不适用本条例。

第七十条 军事建设工程的安全生产管理，按照中央军事委员会的有关规定执行。

第七十一条 本条例自 2004 年 2 月 1 日起施行。

参 考 文 献

［1］ 国际咨询工程师联合会．中国工程咨询协会编译．FIDIC 施工合同条件．北京：机械工业出版社，2002.

［2］ 国际咨询工程师联合会．中国工程咨询协会编译．FIDIC 生产设备和设计—施工合同条件．北京：机械工业出版社，2002.

［3］ 国际咨询工程师联合会．中国工程咨询协会编译．FIDIC 设计采购（EPC）/交钥匙工程合同条件．北京：机械工业出版社，2002.

［4］ 国际咨询工程师联合会．中国工程咨询协会编译．FIDIC 简明合同条件．北京：机械工业出版社，2002.

［5］ 中国建设监理协会编写监理工程师考试教材．建设工程合同管理［M］．北京：知识产权出版社，2004.

［6］ 中国建设监理协会编写监理工程师考试教材．建设工程监理概论［M］．北京：知识产权出版社，2004.

［7］ 中国建设监理协会编写监理工程师考试教材．建设工程投资控制［M］．北京：知识产权出版社，2004.

［8］ 中国建设监理协会编写监理工程师考试教材．建设工程信息管理［M］．北京：中国建筑工业出版社，2004.

［9］ 中国建设监理协会编写监理工程师考试教材．建设工程质量控制［M］．北京：中国建筑工业出版社，2004.

［10］ 中国建设监理协会编写监理工程师考试教材．建设工程进度控制［M］．北京：中国建筑工业出版社，2004.

［11］ 公路工程监理培训教材．监理概论［M］．北京：人民交通出版社，2004.

［12］ 公路工程监理培训教材．工程质量监理［M］．北京：人民交通出版社，2004.

［13］ 公路工程监理培训教材．合同管理［M］．北京：人民交通出版社，2004.

［14］ 公路工程监理培训教材．工程费用监理［M］．北京：人民交通出版社，2004.

［15］ 公路工程监理培训教材．工程进度监理［M］．北京：人民交通出版社，2004.

［16］ 全国一级建造师执业资格考试用书编写委员会编写．建设工程法规及相关知识［M］．北京：中国建筑工业出版社，2004.

［17］ 全国一级建造师执业资格考试用书编写委员会编写．建设工程项目管理［M］．北京：中国建筑工业出版社，2004.

［18］ 全国一级建造师执业资格考试用书编写委员会编写．建设工程经济［M］．北京：中国建筑工业出版社，2004.

［19］ 全国一级建造师执业资格考试用书编写委员会编写．建设工程法律法规汇编［M］．北京：中国建筑工业出版社，2004.

［20］ 张向东等主编．工程建设监理概论［M］．北京：机械工业出版社，2005.

［21］ 何夕平等主编．建设工程监理［M］．合肥：合肥工业大学出版社，2005.

［22］ 韩明等主编．建设工程监理基础［M］．天津：天津大学出版社，2005.

［23］ 陈立文著．项目投资风险分析［M］．北京：机械工业出版社，2004.

［24］ 崔武文等主编．土木工程造价管理［M］．北京：中国建筑工业出版社，2006.

［25］ 崔武文等主编．建设工程监理［M］．北京：中国建材工业出版社，2007.

［26］何伯森主编．国际工程合同与合同管理［M］．北京：中国建筑工业出版社，1999.

［27］王雪清主编．工程估价［M］．北京：中国建筑工业出版社，2006.

［28］严玲等主编．工程计价学［M］．天津：天津大学出版社，2006.

［29］李立清编著．建设工程监理案例分析［M］．北京：清华大学出版社，2006.

［30］柯洪等主编．香港工程建设管理［M］．天津：天津大学出版社，2005.

［31］夏立明等主编．基于PMP的项目管理导论［M］．天津：天津大学出版社，2004.

［32］陈伟珂等主编．工程风险与工程保险［M］．天津：天津大学出版社，2005.

［33］何增勤主编．工程项目投标策略［M］．天津：天津大学出版社，2004.

［34］严玲等主编．公共项目治理［M］．天津：天津大学出版社，2006.

［35］全国造价工程师执业资格考试培训教材编审委员会编写．工程造价计价与控制［M］．北京：中国计划出版社，2003.

［36］全国造价工程师执业资格考试培训教材编审委员会．工程造价管理基础理论与相关法规［M］．北京：中国计划出版社，2003.

［37］程鸿群，姬晓辉，陆菊春编著．工程造价管理［M］．武汉：武汉大学出版社，2004.

［38］郭婧娟等主编．工程造价管理［M］．北京：清华大学出版社，北京交通大学出版社，2005.

［39］张水波等主编．FIDIC新版合同条件导读与解析［M］．北京：中国建筑工业出版社，2003.

［40］刘尔烈主编．国际工程管理概论［M］．天津：天津大学出版社，2002.

［41］陈建国主编．工程计量与造价管理［M］．上海：同济大学出版社，2001.

［42］汤礼智主编．国际工程承包总论［M］．北京：中国建筑工业出版社，1997.

［43］杜训主编．国际工程估价［M］．北京：中国建筑工业出版社，1996.

［44］谭大璐主编．工程估价［M］．北京：中国建筑工业出版社，2005.

［45］梁监．国际工程索赔．第二版［M］．北京：中国建筑工业出版社，2002.

［46］工程量清单计价造价员培训教程编委会．建筑工程［M］．北京：机械工业出版社，2004.